装备科技译著出版基金

基于压电材料的振动控制
——从宏观系统到微纳米系统

Piezoelectric-Based Vibration Control
From Macro to Micro/Nano Scale Systems

[美] Nader Jalili 著

赵 丹 刘少刚 冯立锋 译

国防工业出版社

·北京·

著作权合同登记 图字：军-2015-274 号

图书在版编目(CIP)数据

基于压电材料的振动控制：从宏观系统到微纳米系
统／(美)内德·贾里里(Nader Jalili)著；赵丹，
刘少刚，冯立锋译. —北京：国防工业出版社，2017.3
书名原文：Piezoelectric - Based Vibration
Control：From Macro to Micro/Nano Scale Systems
ISBN 978 - 7 - 118 - 11026 - 5

Ⅰ. ①基… Ⅱ. ①内… ②赵… ③刘… ④冯… Ⅲ.
①压电材料 - 振动控制 Ⅳ. ①TM22②TB535

中国版本图书馆 CIP 数据核字(2017)第 023060 号

Translation from English language edition：
Piezoelectric-Based Vibration Control
by Nader Jalili

※

国防工业出版社出版发行
(北京市海淀区紫竹院南路 23 号 邮政编码 100048)
三河市众誉天成印务有限公司印刷
新华书店经售

*

开本710×1000 1/16 印张26¼ 字数514千字
2017 年 3 月第 1 版第 1 次印刷 印数1—2000 册 定价 138.00 元

(本书如有印装错误,我社负责调换)

国防书店：(010)88540777　　发行邮购：(010)88540776
发行传真：(010)88540755　　发行业务：(010)88540717

本书从机械振动学的基础知识入手,完整地向读者介绍了其中包含的物理学原理,同时也着重介绍了压电材料/结构的最新研究进展。本书分为三大部分,每部分包含一些章节。第Ⅰ部分可单独作为一本介绍机械振动的书,这部分介绍了后续研究所需的基础知识,以及离散系统和连续系统的振动。第Ⅱ部分介绍了压电系统的基本原理,重点介绍了系统的本构模型和基于压电作动器/传感器的吸振技术与振动控制技术。在前两部分的基础上,第Ⅲ部分介绍了微纳米压电作动器/传感器领域的一些先进研究方向,包括其在分子制造、精密机电系统、分子识别和功能纳米材料等方面的应用。

因为本书的知识体系比较完整,故可作为大学高年级本科生和研究生的教材,也可作为从事机械、电子、土木工程和航空航天工程等学科研究的科研人员的参考书目。虽然部分读者在振动学和动力学方面已经具有一定的基础,这也更加有助于理解本书的研究内容,但为了广大读者的方便,本书对大部分基本概念以及书中用到的数学工具做一个简要的回顾。本书浅显易懂,因此适合从事振动控制和压电系统研究的工程技术人员、对振动和控制学感兴趣的本科生和研究生,以及从事高级压电振动控制系统研究的科研人员学习使用。

书中的材料是十多年深入学习和研究的成果,在此漫长的过程中,很多人为这本书的出版做出了贡献,在这里我要感谢他们的帮助和支持。首先,我要真诚地感谢我的硕士导师 Ebrahim Esmailzadeh 教授,他传授了我振动的基本知识,没有这些基础也就没有我现在的学术成就。我同样要感谢 Nejat Olgac 教授(博士研究生阶段的主导师),他不但传授给我系统动力学和控制学方面的专业知识,而且还非常耐心、无私地教给我许多人生哲理和生活经验,这些成为了我工作和生活中的宝贵财富。我还要感谢许多我以前指导过的研究生,如果没有他们的努力和奉献,这本书是无法成稿的。

下面我介绍参与本书撰写的主要人员及各自负责编写的内容:

Dr. Saeid Bashash (MS 2005 , PhD 2008),他主要负责研究迟滞补偿并参与研究了压电系统的建模和控制及其在微机电系统和纳米机电系统方面的应用(第7~10章中有所阐述);

Dr. Mohsen Dadfarnia (MS 2003),他在压电振动控制系统方面做的具体工作,

在第 9 章中有所阐述;

Dr. Amin Salehi-Khojin（PhD 2008）,他主要负责研究压电式纳米机械悬臂梁系统的建模和新一代压电作动器和传感器的纳米特性,这些内容在第 8 章、第 9 章和第 12 章中有所阐述;

Dr. S. Nima Mahmoodi（PhD 2007）,他主要负责微悬臂梁传感器的非线性建模(第 11 章);

Ms. Mana Afshari（MS 2007）,她的工作是研究压电式微悬臂梁传感器在生物检测方面的应用(第 11 章);

Dr. Reza Saeidpourazar（PhD 2009）,他的工作是研究微悬臂梁操纵系统和成像系统的建模和控制(第 11 章);

Dr. Mahmoud Reza Hosseini（PhD 2008）,他负责纳米材料传感器的建模和制备方面的工作(第 12 章)。

最后特别感谢施普林格出版社的 Steven Elliot 先生和 Andrew Leigh 先生,有了他们的鼓励我才开始了本书的撰写工作,并感谢他们在整个过程中给予的帮助。

Nader Jalili
波士顿,马萨诸塞州

IV

关于著者

Nader Jalili：美国东北大学机械与工业工程系教授（波士顿，马萨诸塞州）。他于 2009 年加入东北大学，在此之前他是克莱姆森大学机械工程系的副教授，并且是克莱姆森大学智能结构和纳米机电系统实验室的创始成员之一。他的主要研究方向包括：压电作动器/传感器；分布参数系统的动力学建模和振动控制；微纳米机电作动器/传感器的动力学建模和控制以及在纳米尺度下微机电系统的控制与操纵。他是美国机械工程师协会（ASME）*Journal of Dynamic Systems, Measurement and Control* 的副主编，也是 ASME 智
能材料振动控制技术委员会的创始主席，同时还是许多 ASME 委员会的成员，包括振动与噪声技术委员会（TCVS）。他过去曾担任过 *IEEE/ASME Transactions on Mechatronics* 学报的技术编辑，ASME 振动与噪声控制专家组的主席和副主席，他是 270 多篇技术文稿的作者或共同作者，其中包括 85 篇期刊文章。他获得过许多国内和国际上的奖项，包括：2003 年美国国家自然科学基金的杰出青年基金奖；2002 年美国能源部的 Ralph E. Powe 青年教师提升奖；2009 年克莱姆森大学工程科学学院（CoES）的 McQueen Quattlebaum 教师成就奖；2008 年因杰出的教学工作获得克莱姆森大学 CoES 的 Murray Stokley 奖（工程学院的最高奖项）；2007 年克莱姆森大学的年度杰出青年科学家奖；2015 年美国东北大学卓越教学奖。Nader Jalili 教授分别于 1992 年和 1995 年在沙力夫理工大学（德黑兰，伊朗）获得学士学位和硕士学位，并于 1998 年在康涅狄格大学（斯托斯，康涅狄格州，美国）获得机械工程博士学位。

V

CONTENTS | 目录

第I部分 机械振动综述

第 I 部分　机械振动综述

　　本书的第 I 部分给出机械振动的综述。首先介绍智能结构和振动控制系统，其次介绍离散和连续系统的振动。本部分的章节安排如下：第 1 章简要介绍全书所涵盖的内容，包括智能结构的定义、振动控制的概念和类型以及离散系统和连续系统的不同建模方法与控制策略；第 2 章介绍集中参数系统的振动，包括模态矩阵表示法和运动微分方程的解耦策略；第 3 章介绍本书所需的数学知识，包括变分法和变分力学；第 4 章介绍分布参数系统的振动以及一些连续系统振动实例（如杆的纵向振动、梁和板的横向振动）。第 4 章用浅显易懂的方式介绍一种基于能量的建模方法，基于此方法可描述出系统的行为特性。本部分的内容是后续第 II 部分和第 III 部分中压电作动器、传感器及振动控制系统建模与控制的基础。

第 *1* 章

引 言

本章简单综述全书所涵盖的内容。首先给出智能结构的定义,并列出智能结构基本单元所需的一些智能材料;其次介绍振动控制的基本概念及其分类,并对离散和连续系统的不同建模方法和控制策略进行概述。

1.1 智能结构简介[①]

文献中对智能结构[②]存在许多定义,各门理工类学科中对其定义都有不同。

---

① 在文献中对于"智能结构"而言,"结构"和"系统"是可以互换的。然而,必须注意"结构"通常是指特定的元素或机械部件;"系统"是更加一般的形式,可包括在实际或虚拟边界定义下的部件的集合。需要注意的是,所有的结构都是系统。

② 英语中现在一般用"smart structures"来表示"智能结构"。

2

但一个被广泛接受的定义为:智能结构是一种同时具备生命特征与人工智能(图1.1)的结构。生命特征是指结构具备感知与驱动的功能,这种特征几乎存在于每一种生物中。这些生命特征可以是结构固有的(如材料属性),也可以是合成嵌入到结构中的。人工智能特性指的是智能结构具有独特的能力,这种能力具体表现为智能结构可以通过计算机、微处理器、逻辑控制算法来适应环境的变化(自适应能力)和外部激励,从而能满足所设定的目标。智能结构如图1.1所示。

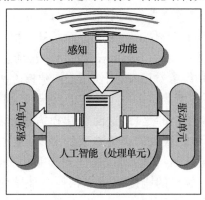

图 1.1　智能结构简图

智能结构由一种或多种智能材料(功能材料)组成。这些智能材料以至少耦合 2 个物理场这种独特的工作方式来提供所需的功能。具体的物理场包括力场、电场、磁场、热力场、化学场、光场。通过耦合,智能材料具有改变形状、响应外部激励和改变自身的物理、几何与流变属性的能力。本书列出了一些典型的智能材料,包含它们诞生的年份和所耦合的物理场(Tzou,et al. 2004):

热电体(公元前 315 年,耦合热力场和力场);

电流变液(1784 年,耦合电场和力场);

超磁致伸缩材料(1840 年,耦合磁场和力场);

压电材料(1880 年,耦合力场和电场);

形状记忆合金(1932 年,耦合热力场和力场);

磁流变液(1947 年,耦合磁场和力场);

电活性聚合物和聚电解质凝胶(1949 年,耦合电场和力场);

电致伸缩材料(1954 年,耦合电场和力场);

光致伸缩材料(1974 年,耦合光场和力场)。

第 5 章将会对上述智能材料进行更加详细的描述,主要包括智能材料的工作原理、物理特性、本构方程及其一些潜在的应用。通过对上述智能材料的研究可知,在应用于机电和振动控制系统中时,压电材料的性能要高于其他智能材料。因此,本书在第 6 章专门对压电材料及其压电效应进行讨论,包括压电传感器与作动器的实际应用。为保证本书的重点集中于压电系统,除了在第 5 章对智能结构进行简要介绍外,本书不再对其他智能结构和系统进行详述。对智能结构感兴趣的读者可自行查阅参考文献(Gandhi,Thompson 1992;Banks,et al. 1996;Culshaw 1996;Clark,et al. 1998;Srinivasan,McFarland 2001;Smith 2005;Leo 2007)。

1.2　振动控制的概念[①]

在研究机械振动时,必须掌握好两个很重要的部分:一是建模中存在的不确定因素;二是力求系统建模的完整性。这两个方面是紧密相关的,在建模过程中如何做好两者之间的平衡是很重要的(Benaroya 1998)。在动态建模时,可能遇到两种情况:在理想条件下,若系统参数已知,则使用正向建模方法,如图1.2(a)所示;当存在未建模动态、复杂系统行为或参数不确定的情况时,则使用逆向建模方法,如图1.2(b)所示。但必须指出的是,用这两个建模方法得到的模型,其完整度的高低取决于建模过程中所能获取的系统参数的多少。因为考虑到了所有可能的情况、外部激励及物理与几何特性,所以逆向建模是更普遍的方法。例如,当对发动机气门进行建模时,气门的刚度或阻尼特性会随着发动机的运转和环境条件而变化。因此,这些参数是不确定的。虽然逆向建模更加普遍并适用于许多实际情况,然而,处理系统的不确定性和未建模动态并不是一项简单的工作。振动控制作为补偿策略用于克服这些不确定性和建模的不足,这即是编写有关振动控制系统这本书的主要动机。结合压电材料的良好特性,压电振动控制系统可用于许多工程实际中,相关内容将在本书第Ⅱ部分(第8章和第9章)进行广泛讨论。

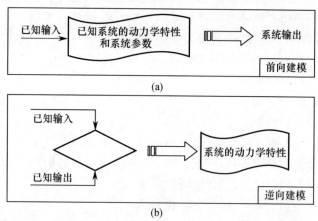

图1.2　正向建模法(a)和逆向建模法(b)

---

① 本节的大部分内容直接来自文献(Jalili,Esmailzadeh 2005)的主旨章节。

在文献中振动控制、隔振和吸振经常互换使用,因为它们的最终目的都是消除、改变或者是以其他方式限制动力系统的振动响应特性。为更好地理解和认识这些振动控制方法,接下来给出它们的定义、应用和区别。

1.2.1 隔振与吸振

隔振有两种情况:一种是将振动源从其支撑中隔离出来(也称为"力传递率",如图 1.3(a)所示);另一种是使设备远离振动基座(也称为"位移传递率",如图 1.3(b)所示)。与隔振器不同,吸振器由次级系统(通常是质量 – 弹簧 – 阻尼器)组成,将其安装到主设备上以使主设备远离振动。合理地选择吸振器的质量、刚度和阻尼,可以使主设备的振动降到最低(Inman 2007)。

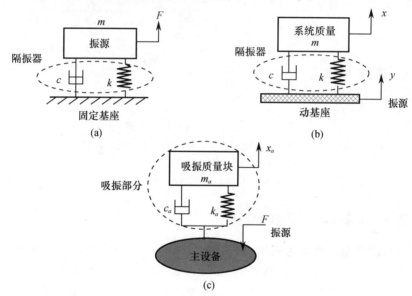

图 1.3 示意图

(a)基础隔振的力传递;(b)保护设备远离基底振动的位移传递;(c)吸振器的应用。

(来源:Jalili,Esmailzadeh 2005,经过授权)

1.2.2 吸振与振动控制

在振动控制方案中,通过改变施加在系统上的驱动力或力矩,使得系统在追踪运动目标轨迹的同时能够抑制瞬态振动,要实现这样的控制目标是具有挑战性的。针对此类应用,研究人员已经提出了一些控制方法,如最优控制(Sinha 1998)、有限元法(Bayo 1987)、模型参考自适应控制(Ge,et al. 1997)、自适应非线性边界控制(Yuh 1987)以及一些其他的技术,包括变结构控制(VSC)(de Querioz, et al. 2000;Jalili 2001a;Jalili,Esmailzadeh 2005)。

在吸振系统中,增加次级系统是为了模拟振源和主结构连接处的振动能量,并将其转移到其他部件上或者是以热能的形式耗散。图 1.4 为可以表示大部分工业机器人的机械臂的柔性杆在平移和旋转时的振动控制比较（单输入控制和多输入配置）以及吸振器在汽车悬挂系统上的应用（Jalili 2001a，b；Jalili，Esmailzadeh 2001；Dadfarnia，et al. 2004a，b）。

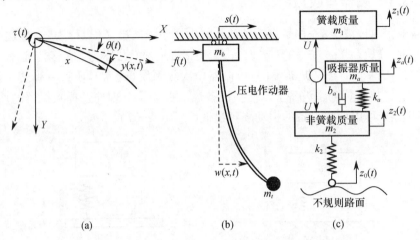

图 1.4　振动控制系统比较示意图
(a)单输入同步追踪和振动控制;(b)多输入追踪和振动控制;
(c)具有动力吸振器的 2 自由度汽车模型。
(来源:Jalili,Esmailzadeh 2005,经过授权)

1.2.3　振动控制系统的分类

振动控制系统主要分为三类:被动振动控制、主动振动控制和半主动振动控制,如图 1.5 所示(Sun,et al. 1995)。振动控制系统分类是依据其所需的外部能源的多少。被动振动控制系统由一个弹性元件和一个能量耗散器(阻尼器)组成,其应用方向主要分为吸振和隔振(安装在振动传递路径上阻隔振动的传递)(Korenev,et al. 1993),如图 1.5(a)所示。此类振动控制系统在其最敏感的频域范围内效果最好。通过优化系统参数可提高系统对宽频带激励信号的抑制效果,但同时会降低其对窄频带的抑制效果(Puksand 1975；Warburton,et al. 1980；Esmailzadeh,Jalili 1998a;Jalili,Esmailzadeh 2003)。

当结构受到具有高度不确定性的宽频带扰动时,被动振动控制有很大的局限性,而主动振动控制则可以弥补这些不足。主动振动控制引入一个额外的作用力,如图 1.5(b)中的 $u(t)$,通过使用不同的算法来控制系统,使其对干扰源更加敏感(Sun,et al. 1995；Soong,Constantinou 1994；Olgac,Jalili 1998；Jalili,Olgac 2000a,b；Margolis 1998)。半主动振动控制系统是主动控制和被动控制的结合,目的是减少达到预期性能所需的外部能源(Lee – Glauser,et al. 1997；Jalili，Esmailzadeh 2002；Jalili 2000，2001b；Ramaratnam,Jalili 2006),如图 1.5(c)所示。

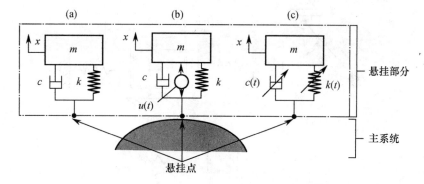

图 1.5　配有 3 种悬浮系统的典型主结构
（a）被动结构；（b）主动结构；（c）半主动结构。
（来源：Jalili，Esmailzadeh 2005，经过授权）

1.3　动力学系统的数学模型

　　动力学系统的数学建模是指用微分方程来描述系统的振动过程。这些方程可通过直接法或者数值方法（如有限元方法）获得。对于直接法，有两种不同的建模策略：牛顿法；分析法。牛顿法是一种通过考虑作用于系统边界的外加载荷，进而对物体进行受力分析推导出运动方程的方法。此方法需要将系统分解成若干基本组件，也即认为动力学系统是由这些基本组件构成。基于牛顿法建模的难点是求解系统不同基本组件交界区域的力和力矩。

　　为避免建模过程过于复杂，本书采用第二种方法即分析法建模。这是一种基于能量的建模方法，该方法能够建立和体现不同物理场之间的相互作用（如电场、磁场和力场）。分析法建模更适用于本书所研究的压电振动控制系统，因为该系统是属于不同物理场相互作用的系统。本书第 4 章将详细介绍适用于连续系统的统一的能量建模方法，该方法是后续压电系统和振动控制系统建模和控制的基础，相关内容将会在第 8 章和第 9 章进行讨论。

1.3.1　线性和非线性模型

　　显然，大多数自然系统和实际系统本质上都是非线性的，如具有内部间隙的变速箱、具有干摩擦的机械零件、含有死区（由于制造缺陷）或大幅振动的线性系统。图 1.6 给出了一些典型非线性系统的例子。

　　将上述非线性系统进行线性建模可能并不合理。但本书中的微幅振动适用于线性假设。为说明这一假设的不足，本书在第 10 章和第 11 章将会讨论振动控制系统相关的微纳米作动器和传感器的非线性模型。通过大量的压电纳米机械悬臂梁传感器的实验来验证非线性建模对于在微纳米尺度上捕捉微小振动响应的必要

7

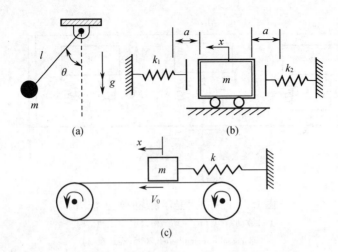

图 1.6　典型非线性系统示意图

（a）大幅振动引起的非线性摆动；（b）描述齿轮系统齿隙的具有死区的线性质量 – 弹簧系统；

（c）具有内在干摩擦的摩擦限位质量 – 弹簧系统。

性（第 11 章）。对非线性建模感兴趣的读者可查阅相关参考文献（Nayfeh，Mook1979；Nayfeh，Pai 2004）。

　　尽管本书中的许多振动问题都做了线性假设，但必须强调的是，最终的振动控制系统（控制对象和控制器的组合）具有很强的非线性。这主要是由于这些线性系统为提高系统的性能采用了非线性控制器。例如，若线性振动问题的被控对象状态可表示为

$$\dot{\boldsymbol{x}} = \boldsymbol{A}\boldsymbol{x} \tag{1.1}$$

式中：$\boldsymbol{A}$ 为系统的系数矩阵；$\boldsymbol{x}$ 为状态向量，表示位移，$\boldsymbol{x} \in \mathbf{R}^n$。

　　当系统（式（1.1））增加一些控制器时，将控制对象和控制器结合在一起后，系统的动态特性可表示为

$$\dot{\boldsymbol{x}} = \boldsymbol{f}(\boldsymbol{x}(t), \boldsymbol{u}(\boldsymbol{x}(t))) \tag{1.2}$$

式中：$\boldsymbol{u}(\boldsymbol{x}(t))$ 表示非线性控制器且 $\boldsymbol{u}(\boldsymbol{x}(t)) \in \mathbf{R}^m$。

　　显然，上述的闭环系统是非线性的。因此，为方便理解本书第 II 部分给出的主动控制系统，在附录 A 中给出了相对完整的关于非线性系统的稳定性分析理论。

1.3.2　集中参数与分布参数模型

　　与线性和非线性建模类似，物理系统的数学模型也可分为离散系统和连续系统。所有物理参数组成的真实系统本质上都是连续的。连续系统的理想化模型是将其离散成多组独立的参数元件并用独立自由度（DOF）描述这些元件。图 1.7 描述了柔性杆的离散化过程，这里只将其简化为一个单自由度模型，即

$$k_{\mathrm{eq}} = 3EI/L^3 \tag{1.3}$$

8

$$m_{eq} = \frac{1}{3}\rho AL \qquad\qquad (1.4)$$

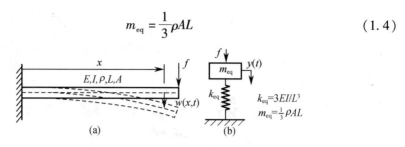

图 1.7　连续系统(a)和连续系统的离散化模型(b)

　　离散或集中参数建模:离散或集中参数系统通常由常微分方程描述。线性多自由度系统通常由固有频率、阻尼比和振型表征。显然,对连续系统做离散化处理可方便主动振动控制器的设计。然而,必须注意的是,由于忽略了系统参数的连续性和非独立性,简化控制器的实际运行可能会导致系统不稳定、溢出和发散。因此,需要研究人员在模型降阶程度与控制器设计难易之间进行权衡。这些问题的相关讨论将在第8章和第9章中给出。

　　连续或分布参数建模:一个动力学系统,若其物理参数(如质量、刚度)不能假设为独立的,则系统的本质是分布参数系统。因此,连续系统是由无穷个质点或自由度组成的。用数学方法描述此类系统的运动,则需无穷多个常微分方程。因为在连续系统中相邻两个质点之间的距离非常小且位移必须是连续的,所以连续系统的运动可以由有限数量的位移变量来描述。由于这些位移是空间坐标和时间的函数,因此,连续系统的运动方程是偏微分方程(PDE)而非无数个常微分方程。除了常微分方程中典型的初始条件,偏微分方程还与一些边界条件相关(由于位移变量取决于空间坐标)。与振型是集中参数系统的特性类似,在分布参数系统中是利用一组"特征函数"来离散化运动微分方程。一旦系统的离散化完成,即可利用与多自由度系统相同的步骤来解耦运动微分方程。详细讨论和离散化实例将在本书第2章和第4章给出。

总　　结

　　本章首先给出了智能结构的定义,并列举了智能结构基本单元所需的一些智能材料。其次介绍了振动控制的概念及其分类,包括对隔振和吸振的简单回顾。最后综述了振动系统的数学建模方法,并对离散系统和连续系统的不同建模策略进行了描述。本章介绍的预备知识是后续章节的基础。

第 2 章

集中参数系统的振动介绍

本章提供了集中参数系统,也称为离散系统振动的综述。首先介绍离散系统的广义处理方法即模态矩阵表示法;其次介绍运动微分方程的解耦策略。虽然本章内容简洁,但它是后续连续系统运动方程离散化的基础。关于集中参数系统更多的讨论和处理方法请查阅相关参考文献（Tse, et al. 1978；Thomson, Dahleh 1998；Rao 1995；Inman 2007；Meirovitch 1986；Balachandran, Magrab 2009）。

2.1　线性离散系统的振动特征

如第 1 章所述,本书假设大多数系统为线性的,因此适用于叠加原理。对这些

10

线性系统来说,离散系统的运动是由一组常微分方程来描述的,相应的连续系统的运动则由一组偏微分方程来描述。

单自由度线性系统可用两个独立的量,即固有频率和阻尼比表征,随后章节会给出其相关的基本定义。与单自由度线性系统类似,多自由度线性系统可由固有频率、阻尼比以及固有振型来表征。固有振型是依据多个单自由度系统表示多自由度系统的基础。

2.2　单自由度系统的振动

考虑图 2.1 所示的单自由度系统,图中质量 m 上作用了一个正弦力 $f(t) = F_0\sin(\omega t)$,F_0 是作用力的幅值,ω 为激励频率,则易得质量 m 的运动微分方程为

$$m\ddot{x}(t) + c\dot{x}(t) + kx(t) = F_0\sin(\omega t) \quad (2.1)$$

式中:$x(t)$ 为质量 m 的位移,是在系统平衡状态时测量的(附录 A.3)。

对式(2.1)使用叠加原理,假设位移 $x(t)$ 的全解为

$$x(t) = x_c(t) + x_p(t) \qquad (2.2)$$

式中:$x_c(t)$ 为通解或者零输入响应,是初始条件下的解(式(2.1)的右侧等于零);$x_p(t)$ 为特解或者零状态响应,是输入激励 $f(t)$ 下的解。

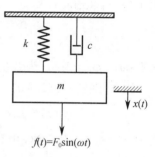

图 2.1　单自由度系统

2.2.1　时域响应特性

考虑式(2.2)的一般解,首先求通解 $x_c(t)$,假设

$$x_c(t) = e^{st} \qquad (2.3)$$

式中:s 为常量(一般为复变量)。

将式(2.3)代入运动微分方程式(2.1),同时将输入设为零且 $e^{st} \neq 0$,则有

$$ms^2 + cs + k \triangleq CE(s) = 0 \qquad (2.4)$$

式(2.4)或 $CE(s) = 0$ 称为系统的特征方程。

显然,特征方程 $CE(s) = 0$ 的根是系统参数 m、c 和 k 的函数。根据这些参数的值,特征方程的根会出现三种情况:两个不同的实根(过阻尼);两个相同的实根(临界阻尼);两个共轭复数根(欠阻尼)。特征根的类型决定了系统的一些响应特性。在两个实根的情况下,二阶动力系统(式(2.1))可分解成两个一阶系统并服从一阶系统的响应特性,如无超调或振荡性。

为避免与其他文献资料重复,本书只考虑实际应用中经常遇到的欠阻尼情况,系统在欠阻尼下是一个二阶系统。为此,将式(2.4)两边同时除以 m,得到二阶系统特征方程的标准形式为

$$s^2 + 2\zeta\omega_n s + \omega_n^2 = 0 \tag{2.5}$$

式中:系统的固有频率 ω_n 和阻尼比 ζ 的定义为

$$\omega_n = \sqrt{k/m}, \quad \zeta = \frac{c}{c_r} = \frac{c}{2\sqrt{km}} \tag{2.6}$$

方程式(2.5)的根为

$$s_{1,2} = -\zeta\omega_n \pm \omega_n\sqrt{\zeta^2 - 1} \tag{2.7}$$

如前所述,本书只讨论欠阻尼情况,为使式(2.7)的根为共轭复数,假设 $\zeta < 1$,则式(2.7)的根改写为

$$s_{1,2} = -\zeta\omega_n \pm j\omega_d \quad (j = \sqrt{-1}) \tag{2.8}$$

式中:$\omega_d = \omega_n\sqrt{1-\zeta^2}$ 为系统的阻尼固有频率。

因此,通解式(2.3)的一般形式可以写为

$$x_c(t) = C_1 e^{s_1 t} + C_2 e^{s_2 t} = C_1 e^{(-\zeta\omega_n + j\omega_d)t} + C_2 e^{(-\zeta\omega_n - j\omega_d)t} \tag{2.9}$$

式中:C_1 和 C_2 为常数,由初始条件确定。利用欧拉公式[①],解(式(2.9))可简写为

$$x_c(t) = \alpha e^{-\zeta\omega_n t}\sin(\omega_d t + \beta) \tag{2.10}$$

式中:α 和 β 为常数,由初始条件确定。

通解已求得,现求特解 x_p(输入激励响应)。依据初等微分方程及系统(式(2.1))的输入激励形式,设 x_p 的通解形式为

$$x_p(t) = X\sin(\omega t - \phi) \tag{2.11}$$

将解(式(2.11))代入运动微分方程式(2.1)并进行运算,对比方程两侧的正弦和余弦项系数,可得未知的 X 和 ϕ 的表达式分别为

$$X = \frac{F_0}{k\sqrt{((1-r^2)^2 + (2\zeta r)^2)}}, \quad \phi = \arctan\left(\frac{2\zeta r}{1-r^2}\right) \tag{2.12}$$

式中:$r = \omega/\omega_n$ 为频率比。

将式(2.10)和式(2.11)叠加,得到运动微分方程的全解为

$$x(t) = x_c(t) + x_p(t) = \alpha e^{-\zeta\omega_n t}\sin(\omega_d t + \beta)$$

---

① $e^{j\theta} = \cos\theta + j\sin\theta, j = \sqrt{-1}$。

$$+\frac{F_0}{k\sqrt{((1-r^2)^2+(2\zeta r)^2)}}\sin\left(\omega t-\arctan\left(\frac{2\zeta r}{1-r^2}\right)\right)\quad(2.13)$$

式(2.13)即为单自由度系统的全解 $x(t)$。

2.2.2 频率响应函数

因为在频域中更易得到振动特性与系统物理参数之间的无量纲关系,所以,为分析系统在简谐激励和宽频带激励下的响应,将运动微分方程转换到拉普拉斯域。

传递函数(Transfer Function):线性系统的传递函数定义为在初始条件是零的情况下,系统输出的拉普拉斯变换与输入的拉普拉斯变换之比,即

$$T(s)=\left.\frac{\text{输出的拉普拉斯变换}}{\text{输入的拉普拉斯变换}}\right|_{\text{所有的初始条件都设为零}}\quad(2.14)$$

对系统的运动微分方程式(2.1)应用传递函数的定义,则可得到系统的传递函数为

$$T(s)=\frac{X(s)}{F(s)}=\frac{1}{ms^2+cs+k}\quad(2.15)$$

式中:$X(s)\triangleq L\{x(t)\}$;$F(s)\triangleq L\{f(t)\}$。对于多输入、多输出系统,传递函数的定义可以扩展为

$$T_{ij}(s)=\left.\frac{X_i(s)}{F_j(s)}\right|_{\substack{\text{所有的初始条件设为零}\\\text{所有的输入除了}F_j\text{都设为零}}}\quad(2.16)$$

式中:$T_{ij}(s)$ 为输出 $X_i(s)$ 与输入 $F_j(s)$ 的传递函数。

频率响应函数(Frequency Response Function,FRF):用"$j\omega$"代替传递函数中的"s",则可得到频率响应函数(FRF)或频率传递函数(FTF),即

$$\text{FRF}(\omega)\triangleq T(s)|_{s=j\omega}\quad(2.17)$$

在简谐激励作用下,单自由度系统(式(2.1))稳态位移的频率响应函数可以表示为

$$H(\omega)\triangleq\left.\frac{X(s)}{F(s)}\right|_{s=j\omega}=\frac{1}{m(\omega_n^2-\omega^2+2j\zeta\omega_n\omega)}=|H(\omega)|e^{-j\phi}\quad(2.18)$$

其中

$$|H(\omega)|=\frac{1}{k\sqrt{((1-r^2)^2+(2\zeta r)^2)}},\quad\phi=\arctan\left(\frac{2\zeta r}{1-r^2}\right)\quad(2.19)$$

如前所述,频率响应函数特别是它的幅值便于表示动力学系统的振动响应。为更好地阐述这点,图2.2显示了在具有不同阻尼比 ζ 时,式(2.19)的频率传递函数的无量纲幅值。可以利用频率响应曲线来设计振动系统。如对于单自由度系统(式(2.1))的振动衰减,容易看出系统阻尼比对系统稳态响应 $|X(j\omega)|$ 的影响。

13

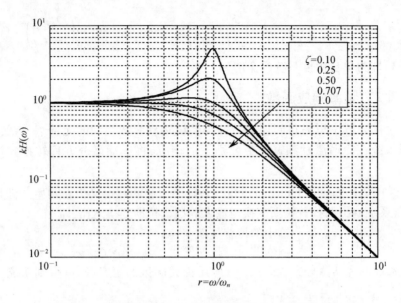

图 2.2 不同阻尼比下单自由度系统的归一化频率响应

2.3 多自由度系统的振动

如图 2.3 所示的 n 自由度系统,图中的 $x_1(t)$ 到 $x_n(t)$ 分别表示质量 m_1 到 m_n 的位移。一般情况下,假设每一个质量都受到一个外力作用,则通过对各质量的受力分析,易得线性系统的运动微分方程。为避免表达式过于冗长和烦琐,引入矩阵工具,则系统运动微分方程可用矩阵形式表示为

$$M\ddot{x}(t) + C\dot{x}(t) + Kx(t) = f(t) \tag{2.20}$$

式中:$x = \{x_1, x_2, x_3, \cdots, x_n\}^{\mathrm{T}}$ 为位移向量;$f = \{f_1, f_2, f_3, \cdots, f_n\}^{\mathrm{T}}$ 为力列阵;M、C 和 K 是由系统物理参数组成的实对称矩阵。此外,假设矩阵 M 是正定矩阵,则矩阵 M 可以表示为

$$M = N^{\mathrm{T}}N \tag{2.21}$$

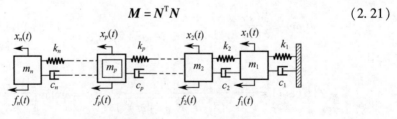

图 2.3 n 自由度质量 - 弹簧 - 阻尼系统

2.3.1 特征值问题和模态矩阵表示法

与单自由度系统类似,n 自由度系统的全解可通过初始条件的解(零输入响

应)和输入激励的解(零状态响应)叠加得到。为此,本节先求初始条件的解,也称"无阻尼自由"振动。

假设

$$x = Xe^{j\omega t} \tag{2.22}$$

将自由条件($f=0$)和无阻尼条件($C=0$)代入式(2.20),则有

$$(K - \omega^2 M)X = 0 \tag{2.23}$$

式中:$X = \{X_1, X_2, X_3, \cdots, X_n\}$;$\omega$ 为待定参数。

将质量矩阵 M 的正定性质式(2.21)代入式(2.23),则有

$$AY = \omega^2 Y \tag{2.24}$$

其中

$$Y \triangleq NX, \quad A = N^{-T}KN^{-1} \tag{2.25}$$

式中:A 可以证明为实对称矩阵。式(2.24)即为特征值问题。

无论是求解特征值问题式(2.24)或是将式(2.23)中 X 的系数行列式设为零(即 $\det(K - \omega^2 M) = 0$),都可得到一个关于 ω^2 的 n 阶代数方程。由于 A 为实对称矩阵,故所有的解 ω_i 都是实数,指标 i 称为模数。与单自由度系统类似,这些解被称为 n 自由度系统的"特征值"或"固有频率"。

将解 $\omega = \omega_i$ 代入式(2.23)或特征值问题式(2.24),则有

$$(K - \omega_i^2 M)X_i = 0$$

或

$$AY_i = \omega_i^2 Y_i \rightarrow (A - \omega_i^2 I)Y_i = 0 \quad (i = 1, 2, \cdots, n) \tag{2.26}$$

通过求解式(2.26)可得到 X_i 或者 Y_i(注意:X_i 和 Y_i 是通过式(2.25)关联的)。X_i 或者 Y_i 被称为系统的"特征向量"。确定了固有频率 ω_i 和特征向量 X_i 后,即可得到式(2.20)的通解或者无阻尼自由振动的解。这些解是式(2.20)受迫振动解的基础,接下来将会对受迫振动求解的相关内容进行讨论。

正交条件:若 Y_i 是与特征值 ω_i 相关的特征向量,Y_j 是与特征值 ω_j 相关的特征向量,据特征值问题(式(2.24)),则有

$$\omega_i^2 Y_i = AY_i \tag{2.27a}$$

$$\omega_j^2 Y_j = AY_j \tag{2.27b}$$

式(2.27a)和式(2.27b)分别左乘 Y_j^T 和 Y_i^T,则有

$$\omega_i^2 Y_j^T Y_i = Y_j^T AY_i \tag{2.28a}$$

$$\omega_j^2 Y_i^T Y_j = Y_i^T AY_j \tag{2.28b}$$

由于 A 为对称矩阵(定义见式(2.25)),对式(2.28a)两边进行转置运算,并减去式(2.28b),则有

$$(\omega_i^2 - \omega_j^2) Y_i^T Y_j = 0 \tag{2.29}$$

因为 $\omega_i^2 \neq \omega_j^2$(假设 i 和 j 表示两个不同且独立的模态),并对式(2.29)使用性

质(式(2.21))和定义(式(2.25)),则有

$$Y_i^T Y_j = 0 \Rightarrow X_i^T N^T N X_j = 0 \Rightarrow X_i^T M X_j = 0 \quad (i \neq j) \tag{2.30}$$

将式(2.30)代入式(2.23),即可得到正交条件为

$$X_i^T M X_j = 0, \quad X_i^T K X_j = 0 \quad (i \neq j) \tag{2.31}$$

即特征向量关于质量矩阵 M 和刚度矩阵 K 正交。但必须注意这个性质是与矩阵的对称性相关的。关于矩阵对称性与正交条件的关系在第4章会进行更详细的讨论,同时也会介绍连续系统中质量和刚度算子的自共轭性①。

备注2.1:质量和刚度矩阵的对称性只适用于本节,在2.3.3节中,此限制条件可以放宽。质量和刚度矩阵具有不对称性的原因有许多,主要是回转或循环的影响。

备注2.2:由于式(2.26)中特征向量 X_i 或 Y_i 的系数行列式设为零,则特征向量 X_i 的 n 个组成项是线性相关的。因此,特征向量 X_i 中总有一项是可以任意取值的。为得到唯一解和有助于随后的受迫振动分析,可使用标准正交条件对特征向量进行归一化处理,即

$$X_i^T M X_i = 1, \quad X_i^T K X_i = \omega_i^2 \tag{2.32}$$

由于假设矩阵 M 为正定的(式(2.11)),所以此正交归一化是可行的。

到目前为止,已完成了通解或特征值问题的求解,接下来将集中求解当激振力和阻尼项存在时式(2.20)的解。为此,利用无阻尼自由振动的归一化特征向量,给出坐标变换表达式为

$$x = \Phi q \tag{2.33}$$

式中:$\Phi = (X_1, X_2, \cdots, X_n)$ 为模态矩阵,X_i 为系统的归一化特征向量;$q = (q_1, q_2, \cdots, q_n)^T$ 为模态坐标。一旦得到了模态坐标 q_i,即可通过式(2.33)求得位移 x_i 的解。由于此问题的解取决于式(2.20)中的阻尼矩阵 C 的性质,因此考虑以下两种情况。

2.3.2 经典阻尼系统

如果系统的阻尼矩阵与质量和刚度矩阵是成比例的,则称这个系统为"经典阻尼""比例阻尼"或者"瑞利阻尼"系统。即若阻尼矩阵 C 可以表示为质量矩阵 M 和刚度矩阵 K 的线性函数(如下所示),则系统的阻尼矩阵 C 是经典阻尼,即

$$C = \alpha M + \beta K \tag{2.34}$$

式中:α 和 β 为常数。

基于此假设,将坐标变换式(2.33)代入有阻尼受迫运动微分方程式(2.20),则有

$$M \Phi \ddot{q} + C \Phi \dot{q} + K \Phi q = f \tag{2.35}$$

---

① 连续系统中的这些算子可以简化到离散系统中的质量和刚度矩阵中。

式(2.35)两侧同时左乘 $\boldsymbol{\varPhi}^{\mathrm{T}}$,得

$$\boldsymbol{\varPhi}^{\mathrm{T}}\boldsymbol{M}\boldsymbol{\varPhi}\ddot{\boldsymbol{q}} + \boldsymbol{\varPhi}^{\mathrm{T}}\boldsymbol{C}\boldsymbol{\varPhi}\dot{\boldsymbol{q}} + \boldsymbol{\varPhi}^{\mathrm{T}}\boldsymbol{K}\boldsymbol{\varPhi}\boldsymbol{q} = \boldsymbol{\varPhi}^{\mathrm{T}}\boldsymbol{f} \tag{2.36}$$

考虑经典阻尼条件式(2.34)以及标准正交条件式(2.32),即

$$\boldsymbol{\varPhi}^{\mathrm{T}}\boldsymbol{M}\boldsymbol{\varPhi}=\boldsymbol{I}, \quad \boldsymbol{\varPhi}^{\mathrm{T}}\boldsymbol{K}\boldsymbol{\varPhi}=\mathrm{diag}(\omega_i^2), \quad \boldsymbol{\varPhi}^{\mathrm{T}}\boldsymbol{C}\boldsymbol{\varPhi}=\mathrm{diag}(\alpha+\beta\omega_i^2) \tag{2.37}$$

则式(2.36)简化为

$$\boldsymbol{I}\ddot{\boldsymbol{q}} + \left[\mathrm{diag}(\alpha+\beta\omega_i^2)\right]\dot{\boldsymbol{q}} + \left[\mathrm{diag}(\omega_i^2)\right]\boldsymbol{q} = \boldsymbol{\varPhi}^{\mathrm{T}}\boldsymbol{f} \tag{2.38}$$

也可用解耦方程表示为

$$\ddot{q}_i(t) + 2\zeta_i\omega_i\dot{q}_i(t) + \omega_i^2 q_i(t) = \bar{f}_i(t) \quad (i=1,2,\cdots,n) \tag{2.39}$$

式(2.39)中模态阻尼比 ζ_i 和激励函数 $\bar{f}_i(t)$ 的定义为

$$\zeta_i = \frac{\alpha+\beta\omega_i^2}{2\omega_i}, \quad \bar{f}_i(t) = \boldsymbol{X}_i^{\mathrm{T}}\boldsymbol{f} \tag{2.40}$$

从式(2.39)可见,n 阶常微分方程组是解耦的,其在模态坐标下的解可通过求解 n 个单自由度系统获得。但必须注意,原始坐标的初始条件要通过坐标转换关系式(2.33)转换到模态坐标中,即

$$\boldsymbol{q}(0) = \boldsymbol{\varPhi}^{\mathrm{T}}\boldsymbol{M}\boldsymbol{x}(0), \quad \dot{\boldsymbol{q}}(0) = \boldsymbol{\varPhi}^{\mathrm{T}}\boldsymbol{M}\dot{\boldsymbol{x}}(0) \tag{2.41}$$

因此,式(2.39)~式(2.41)可用来求解 $q_i(t)(i=1,2,\cdots,n)$,也即得到模态坐标下的 $\boldsymbol{q}(t)$,之后即可利用式(2.33)将 $\boldsymbol{q}(t)$ 转换为原始坐标下的位移 $\boldsymbol{x}(t)$,也即获得了图2.2中每一个位移坐标 $x_i(t)(i=1,2,\cdots,n)$。

2.3.3 非比例阻尼

如前所述,经典阻尼的假设并不适用于质量和刚度矩阵是非对称阵的振动系统,如一些回转和循环系统。因此,需要针对质量和刚度矩阵不一定对称或性质(式(2.34))无效的情况求解式(2.20)。

为处理这类情况,将最简单方程

$$-\boldsymbol{K}\dot{\boldsymbol{x}}(t) + \boldsymbol{K}\dot{\boldsymbol{x}}(t) = 0 \tag{2.42}$$

添加到式(2.20)中,则有

$$\begin{pmatrix} \boldsymbol{M} & \boldsymbol{0} \\ \boldsymbol{0} & -\boldsymbol{K} \end{pmatrix} \begin{Bmatrix} \ddot{\boldsymbol{x}}(t) \\ \dot{\boldsymbol{x}}(t) \end{Bmatrix} + \begin{pmatrix} \boldsymbol{C} & \boldsymbol{K} \\ \boldsymbol{K} & \boldsymbol{0} \end{pmatrix} \begin{Bmatrix} \dot{\boldsymbol{x}}(t) \\ \boldsymbol{x}(t) \end{Bmatrix} = \begin{Bmatrix} \boldsymbol{f}(t) \\ \boldsymbol{0} \end{Bmatrix} \tag{2.43}$$

式(2.43)进一步简写为

$$\dot{\boldsymbol{y}} = \boldsymbol{A}\boldsymbol{y} + \boldsymbol{g} \tag{2.44}$$

其中

$$\boldsymbol{y} = \begin{Bmatrix} \dot{\boldsymbol{x}}(t) \\ \boldsymbol{x}(t) \end{Bmatrix}, \quad \boldsymbol{g} = \begin{Bmatrix} \boldsymbol{M}^{-1}\boldsymbol{f} \\ \boldsymbol{0} \end{Bmatrix}, \quad \boldsymbol{A} = \begin{pmatrix} -\boldsymbol{M}^{-1}\boldsymbol{C} & -\boldsymbol{M}^{-1}\boldsymbol{K} \\ \boldsymbol{I} & \boldsymbol{0} \end{pmatrix} \tag{2.45}$$

与经典阻尼系统类似,本节可采取与2.3.2节中相同的解耦过程。但必须注意,特征值问题的维数已经从 n(在式(2.39)中有 n 个二阶常微分方程)增加到 $2n$

（$2n$ 个一阶常微分方程，见式（2.44））。以此为据，首先求解通解即系统的零输入响应，假设

$$y = Ye^{st} \tag{2.46}$$

将式（2.46）代入式（2.44），同时令 $g = 0$，则有

$$AY = sY \rightarrow [A - sI] Y = 0 \tag{2.47}$$

为使 Y 有非平凡解，必须令

$$\det(A - sI) = 0 \tag{2.48}$$

如前所述，特征值问题的维数已经从 n 增加到了 $2n$。因此，式（2.48）产生 $2n$ 个特征值 $s_1, s_2, \cdots, s_{2n}$。将这 $2n$ 个特征值代入式（2.47）中，可以得到 $2n$ 个特征向量 $Y_1, Y_2, \cdots, Y_{2n}$。这些特征值和特征向量被称为矩阵 A 的右特征值和右特征向量。

因为已放宽了对质量和刚度矩阵对称性的约束，所以在一般情况下矩阵 A 是不对称的，故 $A^T \neq A$。与经典阻尼系统类似，需要在方程的两侧预先乘以矩阵 A^T。因此，需要讨论 A^T 的性质。因为矩阵和它的转置阵的行列式是相同的，所以希望 A 和 A^T 有相同的特征值。然而，由于 $A^T \neq A$，A^T 的特征值问题不一定能够产生与 A 相同的特征值，故用 Z_i 表示 A^T 的特征向量，则特征值问题为

$$A^T Z = sZ \rightarrow A^T Z_i = s_i Z_i \quad (i = 1, 2, \cdots, 2n) \tag{2.49}$$

矩阵 A^T 的特征向量 $Z_1, Z_2, \cdots, Z_{2n}$ 也称为矩阵 A 的左特征向量。应用式（2.47）和式（2.49）易证明：若 $i \neq j$，左特征向量 Z_i 和右特征向量 Y_j 是正交的（Nayfeh, Pai 2004），即

$$\Sigma^T \Psi = I \quad \text{和} \quad \Sigma^T A \Psi = \mathrm{diag}(s_i) = \begin{pmatrix} s_1 & & 0 \\ & \ddots & \\ 0 & & s_{2n} \end{pmatrix} \tag{2.50}$$

式中：$\Sigma = (Z_1, Z_2, \cdots, Z_{2n})$ 和 $\Psi = (Y_1, Y_2, \cdots, Y_{2n})$ 为模态矩阵，分别对应左特征向量和右特征向量。利用此性质，耦合的运动微分方程式（2.44）可以解耦。对此，本节给出与经典阻尼系统类似的坐标变换表达式，即

$$y = \Psi q \tag{2.51}$$

将其代入式（2.44），则有

$$\Psi \dot{q} = A \Psi q + g \tag{2.52}$$

将式（2.52）两侧同时左乘 Σ^T 并利用性质式（2.50），则有

$$\dot{q} = [s] q + h, h = \Sigma^T g \tag{2.53}$$

或者用解耦方程表示为

$$\dot{q}_i(t) = s_i q_i(t) + h_i(t) \quad (i = 1, 2, \cdots, 2n) \tag{2.54}$$

式（2.54）表示的是 $2n$ 个解耦的一阶常微分方程，这些方程的精确解为

$$q_i(t) = q_i(0) e^{st} + \int_0^t e^{-s_i(\tau - t)} h_i(\tau) \mathrm{d}\tau \quad (i = 1, 2, \cdots, 2n) \tag{2.55}$$

18

与经典阻尼系统类似,得到模态坐标 $q = \{q_1, q_2, \cdots, q_{2n}\}$ 后,即可通过坐标转换式(2.51)得到 $y = \{y_1, y_2, \cdots, y_{2n}\}$。

2.4 离散系统振动分析实例

虽然前面章节已对离散系统运动微分方程的求解步骤进行了简单明了的概述,但还需要一个实例以更加详细的方式来演示这些步骤。对此,考虑如图2.4所示的3自由度系统,图中 m_1、m_2 和 m_3,k_1、k_2、k_3 和 k_4,c_1、c_2、c_3 和 c_4 分别为系统的质量、弹簧刚度系数和阻尼系数。本书习惯用矩阵的方式推导和表示系统的运动微分方程。系统各参数取值如下:$m_1 = m_2 = m_3 = m = 1$,$k_1 = k_2 = k_3 = 3$,$k_4 = 0$,阻尼矩阵与刚度矩阵成比例且 $C = 0.01K$($c_i = 0.01k_i$($i = 1,2,3,4$))。

对于无阻尼自由振动,通常希望得到固有频率、振型和模态矩阵,进而对振型向量进行质量矩阵归一化并画出振型图。对受迫振动分析,在质量3上施加单位脉冲力,希望确定质量1的系统响应即 $x_1(t)$。本书利用模态转换解耦运动方程。虽然在这里认为系统是一个经典阻尼系统(比例阻尼),但通常要将原始运微分动方程转换成一阶常微分方程组。此转变是为了得到一组新的方程和新的系数矩阵(见2.3.3节)。通过对此情况下系统的特征值和先前已给出的固有频率(模态频率)的比较,表明系统的频率响应与之前获得的相似。

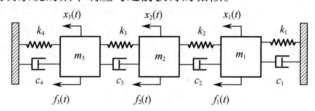

图2.4 离散系统的振动分析实例

解:系统为线性系统,其运动微分方程为

$$M\ddot{x}(t) + C\dot{x}(t) + Kx(t) = f(t) \tag{2.56}$$

其中

$$M = \mathrm{diag}(m_1, m_2, m_3), \quad f = \begin{bmatrix} f_1 & f_2 & f_3 \end{bmatrix}^{\mathrm{T}}$$

$$C = \begin{pmatrix} c_1 + c_2 & -c_2 & 0 \\ -c_2 & c_2 + c_3 & -c_3 \\ 0 & -c_3 & c_3 + c_4 \end{pmatrix}, \quad K = \begin{pmatrix} k_1 + k_2 & -k_2 & 0 \\ -k_2 & k_2 + k_3 & -k_3 \\ 0 & -k_3 & k_3 + k_4 \end{pmatrix} \tag{2.57}$$

如前所述,为得到系统的固有频率,将式(2.56)中无阻尼自由振动的系数行列式设为零,即 $\det(K - \omega^2 M) = 0$,结合本题所给的参数值,则有

$$\omega^6 - 15\omega^4 + 54\omega^2 - 27 = 0 \tag{2.58}$$

得到3个固有频率为

$$\omega_1 = 0.7708, \qquad \omega_2 = 2.1598, \qquad \omega_3 = 3.1210 \qquad (2.59)$$

将式(2.59)的固有频率 $\omega = \omega_i (i = 1, 2, 3)$ 代入式(2.23)或特征值问题式(2.24)中,得到模态向量 $\boldsymbol{X}_i (i = 1, 2, 3)$。利用式(2.32)对向量进行归一化,则有

$$\boldsymbol{X}_1 = \begin{pmatrix} 0.3280 \\ 0.5910 \\ 0.7370 \end{pmatrix}, \quad \boldsymbol{X}_2 = \begin{pmatrix} 0.7370 \\ 0.3280 \\ -0.5910 \end{pmatrix}, \quad \boldsymbol{X}_3 = \begin{pmatrix} 0.5910 \\ -0.7370 \\ 0.3280 \end{pmatrix} \qquad (2.60)$$

随后可得模态矩阵为

$$\boldsymbol{\Phi} = \begin{bmatrix} \boldsymbol{X}_1 & \boldsymbol{X}_2 & \boldsymbol{X}_3 \end{bmatrix} = \begin{pmatrix} 0.3280 & 0.7370 & 0.5910 \\ 0.5910 & 0.3280 & -0.7370 \\ 0.7370 & -0.5910 & 0.3280 \end{pmatrix} \qquad (2.61)$$

因此,可画出如图2.5所示的振型。

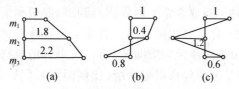

图2.5　3自由度系统的振型

(a)一阶模态 $\omega_1 = 0.7708$;(b)二阶模态 $\omega_2 = 2.1598$;(c)三阶模态 $\omega_3 = 3.1210$。

利用阻尼矩阵与刚度矩阵的数值关系($\boldsymbol{C} = \beta \boldsymbol{K} = 0.01\boldsymbol{K}$),可知此系统为经典阻尼系统。因此,可采用与2.3.2节相同的处理过程以获得系统受迫振动下运动微分方程的解。利用坐标变换式(2.33),求得如式(2.39)和式(2.40)所示的解耦方程为

$$\ddot{q}_i(t) + 2\zeta_i \omega_i \dot{q}_i(t) + \omega_i^2 q_i(t) = \boldsymbol{b}_i \boldsymbol{f}(t) \qquad (i = 1, 2, 3)$$

$$\boldsymbol{y} = \boldsymbol{D} \dot{q}_i(t), \quad \dot{\boldsymbol{q}}_i(t) = \begin{bmatrix} q_1(t) & q_2(t) & q_3(t) \end{bmatrix}^{\mathrm{T}}$$

$$\boldsymbol{f}(t) = \begin{bmatrix} f_1(t) & f_2(t) & f_3(t) \end{bmatrix}^{\mathrm{T}} \qquad (2.62)$$

式中:$\boldsymbol{b}_i$ 为矩阵 $\boldsymbol{B}$ 的第 i 行。矩阵 $\boldsymbol{B}$、矩阵 $\boldsymbol{D}$ 和模态阻尼 ζ_i 的定义分别为

$$\boldsymbol{B} = \boldsymbol{\Phi}^{\mathrm{T}} \begin{bmatrix} 0 & 0 & 1 \end{bmatrix}^{\mathrm{T}}, \quad \boldsymbol{D} = \begin{pmatrix} 0 & 0 & 0 \\ 1 & 0 & 0 \\ 0 & 0 & 0 \end{pmatrix} \boldsymbol{\Phi}, \quad \zeta_i = 0.5\beta\omega_i \qquad (2.63)$$

由式(2.63)计算出每个模态阻尼比的值为

$$\zeta_1 = 0.0039, \quad \zeta_2 = 0.0108, \quad \zeta_3 = 0.0156 \qquad (2.64)$$

由式(2.62)计算每一个模态的传递函数为

$$G_i(\omega) = \frac{\mathrm{j}\omega \boldsymbol{b}_i \boldsymbol{D}_i}{\omega_i^2 - \omega^2 + 2\mathrm{j}\zeta_i \omega_i \omega} \qquad (i = 1, 2, 3) \qquad (2.65)$$

式中:$\boldsymbol{D}_i$ 为式(2.63)定义的矩阵 $\boldsymbol{D}$ 的第 i 列。因此,结构的传递函数可通过对模态传递函数求和得到,即

$$G(\omega) = \sum_{i=1}^{3} G_i(\omega) \tag{2.66}$$

图 2.6 和图 2.7 描绘了系统各个模态和整体结构的频率响应。

假设系统不是经典阻尼,则可采用与 2.3.3 节相同的处理过程。运动微分方程式(2.56)转换为式(2.44),之后可得到特征值问题式(2.47),求解式(2.48)得到 6 个特征值为

$$s_1 = -0.0030 + \text{j}0.7708, \quad s_4 = \bar{s}_1$$
$$s_2 = -0.0233 + \text{j}2.1598, \quad s_5 = \bar{s}_2 \tag{2.67}$$
$$s_3 = -0.0487 + \text{j}3.1207, \quad s_6 = \bar{s}_3$$

正如 2.3.3 节中讨论的,这些特征值的虚部为系统的固有频率并符合式(2.59)的结果,而实部(绝对值)则对应衰减率,即 $\zeta_i \omega_i$。因此,通过式(2.67)中特征值的实部可得到模态阻尼比为

$$\zeta_i = \text{abs}(\text{Re}\{s_i\})/\omega_i \Rightarrow$$
$$\zeta_1 = 0.0030/0.7708 = 0.0039 \tag{2.68}$$
$$\zeta_2 = 0.0108$$
$$\zeta_3 = 0.0156$$

可以证明,此形式的运动方程(与式(2.54)类似)被求解后可得到与图 2.6 和图 2.7 所示相同的频率响应和时间响应。

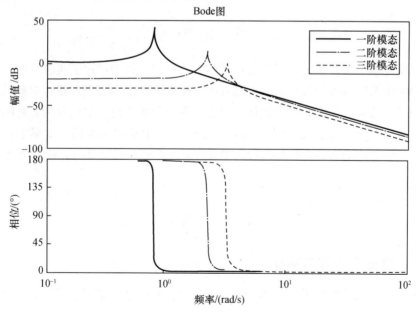

图 2.6　各个模态的频率响应

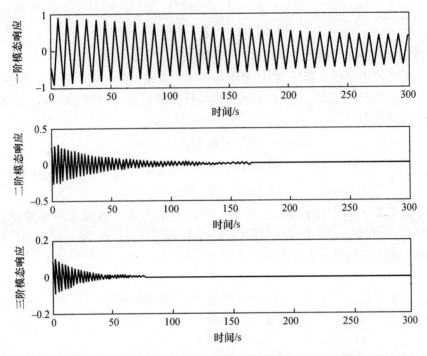

图 2.7　在质量 3 上施加单位脉冲力时质量 1 的时间响应

总　　结

本章对集中参数系统的振动进行了简要的介绍。集中讨论了离散系统运动微分方程的模态矩阵表示及解耦的处理方法。按本章给出的处理步骤可对离散系统的振动进行分析。本章介绍了如何处理比例阻尼和非比例阻尼以及两者之间的耦合,因为这在连续系统的运动微分方程的求解过程中是很关键的。本书第 4 章将表明连续系统运动微分方程如何被离散化,进而基于本章提供的方法对方程进行求解。

习　　题[①]

2.2　单自由度系统的振动

题 2.1　如图 2.8 所示的质量 - 弹簧系统,所有系统都是在水平面内振动。忽略链接和接触点处的摩擦和结构(b)、(c)中连杆机构的质量。对于结构(a)、

---

① 用星号(﹡)指出的练习是需要用数值求解器,如 Matlab/Simulink。

（b）和（c）：

（a）应用牛顿法推导质量 m 的运动微分方程；

（b）求出每个结构的固有频率。

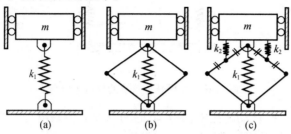

图 2.8　习题 2.1 中质量 – 弹簧系统

题 2.2　图 2.9（b）为数控机床刀具的简单模型。刀具的振动特征通过单自由度系统基础激励下的振动响应来描述。m、k 和 c 分别为刀具的等效质量、刚度和阻尼系数。在下列情况下求解 k 和 c 的值。

（a）刀具底座的步进运动为 u，刀具的响应如图 2.9（a）所示。

（b）在 $t = t_0$ 的时刻，误差 $x - u$ 不大于 ε。

求解满足上述条件（a）和（b）的 k 和 c 的值。

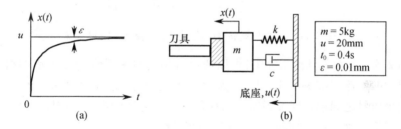

图 2.9　数控机床刀具的简单模型（b）和它的目标轨迹（a）

2.3　多自由度系统的振动

题 2.3　车辆悬挂系统以它最简单的结构进行建模，称为自行车模型，如图 2.10 所示。假设系统为线性微幅振动和处于静态平衡状态（在平衡状态列写运动微分方程时可以忽略重力）。

（a）推导竖直位移 x 和角位移 θ 的运动微分方程。

（b）根据下述关系，求固有频率和振型。$J = mK^2$（式中 K 是旋转半径且 $K = 0.5$），$2l_1 = l_2 = 2l$ 和 $2k_1 = k_2 = 2k$。

（c）在（a）中得到的运动微分方程是耦合的吗？它们耦合的本质是什么，静力耦合还是动力耦合？方程解耦的条件是什么？如果这些条件不能够满足，是否还有其他的方式使方程解耦？

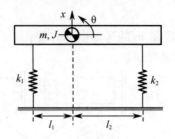

图 2.10 车辆悬挂系统的自行车模型

题 2.4 在一些被动减振中,需要阻尼和刚度的串联组合。推导图 2.11 所示系统的运动微分方程,图中阻尼器 c_2 和弹簧 k_2 串联。求输入 $y(t)$ 与输出 $z(t)$ 之间的微分方程。质量 m 和地面之间没有摩擦。

提示:在弹簧 k_2 和阻尼器 c_2 连接点处定义一个新的质量(如 M)。定义新质量的位移 $x(t)$ 方向向左。把此问题看做 2 自由度问题处理并推导其运动微分方程,之后令 $M=0$ 将方程数量减少为一个。

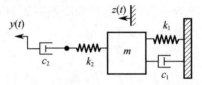

图 2.11 弹簧和阻尼器串联的质量 – 弹簧 – 阻尼系统

题 2.5 在许多机械系统中,可以通过合适的机械耦合使一个小的组件移动一个很大的物体。如图 2.12 所示,为使大质量 M 移动,将力 f 施加在小质量 m 上。两个质量之间通过线性弹簧和阻尼器并联建立弹性耦合。推导出系统的运动微分方程组并确定系统的输入变量和输出变量。

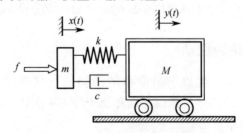

图 2.12 习题 2.5 的 2 自由度系统

题 2.6 通常,汽车的动力学是利用四分之一汽车模型进行分析的,如图 2.13 所示。m_1 表示车身 1/4 的质量,称为簧载质量;m_2 表示车轮的边缘及其附属部件的质量,称为非簧载质量。下标为 2 的是轮胎的性能,下标为 1 的是汽车悬架。根据吸振器的特殊结构及刚度特性,设计一个主动悬架系统以满足车辆的乘坐舒适性。解决此问题的第一步是推导运动微分方程。

（a）假设悬架系统没有外部输入，即图2.13中的 $u=0$，推导簧载质量和非簧载质量的运动微分方程。

（b）在（a）的情况下，在悬架的主动部件上施加一个 $u(t) = -K_P(x_1(t) - x_2(t))K_D(\dot{x}_1(t) - \dot{x}_2(t))$ 的 PD 控制器。观察主动吸振器（本部分中的）和被动吸振器（a）的运动微分方程，它们有什么不同？这个装置是否可以实时调节？

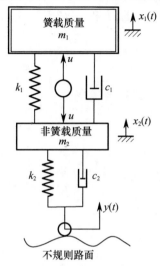

图 2.13　具有主动悬架系统的四分之一汽车模型

题 2.7　如图 2.14 所示，希望能够控制弹簧驱动车的位置。动力车（图 2.14 左）和被驱动车（图 2.14 右）通过压缩弹簧 k 耦合（图 2.14 下）。弹簧中的结构阻尼和其他类型的摩擦力等效为一个与弹簧线 k 并联的线性阻尼 c（图 2.14 下）。

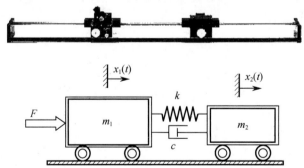

图 2.14　线性挠性接头系统（www. quanser. com）及其示意图

（a）写出描述该系统动态特性的微分方程组，并对方程组进行整理，我们将力 F 定为系统的输入变量，位移 x_2 定为输出变量。

（b）用状态变量的形式表示系统的动态特性（一阶的常微分方程组）并且确定状态变量。确定系统的系数矩阵和输入力的矩阵。

（c）假设初始条件为零，求出系统的运动微分方程并转换到拉普拉斯域中，进而求系统的传递函数 $TF(s) = X_2(s)/F(s)$。

（d）从（b）或者（c）中求出特征方程并确定系统是否稳定（利用特征根）。系统是几阶的？

（e）在施加一个单位力的情况下，当时间 $t \to \infty$（稳态误差）时，驱动车的位置在哪里？它是否与（d）中的稳定性结果一致？

第 3 章

变分力学简介

本章简要介绍了一些数学基础知识和数学工具,这些基础知识将贯穿本书,尤其是第 4 章～第 9 章。本章的主要内容包括变分法的介绍、变分力学的概述及动力学系统的运动微分方程推导步骤。这些简明但又重要的基础知识,将有助于本书第 II 部分压电材料/系统本构方程的推导。

3.1 变分法概述

经典高等微积分学研究的对象是函数。当一个函数的自变量变成其他变量的函数时,这门学科就扩展为"变分学"或"变分法"。变分法是分析动力学的基本数学工具,尤其是针对许多基于能量建模方法的连续系统。因此,本章给出了变分法的概述,以便于进一步研究本书中各种动力学系统的运动方程。

3.1.1　变分法概念

函数和泛函:函数 $y=f(x)$ 是一组独立输入值 x 和一组输出值 y 之间的对应关系,在这里 x 可以是常数或变量。泛函是函数的函数(泛函的自变量是其他独立变量的函数)。例如,在 $g=f(x(t))$ 中,函数 f 的自变量为 $x(t)$,而 $x(t)$ 又是时间变量 t 的函数。

变分位移和无穷小位移:考虑由具有固定几何约束的互相连接的元件所构成的系统,如图 3.1 所示。假设系统中的连杆 OA 产生了一个微小位移,则会遇到两种情况。第一种情况为连杆 OA 产生一个忽略几何约束的无穷小位移(图 3.2),故位移可能会违背约束条件,本书用 dx 表示 B 点的无穷小位移。第二种情况为连杆 OA 产生一个服从几何约束的无穷小位移,则 B 点的位移为“容许变分”,用 δx 表示,如图 3.3 所示。随后,本节将利用无穷小位移和变分位移的定义描述函数变分的概念。

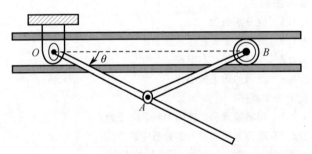

图 3.1　由互相连接的元件构成的系统

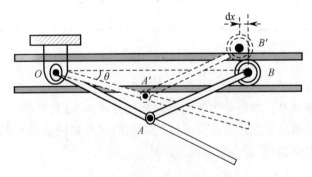

图 3.2　系统产生一个无穷小位移

备注 3.1:本节中所有变分位移均假设为容许变分,即变分位移服从固定几何约束。换而言之,在固定边界上的变分位移为零。但是当遇到自由或自然边界时,边界的变分位移不一定为零,这将在本章的后续部分进行详细讨论。

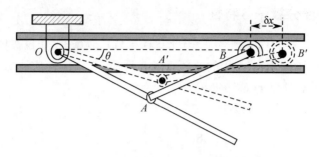

图 3.3　系统产生一个"容许变分"

变分算子的定义：设 $f(q)$ 是独立变量 q 的函数。假设函数 $f(q)$ 可以发生微小变化成为一个新的函数即 $f^*(q)$，如图 3.4 所示。因为假设变分位移为容许变分，所以 $f(q)$ 和 $f^*(q)$ 在边界上具有相同的数值（图 3.4 所示的 q_0 和 q_f），则函数 $f(q)$ 的变分定义为函数 $f(q)$ 和 $f^*(q)$ 之间的差值，即

$$\delta f(q) = \delta y \triangleq f^*(q) - f(q) \tag{3.1}$$

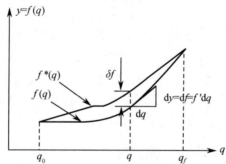

图 3.4　变分的概念

变分 δf 是 q 点处两条曲线之间的差值。从图 3.4 中可明显看出，在同一点上函数的变分 δf 与导数 $\mathrm{d}f$ 是不同的。这里的关键是"δ"为一个"算子"，即当变分算子 δ 作用于函数 f 时，就会产生变分 δf。下面基于变分的定义，给出函数增量和泛函增量的定义。

函数增量和泛函增量：函数 $f = f(q)$，$q \in \mathbf{R}^n$ 的增量定义为

$$\mathrm{d}f(q) \triangleq f(q + \mathrm{d}q) - f(q) \tag{3.2}$$

而泛函 $J = J(x)$，$x = x(t) \in \Omega$ 的增量定义为

$$\delta J(x) \triangleq J(x + \delta x) - J(x) \tag{3.3}$$

式中：$\delta J(x)$ 是函数 $x(t)$ 的变分。注意：由变分的定义可知，变分算子 δ 只能作用于函数（即 $x(t)$），而不能作用于独立变量（t）。这是一个非常重要的概念，尤其是对具有多重函数和独立变量的泛函进行变分时需要特别注意。

3.1.2 变分算子 δ 特性

如前所述,δ 被看作一个算子,因此其具有与其他算子(如拉普拉斯算子)相似的性质。这里只给出本书常用的变分算子 δ 性质,其余的性质请参考本章引用的变分学专用书籍(Hildebrand 1965)。

导数和变分算子 δ 可以相互交换。在数学上表示为

$$\delta\left(\frac{\mathrm{d}f}{\mathrm{d}x}\right) = \frac{\mathrm{d}}{\mathrm{d}x}(\delta f) \tag{3.4}$$

与导数类似,积分和变分算子 δ 也可以相互交换,即

$$\delta \int f(q)\,\mathrm{d}q = \int \delta f(q)\,\mathrm{d}q \tag{3.5}$$

利用上述性质可以证明,若

$$F(q) = \int f(q)\,\mathrm{d}q$$

则

$$\delta F(q) = f(q)\delta q \tag{3.6}$$

自由与强制边界条件:必须注意,到目前为止,变分 $f(q)$ 在边界上是受约束的(图 3.4 中的 $\delta f(q_0) = \delta f(q_f) = 0$)。即如果定义 $\delta f(q) = \varepsilon\lambda(q)$,其中 $\lambda(q)$ 为具有连续一阶导数的函数,ε 为一个小参数,那么,$\lambda(q_0) = \lambda(q_f) = 0$,$q_0$ 和 q_f 为图 3.4 中所示的边界值。这种情况称为"强制"或"几何"边界条件。后文将介绍对 $\lambda(q)$ 放宽约束的情况,即"自由"或"自然"边界条件。

3.1.3 变分法的基本定理

假设函数 $x(t) \in \Omega$ 和泛函 $J(x(t))$ 是可微的且函数 $x(t)$ 没有约束。那么,如果 $x^*(t)$ 是函数的极值(极大值或极小值),则在 $x^*(t)$ 处,泛函 J 的变分为零,即

$$\delta J(x^*(t), \quad \delta x) = 0 (对于所有容许的变分 \delta x 都成立) \tag{3.7}$$

其证明见本章引用的变分学文献(如 Hildebrand 1965; Kirk 1970)。

欧拉方程:利用变分的基本定理可以得到欧拉方程,其广泛应用于分析动力学,如拉格朗日方程的推导。

为叙述简洁,设函数 $x(t)$ 是变量 t 的一个标量函数且具有连续的一阶导数。函数 $x^*(t)$ 使如下泛函 $J(x(t))$ 具有局部极值[1],即

$$J(x(t)) = \int_{t_0}^{t_f} g(x(t), \dot{x}(t), t)\,\mathrm{d}t, \quad x(t_0) = x_0, \quad x(t_f) = x_f \tag{3.8}$$

---

[1] 注意:本章经常提到的 t_0 和 t_f 是独立变量 t 的边界条件,并不仅仅指"时间"变量。同理,在本部分中 $\mathrm{d}/\mathrm{d}t$ 也并不仅仅是时间的导数。

利用式(3.7)和泛函 J 的变分来求解 $x^*(t)$。为此,利用式(3.3)给出的泛函变分(或增量)的定义,则有

$$\delta J = J(x + \delta x) - J(x) = \int_{t_0}^{t_f} [g(x + \delta x, \dot{x} + \delta\dot{x}, t) - g(x, \dot{x}, t)] dt \quad (3.9)$$

可对式(3.9)右侧的第一个积分项进行泰勒展开。由于泛函 g 是两个函数(即 $x(t)$ 和 $\dot{x}(t)$)的函数,因此,这是一个二元泰勒展开。如前所述,变分不能作用于独立变量 t。因此,利用一阶泰勒展开的近似值展开泛函 g,即

$$g(x + \delta x, \dot{x} + \delta\dot{x}, t) = g(x, \dot{x}, t) + \frac{\partial g}{\partial x}\Big|_{x, \dot{x}, t} \delta x + \frac{\partial g}{\partial \dot{x}}\Big|_{x, \dot{x}, t} \delta\dot{x} + \text{HOT} \quad (3.10)$$

将式(3.10)代入式(3.9)并整理,可得

$$\delta J = \int_{t_0}^{t_f} (g_x \delta x, g_{\dot{x}} \delta\dot{x}) dt \quad (3.11)$$

其中

$$( )_x \triangleq \frac{\partial( )}{\partial x}$$

利用变分算子 δ 的第一个性质式(3.4),可得

$$\delta\dot{x} = \delta\left(\frac{dx}{dt}\right) = \frac{d}{dt}(\delta x) \quad (3.12)$$

利用部分积分法(式(A.3))和式(3.12),可以进一步简化式(3.11)。为此,将式(3.11)的第二个积分项展开,则有

$$\int_{t_0}^{t_f} g_{\dot{x}} \delta\dot{x} dt = \int_{t_0}^{t_f} g_{\dot{x}} \delta\left(\frac{dx}{dt}\right) dt = \int_{t_0}^{t_f} g_{\dot{x}} \frac{d}{dt}(\delta x) dt = g_{\dot{x}} \delta x \Big|_{t_0}^{t_f} - \int_{t_0}^{t_f} \frac{d}{dt}(g\dot{x}) \delta x dt \quad (3.13)$$

回顾式(3.8)中的假设,即边界条件为固定边界条件($x(t_0) = x_0$, $x(t_f) = x_f$),因此其变分必须为零,即

$$\delta x(t_0) = \delta x(t_f) = 0 \quad (3.14)$$

将式(3.14)代入式(3.13),再将结果代入式(3.11),则有

$$\delta J = \int_{t_0}^{t_f} \left\{\left(g_x - \frac{d}{dt}(g_{\dot{x}})\right)\delta x\right\} dt \quad (3.15)$$

利用变分法的基本定律,在 $\delta J = 0$ 时可以求解 $x^*(t)$。因为在式(3.15)中,变分 δJ 等于零,所以等式右侧的积分必须等于零,进而被积分项必须等于零,即

$$\left(g_x - \frac{d}{dt}(g_{\dot{x}})\right)\delta x = 0 \quad (3.16)$$

若要消去式(3.16)中的独立变量 δx(因为 $\delta x \neq 0$),则有

$$g_x - \frac{d}{dt}(g_{\dot{x}})\Big|_{x^*, \dot{x}^*} = 0 \quad (3.17)$$

其展开形式为

$$\frac{\partial}{\partial x}g(x^*,\dot{x}^*,t) - \frac{\mathrm{d}}{\mathrm{d}t}\left(\frac{\partial}{\partial \dot{x}}g(x^*,\dot{x}^*,t)\right) = 0 \qquad (3.18)$$

式(3.18)为欧拉方程。此结果可用于分析动力学和最优控制理论中运动微分方程的推导。

  自由边界条件:如前所述,到目前为止,本书分析的边界条件均是固定的(或几何的)。在一些特殊的应用场合中,柔性机构的边界条件作为其功能或结构的组成部分,它必须是自然的或自由的,这在本书的后续部分有所介绍。因此,讨论自由边界条件是非常重要的。为此,假设式(3.8)中所给出的边界条件可以自由化,即$\delta x(t_0) \neq 0$ 和/或 $\delta x(t_f) \neq 0$。展开式 (3.13),则有

$$\int_{t_0}^{t_f} g_{\dot{x}}\delta\dot{x}\mathrm{d}t = g_{\dot{x}}\delta x \Big|_{t_0}^{t_f} - \int_{t_0}^{t_f} \frac{\mathrm{d}}{\mathrm{d}t}(g_{\dot{x}})\delta x\mathrm{d}t$$

$$= g_{\dot{x}}\mid_{t_f}\delta x(t_f) - g_{\dot{x}}\mid_{t_0}\delta x(t_0) - \int_{t_0}^{t_f}\frac{\mathrm{d}}{\mathrm{d}t}(g_{\dot{x}})\delta x\mathrm{d}t \qquad (3.19)$$

将其代入式(3.11),则有

$$\delta J = \int_{t_0}^{t_f}\left(g_x - \frac{\mathrm{d}}{\mathrm{d}t}(g_{\dot{x}})\right)\mathrm{d}t\delta x + g_{\dot{x}}\mid_{t_f}\delta x(t_f) - g_{\dot{x}}\mid_{t_0}\delta x(t_0) \qquad (3.20)$$

  如前所述,由于式(3.20)中的 δJ 等于零且所有的变分为任意独立的值,因此,δx、$\delta x(t_0)$ 和 $\delta x(t_f)$ 的系数都必须为零,故欧拉方程可改写为

$$\delta x \to \frac{\partial}{\partial x}g(x^*,\dot{x}^*,t) - \frac{\mathrm{d}}{\mathrm{d}t}\left(\frac{\partial}{\partial \dot{x}}g(x^*,\dot{x}^*,t)\right) = 0$$

$$\delta x(t_0) \to \frac{\partial}{\partial \dot{x}}g(x^*,\dot{x}^*,t)\Big|_{t=t_0} = 0$$

$$\delta x(t_f) \to \frac{\partial}{\partial \dot{x}}g(x^*,\dot{x}^*,t)\Big|_{t=t_f} = 0 \qquad (3.21)$$

备注3.2:若任意给定一个固定边界条件,则在此边界条件上函数的变分为零。例如,若点 t_0 处的边界条件是固定边界条件,即 $x(t_0) = x_0$,则 $\delta x(t_0) = 0$。

  例3.1 求两点之间的最短长度。

  讨论在最优问题中应用欧拉方程。思考如下问题:求解一条光滑的曲线,使之在点 $x(0) = 1$ 和 $t = 5$ 之间长度最短(图3.5)。

  解:设待求曲线长度为 ℓ(图3.5),则有

$$\ell = \int_{t_0}^{t_f}\mathrm{d}s = \int_{t_0}^{t_f}\sqrt{\mathrm{d}t^2 + \mathrm{d}x^2}$$

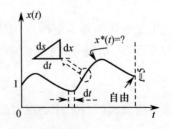

图3.5 例3.1的 $x(t) - t$ 图

$$= \int_{t_0}^{t_f} \mathrm{d}t \sqrt{1 + (\mathrm{d}x/\mathrm{d}t)^2} = \int_{t_0}^{t_f} \sqrt{1 + \dot{x}^2}\,\mathrm{d}t \qquad (3.22)$$

因此,需要求解长度 ℓ 的极值。将式(3.22)与式(3.8)比较,可得

$$g(x, \dot{x}, t) = \sqrt{1 + \dot{x}^2} \qquad (3.23)$$

现在需找到 $x(t)$ 的一个极值,即 $x^*(t)$,使变分 $\delta\ell = 0$。为此,对式(3.23)中的泛函 g 应用欧拉方程式(3.21)。由于式(3.23)中的泛函 g 并不是 x 的显函数,所以欧拉方程简化为

$$\frac{\mathrm{d}}{\mathrm{d}t}(g_{\dot{x}}) = 0 \rightarrow g_{\dot{x}} = C = 常数 \qquad (3.24)$$

将式(3.23)代入到式(3.24)中,可得

$$g_{\dot{x}} = \frac{\dot{x}}{\sqrt{1 + \dot{x}^2}} = C \Rightarrow \dot{x} = C_1 \Rightarrow x(t) = C_1 t + C_2 \qquad (3.25)$$

式(3.25)得到的结果为函数 $x(t)$ 的一般形式,揭示了具有最短长度的曲线必须是一条直线,而这也与猜想一致。

利用边界条件,可以得到常数 C_1 和 C_2。$x(t_0)$ 处为固定边界条件,因此将 $x(0) = 1$ 代入式(3.25),得到 $C_2 = 1$。曲线的末端可以为直线 $t = 5$ 上的任意一点,因此 $x(t_f)$ 处为自由边界条件(图3.5)。对式(3.25)应用自由边界条件(式(3.21)的第三个方程),则有

$$g_{\dot{x}}|_{t=5} = 0 \Rightarrow \frac{\dot{x}}{\sqrt{1 + \dot{x}^2}} = \frac{C_1}{\sqrt{1 + C_1^2}} = 0 \Rightarrow C_1 = 0 \qquad (3.26)$$

确定常数 C_1 和 C_2 后,函数 $x^*(t)$ 的最终表达式为

$$x^*(t) = 1 \qquad (3.27)$$

正如预期的那样,这是一条垂直于直线 $t = 5$ 的直线。

3.1.4 泛函的约束极小化

在大多数情况下,人们希望找到一个条件,在此条件下,函数是稳定的(即达到它的最大或最小极值)。若 (x_0, y_0) 是函数 $f(x, y)$ 的一个驻点,且 x 和 y 是两个独立的变量,则函数 $f(x, y)$ 可在此驻点附近展开为

$$f(x, y) = f(x_0, y_0) + (x - x_0)\frac{\partial f}{\partial x}\bigg|_{x_0, y_0} + (y - y_0)\frac{\partial f}{\partial y}\bigg|_{x_0, y_0} + \mathrm{HOT} \qquad (3.28)$$

若点 (x_0, y_0) 是函数的驻点,那么,式(3.28)中 $f(x, y)$ 的一阶导数为零。因此,式(3.28)的结果为 $f(x, y) = f(x_0, y_0)$。

但如果存在约束,则很难求解方程的驻点。假设 $h(x, y) = 0$ 是函数 $f(x, y)$ 的一个代数约束,则此约束的导数为

$$\frac{\mathrm{d}h}{\mathrm{d}x} = \frac{\partial h}{\partial x} + \frac{\partial h}{\partial y}\frac{\mathrm{d}y}{\mathrm{d}x} \qquad (3.29)$$

因为 $h(x,y)=0$，故 $\mathrm{d}h/\mathrm{d}x=0$。利用此结果和式(3.29)，可得

$$\frac{\mathrm{d}h}{\mathrm{d}x}=0 \quad \rightarrow \quad \frac{\partial h}{\partial x}+\frac{\partial h}{\partial y}\frac{\mathrm{d}y}{\mathrm{d}x}=0 \quad \rightarrow \quad \frac{\mathrm{d}y}{\mathrm{d}x}=-\frac{\partial h/\partial x}{\partial h/\partial y} \tag{3.30}$$

考虑函数 $f(x,y(x))$ 的稳定条件为隐导数必须为零，即 $\mathrm{d}f/\mathrm{d}x=0$，则有

$$\frac{\mathrm{d}f}{\mathrm{d}x}=\frac{\partial f}{\partial x}+\frac{\partial f}{\partial y}\frac{\mathrm{d}y}{\mathrm{d}x}=0 \quad \rightarrow \quad \frac{\mathrm{d}y}{\mathrm{d}x}=-\frac{\partial f/\partial x}{\partial f/\partial y} \tag{3.31}$$

比较式(3.30)和式(3.31)，可得

$$\frac{\partial f/\partial x}{\partial h/\partial x}=\frac{\partial f/\partial y}{\partial h/\partial y}=常数=-\lambda \tag{3.32}$$

式(3.32)可改写为

$$\frac{\partial f}{\partial x}+\lambda\frac{\partial h}{\partial x}=0, \quad \frac{\partial f}{\partial y}+\lambda\frac{\partial h}{\partial y}=0 \tag{3.33}$$

式(3.33)为包含变量 x、y 和 λ 的函数 f_a 稳定所必须满足的条件，函数 f_a 定义为

$$f_a(x,y,\lambda)=f(x,y)+\lambda h(x,y) \tag{3.34}$$

式中：λ 为拉格朗日乘子。

综上所述，在有约束的情况下，可以根据约束的数量对原始函数(即 f)增加适当数量的拉格朗日乘子并求解增广函数(即 f_a)的驻点。通过上述方法既可解决约束条件同时也得到函数的驻点。

利用拉格朗日乘子，可以研究泛函的约束极小化问题。即通过使用拉格朗日乘子增广泛函的方法求解具有约束的泛函极小化问题。对此，极小化问题的泛函为

$$J(x(t))=\int_{t_0}^{t_f}g(x(t),\dot{x}(t),t)\mathrm{d}t \tag{3.35}$$

在具有 n 个约束或关系，即

$$f_i(x,\dot{x},t)=0(i=1,2,\cdots,n) \tag{3.36}$$

的条件下，式(3.35)可扩展为极小化问题的增广泛函 J_a 为

$$J_a(x,\boldsymbol{P})=\int_{t_0}^{t_f}(g+\boldsymbol{P}(t)\cdot\boldsymbol{f}^{\mathrm{T}})\mathrm{d}t \tag{3.37}$$

式中：$\boldsymbol{P}=\{P_1,P_2,\cdots,P_n\}$ 为由 n 个拉格朗日乘子组成的向量；$\boldsymbol{f}=\{f_1,f_2,\cdots,f_n\}$。因此，增广泛函的变分为

$$\begin{aligned}\delta J_a=\int_{t_0}^{t_f}\big[&g(x+\delta x,\dot{x}+\delta\dot{x},t)+(\boldsymbol{P}(t)+\delta\boldsymbol{P}(t))\cdot\boldsymbol{f}^{\mathrm{T}}(x+\delta x,\dot{x}+\delta\dot{x},t)\\&-(g(x,\dot{x},t)+\boldsymbol{P}(t)\cdot\boldsymbol{f}^{\mathrm{T}}(x,\dot{x},t))\big]\mathrm{d}t\end{aligned} \tag{3.38}$$

与无约束情况类似，对式(3.38)进行泰勒级数展开和简化，得到有约束情况下改进的欧拉方程为

34

$$\frac{\partial}{\partial x}g_a(x^*,\dot{x}^*,t)-\frac{\mathrm{d}}{\mathrm{d}t}\left(\frac{\partial}{\partial \dot{x}}g_a(x^*,\dot{x}^*,t)\right)=0 \tag{3.39}$$

其中

$$g_a=g(x,\dot{x},t)+\boldsymbol{P}(t)\cdot\boldsymbol{f}^{\mathrm{T}}(x,\dot{x},t) \tag{3.40}$$

同时求解式(3.39)和式(3.36),得到极值解 $x^*(t)$ 和从 P_1 到 P_n 的 n 个拉格朗日乘子。

到目前为止,已经对变分学必要的数学基础进行了简要介绍。变分的基本定律将作为分析动力学的基本工具,尤其是应用于 Hamilton 原理中。下一节将给出 Hamilton 原理的概述及其推导。

3.2 变分力学概述

本节将介绍扩展的 Hamilton 原理并对功能关系进行简要回顾。为突出本节重点,用简单的粒子系统代替复杂的三维柔性结构建立方程并进行推导。建立功能关系并得到扩展的 Hamilton 原理后,其结果可用于更复杂的系统。对相关知识感兴趣的读者可参阅本章引用的文献。

3.2.1 功能原理和扩展的 Hamilton 原理

如前所述,质量为 m 的质点沿着如图 3.6 所示的路线(实线)运动。假设质点受到一个变化的合力 $\boldsymbol{f}(\boldsymbol{x}(t),t)\in\mathbf{R}^3$ 的作用,且其可以用广义位移 $\boldsymbol{x}(t)\in\mathbf{R}^3$ 描述。需注意合力 $\boldsymbol{f}$ 与时间和质点的广义坐标相关。

对质点应用牛顿第二定律,则有

$$\boldsymbol{f}(\boldsymbol{x},t)=\frac{\mathrm{d}\boldsymbol{p}(t)}{\mathrm{d}t},\boldsymbol{p}(t)\triangleq m\frac{\mathrm{d}\boldsymbol{x}(t)}{\mathrm{d}t} \tag{3.41}$$

将合力 $\boldsymbol{f}(t)$ 分解为内力和外力,则式(3.41)写为

$$\boldsymbol{f}^{\mathrm{int}}+\boldsymbol{f}^{\mathrm{ext}}=\frac{\mathrm{d}\boldsymbol{p}}{\mathrm{d}t} \tag{3.42}$$

式中:$\boldsymbol{f}^{\mathrm{int}}$ 和 $\boldsymbol{f}^{\mathrm{ext}}$ 分别为内力和外力。为简化推导过程,省略函数的自变量。

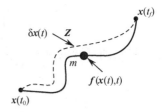

现考虑如图 3.6(虚线)所示的其他路径,并对式(3.42)应用容许变分。遵循 3.1 节中所讨论的变分算子的概念,可得

图 3.6　质量为 m 的质点沿任意路径 $x(t)$ 运动图

$$\boldsymbol{f}^{\mathrm{int}}\delta\boldsymbol{x}+\boldsymbol{f}^{\mathrm{ext}}\delta\boldsymbol{x}=\frac{\mathrm{d}\boldsymbol{p}}{\mathrm{d}t}\delta\boldsymbol{x} \tag{3.43}$$

已知作用在质点上的外力 $\boldsymbol{f}$ 所做的功定义为 $W=\int_x\boldsymbol{f}\cdot\mathrm{d}\boldsymbol{x}$,并利用变分性质(式(3.6)),式(3.43)可改写为

35

$$\delta W^{\text{int}} + \delta W^{\text{ext}} = m \frac{\mathrm{d}\dot{x}}{\mathrm{d}t} \delta x \tag{3.44}$$

式中:δW^{int}和δW^{ext}分别为内力和外力所做的虚功。

内功与对应内力的势能相关。因此,δW^{int}为

$$\delta W^{\text{int}} \triangleq -\delta U(x) \tag{3.45}$$

式中:$U(x)$为内力f^{int}的势函数。利用此定义,式(3.44)可写为

$$\delta W^{\text{ext}} - \delta U - m \frac{\mathrm{d}x}{\mathrm{d}t} \delta \dot{x} = 0 \tag{3.46}$$

将式(3.46)在图3.6所示的路径上积分,即从t_0到t_f,可得

$$\int_{t_0}^{t_f} (\delta W^{\text{ext}} - \delta U)\,\mathrm{d}t - \int_{t_0}^{t_f} m \frac{\mathrm{d}\dot{x}}{\mathrm{d}t} \delta x\,\mathrm{d}t = 0 \tag{3.47}$$

利用在附录 A 中的部分积分法,式(3.47)中的最后一项可简化为

$$\int_{t_0}^{t_f} m \frac{\mathrm{d}}{\mathrm{d}t} \dot{x} \delta x \mathrm{d}t = m\dot{x}(t)\delta x(t)\,\Big|_{t_0}^{t_f} - \int_{t_0}^{t_f} m\dot{x}(t)\,\frac{\mathrm{d}}{\mathrm{d}t}(\delta x)\,\mathrm{d}t \tag{3.48}$$

为不失一般性,假设边界条件为固定边界条件(图3.6),因此$\delta x(t_0) = \delta x(t_f) = 0$。也可以根据3.1节所述,很容易将其扩展到自由边界条件。利用上述假设和变分算子的性质(式(3.4)),式(3.48)可简化为

$$\int_{t_0}^{t_f} m \frac{\mathrm{d}\dot{x}}{\mathrm{d}t} \delta x \mathrm{d}t = -\int_{t_0}^{t_f} m\dot{x}(t)\delta \dot{x}\mathrm{d}t \tag{3.49}$$

利用变分算子 δ 的概念,可得

$$\delta\left(\frac{1}{2} m\dot{x}^2(t)\right) = m\dot{x}(t)\delta\dot{x} \triangleq \delta T(\dot{x}) \tag{3.50}$$

式中:T 为质点 m 的动能。将式(3.49)和式(3.50)的结果代入式(3.47),则有

$$\int_{t_0}^{t_f} (\delta W^{\text{ext}} - \delta U + \delta T)\,\mathrm{d}t = 0 \tag{3.51}$$

定义拉格朗日函数为 $L = T - U$,式(3.51)可写为

$$\int_{t_0}^{t_f} (\delta L + \delta W^{\text{ext}})\,\mathrm{d}t = 0 \tag{3.52}$$

式(3.52)即为扩展的 Hamilton 原理的一般形式。

备注3.3:此推导过程对由质点组成的系统、刚体和柔性体同样适用,并且可以得到相同的表达式,相关内容请参阅参考文献(Meirovitch 1997;Baruh 1999)。

备注3.4:在 Hamilton 原理(式(3.52))中,所有具有对应势能的内力所做的功都包含在势能 U(即式(3.45))中。这些具有势函数的力称为保守力。在式(3.52)中,外力功 W^{ext} 包含了外力和非保守力所做的功。为更好地阐述此备注,本节将举例说明。

例 3.2 受轴向载荷作用的均匀杆的势能。

如图 3.7 所示,均匀杆一端固定,另一端受到逐渐变大的轴向载荷 P 作用,求均匀杆的势能。

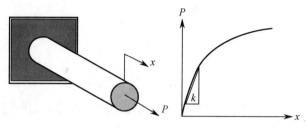

图 3.7 例 3.2 中受到变化载荷 P 作用的均匀杆

易知,当杆伸长时,载荷 P 做功为

$$W_P = \int_0^x P(x)\,\mathrm{d}x \qquad (3.53)$$

假设变形为线性弹性变形(图 3.7 中载荷 – 形变曲线的线性部分),载荷 P 与形变 x 为线性关系,即

$$P = kx \qquad (3.54)$$

式中: k 为材料刚度常数。将式(3.54)代入式(3.53),可得杆受到轴向载荷作用时的势能(也称为应变能)为

$$U_P = \int_0^x kx\mathrm{d}x = \frac{1}{2}kx^2 \qquad (3.55)$$

备注 3.5:在没有外力和非保守力作用下,Hamilton 原理可简化为

$$\int_{t_0}^{t_f} (\delta L(\boldsymbol{x},\dot{\boldsymbol{x}},t))\,\mathrm{d}t = \delta \int_{t_0}^{t_f} L(\boldsymbol{x},\dot{\boldsymbol{x}},t)\,\mathrm{d}t = 0 \qquad (3.56)$$

式(3.56)与 3.1 节所讨论的泛函极小化的形式完全相同,即 $L \equiv g$(g 包含于式(3.8))。此方程表明,拉格朗日函数积分的变分等于零。通过利用这一重要结论,可以很方便地推导任意动力系统的运动微分方程,而不需要利用牛顿法分解系统。值得注意的是,该方法仅利用单一标量函数(拉格朗日函数)推导运动方程。上述例题只是简单结构(非保守系统)的一个简略示范。这里为简化问题进行的假设将会在后续求解过程中适当放宽。

3.2.2 欧拉方程在动力学分析中的应用

为示范欧拉方程和微积分基本定律在分析力学中的应用,本节将介绍利用 Hamilton 原理推导拉格朗日方程。为不失一般性且避免推导过程过于复杂,假设在 Hamilton 原理(式(3.56))中的 x 为标量。显然,式(3.56)是一直在研究的泛函极小化的标准形式,即 $L \equiv g$。求解最优路径或轨迹 $x^*(t)$ 要求泛函(式(3.56))等

于零。不用重复上述细节,可导出如下形式的欧拉方程,即

$$\frac{\partial}{\partial x}L(x^*,\dot{x}^*,t) - \frac{d}{dt}\left(\frac{\partial}{\partial \dot{x}}L(x^*,\dot{x}^*,t)\right) = 0 \tag{3.57}$$

对于本书中的大多数动力系统,有如下假设,即

$$T(x,\dot{x},t) = T(\dot{x})\left(T = \frac{1}{2}m\dot{x}^2\right) \tag{3.58}$$

$$U(x,\dot{x},t) = U(x)\left(U = \frac{1}{2}kx^2\right) \tag{3.59}$$

随后,将会放宽这些假设来得到一般形式的拉格朗日方程。利用这些假设,可以得到式(3.57)中函数 L 的偏导为

$$\frac{\partial L}{\partial x} = \frac{\partial}{\partial x}(T(\dot{x}) - U(x)) = \frac{\partial U(x)}{\partial x}$$

$$\frac{\partial L}{\partial \dot{x}} = \frac{\partial}{\partial \dot{x}}(T(\dot{x}) - U(x)) = \frac{\partial T(\dot{x})}{\partial \dot{x}} \tag{3.60}$$

将式(3.60)中的偏导代入式(3.57),则有

$$\frac{d}{dt}\left(\frac{\partial T}{\partial \dot{x}}\right) + \frac{\partial U}{\partial x} = 0 \tag{3.61}$$

式中:动能 T 是 x 和 $\dot{x}$ 的函数,即 $T = T(x,\dot{x})$,则式(3.60)中第一个偏导可以展开为

$$\frac{\partial L}{\partial x} = \frac{\partial}{\partial x}(T(x,\dot{x}) - U(x)) = \frac{\partial T(x)}{\partial x} - \frac{\partial U(x)}{\partial x} \tag{3.62}$$

将式(3.62)代入式(3.57),则有

$$\frac{d}{dt}\left(\frac{\partial T}{\partial \dot{x}}\right) - \frac{\partial T}{\partial x} + \frac{\partial U}{\partial x} = 0 \tag{3.63}$$

式(3.63)称为保守系统的拉格朗日方程。对于有非保守力 Q 作用的动力系统,非保守力 Q 所做的非保守功为

$$W_{nc} = \int_x Q\,dx \tag{3.64}$$

利用式(3.6)所给出的变分算子 δ 的第三个性质,式(3.64)的变分可简化为

$$\delta W_{nc} = Q\delta x \tag{3.65}$$

另一方面,利用式(3.52),可以得到非保守系统的 Hamilton 原理为

$$\delta \int_{t_0}^{t_f} (L(x,\dot{x},t) + W_{nc})\,dt = 0 \tag{3.66}$$

将式(3.65)代入式(3.66),则非保守系统的 Hamilton 原理可简化为

$$\int_{t_0}^{t_f} (\delta L(x,\dot{x},t) + Q\delta x)\,dt = 0 \tag{3.67}$$

利用与前文类似的推导过程,式(3.67)可改写为

$$\int_{t_0}^{t_f} \left(\frac{\partial}{\partial x} L(x, \dot{x}, t) - \frac{\mathrm{d}}{\mathrm{d}t} \left(\frac{\partial}{\partial \dot{x}} L(x, \dot{x}, t) \right) + Q \right) \delta x \mathrm{d}t = 0 \qquad (3.68)$$

遵照先前给出的论证,即因为变分 δx 可以取任意值,所以 δx 的系数必须为零,则有

$$\frac{\mathrm{d}}{\mathrm{d}t} \left(\frac{\partial L}{\partial \dot{x}} \right) - \frac{\partial L}{\partial x} = Q \qquad (3.69)$$

或利用之前得到的函数 L 的偏导,则有

$$\frac{\mathrm{d}}{\mathrm{d}t} \left(\frac{\partial T}{\partial \dot{x}} \right) - \frac{\partial T}{\partial x} + \frac{\partial U}{\partial x} = Q \qquad (3.70)$$

式(3.70)为非保守系统一般形式的拉格朗日方程,易将此结果扩展到多自由度系统,相关过程留给感兴趣的读者自行推导。

3.3　运用解析法进行运动学方程推导的步骤

如前所述,可以利用扩展的 Hamilton 原理(式(3.52)或式(3.56))推导运动微分方程。对此,可以采取两种不同的方法。第一种方法是对系统的 Hamilton 原理(式(3.52)或式(3.56))进行变分运算,以得到系统在独立广义坐标下的运动微分方程,即拉格朗日方程。拉格朗日方程适用于确定任一给定问题的运动微分(通常为常微分)方程(3.2.2 节)。正如第 2 章所述,此方法更适用于集中参数系统。

第二种方法是先求得拉格朗日函数 L(同时表达动能和势能),然后对其进行变分运算得到运动微分(通常为偏微分)方程。由于分布参数系统的性质,本书中推导其运动微分方程时,首选第二种方法,其推导步骤如下。

(1)选择一组可以完全表示系统运动的独立的自由度或者坐标。这些自由度或者坐标称为广义坐标。

(2)确定外力、非保守力和保守力。计算外力和非保守力所做的功并归纳到单一项 W^{ext} 中;计算如弹力、应力和重力等保守力的能量并归纳到单一项势能 U 中。将 W^{ext} 和 U 写成步骤(1)中定义的广义坐标的函数。

(3)确定系统以广义坐标为变量的动能函数 T 及其导数。

(4)对 Hamilton 原理中的 W^{ext}、T 和 U 进行变分运算。有时需要积分能够在时域和空间域之间转换,故建议保留积分式(3.52)或式(3.56)中的变分。这将在第 4 章中举例阐明。

(5)整理合并变分项并假设这些变分是相互独立的。利用与 3.2.2 节相同的过程,以得到系统的运动微分方程和边界条件。

由以上步骤可知,只要能确定单一标量项,即拉格朗日函数 L,几乎可以推导任意动力系统的运动微分方程。拉格朗日函数是由势能和动能组成的。利用初等

动力学知识可以很容易求出动能,故本书没有给出详细的推导计算过程。许多振动柔性系统具有应变或其他储能方式,在这类系统的建模中,求解系统势能是一项基础工作,因此需要特别注意。根据上述内容,第 4 章将介绍三维变形体的功,并首先给出三维变形体的平衡微分方程。

总　　结

本章介绍了变分学的基本知识。变分学是从 Hamilton 原理推导拉格朗日方程过程中的有力工具,而这也是推导动力学系统运动微分方程中非常重要的一步。

习　　题

3.1　变分学

3.1　求出下列泛函的极值 $x^*(t)$。

(a) $J(x) = \int_1^4 [x^2(t) + 2x(t)\dot{x}(t) + \dot{x}^2(t)] \mathrm{d}t$, $x(1) = 0$, $x(4) = -2$。

(b) $J(x) = \int_0^2 [\frac{1}{2}\dot{x}^2(t) + x(t)\dot{x}(t) + \dot{x}(t) + x(t)] \mathrm{d}t$, $x(0) = 0$, $x(1) =$ 任意值。

3.2　考虑泛函

$$J(x) = \int_{t_0}^{t_f} g\left(x(t), \dot{x}(t), \cdots, \frac{\mathrm{d}^r x(t)}{\mathrm{d}t^r}, t\right) \mathrm{d}t$$

式中:t_0 和 t_f 是固定的。本题给出了 $2r$ 个固定边界条件即点 $(x(t_0), x(t_f))$ 和 t_0 与 t_f 处的前 $(r-1)$ 阶导数。证明泛函的欧拉方程为

$$\sum_{i=0}^r (-1)^r \frac{\mathrm{d}^k}{\mathrm{d}t^k}\left[\frac{\partial g}{\partial x^{(k)}}\left(x^*(t), \cdots, \frac{\mathrm{d}^r x^*(t)}{\mathrm{d}t^r}, t\right)\right] = 0$$

式中:$x^{(k)}$ 为 $\frac{\mathrm{d}^k x(t)}{\mathrm{d}t^k}$。

3.3　利用欧拉方程求解泛函的极值。

$$J(x) = \int_0^1 [x(t)\dot{x}(t) + \ddot{x}^2(t)] \mathrm{d}t; x(0) = 0, \dot{x}(0) = 1, x(1) = 2 \text{ 和 } \dot{x}(1) = 4$$

3.4　单位质量的质点在表面 $f(w_1(t), w_2(t), w_3(t)) = 0$ 上运动,在时间 T 内从点 (w_{10}, w_{20}, w_{30}) 运动到点 (w_{1f}, w_{2f}, w_{3f})。证明如果质点沿着动能积分最小的路径运动,则质点的运动满足如下方程。

$$\frac{\dot{w}_1}{\frac{\partial f}{\partial w_1}} = \frac{\dot{w}_2}{\frac{\partial f}{\partial w_2}} = \frac{\dot{w}_3}{\frac{\partial f}{\partial w_3}}$$

3.5　平面曲线 $y(x)$ 是连接点 (x_1, y_1) 和点 (x_2, y_2) 的,且 $x_1 < x_2$。曲线 $y(x)$ 绕 x 轴旋转生成旋转曲面,且 $x_1 \leqslant x \leqslant x_2$(图 E3.1)。求旋转曲面具有最小面积时, 在 xy 平面内所对应的曲线 $y(x)$。

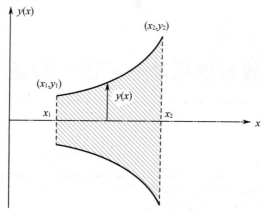

图 E3.1　习题 3.5 的旋转曲面

3.6　考虑下列拉格朗日泛函

$$L = \int_0^\ell \frac{\rho A}{2} \left(\frac{\partial u}{\partial t} \right)^2 \mathrm{d}x - \int_0^\ell \frac{AE}{2} \left(\frac{\partial u}{\partial t} \right)^2 \mathrm{d}x + \int_0^\ell f u \mathrm{d}x + F u(\ell, t)$$

泛函 L 与杆轴向振动时所产生的轴向位移 $u(x,t)$ 对应。求解在 $\delta u(0,t) = \delta u(x, t_1) = \delta u(x, t_2) = 0$ 时,泛函 L 的一阶变分。

第 *4* 章

分布参数系统振动分析的一种统一方法

    本章简要介绍了分布参数系统振动。本文在研究时采用一种统一的方法,即基于能量的建模方法来描述系统特性。如第 1 章所述,该方法便于在智能材料,特别是压电材料中,建立和观察各个场(如电场、力学场、磁场)之间的联系。本书讨论的压电振动控制系统,是相互作用场中尤为重要的一种,因此,本章内容将为压电系统和振动控制系统(分别在第 8 章和第 9 章讨论)的后续建模与控制奠定基础。

根据第 3 章所述的功能关系和哈密顿(Hamiltan)原理,本章将给出变形体在三维空间的微分方程。之后,利用哈密顿原理推导弹性连续系统的运动微分方程。最后,给出连续系统振动的实例,包括杆的纵向振动、梁和板的横向振动。上述实例的选取具有一定针对性,在后续章节对压电作动器和传感器进行建模时,可能会用到这些实例。

4.1　变形体的平衡状态和运动学模型

如 3.3 节所述,若要推导连续系统的运动微分方程,需要定义势能项(在振动控制中通常为应变能)。因此,本节首先给出连续体的运动微分方程,随后给出应变与位移的关系以及应力 – 应变本构关系。

4.1.1　平衡微分方程

根据材料力学,应力 σ_{pq} 和应变 S_{pq}[①]分别表示沿着 q 轴方向作用在表面或平面 p 上的应力和应变(图 4.1)。另外,与力作用表面或平面垂直的应力(如 σ_{pp} 或 σ_{qq})为正应力,记为 σ。作用于同一平面的其他应力分量为剪切应力,记为 τ。

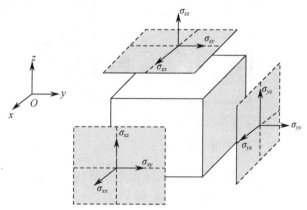

图 4.1　应力/应变分量具体表示

构造一个小长方体,其沿 x 轴、y 轴和 z 轴方向上的尺寸分别为 dx、dy 和 dz,小长方体在应力应变场中变化连续。作用于长方体后表面的应力场如图 4.2(a)所示。

作用在前表面的应力分量通过一阶泰勒公式展开为图 4.2(b)中的形式。为了提高图形的可读性,只标出了显而易见的分量,同理可以得到其他分量。需要注

---

① 　应力常用的标准符号 ε 和 γ 在这里用 S 代替,为的是在本书第 Ⅱ 部分和第 Ⅲ 部分的压电本构方程中使用时,保证符号的一致性。

意的是,这些应力是同时作用在连续体上的,将它们分别放在后表面和前表面是为了使图形简洁易读。

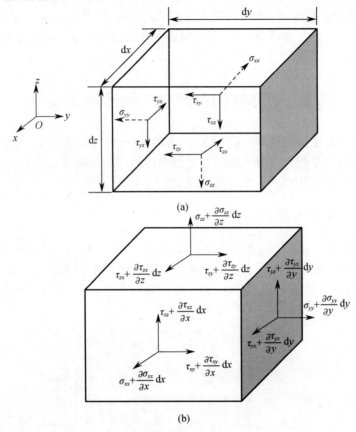

(a)

(b)

图 4.2　作用于前表面(a)和后表面(b)的应力场

假设 F_x、F_y 和 F_z 表示单位体积上的体积力分量(在图 4.2 中未标出),为了保持平衡状态,沿 x 轴方向力的总和应为零,即

$$\left(\sigma_{xx} + \frac{\partial \sigma_{xx}}{\partial x}\mathrm{d}x\right)\mathrm{d}y\mathrm{d}z - \sigma_{xx}\mathrm{d}y\mathrm{d}z + \left(\tau_{yx} + \frac{\partial \tau_{yx}}{\partial y}\mathrm{d}y\right)\mathrm{d}x\mathrm{d}z - \tau_{yx}\mathrm{d}x\mathrm{d}z$$

$$+ \left(\tau_{zx} + \frac{\partial \tau_{zx}}{\partial z}\mathrm{d}z\right)\mathrm{d}x\mathrm{d}y - \tau_{zx}\mathrm{d}x\mathrm{d}y + F_x\mathrm{d}x\mathrm{d}y\mathrm{d}z = 0 \qquad (4.1)$$

简化方程,且任意单元体积中 $\mathrm{d}V = \mathrm{d}x\mathrm{d}y\mathrm{d}z$,则有

$$\frac{\partial \sigma_{xx}}{\partial x} + \frac{\partial \tau_{yx}}{\partial y} + \frac{\partial \tau_{zx}}{\partial z} + F_x = 0 \qquad (4.2)$$

式(4.2)可以确保连续体在 x 轴方向上静止,但不能阻止其围绕 x 轴转动,因此,若要连续体处于平衡状态,还应当考虑力矩平衡。为此,规定通过连续体中心且平行于 x 轴方向的力矩和为零,经过整理和简化得到

44

$$\tau_{yz} = \tau_{zy} \tag{4.3}$$

同理得到 y 轴和 z 轴方向上的平衡微分方程。综上所述,任意可变形连续体的平衡状态微分方程为

$$\frac{\partial \sigma_{xx}}{\partial x} + \frac{\partial \tau_{xy}}{\partial y} + \frac{\partial \tau_{xz}}{\partial z} + F_x = 0$$

$$\frac{\partial \tau_{yx}}{\partial x} + \frac{\partial \sigma_{yy}}{\partial y} + \frac{\partial \tau_{yz}}{\partial z} + F_y = 0$$

$$\frac{\partial \tau_{zx}}{\partial x} + \frac{\partial \tau_{zy}}{\partial y} + \frac{\partial \sigma_{zz}}{\partial z} + F_z = 0 \tag{4.4}$$

上式均考虑了对称的剪切应力,如 $\tau_{xy} = \tau_{yx}$,$\tau_{xz} = \tau_{zx}$ 和 $\tau_{yz} = \tau_{zy}$。由于没有规定连续体的大小、形状和位移量,上述方程在任何条件下都是适用的。下一节将使用这些重要结论表示三维变形体的虚功。

使用附录 A 中的指标记法,可以把平衡微分方程改写为更加紧凑的形式。将图 4.2 中的坐标系 xyz 用 $x_1 x_2 x_3$ 表示,其中 x_1 表示 x 轴,依此类推,应力分量也用指标记法表示,则式(4.4)表示为

$$\frac{\partial \sigma_{ij}}{\partial x_j} + F_i = 0 \quad (i = 1,2,3) \tag{4.5}$$

式中:应力分量的下标 1、2、3 分别表示 x、y、z。指标记法可以显著简化本章后续方程的推导和论述。

4.1.2　应变位移关系

前面介绍了可变形连续体处于平衡状态的条件,这些条件只考虑了作用在连续体上的应力和应变,没有考虑连续体的运动。为研究三维条件下的可变形连续体,还需建立应变与位移之间的关系,即接下来进行的运动学分析。

定义应变的方法有很多种(如欧拉应变、工程应变、拉格朗日应变和格林应变),而本章选用的方法包含上述所有应变定义的本质,即选用连续体的一个具有代表性的长度值来定义应变,并定义一个量来表示这个长度值在变形前后的变化。为了更好地描述这一过程,对于图 4.3 的小长方体,$t = 0$ 时表示其未变形状态,$t = t$ 时表示其变形状态。

为区分图 4.3 中未变形状态和变形状态的符号,用大写的 X_1、X_2、X_3 表示连续体未变形状态下的位置向量,用小写的 x_1、x_2、x_3 表示变形状态下的位置向量。由此可知,变形状态下的位置向量可以表示为未变形状态位置向量的函数,反之亦然,即

$$\boldsymbol{x} = \boldsymbol{x}(\boldsymbol{X}, t) \text{ 或 } \boldsymbol{X} = \boldsymbol{X}(\boldsymbol{x}, t) \tag{4.6}$$

其中

$$\boldsymbol{x} = \{ x_1 \ x_2 \ x_3 \}^{\mathrm{T}}, \quad \boldsymbol{X} = \{ X_1 \ X_2 \ X_3 \}^{\mathrm{T}}$$

考虑使用连续体的对角线 AB(图 4.3)来表示应变,分别用 $\mathrm{d}L$ 和 $\mathrm{d}\ell$ 表示图

4.3 中变形前后线段 AB 的长度,那么,这些长度之间的关系为

$$(\mathrm{d}L)^2 = \mathrm{d}X_m\mathrm{d}X_m, \quad (\mathrm{d}\ell)^2 = \mathrm{d}x_m\mathrm{d}x_m \tag{4.7}$$

进而,用两个长度之间的差来表示应变为

$$(\mathrm{d}\ell)^2 - (\mathrm{d}L)^2 = \mathrm{d}x_m\mathrm{d}x_m - \mathrm{d}X_m\mathrm{d}X_m \tag{4.8}$$

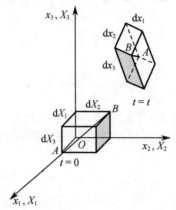

图 4.3　小长方体在未变形($t=0$)和变形($t=t$)状态下的运动学分析

此外,根据式(4.6)中位置向量的关系,式(4.8)中位置向量的微分也可以互相表示。由于研究的是当前产生形变的状态,根据式(4.6)中后一个表达式,用 $\mathrm{d}x_m$ 表示全微分 $\mathrm{d}X_m$,则有

$$\mathrm{d}X_m = \frac{\partial X_m}{\partial x_j}\mathrm{d}x_j \quad (m = 1,2,3) \tag{4.9}$$

将式(4.9)代入式(4.8),注意下标的排列规律①(重叠下标元素不重复累加)。式(4.8)写为

$$(\mathrm{d}\ell)^2 - (\mathrm{d}L)^2 = \left(\delta_{ij} - \frac{\partial X_m}{\partial x_i}\frac{\partial X_m}{\partial x_j}\right)\mathrm{d}x_i\mathrm{d}x_j \triangleq 2e_{ij}\,\mathrm{d}x_i\,\mathrm{d}x_j \tag{4.10}$$

式中: e_{ij} 为欧拉应变。

如 1.3 节所述,用位移变量代替位置变量来描述连续系统的运动,可以将控制系统的运动由无限个常微分方程变成有限个偏微分方程。由此可知,可以利用位移变量表示连续变形体下一时刻的位置,位移变量表示为

$$u_m = x_m - X_m \quad (m = 1,2,3) \tag{4.11}$$

根据式(4.11)中连续体的位移变量和变形位置可以写出 X_m 的表达式(也即 $X_m = x_m - u_m$),并将其代入式(4.10),求得欧拉应变为

$$e_{ij} = \frac{1}{2}\left(\delta_{ij} - \left(\delta_{mi} - \frac{\partial u_m}{\partial x_i}\right)\left(\delta_{mj} - \frac{\partial u_m}{\partial x_j}\right)\right) \tag{4.12}$$

---

① 请参见附录 A 例 A.2,查看这一重要下标的替换方式。

利用克罗内克函数的性质(参见附录 A 及相关举例),式(4.12)表示为

$$e_{ij} = \frac{1}{2}\left(\frac{\partial u_i}{\partial x_j} + \frac{\partial u_j}{\partial x_i} - \frac{\partial u_m}{\partial x_i}\frac{\partial u_m}{\partial x_j}\right) \qquad (4.13)$$

由于没有使用近似(甚至没有二阶近似),欧拉应变表达式(4.13)在某种意义上来说是一个较为完整的形式。本书研究的是经典应变理论和小位移,因此只保留其线性项,即

$$e_{ij} = \frac{1}{2}\left(\frac{\partial u_i}{\partial x_j} + \frac{\partial u_j}{\partial x_i}\right) \qquad (4.14)$$

最后,将简化的符号变回原来的标准工程符号((1→x, 2→y, 3→z, x_1→x, x_2→y, x_3→z, u_1→u, u_2→v 和 u_3→w),则应变分量表示为

$$e_{xx} \triangleq S_{xx} = \frac{\partial u}{\partial x};\ e_{yy} \triangleq S_{yy} = \frac{\partial v}{\partial y},\quad e_{zz} \triangleq S_{zz} = \frac{\partial w}{\partial z}$$

$$e_{xy} \triangleq S_{xy} = \frac{\partial v}{\partial x} + \frac{\partial u}{\partial y};\ e_{xz} \triangleq S_{xz} = \frac{\partial w}{\partial x} + \frac{\partial u}{\partial z},\ e_{yz} \triangleq S_{yz} = \frac{\partial w}{\partial y} + \frac{\partial v}{\partial z} \qquad (4.15)$$

式中:由于使用工程应变符号,剪切应力中的系数 1/2 被去掉了。

备注 4.1:显然,若能确定 3 个位移分量 u、v 和 w,那么,根据式(4.15)可以很容易得到应变分量。反之,如果确定了应变分量,那么,就能用式(4.15)6 个方程中的 3 个来求解未知的位移分量。需要注意的是,这种方法得到的是一个超定方程组。为了唯一确定位移场的 3 个分量,需要满足适当的方程,即应变协调条件。该条件对一般连续体来说,内容通常都较为宽泛和冗长(Wallerstein 2002;Eringen 1952)。下面通过例子来演示如何建立一个简单二维位移场的应变协调条件。

例 4.1 二维应力-应变场的应变协调条件。推导二维位移场的协调条件。

解:在二维位移场中,应变分量式(4.15)简化为

$$S_{xx} = \frac{\partial u}{\partial x} \qquad (4.16a)$$

$$S_{yy} = \frac{\partial v}{\partial y} \qquad (4.16b)$$

$$S_{xy} = \frac{\partial u}{\partial y} + \frac{\partial v}{\partial x} \qquad (4.16c)$$

上例中,3 个应变分量已知,那么,式(4.16)的 3 个方程形成了只有 u、v 2 个未知量的超定方程组。因此,还应当有 1 个与 3 个应变分量相关的协调方程,该方程可以通过以下方法获得。

求式(4.16a)和(4.16b)的偏导数,得到

$$\frac{\partial S_{xx}}{\partial y} = \frac{\partial^2 u}{\partial x\,\partial y} \rightarrow \frac{\partial^2 S_{xx}}{\partial y^2} = \frac{\partial^3 u}{\partial x\,\partial y^2} \qquad (4.17a)$$

$$\frac{\partial S_{yy}}{\partial x} = \frac{\partial^2 v}{\partial x\,\partial y} \rightarrow \frac{\partial^2 S_{yy}}{\partial x^2} = \frac{\partial^3 v}{\partial x^2\,\partial y} \qquad (4.17b)$$

然后,式(4.16c)先对 x 求偏导,再对 y 求偏导,得到

$$\frac{\partial S_{xy}}{\partial x} = \frac{\partial^2 u}{\partial x \partial y} + \frac{\partial^2 v}{\partial x^2} \rightarrow \frac{\partial^2 S_{xy}}{\partial x \partial y} = \frac{\partial^3 u}{\partial x \partial y^2} + \frac{\partial^3 v}{\partial x^2 \partial y} \qquad (4.18)$$

将式(4.17a)和式(4.17b)代入式(4.18)等号的右边,得到

$$\frac{\partial^2 S_{xy}}{\partial x \partial y} = \frac{\partial^2 S_{xx}}{\partial y^2} + \frac{\partial^2 S_{yy}}{\partial x^2} \rightarrow \frac{\partial^2 S_{xx}}{\partial y^2} = \frac{\partial^2 S_{yy}}{\partial x^2} - \frac{\partial^2 S_{xy}}{\partial x \partial y} = 0 \qquad (4.19)$$

上式即为与 3 个应变分量相关的协调方程。虽然式(4.19)是变形连续的必要条件,但是其充分性也可以证明,本书给出了含有详细证明的参考文献(如Wallerstein 2002)。

4.1.3 应力－应变本构关系

如 3.3 节所述,为得到可用于后续控制器设计与开发的运动微分方程,必须建立应力－应变关系。为此,首先简要回顾一下材料力学中应力－应变本构关系,更多细节在参考文献中给出(Malvern 1969)。

一般情况下,应力和应变可以通过材料的特性联系起来,即

$$\boldsymbol{\sigma} = \boldsymbol{\sigma}(\boldsymbol{S}) \qquad (4.20)$$

式中: $\boldsymbol{\sigma}$ 和 $\boldsymbol{S}$ 分别为应力和应变分量的列矩阵。由于材料存在非线性,故有多种表达式来描述应力与应变之间的关系,为省去不必要的麻烦,这里只考虑一种线性关系,这种关系也被称为胡克定律,即

$$\sigma_{ij} = c_{ijkl} S_{kl} \quad (i, j = 1, 2, 3) \qquad (4.21)$$

式中: c_{ijkl} 表示一个四阶弹性刚度张量。附录 A 给出的下标排列方法,式(4.21)中四阶张量共有 $3^4 = 81$ 个常数。

根据参考文献中的相关详细证明,当应力/应变对称时(4.1.2 节),常数减少为 36 个。此外,若考虑备注 4.1 提到的应变协调条件及应变能,常数减少为 21 个。实际中最常用的材料是各向异性材料(如混凝土、玻璃),若材料中含一个对称面(这种材料称为单斜晶系材料,如一些合成材料),根据材料的对称平面数,常数进一步减少为 13 个。若材料含有 2 个或 3 个对称面(称为正交各向异性材料,如重晶石、木材),常数减少为 9 个。若材料有 3 个对称面以及一个各向同性平面,常数仅为 6 个,这样的材料被称为三角晶系材料,如方解石和石英(SiO_2)。若材料以任意角度绕给定轴旋转时,弹性保持不变,那么,常数为 5 个,这样的材料即横观各向同性材料,包括绿柱石、压电材料(特别是压电陶瓷)等。弹性常数最少的材料称为各向同性材料,其性能关于任何轴或平面都是对称的,这种材料的弹性常数只有 2 个,而大多数的金属材料都属于这种材料。

本书的第 6 章详细给出横观各向同性材料,如压电体的应力－应变本构关系,同时对压电材料的物理原理、本构模型进行研究。由于本节的应力－应变关系仅作为示范,因此只讨论有 2 个弹性常数的线性各向同性材料。这些弹性常数可以

使用工程符号表示,即弹性杨氏模量 E 和泊松比 v。由此可知,在该条件下的式(4.21)变为(Malvern 1969),即

$$\begin{Bmatrix} S_{xx} \\ S_{yy} \\ S_{zz} \\ S_{xy} \\ S_{yz} \\ S_{xz} \end{Bmatrix} = \frac{1}{E} \begin{pmatrix} 1 & -v & -v & 0 & 0 & 0 \\ -v & 1 & -v & 0 & 0 & 0 \\ -v & -v & 1 & 0 & 0 & 0 \\ 0 & 0 & 0 & 2(1+v) & 0 & 0 \\ 0 & 0 & 0 & 0 & 2(1+v) & 0 \\ 0 & 0 & 0 & 0 & 0 & 2(1+v) \end{pmatrix} \begin{Bmatrix} \sigma_{xx} \\ \sigma_{yy} \\ \sigma_{zz} \\ \tau_{xy} \\ \tau_{yz} \\ \tau_{xz} \end{Bmatrix} \quad (4.22)$$

对于平面应力,式(4.22)简化为

$$\begin{Bmatrix} S_{xx} \\ S_{yy} \\ S_{xy} \end{Bmatrix} = \frac{1}{E} \begin{pmatrix} 1 & -v & 0 \\ -v & 1 & 0 \\ 0 & 0 & 2(1+v) \end{pmatrix} \begin{Bmatrix} \sigma_{xx} \\ \sigma_{yy} \\ \tau_{xy} \end{Bmatrix} \quad (4.23a)$$

$$\begin{Bmatrix} \sigma_{xx} \\ \sigma_{yy} \\ \tau_{xy} \end{Bmatrix} = \frac{E}{1-v^2} \begin{pmatrix} 1 & v & 0 \\ v & 1 & 0 \\ 0 & 0 & (1-v)/2 \end{pmatrix} \begin{Bmatrix} S_{xx} \\ S_{yy} \\ S_{xy} \end{Bmatrix} \quad (4.23b)$$

最后,在一维应力应变场中,这个关系化为最简形式,即

$$S = \frac{\sigma}{E} \quad (4.24)$$

为简单起见,式(4.24)中的下标都省去了。

备注 4.2:如前所述,应力/应变对称性时(4.1.1 节),弹性常量减少为 36 个。式(4.21)中表示应变关系的下标为张量形式,传统力学中,通常将这些下标写为矩阵形式。通过这种方法,将双下标(如 ij)缩减为单下标(如 p),表 4.1 给出了这些缩写的总结。

利用这些缩写符号,胡克定律可以写为更紧凑的形式,即

$$\sigma_p = c_{pq}S_q \quad (p,q=1,2,\cdots,6) \quad (4.25)$$

表 4.1 从张量形式到矩阵形式的下标变换对照表

张量下标 ij 或 kl	等效压缩下标 p 或 q
11 或 xx	1
22 或 yy	2
33 或 zz	3
23,32,yz 或 zy	4
13,31,xz 或 zx	5
12,21,xy 或 yx	6

4.2 变形体的虚功原理

目前为止,本章已推导出连续体平衡状态微分方程和应变位移关系,这些进展为接下来计算三维变形体中广义哈密顿原理(式(3.52))的变分项做好了准备。

讨论图 4.2 中的变形体,式(4.4)为其平衡状态方程。现在需要确定作用在变形体上内外力的虚功。回顾第 3 章讨论的计算内外力总虚功的定义和过程,将式(4.4)中的每个方程在各自方向上进行变分,然后在连续体体积上进行积分并相加,得到变形体三维运动中的总虚功为

$$\delta W \triangleq \int_V \left(\frac{\partial \sigma_{xx}}{\partial x} + \frac{\partial \tau_{xy}}{\partial y} + \frac{\partial \tau_{xz}}{\partial z} + F_x \right) \delta u \mathrm{d}V + \int_V \left(\frac{\partial \tau_{yx}}{\partial x} + \frac{\partial \sigma_{yy}}{\partial y} \right.$$

$$\left. + \frac{\partial \tau_{yz}}{\partial z} + F_y \right) \delta v \mathrm{d}V + \int_V \left(\frac{\partial \tau_{zx}}{\partial x} + \frac{\partial \tau_{zy}}{\partial y} + \frac{\partial \sigma_{zz}}{\partial z} + F_z \right) \delta w \mathrm{d}V = 0$$

$$(4.26)$$

式中:δu、δv 和 δw 分别指的是变形体沿 x、y 和 z 方向上允许的最大变形量。从式(4.26)中易知,这些变形是由内力(应力分量)和外力(体力 F)共同产生的。

虽然根据式(4.26)可以得到内外力做功,但其不便于推导平衡微分方程或运动微分方程,并且需要计算和建立变量 δu、δv、δw 与其他变量之间的关系(如应力或应变分量)。因此,为方便推导运动微分方程,利用格林定理和散度定理(见附录 A)简化虚功表达式。

简单来说,我们只给出式(4.26)中 x 方向的详细处理过程,其他方向的处理留给读者自行推导。因此,式(4.26)的第一项改写为

$$A \triangleq \int_V \left(\frac{\partial \sigma_{xx}}{\partial x} + \frac{\partial \tau_{xy}}{\partial y} + \frac{\partial \tau_{xz}}{\partial z} \right) \delta u \mathrm{d}V + \int_V F_x \delta u \mathrm{d}V$$

$$= \int_V (\boldsymbol{\nabla}^{\mathrm{T}} \cdot \boldsymbol{\sigma}_x) \delta u \ \mathrm{d}V + \int_V F_x \delta u \mathrm{d}V \qquad (4.27)$$

式中:$\nabla = \left\{ \begin{array}{c} \partial/\partial x \\ \partial/\partial y \\ \partial/\partial z \end{array} \right\}$;$\boldsymbol{\sigma}_x = \left\{ \begin{array}{c} \sigma_{xx} \\ \tau_{xy} \\ \tau_{xz} \end{array} \right\}$。利用变分算子的性质(式(3.4)),得到

$$\boldsymbol{\nabla}^{\mathrm{T}} \cdot (\boldsymbol{\sigma}_x \delta u) = \delta u (\boldsymbol{\nabla}^{\mathrm{T}} \cdot \boldsymbol{\sigma}_x) + \boldsymbol{\sigma}_x \cdot \boldsymbol{\nabla} \delta u \qquad (4.28)$$

将式(4.28)代入式(4.27),得到

$$A = \int_V (\boldsymbol{\nabla}^{\mathrm{T}} \cdot (\boldsymbol{\sigma}_x \delta u)) \mathrm{d}V - \int_V (\boldsymbol{\sigma}_x \cdot (\boldsymbol{\nabla} \delta u)) \mathrm{d}V + \int_V F_x \delta u \mathrm{d}V \qquad (4.29)$$

利用散度定理(A.8)将式(4.29)的第一项转化为

$$\int_V (\boldsymbol{\nabla}^{\mathrm{T}} \cdot (\boldsymbol{\sigma}_x \delta u)) \mathrm{d}V = \oint_{\partial V} (\boldsymbol{\sigma}_x \delta u) \mathrm{d}s = \oint_{\partial V} (\boldsymbol{\sigma}_x \delta u) \cdot \boldsymbol{n} \mathrm{d}s \qquad (4.30)$$

式中：∂V 是总体积；$\mathrm{d}s = n\mathrm{d}s$，$n$ 为包含下列元素的变形体表面法向量（图 4.4），即

$$n = \left\{ \begin{array}{c} l \\ m \\ p \end{array} \right\} \qquad (4.31)$$

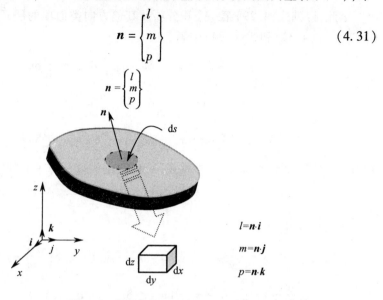

图 4.4   变形体表面法向量

因此，将式（4.30）代入式（4.29），再将其结果代入式（4.27），则有

$$A = \oint_{\partial V} (\boldsymbol{\sigma}_x \cdot \boldsymbol{n}) \delta u \mathrm{d}s - \int_V (\boldsymbol{\sigma}_x \cdot \boldsymbol{\nabla} \delta u) \mathrm{d}V + \int_V F_x \delta u \mathrm{d}V \qquad (4.32)$$

利用同样的推导过程，可以将式（4.26）中其他项简化为

$$B \triangleq \int_V \left(\frac{\partial \tau_{yx}}{\partial x} + \frac{\partial \sigma_{yy}}{\partial y} + \frac{\partial \tau_{yz}}{\partial z} \right) \delta v \mathrm{d}V + \int_V F_y \delta v \mathrm{d}V$$

$$= \oint_{\partial V} (\boldsymbol{\sigma}_y \cdot \boldsymbol{n}) \delta v \mathrm{d}s - \int_V (\boldsymbol{\sigma}_y \cdot \boldsymbol{\nabla} \delta v) \mathrm{d}V + \int_V F_y \delta v \mathrm{d}V \qquad (4.33)$$

$$C \triangleq \int_V \left(\frac{\partial \tau_{zx}}{\partial x} + \frac{\partial \tau_{zy}}{\partial y} + \frac{\partial \sigma_{zz}}{\partial z} \right) \delta w \mathrm{d}V + \int_V F_z \delta w \mathrm{d}V$$

$$= \oint_{\partial V} (\boldsymbol{\sigma}_z \cdot \boldsymbol{n}) \delta w \mathrm{d}s - \int_V (\boldsymbol{\sigma}_z \cdot \boldsymbol{\nabla} \delta w) \mathrm{d}V + \int_V F_z \delta w \mathrm{d}V \qquad (4.34)$$

其中

$$\boldsymbol{\sigma}_y = \left\{ \begin{array}{c} \tau_{yx} \\ \sigma_{yy} \\ \tau_{yz} \end{array} \right\}, \quad \boldsymbol{\sigma}_z = \left\{ \begin{array}{c} \tau_{zx} \\ \tau_{zy} \\ \sigma_{zz} \end{array} \right\}$$

计算应力向量 $\boldsymbol{\sigma}_x$、$\boldsymbol{\sigma}_y$ 和 $\boldsymbol{\sigma}_z$ 与表面法向量 $\boldsymbol{n}$ 的内积，得到

$$\boldsymbol{\sigma}_x \cdot \boldsymbol{n} = l\sigma_{xx} + m\tau_{xy} + p\tau_{xz} \triangleq P_x$$

$$\boldsymbol{\sigma}_y \cdot \boldsymbol{n} = l\tau_{yx} + m\sigma_{yy} + p\tau_{yz} \triangleq P_y$$

$$\boldsymbol{\sigma}_z \cdot \boldsymbol{n} = l\tau_{zx} + m\tau_{zy} + p\sigma_{zz} \triangleq P_z \qquad (4.35)$$

式中：P_x、P_y 和 P_z 定义为作用于连续边界的表面力。

至此，得到式(4.29)第一个积分项及其他方向类似项的展开结果。下面将式(4.29)、式(4.33)和式(4.34)中第二项展开为

$$\boldsymbol{\sigma}_x \cdot \boldsymbol{\nabla} \delta u = \sigma_{xx}\frac{\partial}{\partial x}\delta u + \tau_{xy}\frac{\partial}{\partial y}\delta u + \tau_{xz}\frac{\partial}{\partial z}\delta u$$

$$\boldsymbol{\sigma}_y \cdot \boldsymbol{\nabla} \delta v = \tau_{yx}\frac{\partial}{\partial x}\delta v + \sigma_{yy}\frac{\partial}{\partial y}\delta v + \tau_{yz}\frac{\partial}{\partial z}\delta v$$

$$\boldsymbol{\sigma}_z \cdot \boldsymbol{\nabla} \delta w = \tau_{zx}\frac{\partial}{\partial x}\delta w + \tau_{zy}\frac{\partial}{\partial y}\delta w + \sigma_{zz}\frac{\partial}{\partial z}\delta w \qquad (4.36)$$

利用应变位移关系式(4.15)，根据式(3.4)给出的变分算子 δ 的第一个性质，即

$$\delta\left(\frac{\partial(\cdot)}{\partial p}\right) = \frac{\partial}{\partial p}\delta(\cdot)$$

将式(4.36)转化为

$$\sigma_{xx}\frac{\partial}{\partial x}\delta u + \tau_{xy}\frac{\partial}{\partial y}\delta u + \tau_{xz}\frac{\partial}{\partial z}\delta u = \sigma_{xx}\delta(S_{xx}) + \tau_{xy}\delta\left(\frac{\partial u}{\partial y}\right) + \tau_{xz}\delta\left(\frac{\partial u}{\partial z}\right)$$

$$\tau_{yx}\frac{\partial}{\partial x}\delta v + \sigma_{yy}\frac{\partial}{\partial y}\delta v + \tau_{yz}\frac{\partial}{\partial z}\delta v = \tau_{yx}\delta\left(\frac{\partial v}{\partial x}\right) + \sigma_{yy}\delta(S_{yy}) + \tau_{yz}\delta\left(\frac{\partial v}{\partial z}\right)$$

$$\tau_{zx}\frac{\partial}{\partial x}\delta w + \tau_{zy}\frac{\partial}{\partial y}\delta w + \sigma_{zz}\frac{\partial}{\partial z}\delta w = \tau_{zx}\delta\left(\frac{\partial w}{\partial x}\right) + \tau_{zy}\delta\left(\frac{\partial w}{\partial y}\right) + \sigma_{zz}\delta(S_{zz}) \quad (4.37)$$

把式(4.37)和式(4.35)代入式(4.29)、式(4.33)和式(4.34)，并考虑剪切应力的对称性(即 $\tau_{ij} = \tau_{ji}$)，合并类似的项，得到更合适的虚功表达式，即

$$\begin{aligned}
\delta W &= \Big[-\int_V \{\sigma_{xx}\delta(S_{xx}) + \sigma_{yy}(\delta S_{yy}) + \sigma_{zz}(\delta S_{zz}) + \tau_{xy}(\delta S_{xy}) \\
&\quad + \tau_{xz}(\delta S_{xz}) + \tau_{yz}(\delta S_{yz})\}\,\mathrm{d}V\Big] + \Big[\int_V (F_x\delta u + F_y\delta v + F_z\delta w)\,\mathrm{d}V \\
&\quad + \oint_{\partial V} (P_x\delta u + P_y\delta v + P_z\delta w)\,\mathrm{d}s\Big] \\
&= \delta W^{\text{int}} + \delta W^{\text{ext}} \qquad\qquad\qquad (4.38)
\end{aligned}$$

式(4.38)对变形体运动微分方程的推导具有非常重要的作用。需要指出的是，因为这里出现的功都是虚功，产生虚位移的内力和外力(体力和表面力)的分布并没有改变(虚功原理第一原理性假设)。

如式(4.38)定义的，第一个积分项(第一个方括号内的项)表示内力的总虚功 δW^{int}，而其余两项(第二个方括号内的项)表示体力和表面力所做的虚功，因此，可以将它们合并为一个虚功 δW^{ext}。式(4.38)重新整理为

$$\delta W = \delta W^{\text{int}} + \delta W^{\text{ext}} = 0 \to -\delta W^{\text{int}} \triangleq \delta U = \delta W^{\text{ext}} \qquad (4.39)$$

式中：U 为连续体的内能。式(4.39)揭示了一个非常重要的结论，即在平衡条件下，变形体内力和外力任意虚位移上所做的功相等。

虽然本节及上一节讨论的都是平衡状态的变形体，需要注意的是，无论变形体

处于平衡状态还是运动状态,内力所做虚功的总和是不变的。实际上,如第 3 章最后提到的,求解内功或内能是为了在推导变形体运动微分方程时能够使用哈密顿原理。因此,结合势能的定义式(3.45),式(4.38)中内力的总虚功表示为

$$- \delta W^{int} \triangleq \delta U = \int_V \{ \sigma_{xx} \delta(S_{xx}) + \sigma_{yy}(\delta S_{yy}) + \sigma_{zz}(\delta S_{zz})$$

$$+ \tau_{xy}(\delta S_{xy}) + \tau_{xz}(\delta S_{xz}) + \tau_{yz}(\delta S_{yz}) \} dV \qquad (4.40)$$

式(4.40)是三维条件下变形体势能(应变能)的最一般的形式,将在本书中贯穿使用。类似地,总势能(式(4.40))也可以用缩写下标符号表示为

$$\delta U = \int_V \sigma_p \delta S_p dV (p = 1,2,\cdots,6) \qquad (4.41)$$

备注 4.3:需要指出的是,在推导式(4.38)或式(4.40)的过程中,并没有作出任何有关材料的应力 – 应变本构关系、大小位移运动的假设或近似。

现已完成第 3 章提到的所有步骤,这些步骤是为了推导一般变形体的运动微分方程。对于变形体的动能,可运用标准动力学得到其表达式。复杂动力学不是本书的重点,但仍在本书第Ⅲ部分对一些复杂的运动进行了简要介绍,如一般坐标系下的弯扭、振动及其复合运动。现已得到计算势能所需的条件,如式(4.40)、式(4.41)及应力 – 应变关系式(4.20),由此可知,可以确定广义哈密顿原理(式(3.52))中的拉格朗日函数 L,进而,通过展开哈密顿原理中的变分,推导运动微分方程和边界条件。接下来通过一些连续系统振动的实例,更好地说明这一过程。

4.3 连续系统振动实例

本节通过讨论连续系统振动的一些重要实例来证明前述模型的有效性。连续系统振动问题的内容十分广泛,本书不围绕这一问题进行过多讨论和研究,而是有选择性的介绍一些重要的分布参数系统,这些系统是后文中振动控制系统的基础。为此,选取以下三类系统:杆,代表许多压电叠堆、轴向作动器和传感器模型;弹性梁,代表压电片、弯曲作动器和传感器模型;板,代表不能忽略泊松效应的弹性梁扩展模型(常见于许多微纳米压电悬臂梁,将在第 11 章讨论)。

4.3.1 杆的纵向振动

杆是仅承受轴向压缩或拉伸的典型机械元件。研究该元件时,设杆的单位长度质量为 $\rho(x)$[①],可变截面积为 $A(x)$,单位长度上的外部轴向载荷为 $P(x,t)$,如图 4.5 所示。为了定量分析杆的纵向振动,设杆在 x 轴任意位置上的单元位移为 $u(x,t)$(图 4.5)。

---

① 杆的(体积)密度可以表示为 $m(x) = \rho(x)/A(x)$。

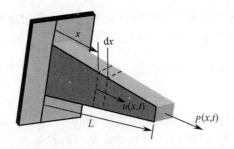

图 4.5　一般杆的纵向振动

由于杆的纵向振动是一维的应力应变场,由式(4.16a)和式(4.24)得到

$$S_{xx} = \frac{\partial u}{\partial x}, \sigma_{xx} = ES_{xx} = E\frac{\partial u}{\partial x} \tag{4.42}$$

此外,用式(4.40)的形式表达势能,只有第一项为非零项,故该系统的势能为

$$\delta U = \int_V \sigma_{xx} \delta(S_{xx}) \mathrm{d}V = \int_x E\varepsilon_{xx} \delta(S_{xx}) A(x) \mathrm{d}x = \int_0^L EA(x) S_{xx} \delta(S_{xx}) \mathrm{d}x$$

$$= \int_0^L \left\{ EA(x) \frac{\partial u(x,t)}{\partial x} \delta\left(\frac{\partial u(x,t)}{\partial x} \right) \right\} \mathrm{d}x \tag{4.43}$$

可见,势能的推导过程是极其简便和完善的。同一杆的纵向振动的动能为

$$T = \frac{1}{2} \int_0^L \left\{ \rho(x) \left(\frac{\partial u(x,t)}{\partial t} \right)^2 \right\} \mathrm{d}x \tag{4.44}$$

其变分为

$$\delta T = \int_0^L \left\{ \rho(x) \frac{\partial u(x,t)}{\partial t} \delta\left(\frac{\partial u(x,t)}{\partial t} \right) \right\} \mathrm{d}x \tag{4.45}$$

将哈密顿原理(式(3.52))扩展为

$$\int_{t_1}^{t_2} (\delta L + \delta W^{\text{ext}}) \mathrm{d}t = 0 \tag{4.46}$$

对积分中的项进行简化以得到运动微分方程。注意:在式(4.46)中,δW^{ext}表示外力 $P(x,t)$ 产生的虚功,即

$$\delta W^{\text{ext}} = \int_0^L (P(x,t) \delta u(x,t)) \mathrm{d}x \tag{4.47}$$

由于拉格朗日表达式中的所有项及外力产生的虚功都已确定。为此,将式(4.43)、式(4.45)和式(4.47)代入扩展的哈密顿原理(式(4.46)),则有

$$\int_{t_1}^{t_2} \left[\int_0^L \left\{ \rho(x) \frac{\partial u(x,t)}{\partial t} \delta\left(\frac{\partial u(x,t)}{\partial t} \right) \right\} \mathrm{d}x - \int_0^L \left\{ EA(x) \frac{\partial u(x,t)}{\partial x} \delta\left(\frac{\partial u(x,t)}{\partial x} \right) \right\} \mathrm{d}x$$

$$+ \int_0^L (P(x,t)\delta u(x,t)) \mathrm{d}x \Bigg] \mathrm{d}t = 0 \tag{4.48}$$

将式(4.48)第一项中时间和空间的积分交换,则有

$$C \triangleq \int_{t_1}^{t_2}\Bigg[\int_0^L\bigg\{\rho(x)\,\frac{\partial u(x,t)}{\partial t}\delta\Big(\frac{\partial u(x,t)}{\partial t}\Big)\bigg\}\mathrm{d}x\Bigg]\mathrm{d}t$$

$$= \int_0^L\bigg\{\int_{t_1}^{t_2}\Big[\rho(x)\,\frac{\partial u(x,t)}{\partial t}\delta\Big(\frac{\partial u(x,t)}{\partial t}\Big)\Big]\mathrm{d}t\bigg\}\mathrm{d}x = \int_0^L\{C_1\}\mathrm{d}x \tag{4.49}$$

现在,利用变分性质(式(3.4))和分部积分法(式(A.3)),进一步简化式(4.49)的空间积分,则有

$$C_1 = \int_{t_1}^{t_2}\rho(x)\,\frac{\partial u(x,t)}{\partial t}\,\frac{\partial}{\partial t}(\delta u(x,t))\mathrm{d}t = \rho(x)\,\frac{\partial u(x,t)}{\partial t}\delta u(x,t)\,\Bigg|_{t_1}^{t_2}$$

$$- \int_{t_1}^{t_2}\rho(x)\,\frac{\partial}{\partial t}\Big(\frac{\partial u(x,t)}{\partial t}\Big)\delta u(x,t)\mathrm{d}t \tag{4.50}$$

考虑到 $\delta u(x,t_1) = \delta u(x,t_2) = 0$,式(4.50)简化为

$$C_1 = -\int_{t_1}^{t_2}\rho(x)\,\frac{\partial^2 u}{\partial t^2}\delta u\mathrm{d}t \tag{4.51}$$

同理,式(4.48)中的第二项简化为

$$B = \int_{t_1}^{t_2}\Bigg[\int_0^L\bigg\{EA(x)\,\frac{\partial u(x,t)}{\partial x}\delta\Big(\frac{\partial u(x,t)}{\partial x}\Big)\bigg\}\mathrm{d}x\Bigg]\mathrm{d}t = \int_{t_1}^{t_2}[B_1]\mathrm{d}t \Rightarrow$$

$$B_1 = \int_0^L\bigg\{EA(x)\,\frac{\partial u(x,t)}{\partial x}\,\frac{\partial}{\partial x}(\delta u(x,t))\bigg\}\mathrm{d}x \tag{4.52}$$

利用分部积分法(式(A.3)),式(4.52)简化为

$$B_1 = EA(x)\,\frac{\partial u(x,t)}{\partial x}\delta u(x,t)\,\Bigg|_0^L - \int_0^L\frac{\partial}{\partial x}\Big(EA(x)\,\frac{\partial u(x,t)}{\partial x}\Big)\delta u(x,t)\mathrm{d}x$$

$$\tag{4.53}$$

将式(4.51)和式(4.53)代入式(4.48),合并同类项,则有

$$\int_{t_1}^{t_2}\Bigg[\int_0^L\bigg\{\frac{\partial}{\partial x}\Big(EA(x)\,\frac{\partial u(x,t)}{\partial x}\Big) - \rho(x)\,\frac{\partial^2 u(x,t)}{\partial t^2} + P(x,t)\bigg\}\delta u(x,t)\mathrm{d}x$$

$$- \Big(EA(x)\,\frac{\partial u(x,t)}{\partial x}\Big)\delta u(x,t)\,\Bigg|_0^L\Bigg]\mathrm{d}t = 0 \tag{4.54}$$

与第3章式(3.15)或式(3.20)类似,若要式(4.54)的值为零,其积分项必须为零,则有

$$\rho(x)\frac{\partial^2 u(x,t)}{\partial t^2} - \frac{\partial}{\partial x}\left(EA(x)\frac{\partial u(x,t)}{\partial x}\right) = P(x,t) \tag{4.55a}$$

$$\left(EA(x)\frac{\partial u(x,t)}{\partial x}\right)\delta u(x,t)\bigg|_0^L = 0 \tag{4.55b}$$

式中:$\delta u(x,t)$在区间$0 < x < L$上是任意的。式(4.55a)和式(4.55b)分别表示非均匀杆纵向振动的运动微分方程和相应的边界条件。

例4.2 一端固定一端自由的均匀杆的自由振动。

讨论如图4.6所示的均匀杆的自由振动。

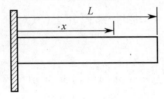

图4.6 一端固定一端自由的均匀杆的纵向振动

根据本题条件,运动微分方程式(4.55a)可以简化为以下形式,即

$$EA\frac{\partial^2 u(x,t)}{\partial x^2} - \rho\frac{\partial^2 u(x,t)}{\partial t^2} = 0 \rightarrow u_{xx}(x,t) = \frac{1}{c^2}u_{tt}(x,t) \tag{4.56}$$

式(4.56)为标准波动方程,其波速为$c^2 = E/m(\rho = mA)$。式(4.56)中的下标表示相对于该参数的偏导数。

由此可知,边界条件式(4.55b)简化为

$$EA\left(\frac{\partial u(x,t)}{\partial x}\right)\delta u(x,t)\bigg|_0^L = 0 \rightarrow EA\left(\frac{\partial u(L,t)}{\partial x}\right)\delta u(L,t)$$
$$-A\left(\frac{\partial u(0,t)}{\partial x}\right)\delta u(0,t) = 0 \tag{4.57}$$

根据给定的几何条件,固定端的位移为零,即$u(0,t) = 0$(因此,$\delta u(0,t) = 0$)。将其代入式(4.57),得到

$$EA\left(\frac{\partial u(L,t)}{\partial x}\right)\delta u(L,t) = 0 \tag{4.58}$$

由于EA为非零常数,末端位移$u(L,t)$可以取任意值,且$\delta u(L,t) \neq 0$。那么,由式(4.58)有

$$\frac{\partial u(L,t)}{\partial x} = 0 \tag{4.59}$$

边界条件式(4.59)的物理意义为梁的自由端没有应力及应变,也即

$$\sigma_{xx}(L,t) = 0 \rightarrow \sigma_{xx}(L,t) = ES_{xx}(L,t) = E\frac{\partial u(L,t)}{\partial x} = 0 \rightarrow \frac{\partial u(L,t)}{\partial x} = 0 \tag{4.60}$$

综上所述,这一问题的运动微分方程和边界条件为

$$u_{xx}(x,t) = \frac{1}{c^2}u_{tt}(x,t), u(0,t) = 0, \frac{\partial u(L,t)}{\partial x} = 0 \tag{4.61}$$

56

4.3.2 梁的横向振动

梁是可以承受横向载荷、剪切力、弯矩和轴向力的机械元件。其结构是某一方向尺寸明显大于其他方向尺寸的一维模型,梁单元的实例包括飞机的机翼、涡轮转子的叶片、机器人等。微机电系统(MEMS)和纳机电系统(NEMS)的研究进展,使梁结构被频繁使用并大规模生产。梁的应用实例包括生物传感器的微梁、振动梁微陀螺仪、悬臂梁谐振器。如前所述,第 10 章 ~ 第 12 章将简要介绍一些 MEMS 和 NEMS 的实例及其正在快速增长的应用。

梁理论:根据建模的精度,梁理论分为几类,包括欧拉 – 伯努利理论、剪切 – 变形或铁木辛柯(Timoshenko)梁理论、三维梁理论(Nayfeh,Pai 2004)。为避免复杂化,下面主要围绕第一个理论进行讨论,第二个及第三个理论只是简要介绍,在本书第Ⅲ部分先进梁系统中将对其进行详述。也即第 11 章将包括三维梁理论在微梁中的应用。在微梁中,离面运动和面内运动变得同样重要,因此,必须充分考虑三维应力的影响。

欧拉梁理论(Euler – Beam Theory):该理论只考虑梁的轴向应变,是最简单却最常用的梁理论。假定梁变形后,其截面形状保持不变,即忽略剪切变形和横截面翘曲影响(图 4.7)。这一假设的有效性取决于梁的长细比。从实际经验来讲,当梁的最大截面积与其长度的比值小于 1/10,上述假设基本成立。基于这些条件,为了推导梁单元的运动微分方程,先简要回顾传统材料力学中的梁理论(Beer,Johnson 1981)。

简单梁理论的简要回顾:建立梁单元运动微分方程之前,需要回顾一下传统材料力学中基础材料的横向位移与应变之间的关系。为此,讨论如图 4.8 所示的平衡梁段,$p(x)$ 为作用在单位长度上的分布载荷,V 为内部剪切力,M 为从原点(图 4.8 未标出)到 x 处的所有内部弯矩。假定梁的截面关于 xy 平面对称。

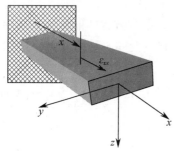

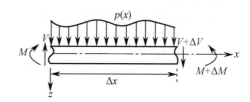

图 4.7　只有轴向应变的梁单元　　图 4.8　受分布载荷的梁段在 z
　　　（欧拉 – 伯努利梁理论）　　　　　轴方向的横向位移

根据该梁段在 z 轴方向上的力平衡以及 $\Delta x \to 0$ 时梁段右端的力矩平衡,得到

$$\frac{\mathrm{d}V}{\mathrm{d}x} = -p(x), \quad \frac{\mathrm{d}M}{\mathrm{d}x} = V \tag{4.62}$$

现讨论如图 4.9 所示基于欧拉 - 伯努利梁假设的梁的横向振动,根据运动学,由弯曲引起的梁的轴向位移为

$$u = -z\sin\varphi \qquad (4.63)$$

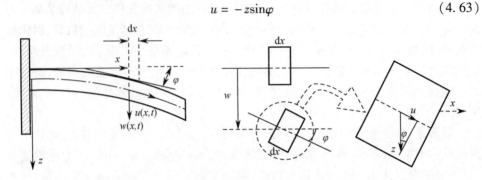

图 4.9 欧拉 - 伯努利梁的变形运动学

备注 4.4:注意式(4.63)中的轴向位移 u 是由弯曲引起的,并不包括梁在 x 轴方向的伸长。即假设梁是可伸长的,但与横向位移 w 相比,轴向伸长量忽略不计。这一点非常重要并且需要充分理解。在第Ⅲ部分(第 11 章)提到的实例中,轴向伸长量和横向位移同样重要,因此,梁的横向位移和轴向位移应当作为独立的自由度来讨论。

根据微振动的假设,建立转角 φ 和横向位移 w 之间的关系为

$$\sin\varphi \approx \varphi = \frac{\partial w}{\partial x} \qquad (4.64)$$

把位移场描述为 $u,v = 0$ 和 w,则计算式(4.16)中梁的二维应变分量为

$$S_{xx} = \frac{\partial u}{\partial x} = \frac{\partial}{\partial x}(-z\varphi) = \frac{\partial}{\partial x}\left(-z\frac{\partial w}{\partial x}\right) = -z\frac{\partial^2 w}{\partial x^2} \qquad (4.65a)$$

$$S_{yy} = \frac{\partial v}{\partial x} = 0, \quad S_{xy} = \frac{\partial u}{\partial y} + \frac{\partial v}{\partial x} = 0 \qquad (4.65b)$$

梁的应变 - 位移关系建立之后,即可计算该系统运动微分方程的能量项。使用式(4.65a)计算内部弯矩 M 引起的正应力(并由此得到应变和位移),其结果可用于第 8 章弯曲传感器和作动器的建模。为此,根据示意图 4.10,内部弯矩为

$$M = \int_A z\sigma_{xx}\mathrm{d}A = \int_A zES_{xx}\mathrm{d}A = \int_A zE\left(-z\frac{\partial^2 w}{\partial x^2}\right)\mathrm{d}A \doteq -EI\frac{\partial^2 w}{\partial x^2} \qquad (4.66)$$

其中

$$I \triangleq \int_A z^2 \mathrm{d}A \qquad (4.67)$$

将式(4.65a)和式(4.66)代入应力应变关系式(4.24),作用于中轴线 z 处的正应力(图 4.10)与内部弯矩之间的关系为

$$\sigma_{xx} = ES_{xx} = E\left(-z\frac{\partial^2 w}{\partial x^2}\right) = \frac{Mz}{I} \qquad (4.68)$$

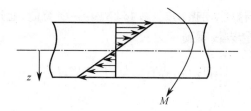

图 4.10 内部弯矩和正应力分布示意图

梁的运动微分方程的推导:由于具备了一定的材料力学背景和基础知识,即可确定梁的动能和势能表达式。基于欧拉 – 伯努利梁假设,动能只取决于梁的横向位移,因此,其表达式为

$$T = \frac{1}{2}\int_0^L \rho(x)\left(\frac{\partial w(x,t)}{\partial t}\right)^2 \mathrm{d}x \tag{4.69}$$

式中:$\rho(x)$ 为梁的线密度(单位长度的质量)。需要注意的是,与式(4.69)的动能相比,其他如由转动惯量和外部轴向形变引起的动能都被忽略了。

接下来,正应力引起的应变能表示为(式(4.40))

$$\delta U = \int_V \sigma_{xx}\delta(S_{xx})\mathrm{d}V = \int_V ES_{xx}\delta(S_{xx})\mathrm{d}V = \frac{1}{2}\int_V E\delta(S_{xx})^2 \mathrm{d}V$$

$$= \frac{1}{2}\delta\int_V E(S_{xx})^2 \mathrm{d}V \tag{4.70}$$

现将式(4.65a)代入式(4.70),且 $\mathrm{d}V = \mathrm{d}A\mathrm{d}x$,则式(4.70)简化为

$$\delta U = \frac{1}{2}\delta\int_V E\left(-z\frac{\partial^2 w}{\partial x^2}\right)^2 \mathrm{d}V = \frac{1}{2}\delta\int_0^L E\left(\int_A z^2\mathrm{d}A\right)\left(\frac{\partial^2 w}{\partial x^2}\right)^2 \mathrm{d}x$$

$$= \frac{1}{2}\delta\int_0^L EI(x)\left(\frac{\partial^2 w(x,t)}{\partial x^2}\right)^2 \mathrm{d}x \tag{4.71}$$

式中:$I(x)$ 为惯性矩,定义为

$$I(x) = \int_A z^2\mathrm{d}A \tag{4.72}$$

假设作用于梁的分布载荷为 $P(x,t)$,则其虚功为

$$\delta W^{\mathrm{ext}} = \int_0^L P(x,t)\delta w(x,t)\mathrm{d}x \tag{4.73}$$

与 4.3.1 节类似,将能量项式(4.69)和式(4.71)及外力虚功表达式(4.73)代入哈密顿原理式(3.52),则有

$$\int_{t_1}^{t_2}\left[\int_0^L\left\{\rho(x)\frac{\partial w(x,t)}{\partial t}\delta\left(\frac{\partial w(x,t)}{\partial t}\right)\right\}\mathrm{d}x - \int_0^L\left\{EI(x)\frac{\partial^2 w(x,t)}{\partial x^2}\delta\left(\frac{\partial^2 w(x,t)}{\partial x^2}\right)\right\}\mathrm{d}x\right.$$

$$\left.+ \int_0^L (P(x,t)\delta w(x,t))\mathrm{d}x\right]\mathrm{d}t = 0 \tag{4.74}$$

式(4.74)的第一项与杆纵向振动式(4.48)的第一项类似,通过与式(4.49)~式(4.51)相同的的推导步骤,得到

$$C = \int\limits_{t_1}^{t_2}\Big[\int\limits_0^L\Big\{\rho(x)\frac{\partial w(x,t)}{\partial t}\delta\Big(\frac{\partial w(x,t)}{\partial t}\Big)\Big\}\,\mathrm{d}x\Big]\mathrm{d}t$$

$$= -\int\limits_{t_1}^{t_2}\Big[\int\limits_0^L\Big\{\rho(x)\frac{\partial^2 w(x,t)}{\partial t^2}\delta w(x,t)\Big\}\mathrm{d}x\Big]\mathrm{d}t \tag{4.75}$$

式(4.47)中的第二项与杆纵向振动的处理步骤相同,但需要使用两次分部积分法,得到

$$B = \int\limits_{t_1}^{t_2}\Big[\int\limits_0^L\Big\{EI(x)\frac{\partial^2 w(x,t)}{\partial x^2}\delta\Big(\frac{\partial^2 w(x,t)}{\partial x^2}\Big)\Big\}\,\mathrm{d}x\Big]\mathrm{d}t$$

$$= \int\limits_{t_1}^{t_2}\Big[\int\limits_0^L\Big\{EI(x)\frac{\partial^2 w(x,t)}{\partial x^2}\frac{\partial}{\partial x}\Big[\delta\Big(\frac{\partial w(x,t)}{\partial x}\Big)\Big]\Big\}\mathrm{d}x\Big]\mathrm{d}t = \int\limits_{t_1}^{t_2}[B_1]\mathrm{d}t \tag{4.76}$$

其中

$$B_1 = EI(x)\frac{\partial^2 w}{\partial x^2}\delta\Big(\frac{\partial w}{\partial x}\Big)\Big|_0^L - \int\limits_0^L\Big\{\frac{\partial}{\partial x}\Big(EI(x)\frac{\partial^2 w}{\partial x^2}\Big)\delta\Big(\frac{\partial w}{\partial x}\Big)\Big\}\,\mathrm{d}x \tag{4.77}$$

对式(4.77)中的第二项再次使用分部积分法得到

$$B_2 = \int\limits_0^L\Big\{\frac{\partial}{\partial x}\Big(EI(x)\frac{\partial^2 w}{\partial x^2}\Big)\delta\Big(\frac{\partial w}{\partial x}\Big)\Big\}\mathrm{d}x = \int\limits_0^L\Big\{\frac{\partial}{\partial x}\Big(EI(x)\frac{\partial^2 w}{\partial x^2}\Big)\frac{\partial}{\partial x}(\delta w)\Big\}\mathrm{d}x$$

$$= \frac{\partial}{\partial x}\Big(EI(x)\frac{\partial^2 w}{\partial x^2}\Big)\delta w\Big|_0^L - \int\limits_0^L\Big\{\frac{\partial^2}{\partial x^2}\Big(EI(x)\frac{\partial^2 w}{\partial x^2}\Big)\delta w\Big\}\,\mathrm{d}x \tag{4.78}$$

将式(4.73)和式(4.75)~式(4.78)代入哈密顿原理式(4.74)中,则有

$$\int\limits_{t_1}^{t_2}\Big[\int\limits_0^L\Big\{-\rho(x)\frac{\partial^2 w(x,t)}{\partial t^2} - \frac{\partial^2}{\partial x^2}\Big(EI(x)\frac{\partial^2 w(x,t)}{\partial x^2}\Big) + P(x,t)\Big\}\mathrm{d}x\delta w(x,t)$$

$$- EI(x)\frac{\partial^2 w(x,t)}{\partial x^2}\delta\Big(\frac{\partial w(x,t)}{\partial x}\Big)\Big|_0^L + \frac{\partial}{\partial x}\Big(EI(x)\frac{\partial^2 w(x,t)}{\partial x^2}\Big)\delta w(x,t)\Big|_0^L\Big]\mathrm{d}t = 0$$

$$\tag{4.79}$$

与杆纵向振动处理方式(式(4.54))类似,若对任意 $\delta w(x,t)$,式(4.79)为零,下式必须成立,即

$$\rho(x)\frac{\partial^2 w(x,t)}{\partial t^2} + \frac{\partial^2}{\partial x^2}\Big(EI(x)\frac{\partial^2 w(x,t)}{\partial x^2}\Big) = P(x,t) \tag{4.80}$$

$$\Big[EI(x)\frac{\partial^2 w(x,t)}{\partial x^2}\Big]\delta\Big(\frac{\partial w(x,t)}{\partial x}\Big)\Big|_0^L = 0 \tag{4.81}$$

$$\left[\frac{\partial}{\partial x} \left(EI(x) \frac{\partial^2 w(x,t)}{\partial x^2} \right) \right] \delta w(x,t) \Bigg|_0^L = 0 \qquad (4.82)$$

备注 4.5:从数学角度来讲,式(4.81)和式(4.82)包含了关于任意值 $\delta w(0,t)$、$\delta w(L,t)$、$\delta w_x(0,t)$ 和 $\delta w_x(L,t)$ 的共 8 个方程(当 $x=0$ 和 $x=L$ 时各有 4 个方程)。然而,为了让此物理系统符合实际且约束之间互不冲突,只应规定位移/转角或剪应力/弯矩。换句话说,式(4.81)和式(4.82)方括号内的项或变量,在梁的两端应当为零,但又不能二者同时为零。从式(4.81)观察到,方括号内的项表示弯矩(式(4.66)),而变量表示梁末端的转角。因此,由梁的任意末端,可以确定弯矩和转角。同样地,式(4.82)方括号中的项表示剪应力(式(4.62)和式(4.66)的结合),而变量表示挠度。因此,由梁的任意末端,可以确定剪应力和挠度。综上所述,根据不同的梁边界条件,四阶偏微分方程式(4.80)所需的边界条件只能规定其中 4 个。

类似位移和转角这样与几何形状有关的边界条件被称为几何边界条件或本质边界条件,而与力和力矩相关的边界条件则被称为固定边界条件或动力学边界条件。显然,前者出现在横向位移或其一阶导数中,而后者与横向位移的二阶导数(力矩)或三阶导数(力)相关。这一重要结论将在下一章进一步使用,下面的实例更好地阐明了上述结论。

例 4.3 等截面梁横向振动的典型边界条件。

讨论图 4.11 中所示的几种等截面梁(即 $EI(x)=EI,\rho(x)=\rho$)。

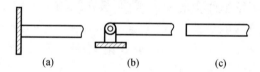

(a)　　　　　　(b)　　　　　　(c)

图 4.11　等截面梁横向振动 $w(x,t)$ 的不同边界条件
(a)悬臂或固定端;(b)简支端;(c)自由端。

利用式(4.81)和式(4.82)得到梁的边界条件如下。

(1)悬臂或固定端。固定端被定义为始终不能产生位移和转角的边界条件。因此,式(4.81)和式(4.82)简化为

$$w(0,t)=0, \qquad \frac{\partial w(0,t)}{\partial x} = \phi(0,t) = 0^{①} \qquad (4.83)$$

(2)简支端。简支端不能产生位移且不能承受弯矩,但可以转动。与情况(1)相似,式(4.81)和式(4.82)简化为

---

① 注意这里使用的 $\dfrac{\partial w(x_p,t)}{\partial x}$ 是 $\dfrac{\partial w(x,t)}{\partial x}\Big|_{x=x_p}$ 的简写。

$$w(0,t) = 0, EI\frac{\partial^2 w(0,t)}{\partial x^2} = M(0,t) = 0 \qquad (4.84)$$

（3）自由端。自由端不能承受弯矩和剪应力,式（4.81）和式（4.82）简化为

$$M(0,t) = EI\frac{\partial^2 w(0,t)}{\partial x^2} = 0 \rightarrow \frac{\partial^2 w(0,t)}{\partial x^2} = 0$$

$$V(0,t) = \frac{\partial}{\partial x}\left(EI\frac{\partial^2 w(x,t)}{\partial x^2}\right)\bigg|_{x=0} = 0 \rightarrow \frac{\partial^3 w(0,t)}{\partial x^3} = 0 \qquad (4.85)$$

备注 4.6:例 4.3 所示的边界条件是一些典型的边界条件。典型边界条件通过搭配可以组合成不同的梁。本章随后将介绍梁的非典型边界,非典型边界条件应用于很多梁系统,如带有末端质量的梁、带有弹簧或减振元件的梁。

备注 4.7:推导一般情况下细梁的运动微分方程时,忽略了许多影响因素。鉴于这些问题需要十分广泛的讨论,可能会偏离本书的重点,因此,不再在书中给出更多的材料,而是提供更多的参考文献。尽管本书不再讨论这些内容,但其仍具有研究价值,这些内容主要包括:剪切变形梁理论和梁截面畸变的影响;剪力翘曲的影响;梁截面转动产生的转动惯量;曲线梁;热应变对直梁和曲线梁的影响;薄壁梁;几何非线性的影响;不可伸长梁;组合运动,如弯扭组合、弯曲和轴向运动组合、弯扭和轴向运动组合。

4.3.3 板的横向振动

板是梁结构在二维平面中的一个延伸,板在结构工程和力学中有许多应用。之所以在维度上做这样的延伸,是因为这与本书所关注的微纳米传感器/作动器(基于悬臂梁结构)方面是一致的。也就是说,当从宏观尺度转移到微纳米尺度,其他尺寸上通常被忽略的振动,其影响开始变得重要起来。这种现象称为泊松效应,这一效应在许多微纳米连续系统的建模中发挥着重要作用。本书将在第 11 章给出如微悬臂梁这类微型连续系统的处理过程。

板结构运动微分方程的推导在一般情况下也是非常宽泛的,同样超出了本书的讨论范围。然而,板结构作为二维连续系统的典型实例,下面将讨论其最基本模型,即均匀矩形薄板。类似于上一小节的梁理论,忽略其轴向应变,只考虑弯曲应变。此外,也忽略剪切变形和转动惯量的影响,相关文献 Rao（2007）介绍了包含上述影响的实例和结构,感兴趣的读者可以参阅。

如图 4.12 所示,设梁横截面上每个单元的位移为 $w(x,y,z)$。

与梁的运动类似,由弯曲引起的 x 轴方向的轴向应变与板的横向位移之间关系为

$$u(x,y,t) = -z\sin\phi = -z\sin\left(\frac{\partial w(x,y,t)}{\partial x}\right) \approx -z\frac{\partial w(x,y,t)}{\partial x} \qquad (4.86)$$

同理,由弯曲引起的 y 轴方向的轴向应变与板的横向位移之间关系为

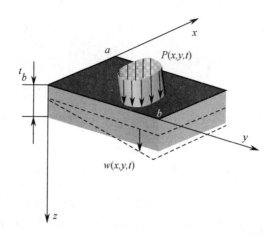

图 4.12　单位面积上受分布载荷 $P(x,y,t)$ 的板的横向振动

$$v(x,y,t) = -z\sin\psi = -z\sin\left(\frac{\partial w(x,y,t)}{\partial y}\right) \approx -z\frac{\partial w(x,y,t)}{\partial y} \qquad (4.87)$$

式中:用 $u(x,y,t)$、$v(x,y,t)$ 和 $w(x,y,t)$ 描述位移场,利用式(4.16)求得板结构的二维应变分量为

$$S_{xx} = \frac{\partial u}{\partial x} = \frac{\partial}{\partial x}\left(-z\frac{\partial w}{\partial x}\right) = -z\frac{\partial^2 w}{\partial x^2} \qquad (4.88a)$$

$$S_{yy} = \frac{\partial v}{\partial y} = \frac{\partial}{\partial y}\left(-z\frac{\partial w}{\partial y}\right) = -z\frac{\partial^2 w}{\partial x^2} \qquad (4.88b)$$

$$S_{xy} = \frac{\partial u}{\partial y} + \frac{\partial v}{\partial x} = \frac{\partial}{\partial y}\left(-z\frac{\partial w}{\partial x}\right) + \frac{\partial}{\partial x}\left(-z\frac{\partial w}{\partial y}\right) = -2z\frac{\partial^2 w}{\partial x\,\partial y} \qquad (4.88c)$$

注意:式(4.88c)中剪切应变分量不为零,这是因为横向位移 w 在 x 轴和 y 轴方向上是相关的。这一点非常重要,说明了尽管不直接考虑板的剪切应力,但系统的二维特性会产生固有剪切应变,也因此产生剪应力。

建立板的应变位移关系式(4.88)之后,利用式(4.23b)建立应力应变关系,即

$$\sigma_{xx} = \frac{E}{1-v^2}(S_{xx} + vS_{yy}) = \frac{-Ez}{1-v^2}\left(\frac{\partial^2 w}{\partial x^2} + v\frac{\partial^2 w}{\partial y^2}\right) \qquad (4.89a)$$

$$\sigma_{yy} = \frac{E}{1-v^2}(S_{yy} + vS_{xx}) = \frac{-Ez}{1-v^2}\left(\frac{\partial^2 w}{\partial y^2} + v\frac{\partial^2 w}{\partial x^2}\right) \qquad (4.89b)$$

$$\tau_{xy} = \frac{E}{2(1+v)}S_{xy} = \frac{-Ez}{1+v}\frac{\partial^2 w}{\partial x\,\partial y} \qquad (4.89c)$$

根据应力应变关系式(4.89)计算板的能量项,并进一步推导运动微分方程。在此二维问题中,应变能方程式(4.40)表示为

$$\delta U = \int_V [\sigma_{xx}\delta(S_{xx}) + \sigma_{yy}\delta(S_{yy}) + \tau_{xy}\delta(S_{xy})]\mathrm{d}V \qquad (4.90)$$

板的动能表达式与梁类似,唯一不同的是板的动能表达式需要在几何结构上进行

双重积分,即

$$T = \frac{1}{2} \int_0^a \int_0^b \rho(x,y) \left(\frac{\partial w(x,y,t)}{\partial t} \right)^2 \mathrm{d}x \mathrm{d}y \qquad (4.91)$$

式中:$\rho(x,y)$为板的面密度(单位面积上的质量)。需要注意的是,与梁的情况类似,推导过程中忽略其他动能,如由转动惯量和外轴向力引起的动能。那么,外力$P(x,y,t)$所做虚功为

$$\delta W^{\mathrm{ext}} = \int_0^a \int_0^b P(x,y,t) \delta w(x,y,t) \mathrm{d}x \mathrm{d}y \qquad (4.92)$$

将应力应变关系式(4.89)代入应变能方程式(4.90),并将结果与动能表达式(4.91)和虚功方程式(4.92)一起代入哈密顿原理式(3.52),参考梁运动微分方程的推导,得到板横向振动的运动微分方程为

$$\rho t_b \frac{\partial^2 w(x,y,t)}{\partial t^2} + D\left(\frac{\partial^4 w(x,y,t)}{\partial x^4} + 2\frac{\partial^4 w(x,y,t)}{\partial x^2 \partial y^2} + \frac{\partial^4 w(x,y,t)}{\partial y^4} \right) = P(x,y,t)$$

$$(4.93)$$

式中:$D = E t_b^3 / 12(1 - v^2)$为板的抗弯刚度;$t_b$为图4.12中板的厚度。在给定边$x = a$(举例)下的边界条件表示为

$$D[\nabla^2 w - (1-v)w_{,yy}] \Big|_{x=a,y} \triangleq M_y = 0 \quad \text{或} \quad w_{,x} \Big|_{x=a,y} = 0 \qquad (4.94\mathrm{a})$$

$$D[\nabla^2 w_{,x} + (1-v)w_{,xyy}] \Big|_{x=a,y} \triangleq V_y = 0 \quad \text{或} \quad w \Big|_{x=a,y} = 0 \qquad (4.94\mathrm{b})$$

式中:拉普拉斯算子∇^2定义为

$$\nabla^2(\ ) = \frac{\partial^2}{\partial x^2}(\ ) + \frac{\partial^2}{\partial y^2}(\ ) \qquad (4.95)$$

式(4.94)中逗号之后的下标表示函数相对于该自变量的偏导数,边界条件式(4.94)与梁的边界条件具有相同的含义,也即在给定边条件下可以规定弯矩或转角,但不能同时规定它们(式(4.94a))。同理,由式(4.94b)可知,在给定边条件下可以规定剪切力或挠度,但也不能同时规定它们。因此,式(4.94a)和式(4.94b)只能规定两个边界条件。那么,为了得到二维偏微分方程式(4.93)所需的8个边界条件,则需要确认其他三边的边界条件。

通过简化,式(4.93)写为

$$\rho t_b \frac{\partial^2 w(x,y,t)}{\partial t^2} + D \nabla^4 w(x,y,t) = P(x,y,t) \qquad (4.96)$$

式中:∇^4为双调和算子,定义为

$$\nabla^4(\ ) = \frac{\partial^4}{\partial x^4}(\ ) + 2\frac{\partial^4}{\partial x^2 \partial y^2}(\ ) + \frac{\partial^4}{\partial y^4}(\ ) \qquad (4.97)$$

与梁相似,板的边界条件也分为几何边界条件和自然边界条件。利用广义哈密顿原理,可以得到梁两种类型边界条件的一般表达式(式(4.81)和式(4.82)),但基于哈密尔顿原理推导板的两种类型边界条件表达式涉及内容广泛,超出了本书范围。因此,利用板和梁的相似性来得到板的边界条件表达式。为此,下面通过一些例子来讨论板的典型边界条件。

例4.4 横向振动的均匀板的典型边界条件。

讨论如图4.13所示的均匀矩形板的几种典型边界条件并得出其表达式。

(a) $x=a$ 为固支边的矩形板: $x=a$ 边为固支边,则挠度及转角都为零,即

$$w(x,y,t)\mid_{x=a,y}=0,\frac{\partial w(x,y,t)}{\partial x}\bigg|_{x=a,y}=0 \tag{4.98}$$

(b) $x=a$ 为简支边的矩形板: $x=a$ 边为简支边,则挠度及弯矩都为零,即

$$w(x,y,t)\mid_{x=a,y}=0, M_y\mid_{x=a,y}=0 \tag{4.99}$$

与式(4.66)中梁的弯矩 M 和挠度 w 之间的关系类似,板的弯矩和挠度之间的关系表示为(Rao 2007)

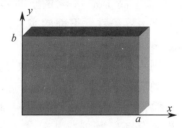

图4.13 例4.4均匀矩形板原理图

$$M_y=-D\left(\frac{\partial^2 w}{\partial x^2}+v\frac{\partial^2 w}{\partial y^2}\right)\bigg|_{x=a,y}=0 \tag{4.100}$$

然而,如果 $x=a$ 为简支边,则边界条件为

$$\frac{\partial^2 w}{\partial y^2}\bigg|_{x=a,y}=0$$

上式主要根据简支边的特性,即在 $x=a$ 简支边上的挠度或沿 y 轴的转角(位移的导数)为零。将上述条件代入式(4.100),得到在 $x=a$ 为简支边的边界条件为

$$\frac{\partial^2 w}{\partial x^2}\bigg|_{x=a,y}=0 \tag{4.101}$$

综上所述,式(4.99)和式(4.101)表示板在 $x=a$ 为简支边的边界条件。

(c) $x=a$ 为自由边的矩形板: $x=a$ 边为自由边,则弯矩及剪力都为零。延伸板的弯矩及剪切变形的定义(Rao 2007),即

$$M_y=D\left(\frac{\partial^2 w}{\partial x^2}+v\frac{\partial^2 w}{\partial y^2}\right)\bigg|_{x=a,y}=0$$

$$V_y=D\left[\left(\nabla^2 w\right)_{,x}+(1-v)w_{,xyy}\right]\bigg|_{x=a,y}=0 \tag{4.102}$$

4.4 连续系统的特征值问题

由于已经阐明了从简单的杆纵向振动一维波动方程到复杂二维板的横向振动

的几个连续系统振动实例,因此,可以用广义的算子形式表示运动微分方程及相关边界条件,即

$$M[w_{,tt}] + K[w] = P \tag{4.103a}$$

$$\Gamma_i[w] = 0 \, (i = 1, 2, \cdots, 2n-1) \tag{4.103b}$$

式中:P 为一个广义外力;M 为 $2m$ 阶的质量偏微分算子;K 为 $2n$ 阶的刚度偏微分算子;Γ_i 为 $2n-1$ 阶的偏微分算子。

利用上述广义的算子的形式,可以将几何或自然边界条件进行简单且系统的分类,即不高于 $n-1$ 阶的空间导数为几何或本质边界条件,而其他的则为自然或动力学边界条件。下面的实例论证了连续系统运动微分方程和边界条件的算子形式表达。

例 4.5 连续系统运动微分方程的算子形式表达。

确定杆纵向振动及梁横向振动的质量偏微分算子和刚度偏微分算子。

解:比较式(4.55a)和式(4.103a),杆纵向振动的质量偏微分算子和刚度偏微分算子分别写为

$$M[w_{,tt}] = \rho(x)[w_{,tt}] \Rightarrow M = \rho(x) \text{且} \, m = 0 \tag{4.104a}$$

$$K[w] = -\frac{\partial}{\partial x}\left(EA(x)\frac{\partial}{\partial x}\right)[w] \Rightarrow K = -\frac{\partial}{\partial x}\left(EA(x)\frac{\partial}{\partial x}\right) \text{且} \, n = 1 \tag{4.104b}$$

同理,比较式(4.80)和式(4.103a),梁横向振动的质量偏微分算子和刚度偏微分算子分别写为

$$M[w_{,tt}] = \rho(x)[w_{,tt}] \Rightarrow M = \rho(x) \text{且} \, m = 0 \tag{4.105a}$$

$$K[w] = \frac{\partial^2}{\partial x^2}\left(EI(x)\frac{\partial^2}{\partial x^2}\right)[w] \Rightarrow K = \frac{\partial^2}{\partial x^2}\left(EI(x)\frac{\partial^2}{\partial x^2}\right) \text{且} \, n = 2 \tag{4.105b}$$

4.4.1 分离变量法

由于已经获得连续系统运动微分方程的一般形式,为实现振动控制,还需研究连续系统运动微分方程的求解方法。尽管连续系统运动偏微分方程有几种离散化的方法,这里还是作出一个最基本的假设:时间和空间坐标系是可分离的,即

$$w(x,t) = W(x)T(t) \text{表示一维连续系统}$$

$$w(x,y,t) = W(x,y)T(t) \text{ 表示二维连续系统} \tag{4.106}$$

式中:W 和 T 分别表示空间和时间的函数,表征时间和空间的特性是相互独立的。这与第 2 章多自由度系统中特征值问题的概念是一致的。

为避免内容过于复杂,利用前述的 3 个基本连续系统来解释这一概念,即以波动方程(二阶刚度偏微分算子)描述的杆的纵向振动(如式(4.104b))、以四阶刚度偏微分算子描述的一维梁的横向振动(如式(4.105b))以及以四阶刚度偏微分算子描述的二维板的横向振动。

杆的纵向振动:将基本假设式(4.106)代入杆纵向振动运动微分方程式(4.55a)的齐次表达式①中得到

$$\frac{\partial}{\partial x}(EA(x)W'(x)T(t)) = \rho(x)W(x)\ddot{T}(t) \qquad (4.107)$$

式(4.107)可以表示为时间和空间分离的形式,即

$$\frac{1}{\rho(x)W(x)}\frac{\mathrm{d}}{\mathrm{d}x}(EA(x)W'(x)) = \frac{\ddot{T}(t)}{T(t)} \triangleq -\omega^2 \qquad (4.108)$$

式(4.108)的左侧是空间变量 x 的函数,而右侧是时间变量 t 的函数。因此,为使等式成立,等式两边应为一个常数,记为 $-\omega^2$。常数的负号是为了保证时间解 $T(t)$ 的有限性,时间解 $T(t)$ 将在本章后续中阐明。因此,式(4.108)改写为

$$\ddot{T}(t) + \omega^2 T(t) = 0 \text{(时间分量)} \qquad (4.109a)$$

$$-\frac{\mathrm{d}}{\mathrm{d}x}(EA(x)W'(x)) = \omega^2\rho(x)W(x) \quad \text{(空间分量)} \qquad (4.109b)$$

空间分量式(4.109b)必须满足 $0 \leq x \leq L$ 范围内的边界条件,而时间分量式(4.109a)与初始条件有关。求空间解的关键是确定边界条件,这一点将在后文证明。不同边界条件的连续系统,其特性完全不同。根据不同的边界条件可以求得连续系统的模态解和固有频率,下面实例很好的说明了这一点。

例4.6 弹性支撑的均匀杆的纵向振动。

许多实际应用中,连续系统与弹性元件相互作用(如作为结构的支撑点)。一端固定的均匀杆,另一端有如图4.14所示的外部刚度 k。利用分离变量的概念求该系统的频率方程。

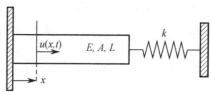

图4.14 一端固定一端连接外部刚度的均匀杆的纵向振动

解:参照4.3.1节中的建模方法得到杆纵向振动的运动微分方程和边界条件。我们只强调弹簧 k 引起的应变能变化,因此,带有弹簧 k 的情况下,总应变能(式(4.43))扩展为

$$\delta U = \delta U_{\text{beam}} + \delta U_{\text{spring }k} = \int_0^L \left\{ EA(x)\frac{\partial u(x,t)}{\partial x}\delta\left(\frac{\partial u(x,t)}{\partial x}\right) \right\}\mathrm{d}x + \frac{1}{2}k(u(L,t))^2$$

$$(4.110)$$

将上述 δU 表达式和动能表达式(4.45)代入哈密顿原理式(4.46),并考虑该

---

① 这一做法与多自由度系统方法类似,其中的特征值和特征向量可以通过无阻尼自由振动分析确定。

系统中 $\delta W^{\text{ext}} = 0$,得到

$$\int_{t_1}^{t_2} \Big[\int_0^L \Big\{ \frac{\partial}{\partial x} \Big(EA(x) \frac{\partial u(x,t)}{\partial x} \Big) - \rho(x) \frac{\partial^2 u(x,t)}{\partial t^2} + P(x,t) \Big\} \delta u(x,t) \, \mathrm{d}x$$

$$- ku(L,t)\delta u(L,t) - \Big(EA(x) \frac{\partial u(x,t)}{\partial x} \Big) \delta u(x,t) \Big|_0^L \Big] \mathrm{d}t = 0 \qquad (4.111)$$

如前所述,若要式(4.111)为零,则其积分项必须为零,即

$$\rho(x) \frac{\partial^2 u(x,t)}{\partial t^2} - \frac{\partial}{\partial x} \Big(EA(x) \frac{\partial u(x,t)}{\partial x} \Big) = P(x,t) \qquad (4.112a)$$

$$\Big(ku(L,t) + EA \frac{\partial u(L,t)}{\partial x} \Big) \delta u(L,t) - \Big(EA \frac{\partial u(0,t)}{\partial x} \Big) \delta u(0,t) = 0 \qquad (4.112b)$$

考虑图 4.14 中的几何条件,$u(0,t) = 0$ 且 $\delta u(L,t)$ 任意,将其代入式(4.112b)得到两个必要的边界条件为

$$\Big(ku(L,t) + EA \frac{\partial u(L,t)}{\partial x} \Big) = 0 \rightarrow EA \frac{\partial u(L,t)}{\partial x} = -ku(L,t) \text{ 且 } u(0,t) = 0$$

$$(4.113)$$

根据得到的边界条件,利用方程式(4.109b)得到

$$\frac{\mathrm{d}^2}{\mathrm{d}x}(W(x)) + \beta^2 W(x) = 0, \beta^2 = \rho \omega^2 / EA \qquad (4.114)$$

这个简单的常微分方程的通解可以写为

$$W(x) = C_1 \sin\beta x + C_2 \cos\beta x \qquad (4.115)$$

将分离变量基本假设式(4.106)代入边界条件式(4.113)得到

$$u(0,t) = W(0)T(t) = 0 \rightarrow W(0) = 0 \qquad (4.116a)$$

$$EA \frac{\partial u(L,t)}{\partial x} = -ku(L,t) \rightarrow EAW'(L) = -kW(L) \qquad (4.116b)$$

再将式(4.116b)代入 $W(x)$ 的通解表达式(4.115),得到 $C_2 = 0$,因此,常微分方程的解为

$$W(x) = C_1 \sin\beta x \qquad (4.117)$$

最后将式(4.116b)代入式(4.117)得到

$$W'(L) = \frac{-k}{EA} W(L) \rightarrow C_1 \cos(\beta L) = \frac{-k}{EA} C_1 \sin(\beta L) \qquad (4.118)$$

或简写为

$$\tan(\beta L) = \frac{-\beta EA}{k} \qquad (4.119)$$

式(4.119)即为特征方程。

备注 4.8:得到的特征方程式(4.119)是超越方程,因此有无穷多个解,这些解被称为连续系统的特征频率或特征值。本小节将阐明,连续系统的特征方程是超越方程,且有无穷多个解。为强调这一重要特征,用 β_r 表示特征值,其中 $r = 1, 2,$

$\cdots,\infty$。将特征值 β_r 代入空间解来确定特征函数 W_r。

由于特征方程式(4.119)是特征值 β 的隐函数,故需要对方程进行数值求解,例如,当 $k=EA$ 和 $L=1$ 时,特征方程式(4.119)简化为

$$\tan\beta = -\beta \tag{4.120}$$

前几个解为

$$\beta_\gamma = 0, 2.03, 4.19, \cdots \tag{4.121}$$

利用式(4.114)中固有频率和 β_γ 的关系,固有频率表示为

$$\omega_r^2 = \beta_r^2 \frac{EA}{\rho} \tag{4.122}$$

将 β_γ 和 ω_r 代入一般特征函数方程式(4.117),得到

$$W_r(x) = C_r\sin\beta_r x = C_r\sin\left(\sqrt{\frac{\rho}{EA}}\omega_r x\right) \tag{4.123}$$

基于上述特征函数,连续系统运动微分方程的通解表示为

$$w(x,t) = W(x)T(t) = \sum_r^\infty W_r(x)T_r(t) \tag{4.124}$$

本章后续将讨论利用这些特征函数求解杆纵向振动的运动微分方程。

梁的横向振动:与杆的振动类似,将假设式(4.106)代入梁横向振动运动微分方程式(4.80)的齐次表达式中,即

$$\frac{\partial^2}{\partial x^2}\left(EI(x)\frac{\partial^2 w(x,t)}{\partial x^2}\right) = -\rho(x)\frac{\partial^2 w(x,t)}{\partial t^2} \tag{4.125}$$

得到

$$\frac{1}{\rho(x)W(x)}\frac{\mathrm{d}^2}{\mathrm{d}x^2}(EI(x)W''(x)) = \frac{\ddot{T}(t)}{T(t)} \triangleq \omega^2 \tag{4.126}$$

与杆的振动类似,时间和空间分离形式的运动微分方程表示为

$$\ddot{T}(t) + \omega^2 T(t) = 0 \tag{4.127a}$$

$$\frac{\mathrm{d}^2}{\mathrm{d}x^2}(EI(x)W''(x)) = \omega^2\rho(x)W(x) \tag{4.127b}$$

为得到式(4.127)的全解,时间微分方程需要 2 个初始条件,而四阶空间微分方程需要 4 个边界条件。以下实例将概述获得等截面梁固有频率和特征函数的步骤。

例4.7 等截面悬臂梁的横向振动。

考虑如图 4.15 所示的等截面(即 $EI(x)=EI,\rho(x)=\rho$)悬臂梁(一端固定一端自由)的横向振动问题。

方程式(4.127b)在等截面梁条件下简化为

$$EI\frac{\mathrm{d}^4 W(x)}{\mathrm{d}x^4} = \omega^2\rho W(x) \rightarrow W''''(x) - \beta^4 W(x) = 0 \tag{4.128}$$

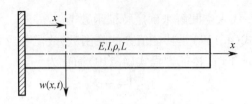

图 4.15 等截面悬臂梁的横向振动

其中

$$\beta^4 = \rho\omega^2 / EI \tag{4.129}$$

微分方程式(4.128)的解写为

$$W(x) = C_1 \sin\beta x + C_2 \cos\beta x + C_3 \sinh\beta x + C_4 \cosh\beta x \tag{4.130}$$

边界条件为一端固定一端自由,利用例4.3(式(4.83)和式(4.85))的结论,得到

$$w(0,t) = W(0)T(t) = 0 \rightarrow W(0) = 0$$
$$w'(0,t) = W'(0)T(t) = 0 \rightarrow W'(0) = 0$$
$$w''(L,t) = W''(L)T(t) = 0 \rightarrow W''(L) = 0$$
$$w'''(L,t) = W'''(L)T(t) = 0 \rightarrow W'''(L) = 0 \tag{4.131}$$

将式(4.131)中的前两个方程带回式(4.130),得到

$$W(0) = 0 \rightarrow C_2 + C_4 = 0, \quad C_4 = -C_2$$
$$W'(0) = 0 \rightarrow C_1 + C_3 = 0, \quad C_3 = -C_1 \tag{4.132}$$

因此,式(4.130)可以写为

$$W(x) = C_1(\sin\beta x - \sinh\beta x) + C_2(\cos\beta x - \cosh\beta x) \tag{4.133}$$

把式(4.131)的后两个边界条件代入式(4.133),得到有关 C_1 和 C_2 的线性方程组为

$$C_1(\sin\beta L + \sinh\beta L) + C_2(\cos\beta L + \cosh\beta L) = 0$$
$$C_1(\cos\beta L + \cosh\beta L) - C_2(\sin\beta L - \sinh\beta L) = 0 \tag{4.134}$$

或

$$\begin{bmatrix} \sin\beta L + \sinh\beta L & \cos\beta L + \cosh\beta L \\ \cos\beta L + \cosh\beta L & -\sin\beta L + \sinh\beta L \end{bmatrix} \begin{Bmatrix} C_1 \\ C_2 \end{Bmatrix} = \begin{Bmatrix} 0 \\ 0 \end{Bmatrix} \tag{4.135}$$

为得到 $W(x)$ 的非零解,方程组(4.135)的系数行列式必须为零。经简化,得到等截面梁含有特征值 β 的特征方程为

$$\cos(\beta L)\cosh(\beta L) = -1 \tag{4.136}$$

与杆的纵向振动类似,该特征方程为超越方程,因此有无穷多个解。通过数值解法得到前几个解为

$$\beta_r L = 1.875, \quad 4.694, \quad 7.855, \quad \cdots \tag{4.137}$$

利用式(4.129)得到固有频率为

$$\omega_1 = (1.875)^2 \sqrt{\frac{EI}{\rho L^4}}, \quad \omega_2 = (4.694)^2 \sqrt{\frac{EI}{\rho L^4}}, \quad \cdots \tag{4.138}$$

由于要求方程组(4.135)的系数行列式为零,因此这两个方程线性相关,只能利用其中一个方程建立常数 C_1 和 C_2 的关系,因此,特征函数 $W(x)$ 的一般表达式为

$$W_r(x) = \frac{C_r}{\sin\beta_r L - \sinh\beta_r L}[(\sin\beta_r L - \sinh\beta_r L)(\sin\beta_r x - \sinh\beta_r x)$$
$$+ (\cos\beta_r L - \cosh\beta_r x)\cos(\sin\beta_r x - \cos\beta_r x)] \qquad (4.139)$$

最后的通解为

$$w(x,t) = \sum_r^\infty W_r(x)T_r(t) \qquad (4.140)$$

板的横向振动:与前两个连续系统类似,将基本假设式(4.106)代入板横向振动运动微分方程式(4.93)的齐次表达式,得到

$$\rho t_b W(x,y)\ddot{T}(t) + DT(t)\nabla^4 W(x,y) = 0 \qquad (4.141)$$

其分离形式为

$$\frac{D}{\rho t_b}\frac{\nabla^4 W}{W} = -\frac{\ddot{T}(t)}{T(t)} \triangleq \omega^2 \qquad (4.142)$$

由此可知,时间和空间分离形式的运动微分方程为

$$\ddot{T}(t) + \omega^2 T(t) = 0 \qquad (4.143a)$$
$$\nabla^4 W - \beta W = 0 \qquad (4.143b)$$

其中特征值 β 定义为

$$\beta^4 = \omega^2 \rho t_b / D \qquad (4.144)$$

由于只强调空间上的解,式(4.143b)进一步简化为

$$(\nabla^2 + \beta^2)(\nabla^2 - \beta^2)W = 0 \qquad (4.145)$$

方程式(4.145)有两个解 $W = W_1$ 和 $W = W_2$ 满足如下条件,即

$$(\nabla^2 + \beta^2)W_1 = 0, (\nabla^2 - \beta^2)W_2 = 0 \qquad (4.146)$$

将 W_1 和 W_2 叠加得到通解 $W = W_1 + W_2$。

首先求解 $W(x,y) = W_1(x,y)$。因此,需要将 W_1 在空间坐标系 x 和 y 方向上分离,得到

$$W_1(x,y) = X(x)Y(y) \qquad (4.147)$$

将分离形式(4.147)代入初始表达式(4.146),并将结果在坐标系 x 和 y 方向上再次分离,得到

$$\frac{X''}{X} + \frac{Y''}{Y} + \beta^2 = 0 \rightarrow \frac{X''}{X} = -\frac{Y''}{Y} - \beta^2 \triangleq -\alpha^2 = 常数 \qquad (4.148)$$

式(4.148)中 α^2 的负号使得 $X(x)$ 和 $Y(y)$ 的解是有限响应(谐波)。因此,$X(x)$ 和 $Y(y)$ 独立的运动微分方程为

$$X''(x) + \alpha^2 X(x) = 0, Y''(y) + \gamma^2 Y(y) = 0 \qquad (4.149)$$

其中

$$\gamma^2 = \beta^2 - \alpha^2 \qquad (4.150)$$

与杆纵向振动波动方程类似,方程式(4.149)的解写为

$$X(x) = A_1 \sin\alpha x + A_2 \cos\alpha x$$

$$Y(x) = A_3 \sin\gamma y + A_4 \cos\gamma y \tag{4.151}$$

因此,利用式(4.147)和式(4.151),W_1 表示为

$$W_1(x,y) = C_1 \sin(\alpha x)\,\sin(\gamma y) + C_2 \sin(\alpha x)\,\cos(\gamma y)$$
$$+ C_3 \cos(\alpha x)\,\sin(\gamma y) + C_4 \cos(\alpha x)\,\cos(\gamma y) \tag{4.152}$$

同理,式(4.146)中第二个方程的解 W_2 表示为

$$W_2(x,y) = C_5 \sinh(\bar{\alpha}x)\,\sinh(\bar{\gamma}y) + C_6 \sinh(\bar{\alpha}x)\,\cosh(\bar{\gamma}y)$$
$$+ C_7 \cosh(\bar{\alpha}x)\,\sinh(\bar{\gamma}y) + C_8 \cosh(\bar{\alpha}x)\,\cosh(\bar{\gamma}y) \tag{4.153}$$

其中

$$\bar{\gamma}^2 = \bar{\beta}^2 - \bar{\alpha}^2 \tag{4.154}$$

式中:$\bar{\alpha}$ 和 $\bar{\beta}$ 是与 α 和 β 类似的常数。确定式(4.152)和式(4.153)中的常数 C_1 到 C_8 需要8个边界条件。由于解 W_1 和 W_2 已确定,通解可以表示为 $W = W_1 + W_2$。下述实例将介绍均匀矩形板固有频率和特征函数的求解步骤。

例4.8 均匀简支矩形板的横向振动。

讨论如图4.16所示的四边铰接均匀板的横向振动问题。

例4.4中,式(4.99)和式(4.101)给出 $x = a$ 为简支边的板的边界条件,本例将讨论4条边均为简支边的板的横向振动问题。

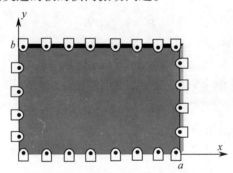

图4.16 四边铰接的均匀矩形板的横向振动

因此,8个边界条件为

$$w(x,y,t)\big|_{x=0,y} = 0,\ w(x,y,t)\big|_{x,y=0} = 0$$
$$w(x,y,t)\big|_{x=a,y} = 0,\ w(x,y,t)\big|_{x,y=b} = 0 \tag{4.155a}$$

$$\frac{\partial^2 w}{\partial x^2}\bigg|_{x=0,y} = 0,\ \frac{\partial^2 w}{\partial y^2}\bigg|_{x,y=0} = 0,\ \frac{\partial^2 w}{\partial x^2}\bigg|_{x=a,y} = 0,\ \frac{\partial^2 w}{\partial x^2}\bigg|_{x,y=b} = 0 \tag{4.155b}$$

将这些边界条件代入分离形式(4.106),得到

$$W(0,y) = 0,\ (x,0) = 0,\ W(a,y) = 0,\ W(x,b) = 0 \tag{4.156a}$$

$$\frac{\partial^2 W(0,y)}{\partial x^2} = 0,\ \frac{\partial^2 W(x,0)}{\partial y^2} = 0,\ \frac{\partial^2 W(a,y)}{\partial x^2} = 0,\ \frac{\partial^2 W(x,b)}{\partial y^2} = 0 \tag{4.156b}$$

将式(4.152)和式(4.153)的解代入上述边界条件,可知除常数 C_1 外,常数 C_2 ~ C_8 均为零。因此,空间函数 $W(x,y)$ 表示为

$$W(x,y) = C_1 \sin(\alpha x)\sin(\gamma y) \tag{4.157}$$

为得到空间函数 $W(x,y)$ 的非零解,利用式(4.156a)的后两个边界条件,得到

$$\sin(\alpha a) = 0 \to \alpha_m = \frac{m\pi}{a}$$
$$\sin(\gamma b) = 0 \to \gamma_n = \frac{n\pi}{b} \qquad (m,n = 1,2,\cdots,\infty) \tag{4.158}$$

根据上述结果及式(4.150),特征值 β 表示为

$$\beta_{mn}^2 = \alpha_m^2 + \gamma_n^2 = \pi^2\left(\frac{m^2}{a^2} + \frac{n^2}{b^2}\right) \tag{4.159}$$

根据式(4.144)得到板的固有频率为

$$\omega_{mn} = \beta_{mn}^2 \sqrt{D/\rho t_b} = \alpha_m^2 + \gamma_n^2 = \pi^2 \sqrt{D/\rho t_b}\left(\frac{m^2}{a^2} + \frac{n^2}{b^2}\right) \tag{4.160}$$

注意:这里固有频率有两个下标,而不是一维振动问题中的一个下标,也即有多种表达形式的固有频率,如 ω_{11}、ω_{23}、ω_{33} 等。因此,会出现同一固有频率有两种不同表达形式的情况。例如,如果板是方形的,即 $a = b$,那么,$\omega_{jk} = \omega_{kj}$。

与一维振动问题类似,获得固有频率后,就可确定特征函数。因此,特征函数式(4.157)表示为

$$W_{mn}(x,y) = C_{mn} \sin\left(\frac{m\pi x}{a}\right) \sin\left(\frac{n\pi y}{b}\right) \tag{4.161}$$

此外,时间函数表示为(式(4.143a))

$$T_{mn}(t) = B_{mn}\cos(\omega_{mn}t) + \bar{B}_{mn}\sin(\omega_{mn}t) \tag{4.162}$$

综上所述,通解 $w(x,y,t)$ 为

$$
\begin{aligned}
w(x,y,t) &= \sum_{m=1}^{\infty}\sum_{n=1}^{\infty} W_{mn}(x,y)T_{mn}(t) \\
&= \sum_{m=1}^{\infty}\sum_{n=1}^{\infty}\left(C_{mn}\sin\left(\frac{m\pi x}{a}\right)\sin\left(\frac{n\pi y}{b}\right)\right. \\
&\quad \left. \times (B_{mn}\cos(\omega_{mn}t) + \bar{B}_{mn}\sin(\omega_{mn}t))\right)
\end{aligned} \tag{4.163}
$$

式中:常数 C_{mn} 可以任意选择,或根据本章后续讨论的模态正交性条件确定;B_{mn} 和 $\bar{B}_{mn}$ 根据两个初始条件确定。

4.4.2 模态正交性

连续系统模态正交性与第 2 章讨论的离散系统模态分析的概念类似,只是连续系统采用的是特征函数,而不是离散系统中的模态振型。在证明这点之前,先简要回顾函数的自伴性。

自伴函数:如果两个函数 f 和 g 与最高阶的刚度偏微分算子(式(4.103))有同样的可微次数,且具有下面的关系,即

$$\langle \{f\} \cdot M\{g\}\rangle = \langle \{g\} \cdot M\{f\}\rangle$$
$$\langle \{f\} \cdot K\{g\}\rangle = \langle \{g\} \cdot K\{f\}\rangle \tag{4.164}$$

那么,函数 f 和 g 称为自伴函数。其中,K 和 M 分别为式(4.103)定义的刚度偏微分算子和质量偏微分算子。式(4.164)仅给出了自伴函数相对于偏微分算子的互换性特征。这个性质对应于多自由度系统中刚度矩阵和质量矩阵的对称性。

正交性条件:与离散系统类似(式(2.31)和式(2.32)以及备注2.2),易知性质式(4.164)表示特征函数关于质量或刚度偏微分算子正交。为不失一般性,只讨论杆纵向振动的模态正交性。

考虑式(4.109)得到

$$\frac{\mathrm{d}}{\mathrm{d}x}\left(EA(x)\frac{\mathrm{d}W(x)}{\mathrm{d}x}\right) = -\omega^2\rho(x)W(x) \tag{4.165}$$

所有特征函数都必须满足这一方程,设 $w_r(x)$ 和 $w_s(x)$ 为两个任意的特征函数,则有

$$\frac{\mathrm{d}}{\mathrm{d}x}\left(EA(x)\frac{\mathrm{d}W_r(x)}{\mathrm{d}x}\right) = -\omega_r^2\rho(x)W_r(x) \tag{4.166}$$

$$\frac{\mathrm{d}}{\mathrm{d}x}\left(EA(x)\frac{\mathrm{d}W_s(x)}{\mathrm{d}x}\right) = -\omega_s^2\rho(x)W_s(x) \tag{4.167}$$

式(4.166)左乘 $W_s(x)$,并在系统长度 L 上积分,则有

$$\int_0^L W_s(x)\frac{\mathrm{d}}{\mathrm{d}x}\left(EA(x)\frac{\mathrm{d}W_r(x)}{\mathrm{d}x}\right)\mathrm{d}x = -\omega_r^2\int_0^L \rho(x)W_s(x)W_r(x)\mathrm{d}x \tag{4.168}$$

类似地,式(4.167)左乘 $W_r(x)$,并在长度 L 上积分,则有

$$\int_0^L W_r(x)\frac{\mathrm{d}}{\mathrm{d}x}\left(EA(x)\frac{\mathrm{d}W_s(x)}{\mathrm{d}x}\right)\mathrm{d}x = -\omega_s^2\int_0^L \rho(x)W_r(x)W_s(x)\mathrm{d}x \tag{4.169}$$

式(4.169)减去式(4.168),则有

$$\int_0^L \left[W_r(x)\frac{\mathrm{d}}{\mathrm{d}x}\left(EA(x)\frac{\mathrm{d}W_s(x)}{\mathrm{d}x}\right) - W_s(x)\frac{\mathrm{d}}{\mathrm{d}x}\left(EA(x)\frac{\mathrm{d}W_r(x)}{\mathrm{d}x}\right)\right]\mathrm{d}x$$

$$= (\omega_r^2 - \omega_s^2)\int_0^L \rho(x)W_r(x)W_s(x)\mathrm{d}x \tag{4.170}$$

整理式(4.170)左侧方括号内的项,则有

$$EA(x)W_r(x)W_s'(x)\big|_0^L - EA(x)W_r'(x)W_s(x)\big|_0^L$$

$$= (\omega_r^2 - \omega_s^2) \int_0^L \rho(x) W_r(x) W_s(x) \mathrm{d}x \tag{4.171}$$

式(4.171)的左侧对典型①边界条件的任意组合,都容易验证等于零,则有

$$(\omega_r^2 - \omega_s^2) \int_0^L \rho(x) W_r(x) W_s(x) \mathrm{d}x = 0 \tag{4.172}$$

若 $r \neq s$,那么,$\omega_r \neq \omega_s$,则式(4.172)简化为

$$\int_0^L \rho(x) W_r(x) W_s(x) \mathrm{d}x = 0 \quad (r \neq s) \tag{4.173}$$

式(4.173)表示特征函数关于质量偏微分算子正交,或将方程写成如下形式,即

$$\int_0^L \rho(x) W_r(x) W_s(x) \mathrm{d}x = \delta_{rs} \tag{4.174}$$

式中:δ_{rs} 为克罗内克符号。

将正交性条件式(4.174)代入式(4.168),整理方程左侧,并考虑典型边界条件,则有

$$\int_0^L EA(x) W_r'(x) W_s'(x) \mathrm{d}x = \omega_r^2 \delta_{rs} \tag{4.175}$$

式(4.175)即为杆纵向振动中特征函数关于刚度偏微分算子的正交性条件。

依据同样的步骤处理梁横向振动的模态正交性问题,可知式(4.174)同样成立,而特征函数关于刚度偏微分算子的正交性条件变为

$$\int_0^L EI(x) W_r''(x) W_s''(x) \mathrm{d}x = \omega_r^2 \delta_{rs} \tag{4.176}$$

正交性条件式(4.174)、式(4.175)或式(4.176)有助于求解连续系统的边值问题,类似于离散系统中的利用坐标变换求解模态矩阵。下一节将简要回顾这一方法。

4.4.3 特征函数展开法

由于无阻尼自由振动的边值问题已解决,且系统的固有频率和特征函数也可知,下面利用前一小节的正交性条件来解决受迫振动问题。为此,考虑两种情况:可以相对容易地得到特征函数(例如,连续体具有典型边界条件或具有简单均匀的几何形状,或两个条件同时满足);不能得到特征函数(无阻尼自由振动边值问题的准确解为非平凡解)。对于后一种情形,利用试函数来求解,试函数不必满足运动微分方程,只需满足部分或全部边界条件。如果这些试函数满足所有边界条

---

① 请参阅本节前面给出的典型边界条件定义。这些约束条件可以在非典型边界条件上适当放宽来得到相应的正交性条件。我们为感兴趣的读者提供了相关的参考文献以及本章习题4.16。

件,那么,称为比较函数,否则,称为容许函数。

展开定理:任意一个比较函数 $Y(x)$ 都可以用一组收敛级数表示为

$$Y(x) = \sum_{r=1}^{\infty} a_r W_r(x) \qquad (4.177)$$

用 $\rho(x) W_s(x)$ 乘以式(4.177)并积分,然后利用质量偏微分算子的正交性条件式(4.174),得到系数 a_r 的表达式为

$$a_r = \int_0^L \rho(x) W_r(x) Y(x) \mathrm{d}x \qquad (4.178)$$

上述与傅里叶级数展开类似。式(4.177)和式(4.178)是展开定理的基础,基于此可得到运动模态方程。因此,振动位移 $w(x,t)$ 为

$$w(x,t) = \sum_{r=1}^{\infty} q_r(t) W_r(x) \qquad (4.179)$$

式(4.177)中,特征函数 $W_r(t)$ 的系数 a_r 从一个常数扩展为一个时间函数 $q_r(t)$,$q_r(t)$ 称为广义坐标或模态坐标。

这一扩展可以应用到连续系统振动问题的两个阶段:得到运动偏微分方程后,用其使方程离散化;应用于能量表达式的推导,以便利用拉格朗日方程直接获得离散化的运动微分方程。后面将讨论这两种应用的实例,并简要回顾这两种处理方法。

特征解和运动微分方程离散化:为验证这一方法,讨论等截面简支欧拉 – 伯努利梁,其运动微分方程为

$$EI \frac{\partial^4 w(x,t)}{\partial x^4} + c \frac{\partial w(x,t)}{\partial t} + \rho \frac{\partial^2 w(x,t)}{\partial t^2} = p(x,t) \qquad (4.180)$$

式中:c 为线性阻尼系数;$p(x,t)$ 为分布载荷。将振动位移 $w(x,t)$(式(4.179))代入式(4.180),则有

$$\sum_{r=1}^{\infty} \left(EI \frac{\mathrm{d}^4 W_r(x)}{\mathrm{d}x^4} q_r(t) + c W_r(x) \dot{q}_r(t) + \rho W_r(x) \ddot{q}_r(t) \right) = p(x,t) \quad (4.181)$$

指标记法形式为

$$EI \frac{\mathrm{d}^4 W_r(x)}{\mathrm{d}x^4} q_r(t) + c W_r(x) \dot{q}_r(t) + \rho W_r(x) \ddot{q}_r(t) = p(x,t) \qquad (4.182)$$

另一方面,特征函数 $W_r(x)$ 满足无阻尼自由振动运动微分方程式(4.128),则有

$$EI \frac{\mathrm{d}^4 W_r(x)}{\mathrm{d}x^4} = \omega_r^2 p W_r(x) \qquad (4.183)$$

现在,将式(4.183)代入式(4.182),得到的方程左乘特征函数 $W_s(x)$,并在其范围内进行积分,同时利用 $W_r(x)$ 和 $W_s(x)$ 之间的正交性条件,则有

$$\omega_r^2 \delta_{rs} q_r(t) + \frac{c}{p} \delta_{rs} \dot{q}_r(t) + \delta_{rs} \ddot{q}_r(t) = \frac{1}{\rho} \int_0^L W_s(x) p(x,t) \mathrm{d}x \qquad (4.184)$$

利用例 A. 3 中克罗内克函数的性质,式(4.184)可以简化为

$$\ddot{q}_r(t) + 2\zeta_r\omega_r\dot{q}_r(t) + \omega_r^2 q_r(t) = Q_r(t) \quad (r = 1,2,\cdots) \tag{4.185}$$

式中:模态阻尼比 ζ_r 和广义力 Q 定义为

$$\zeta_r = \frac{c}{2\rho\omega_r}, \quad Q_r(t) = \frac{1}{\rho}\int_0^L W_r(x) p(x,t) \mathrm{d}x \tag{4.186}$$

式(4.185)与多自由度系统解耦方程式(2.39)形式相同,其解可以通过下面的卷积积分表示为

$$q_r(t) = \int_0^t Q_r(\tau) g_r(t-\tau) \mathrm{d}\tau = \frac{1}{\rho}\int_0^t \left(\int_0^L W_r(\lambda) p(\lambda,\tau) \mathrm{d}\lambda \right) g_r(t-\tau) \mathrm{d}\tau \tag{4.187}$$

式中:$g_r(t)$ 是 2.2 节介绍的阻尼振动脉冲响应函数。将式(4.187)代入展开式(4.179),则响应表示为

$$\begin{aligned} w(x,t) &= \sum_{r=1}^{\infty} W_r(x) q_r(t) \\ &= \frac{1}{\rho}\sum_{r=1}^{\infty} W_r(x) \left\{ \int_0^t \left(\int_0^L W_r(\lambda) p(\lambda,\tau) \mathrm{d}\lambda \right) \times g_r(t-\tau) \mathrm{d}\tau \right\} \end{aligned} \tag{4.188}$$

式(4.188)是初始条件为零的响应。若初始条件不为零,与单自由度系统类似(参见 2.2 节),则必须在解中加入初始条件引起的响应。

假设模态法:如前所述,当很难确定特征函数时,可以利用比较函数或容许函数形式的试函数来表示特征函数。因此,用试函数 Ψ_r 替代式(4.179)中的 W_r,则有

$$w(x,t) = \sum_{r=1}^{\infty} q_r(t) \Psi_r(x) \tag{4.189}$$

其中,为使这一方法可以有效地用于非比例阻尼或非线性偏微分方程系统,质量或刚度偏微分算子的自伴性条件可以放宽。式(4.189)的形式称为伽辽金近似。若试函数及其相应的广义坐标数量是无穷的,就可以保证式(4.189)的收敛性,但这一点在实际问题中难以实现。因此,将式(4.189)的一部分截取出来,即所谓的假设模态法(AMM),即

$$w(x,t) = \sum_{r=1}^{n} q_r(t) \Psi_r(x) \tag{4.190}$$

式(4.190)中用有限个模态(或项)来近似地代替无限个模态,为确定这一方法的适用范围,在能量表达层面上给出一个离散化的应用实例,详细讨论如下。

例 4.9 基于假设模态法的梁横向振动运动微分方程的推导。

讨论典型边界条件下无阻尼欧拉伯努利梁,并利用假设模态法及拉格朗日法推导其运动微分方程,该梁的动能和势能表达式分别为(式(4.69)和式(4.71))

$$T = \frac{1}{2}\int_0^L \rho(x)\left(\frac{\partial w(x,t)}{\partial t}\right)^2 \mathrm{d}x, U = \frac{1}{2}\int_0^L EI(x)\left(\frac{\partial^2 w(x,t)}{\partial x^2}\right)^2 \mathrm{d}x \quad (4.191)$$

将响应 $w(x,t)$（式(4.190)）代入能量表达式(4.191)，并利用指标记法，将式(4.191)展开为

$$T = \frac{1}{2}\int_0^L \rho(x)(\Psi_r(x)\dot{q}_r(t))(\Psi_s(x)\dot{q}_s(t))\mathrm{d}x$$

$$= \frac{1}{2}\dot{q}_r(t)\dot{q}_s(t)\int_0^L \rho(x)\Psi_r(x)\Psi_s(x)\mathrm{d}x = \frac{1}{2}\dot{q}_r(t)\dot{q}_s(t)m_{rs}$$

$$(4.192a)$$

$$U = \frac{1}{2}\int_0^L EI(x)(\Psi''_r(x)q_r(t))(\Psi''_s(x)q_s(t))\mathrm{d}x$$

$$= \frac{1}{2}q_r(t)q_s(t)\int_0^L EI(x)\Psi''_r(x)\Psi''_s(x)\mathrm{d}x = \frac{1}{2}q_r(t)q_s(t)k_{rs}$$

$$(4.192b)$$

式中：m_{rs} 和 k_{rs} 分别为广义质量系数和广义刚度系数。

利用指标记法，易得外力 $p(x,t)$ 做功为

$$\delta W^{\mathrm{ext}} = \int_0^L p(x,t)\delta w(x,t)\mathrm{d}x = \int_0^L p(x,t)\delta \Psi_r(x)q_r(t)\mathrm{d}x$$

$$= \int_0^L p(x,t)\Psi_r(x)\delta q_r(t)\mathrm{d}x = \delta q_r(t)\int_0^L p(x,t)\Psi_r(x)\mathrm{d}x = \delta q_r(t)Q_r(t)$$

$$(4.193)$$

式中：$Q_r(t)$ 为广义力。

由于广义坐标 $q_r(t)$ 下的动能、势能及外力 $P(x,t)$ 所做虚功的表达式都已确定，则将拉格朗日方程式(3.70)表示为

$$\frac{\mathrm{d}}{\mathrm{d}t}\left(\frac{\partial T}{\partial \dot{q}_r}\right) - \frac{\partial T}{\partial q_r} + \frac{\partial U}{\partial q_r} = Q_r(t) \quad (r = 1,2,\cdots,n) \quad (4.194)$$

将式(4.192)和式(4.193)代入拉格朗日方程式(4.194)，得到 n 阶耦合运动微分方程为

$$M\ddot{q}(t) + Kq(t) = Q(t) \quad (r = 1,2,\cdots,n) \quad (4.195)$$

式中：$q(t)$ 为包含广义坐标 $q_r(t)$ 的列向量，即 $q(t) = \{q_1(t) \quad q_2(t) \quad \cdots \quad q_n(t)\}^{\mathrm{T}}$；$Q(t) = \{Q_1(t) \quad Q_2(t) \quad \cdots \quad Q_n(t)\}^{\mathrm{T}}$ 为广义力向量；M 和 K 分别为广义质量矩阵 $M = \{m_{rs}\} \in \mathbf{R}^{n \times n}$ 和广义刚度矩阵 $K = \{k_{rs}\} \in \mathbf{R}^{n \times n}$，所含的 m_{rs} 和 k_{rs} 的定义在前文已经给出。

可以将2.3节中处理多自由度系统的一般步骤直接应用于离散化方程式

（4.195）。无论质量或刚度矩阵是否对称,或系统是典型阻尼系统还是非比例阻尼系统,所有条件都可按照2.3节中的步骤去处理,整个处理过程是没有差别的。

收敛性问题:如前所述,若要用式(4.189)精确表示分布参数系统边值问题的解,则需要无穷多个试函数。然而,这在实际中是不能实现的,因此应采取降阶或截断版本(式(4.190))。这样的近似解和有限数量的试函数相当于分布参数系统的约束条件。也就是说,将连续系统无穷多个自由度减少为有限个自由度,系统的约束条件增加了,也因此提高了系统的刚度,所以,精确值总是近似值的下界。

当利用截断版本(式(4.190))时,解的全局收敛性取决于试函数族的类型和数目。一般从经验角度来说,如果使用 n 个试函数,那么,前 $n/2$ 个特征值是相当准确的。然而,当使用简单形式的多项式时,精确特征值的数目就会减少。

总　　结

本章是非常重要的一章,作者通过分析基于能量的建模方式,为读者提供了对分布参数系统振动进行研究的统一方法。其中,作者在简要介绍功能关系和哈密顿原理之后,给出了三维变形体的微分方程,并建立了位移 – 应变关系和应力应变关系。为证明这一模型框架的有效性,作者选取一些连续系统振动实例进行了分析,包括杆的纵向振动、梁和板的横向振动。这些实例被特意选用,以便下一章对基于压电的作动器和传感器进行建模。本章内容是接下来第 8 章与第 9 章介绍的基于压电系统和振动控制系统建模与控制的基础。

习　　题

4.1　连续变形体的平衡状态及运动学模型

题 4.1　变形体的平衡状态微分方程表示为

$$\frac{\partial \sigma_{xx}}{\partial x} + \frac{\partial \tau_{yx}}{\partial y} + \frac{\partial \tau_{xz}}{\partial z} + F_x = 0$$

$$\frac{\partial \tau_{yx}}{\partial x} + \frac{\partial \sigma_{yy}}{\partial x} + \frac{\partial \tau_{yz}}{\partial z} + F_x = 0$$

$$\frac{\partial \tau_{zx}}{\partial x} + \frac{\partial \tau_{yz}}{\partial y} + \frac{\partial \sigma_{zz}}{\partial z} + F_z = 0$$

式中:σ_{pq} 和 τ_{pq} 为应力分量;F_1、F_2 和 F_3 为体力 F 的分量。用 $x_1 x_2 x_3$ 代替坐标 xyz,用指标记法将上述方程组写为一个表达式。

题 4.2　假设变形体在笛卡儿坐标系下的位置向量 $x_1 x_2 x_3$,其在未变形状态下表示为 $X = \{X_1 \quad X_2 \quad X_3\}^T$,变形状态下表示为 $x = \{x_1 \quad x_2 \quad x_3\}^T$。用指标记法展

开下面这个全微分。

$$dX_m = \frac{\partial X_m}{\partial x_j}dx_j \quad (m,j=1,2,3)$$

提示:注意 $X = X(x,t)$。

题 4.3　若用位移向量 $u_m = x_m - X_m, m=1,2,3$ 表示题 4.2 中变形和未变形状态下的位置向量,则请展开题 4.2 的全微分 dX_m,其中 $X_m = x_m - u_m$。

题 4.4　利用指标记法中克罗内克函数的性质,简化下式:

$$A = \left(\delta_{mi} - \frac{\partial u_m}{\partial x_i}\right)\left(\delta_{mj} - \frac{\partial u_m}{\partial x_j}\right) \quad (m,i,j=1,2,3)$$

4.2　变形体的虚功原理

题 4.5　回顾题 3.6 中讨论的拉格朗日函数 L,即

$$L = \int_0^\ell \frac{\rho A}{2}\left(\frac{\partial u}{\partial t}\right)^2 dx - \int_0^\ell \frac{AE}{2}\left(\frac{\partial u}{\partial t}\right)^2 dx + \int_0^\ell fu dx + Fu(\ell,t)$$

上式为纵向振动杆的拉格朗日函数,其中杆的轴向位移为 $u(x,t)$。

(a)求下式条件下拉格朗日方程的一阶变分

$$\delta u(0,t) = \delta u(x,t_1) = \delta u(x,t_2) = 0$$

(b)在(a)的条件下推导运动微分方程。

提示: $x = l$ 处不是固定边界。

题 4.6　如图 4.17 为一非均匀杆,其截面积为 $A(x)$,长度为 l,受轴向均布载荷 $p(x)$ 及轴向温度分布 $\Delta T = T(x) - T_0$。推导轴向位移为 $u(x,t)$ 的杆的运动微分方程。

提示:利用平衡条件下可变形体的虚功表达式的通式(式(4.40)中一维应力应变关系 $S_{xx} = \frac{\partial u}{\partial x} = \frac{\sigma}{E(x)} + \alpha\Delta T(x)$,$\alpha$ 为热膨胀系数)。

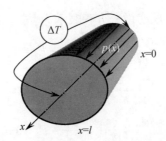

图 4.17　受轴向分布载荷和轴向分布温度的不均匀杆

4.3　连续系统振动实例

题 4.7　利用变分原理推导非均匀杆的纵向振动的运动微分方程,边界条件

如图 4.18 所示。具有以下性质：$EA(x) = EA(1 - x/L)$，$\rho(x) = \rho(1 - x/L)$（ρ 为单位长度上的质量），并使用 $k = 0$ 条件简化推导。

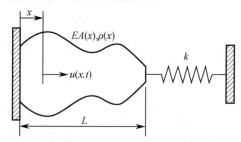

图 4.18　一端固定一端连接弹簧的非均匀杆的纵向振动

题 4.8　许多振动梁同时承受横向载荷和轴向载荷。这一问题的重点集中于确定轴向力对横向振动梁运动微分方程的附加影响。为突出这一影响，采用一般的边界条件下的欧拉伯努利假设。那么，问题是：对横向振动的梁施加不同的轴向载荷 $Q(x)$，推导其一般（常规）边界条件下的运动微分方程。

提示：首先计算应变能，当存在与内部弯矩有关的（或由其引起的）横向变形时，注意轴向力产生的附加动量项。

题 4.9　如图 4.19 描述了一个应用在许多纳米定位系统中的典型的压电叠堆弯曲工作台结构。$u(x,t)$ 为轴向位移，ρ、E、A、B 和 L 分别表示单位长度的质量、杨氏弹性模量、截面面积、结构阻尼及工作台的长度；m、c 和 k 分别代表惯性、阻尼和边界元素的刚度。

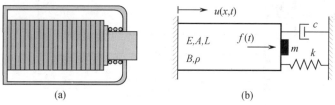

图 4.19　压电叠堆工作台(a)及其杆状简图(b)

由于叠层在其边界上有来自弹簧的预紧力，该层在操作过程中不分离。

因此，它可以被视为一个具有质量 - 弹簧 - 阻尼边界条件的均匀杆。作用于边界的激振力 $f(t)$ 是由于压电叠堆作动器（工作台）产生的。

（a）推导该系统的运动微分方程和边界条件。

（b）非齐次边界条件 $x = L$ 上，用一个变量有序的表示边界条件，使其更适用于后面的分离变量。

（c）在问题(a)条件下，在偏微分方程中利用一个无穷小的等效分布力 $f(t)$ 产生均匀的边界条件。

提示：利用狄拉克函数生成一个分布函数并应用于运动微分方程。

题 4.10   使用广义哈密顿原理推导如图 4.20(a)～(c)的横向振动薄梁的边界条件。

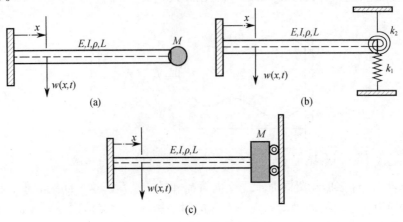

(a)

(b)

(c)

图 4.20   梁的横向振动

(a)具有端质量;(b)具有弹性支撑;(c)具有滚子端。

题 4.11   为突出边界条件的重要性,考虑支架固定程度的影响。如备注 4.6 中提到的,典型边界条件被定义为固定、铰链或自由。然而,在实践中,理想的夹紧或固定边界条件在一定程度上转变为固定铰链,如图 4.21 所示(Olgac, Jalili 1998)。讨论欧拉伯努利梁理论,研究图 4.21 中横向振动梁运动微分方程,且直接使用广义哈密顿原理推导边界方程。

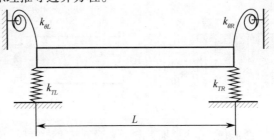

图 4.21   弹性边界梁

题 4.12   本章讨论的大部分边界条件是齐次的。然而,众所周知,对非齐次边界条件来说,分离变量法并非不适用于运动微分方程,而是不适用于边界条件(Benaroya 1998, Jalili, et al. 2004)。我们可以运用模态分析的方法解决这一问题,将初始的具有非齐次边界条件的微分方程转化为具有齐次边界条件的非齐次微分方程。讨论一个在自由端受到随时间任意变化的横向位移($w(L,t) = s(t)$)的悬臂梁(图 4.22)。

(a)假设梁服从欧拉伯努利理论,零初始条件下,利用能量方法推导运动微分方程和相关的边界条件。

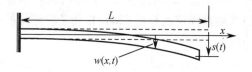

图 4.22 悬臂梁在自由端的非简谐位移

（b）利用变换 $w(x,t) = z(x,t) + s(x)g(x)$，在新坐标 $z(x,t)$ 下将原始的运动微分方程和边界条件齐次化，选择多项式函数 $g(x)$ 并给出详细的表达式。

（c）在问题（a）条件下，利用拉普拉斯变换将边界条件转化到拉普拉斯域上，并给出固定频率和特征函数的求解方法。参见 Esmaeil 等人的文献中，对振动陀螺系统进行的类似转化过程。

题 4.13　如图 4.23 所示，一个顶端表面粘有压电作动器的均匀柔性悬臂梁。梁的一端自由，另一端垂直固定在固定底座上。梁总厚度为 t_b，宽为 b，长度为 L，压电薄膜的厚度为 t_p，长度与梁相同。压电作动器完全粘贴在梁上。利用欧拉－伯努利梁理论，将梁的层面上的应力/应变关系

$$\sigma_x = E_b S_x$$

扩展为压电层内应力应变关系，即（Dadfarnia, et al. 2004a, b）

$$\sigma_x = E_p S_x - E_p d_{31} \frac{V_a(t)}{t_p}$$

式中：E_b 为弹性梁的杨氏模量；E_p 为弹性压电材料的杨氏模量；d_{31} 为压电常数；$V_a(t)$ 为压电层电压。利用哈密顿的原理，推导系统控制动力学特性和相关的边界条件。

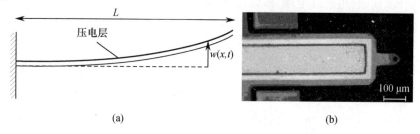

(a)　　　　　　　　　　　　　(b)

图 4.23　覆盖压电作动器的柔性梁示意图(a)及显微镜下观察的
覆盖 ZnO 作动器层的压电驱动梁的实际图像(b)

4.4　连续系统的特征值问题

题 4.14　在许多实际应用中，连续系统可能与离散阻尼元件相互作用（如支撑点的结构）。讨论如图 4.24 均匀杆，一端固定，另一端连接外部阻尼器 c。

（a）利用变分原理，推导运动微分方程和边界条件。

（b）利用分离变量的概念，即 $u(x,t) = U(x)T(x)$，求该系统的频率方程。

（c）在 $c=0$ 和 $c \rightarrow \infty$ 条件下，简化在（b）中得到的频率方程，使其成为标准的一端固定一端自由和两端都固定的杆的振动，并交叉验证你的频率方程。

（d）利用下面的数值：

$$L=2\text{m}, \quad \rho=1\text{kg/m}^3, \quad E=10^6\text{Pa}, \quad A=0.025\text{m}^2$$

数值求解在（b）中得到的频率方程，利用以下 3 个阻尼，确定固有频率：$c=5\text{kg/s}, c=10\text{kg/s}, c=25\text{kg/s}$。解释当 $c=25\text{kg/s}$ 时发生了什么物理变化。在这一阻尼条件下，是否获得了固有频率的值？为什么？

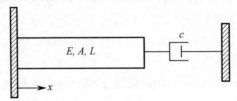

图 4.24 一端固定，另一端通过离散阻尼器固定的轴向均匀振动杆

题 4.15 同题 4.14，均匀杆一端固定，另一端连接到一个外部阻尼器 c（图 4.25）。

（a）证明运动微分方程和相关的边界条件可以表示为

$$\rho \frac{\partial^2 u(x,t)}{\partial t^2} - EA \frac{\partial^2 u(x,t)}{\partial x^2} = 0, \ u(0,t)=0, \ EA \frac{\partial u(L,t)}{\partial x} = -c \frac{\partial u(L,t)}{\partial t}$$

（b）运动微分方程中考虑离散阻尼 c 的影响，使用题 4.9 中描述的方法替代你使用的方法，将边界条件中的阻尼项替换为运动微分方程中的分布力。

（c）现在，利用展开定理，假设位移 $u(x,t)$ 的解为

$$u(x,t) = \sum_{i=1}^n U_i(x)q_i(x)$$

式中：U_i 和 q_i 分别为第 i 个特征函数和广义坐标。用这个解改进（b）中得到的运动微分方程，并利用正交性条件求出广义坐标 $q_i(t)$ 的常微分方程。

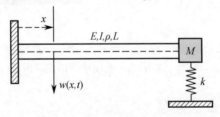

图 4.25 具有端部质量且由线性弹簧支撑的横向振动梁

题 4.16 横向振动下的一根等截面梁，一端固定，另一端带有末端质量 M 且被一根弹性系数为 k 的线性弹簧支撑，推导固有振型（特征函数）$W_i(x)$ 和 $W_j(x)$ 的正交关系。

84

第Ⅱ部分　基于压电材料的振动控制系统

　　本书第Ⅱ部分简要介绍了压电系统的基本原理,重点介绍了其本构模型,其次是吸振及压电作动器和传感器的控制技术,本部分的 5 个章节安排如下。第一个章节(第 5 章)介绍智能结构中使用的智能材料,及其工作原理和本构方程,并给出天然材料和合成材料的实际应用及其具有代表性的实例。具体包括以下材料:压电材料和热释电材料、电流变液和磁流变液、电致伸缩和磁致伸缩材料以及形状记忆合金。本部分的第二个章节(第 6 章)给出压电材料的物理原理和本构模型综述及其详细讨论。本章从基础的压电原理过渡到压电材料本构模型,以及本构模型的迟滞和其他非线性特征,最后介绍以压电作动器和传感器为重点的工程应用。第 7 章讨论处理非线性材料迟滞及补偿技术。第 8 章介绍集中参数和分布参数压电系统建模与控制。基于上述章节介绍本书的主要内容,即第 9 章使用压电作动器和传感器时的振动控制。综上所述,第Ⅱ部分将给出基于智能材料的主动吸振及振动控制系统的综合处理方法,这些内容将为第Ⅲ部分讨论的基于压电微/纳米作动器和传感器提供基础。

第 **5** 章

智能材料综述

　　许多智能结构基本单元中都使用了智能材料,本章选取了其中一部分进行简要综述,包括其工作原理、物理性能、本构模型和实际应用。具体来说,本章将对下面几种智能材料进行讨论:压电材料和热释电材料、电流变液和磁流变液、电致伸缩材料和磁致伸缩材料以及形状记忆合金。为了不偏离本书的重点,本章只讨论一些重要的材料。我们引用了与智能材料和结构（如 Srinviasan，MacFarland 2001；Culshaw 1996；Gandhi，Thompson 1992；Banks，et al. 1996；Clark，et al. 1998；Suleman 2001；Leo 2007；Preumont 2002；Janocha 1999；Tzou，Anderson 1992；Gabert，Tzou 2001）、振动控制（Moheimani，Fleming 2006；Gawronski 2004；Tao，Kokotovic 1996）、作动器和传感器（Busch – Vishniac 1999）、压电（Yang 2005；Moheimani，Fleming 2006；Ballas 2007）的相关文献和专业书籍，供感兴趣的读者参考。

在研究上述材料和一些其他智能材料时，压电材料是机电系统和振动系统中最为常用的智能材料，这些领域对这本书的主体部分来说非常重要。因此，我们用两个单独的章节来介绍这些智能材料及其研究现状，并对压电效应和压电材料本构模型的概念进行更详细阐述，此外，还介绍了其用作传感器和作动器的实例（第6章及第7章）。

5.1 压电材料[①]

5.1.1 压电效应的概念

压电效应是固体材料特有的机电效应，是指对电介质晶体施加机械应力时，其产生的与电、力、热相关状态的一种耦合现象。"压电"（piezo）这个词源于希腊语，本意为压力。第一个有关宏观压电现象与晶体结构之间联系的实验论证由居里兄弟于1880年发表（Curie，Curie 1880）。实验表明，当某些材料发生变形（应力/应变）时会产生电荷（正压电效应）。反之，当在这些材料上施加电场，这些材料就会产生应力或应变（逆压电效应）。这种双向的适用性使得这些材料可以作为传感器（正压电效应）和作动器（逆压电效应）的理想材料。这些实例将会在第6章进行更广泛的讨论。

5.1.2 压电材料的基本性能和本构模型

为更好地说明压电材料的基本性能，图5.1和图5.2分别示意性地描述了轴向（如压电陶瓷）和薄片（如高聚物压电材料）结构的压电效应。为便于表示，两个例子中的变形量都被放大，如图5.1(a)所示，由于电场和力学场的耦合，在压电材料上施加压力就会产生正向电压，同样，对材料施加拉力，就会产生反向电压（图5.1(b)）。在驱动方面，如图5.2所示，当在一个可弯曲的压电传动装置上施加正向电压，同样是由于电场和力学场的耦合，压电传动装置将会产生一个向上的弯曲。同样，施加反向的电压，压电驱动装置会产生向下的弯曲。

---

① 如前所述，关于压电和压电材料的详细讨论将在接下来两章给出，这里给出的只是一个简短的概述。

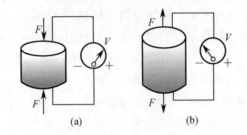

图 5.1　轴向结构压电效应原理图(如压电陶瓷)

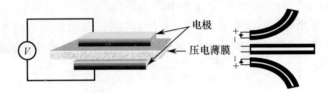

图 5.2　薄片结构压电效应原理图(如聚合物压电材料)

　　由于更详细的内容将在第 6 章给出,本章仅简要讨论压电效应的特点,即压电效应是电场和力学场共同作用的结果。理想条件下,基于压电材料基本物理特性,电位移 D 和非应力线性介质中电场 ϵ 的关系[①]可以表示为

$$D = \xi\epsilon \tag{5.1}$$

式中:ξ 为介质的绝对介电常数,单位是法拉每米(F/m)。另一方面,在零电场条件下,同一线性介质中施加的应力 σ 及其引起的应变 S 的关系为

$$S = s\sigma \tag{5.2}$$

式中:s 为介质柔度(简单来说,就是材料刚度的倒数),单位是米²/年,即$[\mathrm{m}^2/\mathrm{N}] = \mathrm{C}^{-1}$。

　　然而,在压电材料中存在着两个场(力学场和电场)的耦合,可以用一种线性关系非常近似地表示这两个场之间的相互作用,即

$$S = s^{\epsilon}\sigma + d\epsilon$$
$$D = d\sigma + \xi^{\sigma}\epsilon \tag{5.3}$$

式中:d 为压电常数,利用这一参数可以在式(5.3)中建立机电耦合关系。通过对比独立的场方程式(5.1)、式(5.2)和压电材料本构方程式(5.3)可以很清楚地观察到这一耦合关系。式(5.3)中的上标 ϵ 和 σ 指的是这些量是在恒定电场($\epsilon = 0$)或恒定应力($\sigma = 0$)的情况下测量的。值得注意的是,式(5.3)的第一个方程表示逆压电效应(即作动机制),第二个方程表示正压电效应(即传感机制)。以 ϵ、σ 为变量的场和具有绝对介电常数 ξ、压电常数 d 的材料通过式(5.3)建立了一个特定的关系。通过上述方法可以简化压电作动器和传感器运动微分方程的推导,其详

---

　　① 为了突出本章重点,我们将推导限制在智能材料一维情况的本构模型,否则,一旦涉及一般的三维介质,所需的数学预备知识和符号将十分广泛,超出了本书的范围。

细内容将在第 6 章给出。

5.1.3 压电材料的实际应用

压电材料包括天然材料和合成材料。石英、罗谢尔盐、磷酸铵、石蜡、骨头甚至一些普通的木材,都是普遍存在的天然压电材料。另一方面,合成的压电材料包括(不限于)锆钛酸铅($PbZrTiO_3 - PbTiO_3$,PZT)、钛酸钡、钛酸锶钡(BaSTO)、锆钛酸铅(PLZT)、硫酸锂和聚偏氟乙烯(PVDF)和聚偏氟乙烯共聚物(Tzou,et al. 2004)。初始合成的压电材料大多数是各向同性的,自然没有可以产生压电现象的偶极作用。因此,这些合成压电材料必须经过极化这一重要过程,即施加一个强大的电场,使得分子偶极子转向同一个方向,关于偶极子的排列和方向变化的更多细节将在第 6 章给出。

从结构的角度看,压电材料也可分为压电陶瓷和压电聚合物。最常见的压电陶瓷是 PTZ 化合物,可通过适当调整锆钛酸的比例来优化 PTZ 的性能从而满足一些特殊应用。PTZ 的机械性能使其成为各种机电换能器的理想材料,如发电机(如电火花点火、固体电池)、传感器(如加速度传感器、压力传感器)和执行器(如气动阀门执行器、液压阀门执行器)。现在,PZT 陶瓷的优异性能使之成为所有陶瓷材料中应用最广泛的一种(Berlincourt 1981)。尽管从 20 世纪 60 年代到现在,大部分的研究都集中于 PZT 材料的开发应用,但是一些有关新压电材料的研究活动也具有巨大潜力,如低温下钛酸锶($SrTiO_3$)的巨压电效应(Damjanovic 1998)和最新发现的氮化硼纳米管的压电效应(Mele,Kral 2002;Jalili 2003;Salehi - Khojin,Jalili 2008a,b;Salehi - Khojin,et al. 2009a)。

5.2 热释电材料

在压电材料当中,温度的变化有时也可以影响材料的电极化,因此,温度场和力学场之间也存在耦合。这种现象称为热释电效应,将其定义为一种由于温度变化引起的晶体的瞬时极化(Tzou,Ye 1996)。这些材料也称为"热压电材料",因此,所有的热释电材料也可以看作是压电材料的一种(Cady 1964)。

5.2.1 热释电材料的本构模型

用温度的变化引起的应变代替压电材料中应力引起的应变,可以得到线性热释电材料的本构模型。因此,需对压电本构模型式(5.3)中的第一个方程进行处理,即将独立场变量 σ 改写为一个关于其他变量的函数,即

$$S = s^\epsilon \sigma + d\epsilon \rightarrow \sigma = \frac{1}{s^\epsilon} S - \frac{d}{s^\epsilon} \epsilon = c^D S - h^\mathrm{T} \epsilon \tag{5.4}$$

式(5.4)中引入新材料特性参数:弹性刚度 c^D 和压电常数 h,它们的含义则是不言

自明的。这些常数在实际情况中是很少使用的,它们通常会被定义为其他较为实用的常数(详见第6章)。

现在,用 $S-\alpha(\theta-\theta_0)$ 代替式(5.4)中的力学应变 S,得到如下本构模型(逆压电效应),即

$$\sigma = c^D S - h^T \epsilon - \lambda(\theta - \theta_0) \tag{5.5}$$

式中:参数 $\lambda = c^D \alpha$,α 为材料的热膨胀系数(Mindlin 1961)。

式(5.5)要描述一个完整的热释电材料本构模型还需要结合其他影响因素,如热通量、内部能量的平衡,相关内容在参考文献中给出,这里不做详述。给出这些材料本构模型的主要目的是介绍温度梯度、电场和力学场的耦合,它们之间的关系也是显而易见的。

5.2.2　常用的热释电材料

常见的热释电材料包括硫酸三甘肽、铌酸锶钡、钽酸锂、聚偏氟乙烯(PVDF)和基于锆钛酸铅的陶瓷材料(Tzou, et al. 2004; Porter 1981; Lang 1982; Tzou, Ye 1996)。与压电材料类似,逆热释电效应是利用电场产生温差(Cady 1964),这个性质被称为电热效应。尽管对大多数热释电晶体来说,热释电效应产生的变化都是非常细微的,但在某些材料中,这种效应是很明显的,如罗谢尔盐。基于热释电效应的设备和器件被广泛应用于与温度相关的测量与红外探测(Dyer, Srinivasan 1989; Batt 1981; Hussain, et al. 1995; Hofmann, et al. 1991; Munc, Thiemann 1991)。

5.3　电流变液和磁流变液[①]

5.3.1　电流变液

电流变液(ER)材料的特性是当对其施加一定电场时,会发生瞬时的、十分明显的可逆性变化,其中最显著的变化与材料剪切模量有关,因此,电流变液可以应用于许多半主动振动控制系统和基于变阻尼器的悬架。这些材料包含微米级大小的颗粒,它们可以在电场中发成极化并按照一定方向排列。这使得电流变液几乎可以瞬间从液态变为固态(Carlson, et al. 1989)。电流变阻尼器的振动系统应起初用于汽车悬架中,之后又有了一些其他的应用(Petek, et al. 1995; Austin 1993)。

电流变液阻尼器的工作原理可以分为剪切模式、流动模式和挤压模式,而电流变液的流变性能(即屈服应力、塑形和弹性)是在剪切模式下测得的。

在电场作用下,电流变液阻尼器的本构模型与 Bingham 塑料的本构模型具有相同的形式(Ginder, Ceccio 1995),即

---

① 本节的大部分内容都直接来自与我们同一题材的专业论文(Jalili, Esmailzadeh 2005)。

$$\tau = \eta\dot{\gamma} + \tau_y(\epsilon), \tau_y(\epsilon) = \alpha_1\epsilon^{\alpha_2} \qquad (5.6)$$

式中:τ 为剪应力;η 为流体黏度;γ 为剪切速率;$\tau_y(\epsilon)$ 为电流变液的屈服应力,它是电场 ϵ 的函数;系数 α_1 和 α_2 为两个中间变量,是粒径、浓度和极化因子的函数。

因此,剪切模式的可变阻尼力可以表示为

$$F_{ER} = 4\pi r L_d \{ \eta\dot{y}/h + \alpha_1\epsilon^{\alpha_2}\text{sgn}(\dot{y}) \} \qquad (5.7)$$

式中:h 为电极间隙;L_d 为移动缸的电极长度;r 为移动缸的平均半径;$\dot{y}$ 为电流变阻尼器的运动横向速度;sgn($\cdot$)代表的是符号函数(图5.3)。综上所述,电流变阻尼器作为一种具有自适应黏性摩擦阻尼的阻尼器,应用于许多振动控制系统或悬架系统,如离合器、刹车、发动机支架和阀(Jalili 2001b; Wang, et al. 1994; Dima-rogonas – Andrew, Kollias 1993; Weiss, et al. 1994; Duclos 1988; Carlson 1994)。

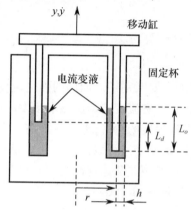

图5.3　一种电流变阻尼器的结构示意图

5.3.2　磁流变液

磁流变液(MR)与电流变液流变性质相似,通常是将微米级的磁性化粒子分散在矿物油或硅油等载体介质中形成的。将磁流变液置于磁场中时,磁流变液表现出了和电流变液相似的塑性,粒子形成链状从而由液态转化为半固态(图5.4)。在高带宽设备条件下,流变平衡过渡可以在几毫秒内实现(Spencer, et al. 1998,经过授权)。

与 Bingham 塑料本构模型式(5.6)类似,可控流体的特性可表示为

$$\tau = \eta\dot{y} + \tau_y(H) \qquad (5.8)$$

式中:H 为磁场。使用磁流变液的大多数设备可分为具有固定极点(压力驱动流模式)或具有相对移动极点(直接剪切模式)。与电流变阻尼器相类似,在剪切模式下,磁流变阻尼器的变力为

$$F_{MR} = \eta A\dot{y}/h + \tau_y(H)A \qquad (5.9)$$

式中:$\dot{y}$ 为相对极点速度;A 为剪切(极点)面积,由 $A = Lw$ 得到。其余的参数与

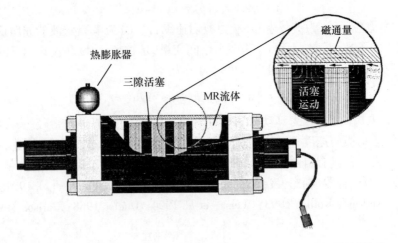

图 5.4　磁流变液阻尼器结构示意图（来源：Spencer，et al. 1998，经过授权）

图 5.3 中标记的量类似。

电流变液和磁流变液的主要区别是外加场的强度，也就是说，电流变液只能由高电压和低电流的电场激发，而磁流变液是由磁场激发的，并不需要电流变液那样的高压。因此，出于安全性和封装的考虑，电流变液在工程应用中受到了一定的限制。此外，与电流变液相比，磁流变液可以产生更大的剪应力，更小的剪切阻力和更快的响应速度。因此，磁流变液在流体控制当中有更多的实际应用，如应用于主动隔振、减震器和阻尼器（Tzou et al. 2004）。

5.4　形状记忆合金

5.4.1　形状记忆合金的物理原理及特性

形状记忆合金（SMA）在加热或冷却时会产生形状或形态的变化，这是温度场和应力场耦合作用的结果。当温度升高至某一点时，SMA 会产生明显的机械变形；当温度降低，SMA 就会回到原来的形状和状态。在低温环境下，形状记忆合金的晶体呈现出一种称为马氏体的单斜晶格结构，加热时，它们又会形成一种非常牢固的立方体结构（图 5.5），正是这种在低温（马氏体）和高温（奥氏体）条件下能够形成不同晶格结构的特性，形成了材料的记忆效应（Tzou，et al. 2004），在很多形状记忆合金中，仅 10℃ 的温差就足以引发晶体结构在马氏体和奥氏体之间的相变。

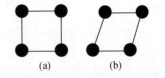

图 5.5　形状记忆合金的晶体结构
(a)高温条件下（奥氏体）；
(b)低温条件下（马氏体）。

马氏体相对较软，容易产生形变。由于此状态（低温条件）下的分子结构较软,材料往往表现出一种弹性自适应的变化,形成一种称为"孪晶"的晶体结构,如图5.6(b)所示。当对材料施加应力并产生形变时,分子会重新定位(图5.6(c)),或称为"解孪晶"。当材料被加热时,方向变化的马氏体相回到奥氏体相,奥氏体相是形状记忆合金结构最牢固的金相,因此,这个状态的原始形状通常都可以保留下来。图5.7描述了晶体结构在高温和低温之间完整的转换过程,同时也考虑到了装卸对材料的影响。因此使用图5.7作为形状记忆合金的本构模型,描述晶体变化和应力、应变、温度之间的关系,而不再经过一般的建模过程。

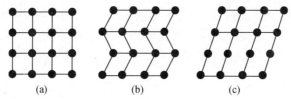

(a)　　　　　(b)　　　　　(c)

图5.6　形状记忆合金的原子的重新排列

(a)高温条件下;(b)低温条件且受应力;(c)低温变形。

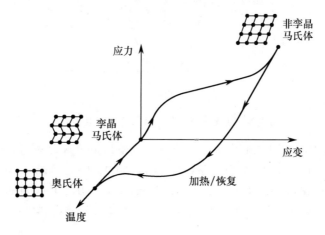

图5.7　形状记忆合金的晶体变化示意图及应力、应变、温度的三边关系

5.4.2　形状记忆合金的商业应用

形状记忆效应是1932年首先在金镉样品(AuCd)上观察到的,1938年发现黄铜(铜锌)合金也有这样的性质,之后一直到1962年,海军标准实验室的研究人员在一系列的镍钛合金中才观察到了明显的形状记忆效应。现在,镍钛及称为镍钛合金的掺杂合金(NiTi)是商业上最知名的形状记忆合金(Hodgoson 1988)。虽然形状记忆效应主要发现于金属合金中,但陶瓷和聚合物材料也具有这种效应。形状记忆合金可以加工成很多形状,特别是直线、螺旋弹簧、扭杆、电线和梁等结构,可以广泛应用于变体飞机、医疗器械、假肢、减震器阀控制、汽车膨胀剂、密封件和紧固件等工程应用中(Suleman 200)。详细内容请查阅参考文献。

5.5　电致伸缩材料和磁致伸缩材料

5.5.1　电致伸缩材料

电致伸缩是通过对材料施加电场使其发生应变,从而产生与 5.1 节中提到的逆压电效应类似的变化。实际上,无论是电致伸缩效应和压电效应都来自铁电材料,其差异主要体现在自身性质和力电场耦合效应上。在压电材料中,力电耦合是一阶效应,即应变与电场成正比,而在电致伸缩效应中,这种耦合是二阶的,如图 5.8 所示,应变是与电场的平方成正比的。

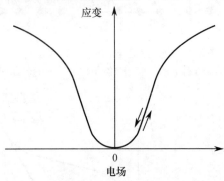

图 5.8　电致伸缩材料中典型应变与电场关系

由于这些材料在机电响应中的非线性应变响应和频率依赖性,实际当中存在着大量的电致伸缩材料的本构关系(Hu,et al. 2000;Jiang,Kuang 2004;Bar‐Cohen,et al. 2001;Piquette, Forsythe 1998;Chen,et al. 2001;Ren,et al. 2002;Hu,et al. 2004;Lee 1999)。为了便于理解,我们只给出电致伸缩材料中一个最常用的本构模型,即

$$S = s^{\epsilon}\sigma + d\epsilon + m\epsilon \qquad (5.10)$$

式中:m 为材料的电致伸缩系数,单位是 m^2/V^2;其他变量与式(5.3)中的变量相同。与压电材料类似且不失一般性的情况下,我们只给出材料一维问题的本构模型,其一般模型请查阅本章参考文献。根据电致伸缩材料的晶体结构,电介质极化(式(5.3)右侧第三项)一般是压电效应(式(5.3)右侧第二项)的最重要的因素,因此,电致伸缩材料的本构模型可以简化为

$$S = s^{\epsilon}\sigma + m\epsilon^2 \qquad (5.11)$$

由于引发的应变与电场的平方相关,因此无论电场方向如何,电致伸缩材料总是产生正应变,然而,当需要双向应变(拉伸和压缩)时,可以通过施加偏置电压实现。

介电材料具有较强的压电效应,因此这些材料普遍具有电致伸缩效应,然而,

其应变通常很小,没有应用价值。这是由于一阶的压电效应通常会掩盖二阶的电致伸缩效应,但是具有较大介电常数或极化强度的材料可以表现出很明显的电致伸缩效应,如弛豫铁电体。在所有的电致伸缩材料中,铌镁酸铅化合物、$Pb(Mg_{1/3}Nb_{2/3})O_3$(PMN)及其与钛酸铅的固态溶液、$Pb(Mg_{1/3}Nb_{2/3})O_3 - PbTiO_3$(PMN - PT)是最具代表性的电致伸缩材料,这些材料都表现出了较强的电致伸缩效应。PMN 和 PMN - PT 具有非常高的电致伸缩应变能力,并且同时具有非常低的磁滞特性,这些材料产生的应变的能力与 PZT 产生压电应变的能力相媲美,且其滞后可忽略不计,由于这些美好的特性,这些材料在精密作动器和位移传感器中的应用受到了越来越多的关注,如大功率声纳传感器、变形镜和光学系统应用(Chai,Tzou 2002; Tzou,et al. 2003)。

5.5.2 磁致伸缩材料

磁致伸缩材料是与电致伸缩材料类似的磁性物,且其为二次效应,即磁场引发的应变与磁场的平方成正比。磁致伸缩(磁感生应变)及其互补效应、应力引起的磁化都是由原子间距和磁矩取向共同影响的。磁致伸缩材料的原子结构具有磁各向异性,因此,当将其置于磁场中时,由于原子的磁矩取向,这些材料就会发生尺寸上的变化。

在原子水平上理解磁致伸缩的物理原理和机制可能会较为困难,可以通过图 5.9 的简单模型来更好地理解这些材料的基本性能。与压电材料中偶极子在电场作用下的定位过程(具体内容见第 6 章)类似,磁致伸缩材料的磁化可以转动和对齐磁矩,并导致材料发生形变或形态的变化,如图 5.9(a)所示。磁致伸缩效应可以通过在施加电场前先对材料预加载荷的方法增强。因此,大多基于磁致伸缩效应的作动器均采用预压机理,因此,这些执行器最常见的结构就是励磁线圈缠绕杆形或圆柱形的元件(Suleman 2001)。

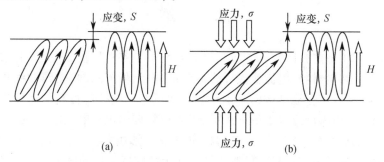

图 5.9 电致伸缩材料的物理原理及基本特性
(a)中度或无预压下的材料;(b)显著预压下的材料。

与电致伸缩材料相类似,磁致伸缩逆效应的一维本构模型可以表示为

$$S = S^\epsilon \sigma + dH + mH^2 \qquad (5.12)$$

式中:H 为磁场通量;m 为材料的磁致伸缩系数。从本构模型式(5.12)可以看出,应变始终为正,与施加的磁场方向无关。

磁致伸缩效应最早是在金属镍中观察到的,由于磁致伸缩效应,镍发生了微观应变。1972年,发现一种由铽镝铁构成的合金在室温、低磁场条件下产生了较大应变,这种称为 Terfelon – D 的合金可以产生较大应力,具有快速、高精度的运动以及较高的效率(Tzou, et al. 2004)。唯一的不足是 Terfelon – D 合金易燃、脆性较大。最近,Galfenol 磁致伸缩材料已经被证实具有一些重要的新优势,与大部分智能材料不同,Galfenol 磁致伸缩材料具有良好的延展性和可加工性(Kellogg, et al. 2004),可在受到拉伸、压缩、弯曲和冲击载荷的同时保持安全运行,由于冶金性能和机械性能的独特性,这种材料可以使用新型三维加工,通过焊接、挤压、轧制、沉积或切削来制造 Galfenol 智能承载结构和设备。此外,Galfenol 的出现使通过加工和后处理来实现对各向异性控制成为可能(Wun – Fogle, et al. 2005),这可能会使结合了完全耦合的三维功能的新型设备出现(Wun – Fogle, et al. 2006)。但是,Galfenol 也具有磁饱和、磁滞和磁力非线性等不足(Bashash, et al. 2008c)。

在研究这些和其他智能材料时,压电材料脱颖而出成为最常用的智能材料。更具体地说,近年来,随着机电一体化概念到动力系统的广泛应用,研究更集中于如何用压电材料(如 PZT)去替代传统电气发动机和作动器(Jalili, et al. 2003；Gal-vagni, Rawal 1991；Takagi 1996)。举例来说,可以通过适当调整压电材料中锆钛酸的比例,对其进行优化来满足特定的应用,这种能力使得压电材料适用于各种机电换能器,如发电机(电火花点火、固体电池)、传感器(加速度传感器、压力传感器)和执行器(气动阀门执行器、液压阀门执行器)。基于上述讨论,本书的其余部分将介绍由压电材料构成的不同形式和结构的智能结构和系统。压电材料及其在振动控制系统中的应用将在第6章 ~ 第9章进行更详细的讨论和综述。

总　　结

本章选取了一些智能材料并对其物理原理和本构模型进行概述。这些材料包括压电材料和热电材料、电流变液和磁流变液、电致伸缩材料、磁致伸缩材料和形状记忆合金,形成了智能结构的基本单元。通过对这些智能材料的特性进行简要对比,突出在机电振动系统中最常用的智能材料,即压电材料,接下来的章节中将对其进行更加详细的介绍。下一章将以更详细、更集中的形式介绍压电效应和压电材料的本构模型及其在振动控制系统中作为传感器与作动器的实际应用。

第 *6* 章

压电材料的物理原理和本构模型

本章对压电材料(结构)的物理原理及其本构模型进行了详细的论述。从初级开始,以压电效应的基本原理为切入点,给出压电材料的本构模型。为完成这一章并为读者提供实用的信息,本章介绍了压电材料和结构,尤其是压电作动器和传感器的工程应用。更具体地说,简要综述了压电作动器和传感器在超微/纳米级的定位和操作系统中的应用,详细内容在第 10 章 ~ 第 12 章中阐述。最后,简要论述了压电材料和结构的发展趋势和前景。

6.1　压电原理

6.1.1　极化和压电效应

正如前所述,"压电"一词源于希腊语,意思为压力。压电效应是一种机电现象,特别体现在那些自身的宏观电极化与机械应力(或应变)相关的固态材料上。当介电材料被放置在电场中时,其分子间发生微观电荷再分配,这样就产生了电极化现象(Yang 2005)。虽然微观极化机理不同(如图 6.1 所示的电子位移极化和取向极化机理),但宏观效果却是相同的。

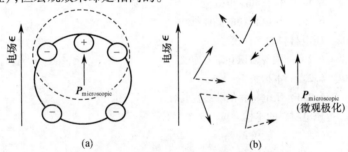

图 6.1　典型的微观极化机理
(a)电子位移极化;(b)取向极化。

在某些材料中,宏观极化不是通过晶体电荷的再分配产生,而是通过机械变形或载荷产生。由于材料的各向异性,极化可以产生在任何方向上(4.1.3 节),也即会产生不同幅值和方向的位移。利用此特性,可以制造出将最终位移控制在特定方向上的压电材料。有关此过程的更多细节将在本章后面给出(6.2 节)。这一现象是居里兄弟皮埃尔和雅克在 1880 年发现的,称为正压电效应,如图 6.2 所示(Curie,Curie 1880)。

居里兄弟在实验中观察到,当这些材料受到机械压力时,晶体中开始产生电极化。随后,拉伸和压缩产生与作用力成正比的反向极性电压(图 6.3(a))。图 6.3(a)所示的简单结构中包含的关系可表述为

$$V_s = -g(L/A)F \tag{6.1}$$

式中:g 称为压电"电压"或"电荷"常数;L 和 A 分别为结构沿着极化方向所测量的

图 6.2 皮埃尔·居里和雅克·居里（1880）

长度和横截面积(图 6.3)。

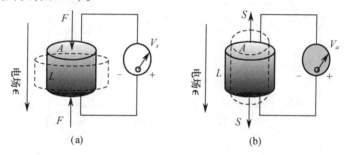

图 6.3 正压电效应示意图(a)和逆压电效应示意图(b)

随后验证了当电场作用在具有正压电效应的材料上时,会使材料产生形变(图 6.3(b)),这种效应被称为逆压电效应。同样地,对于图 6.3(b)所示的一维简单结构,其包含的机电关系可表述为

$$S = d(1/L)V_a \tag{6.2}$$

式中:d 为压电"应变"常数。

从图 6.3 的结构图中可见,电场和极化方向是平行的。正如本节中简要提到的那样,压电效应是各向异性的,因此,其只存在于具有不对称晶体结构的材料中。当某些材料低于居里温度时,这一现象才会出现,本章后续将会对此进行更多的探讨。

6.1.2　压电材料的晶体结构

如前所述,根据压电材料的结构可将其分为陶瓷和聚合物两种形式。应用最广泛的压电陶瓷是锆钛酸铅(PZT)化合物,可以通过适当调整锆钛酸的比例优化其性能,从而适应特定的应用场合。为了不分散我们的重点,在本节中只讨论压电陶瓷材料。其他类型的压电材料,如聚合物材料和复合材料等将在后面的6.4节和6.5节中进行探讨。

压电陶瓷通常有一个近似立方体的四角形晶系结构,其化合物表达式为 A^{2+} $B^{4+}O_3^{2-}$,其中 A 代表二价重金属离子,如铅或钡,B 代表四价金属离子如锆或钛,O 代表氧。超过一定温度,即居里温度[①],这些材料会具有一个对称的立方晶体结构,如图6.4(a)所示。因为正电荷和负电荷重心重合,微观电偶极子为零,故净宏观电偶极子也为零。然而,当低于居里温度时,这些材料的晶体结构变成四角形(图6.4(b)),导致内置的微观电偶极子与图6.1类似(微观极化 $P_{\text{microscopic}}$);但是,净宏观电偶极子仍然为零(Yang 2005),即

$$P = \lim_{\Delta V \to 0} \frac{\sum_{\Delta V} P_{\text{microscopic}}}{\Delta V} \tag{6.3}$$

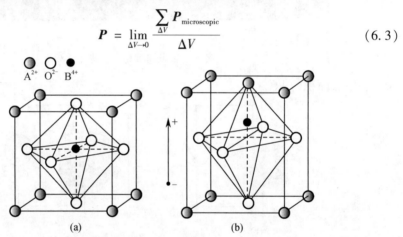

图 6.4　压电陶瓷单元晶体结构

(a)居里温度以上的立方晶格;(b)居里温度以下的四方晶格。

材料中的偶极子常常会形成一个局部对齐区域,称为 Weiss 域。尽管在一个 Weiss 域内所有偶极子对齐会产生净极化,但是相邻 Weiss 域的晶体结构相差90°或180°,如图6.5(a)所示。因为整个材料中的 Weiss 域是随机分布的,故不会产生宏观净极化。然而,当这些材料暴露在略低于居里温度的强电场中时,偶极子往往会对齐,从而形成局部对齐区域,并产生一个非零的宏观电偶极子(图6.5(b))。当移除电场后,偶极子通常不能回到其初始位置,从而引起所谓的剩余极化。在这种情况下,压电材料会发生永久变形,并且陶瓷开始具备各向异性和永久压电特性(图6.5(c)),即具备在电场中能变形(逆效应)或者是在受压(或拉)时

---

① 居里温度通常是一个在300~400℃进行的化学过程的结果,一般这个温度是不变的,但是也可以根据需要对这个范围进行改变和调整。

能产生电场(正效应)的能力。图6.6所示的即是当压电材料受到机械变形时产生宏观极化的一个例子。

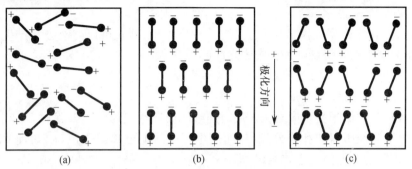

图6.5　Weiss域中的电偶极子示意图

(a) 极化前; (b) 极化中; (c) 极化后。

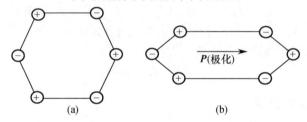

图6.6　一种典型压电材料受到机械变形时的宏观极化

(a)变形前; (b)变形后。

在以下这些恶劣的条件中,压电陶瓷会失去压电效应:在与极化方向相反的方向上施加强电场;经受高机械压力,导致偶极子队列发生畸变;加热材料使其温度高于居里温度。大多数实际应用中,压电陶瓷材料的工作温度保持在低于居里温度的1/2,从而避免对材料造成永久性的损伤。

6.2　压电材料的本构模型

5.1.2节简要概述了理想条件(式(5.1)~式(5.3))下,基于基本物理知识的压电材料特性。本节将详细推导压电材料的本构方程。为了让读者更好地理解这部分内容,首先提供一些物理学相关的预备知识,随后介绍最一般情况下和实际常用结构下,线性压电材料的三维本构关系。

6.2.1　预备知识和基本定义

电荷和电流强度:一个连续体积 V 的总累积电荷为

$$Q = \int_V q\mathrm{d}V \tag{6.4}$$

式中:总电荷 Q 单位是库仑(C),而 q 为电荷密度,单位为 C/m^3。电流强度 I 定义为总电荷量 Q 的变化率,即

$$I = \dot{Q} \tag{6.5}$$

电场:电场 ϵ,将其模拟为力学中一个保守力场,则它可以与电势 φ 产生联系,类似于力学中保守势函数和保守力之间的关系,即

$$\epsilon = -\nabla \varphi \tag{6.6}$$

式中:电场 ϵ 的单位为 V/m。

电位移:类似于受到应力场作用时连续体会产生变形[1],当连续体受到电场作用时,电荷会经历运动和再分配,从而产生所谓的电位移。体积为 V 的连续体在边界上累积的总电荷由下式给出,即

$$Q = \oint_{\partial V} \boldsymbol{D} \cdot \boldsymbol{n} \mathrm{d}A \tag{6.7}$$

式中:$\boldsymbol{D}$ 是电位移向量,单位为 C/m^2;$\boldsymbol{n}$ 是连续体 V 边界上的单位法向量(∂V)。

麦克斯韦方程:将式(A.8)的散度定理应用到式(6.7)中并使用式(6.4)中总电荷 Q 的定义,得到所谓的麦克斯韦方程,即

$$q = \nabla \cdot \boldsymbol{D} \triangleq \mathrm{Div} \boldsymbol{D} \tag{6.8}$$

6.2.2 本构关系

由于前述已提供了必备的背景知识,因此,利用第 4 章(4.2 节)采用的统一方法来推导电势能。电势能与由式(4.40)确定的应变能一起,构成压电材料的总势能,进而推导出压电材料的本构方程。

当忽略损耗时,电场 ϵ(电势为 φ)的总电势能,等于在这个场中移动总电荷量 Q 所需做的功。这种关系的变分形式可简单表示为

$$\delta U_e = \delta(\varphi Q) \tag{6.9}$$

式中:U_e 为总电势能。将麦克斯韦方程式(6.8)中的电荷密度 q 代入到式(6.4)中,求得总电荷量 Q,将结果代入式(6.9),则有

$$\delta U_e = \delta \int_V \varphi(\mathrm{Div} \boldsymbol{D}) \mathrm{d}V \tag{6.10}$$

利用下式的散度关系

$$\mathrm{Div}(\varphi \boldsymbol{D}) = \varphi \mathrm{Div} \boldsymbol{D} + \boldsymbol{D} \cdot \nabla \varphi \tag{6.11}$$

式(6.10)表示为

$$\delta U_e = \delta \left(\int_V (\mathrm{Div} \varphi \boldsymbol{D}) \mathrm{d}V - \int_V (\boldsymbol{D} \cdot \nabla \varphi) \mathrm{d}V \right) \tag{6.12}$$

将散度定理[2]应用到式(6.12)的第一项,则有

---

[1] $F = \oint_{\partial V} \boldsymbol{\sigma} \cdot \boldsymbol{n} \mathrm{d}A$,其中 F 是沿着表面法向量 $\boldsymbol{n}$ 的合力,$\boldsymbol{\sigma}$ 是应力向量。

[2] 参考第 4 章式(4.29)和式(4.30)中应用散度定理的类似过程。

$$\delta U_e = \delta\left(\oint_{\partial V}\varphi \boldsymbol{D}\cdot\boldsymbol{n}\mathrm{d}A - \int_V(\boldsymbol{D}\cdot\boldsymbol{\nabla}\varphi)\mathrm{d}V\right) \tag{6.13}$$

假设在高频环境应用或存在以下情况:势能至少降低 $1/r$(其中 r 为位移),同时电介质位移 $\boldsymbol{D}$ 至少减少 $1/r^2$(Batra 2004;Ballas 2007),则式(6.13)的第一项可被安全地忽略掉。

考虑到这一情况并结合式(6.6)中电场 $\boldsymbol{\epsilon}$ 的定义,式(6.13)的电势能可简化为

$$\delta U_e = \delta\int_V(\boldsymbol{D}\cdot\boldsymbol{\epsilon})\mathrm{d}V \text{ 或 } \delta U_e = \int_V(\boldsymbol{\epsilon}\cdot\delta\boldsymbol{D})\mathrm{d}V \tag{6.14}$$

式(6.14)的指标记法形式为

$$\delta U_e = \int_V(\epsilon_i\delta D_i)\mathrm{d}V \quad (i = 1,2,3) \tag{6.15}$$

将此电势能加上式(4.41)推导的应变能,得到压电材料的总势能为(Ballas 2007)

$$\delta U = \int_V(\sigma_p\delta S_p + \epsilon_i\delta D_i)\mathrm{d}V \quad (i = 1,2,3; \quad p = 1,2,\cdots,6) \tag{6.16}$$

备注 6.1:显然,式(6.16)的总能量没有考虑其他的耦合和交互作用场,如磁力、电磁、热电、热磁、热机这些场的耦合。正如前面强调的,我们的主要目的是在磁效应可以被安全忽略的情况下,得到标准压电材料的本构关系。此处还假定忽略了热效应,也即不考虑压电材料与环境的热交换(绝热过程)。虽然这不是一个很好的假设,因为事实上大部分压电材料是热电物质(见 5.2 节,其中展现了热电耦合效应),但为避免问题过于复杂,这是一种常规的处理方法。本书中使用压电材料这一简化模型,会在后续第 8 章和第 9 章通过有效控制器的应用来实现未建模动态的有效补偿。

若用 u_V 表示总能量密度(单位体积 V 的能量),则式(6.16)可改写为

$$\delta u_V = \sigma_p\delta S_p + \epsilon_i\delta D_i \tag{6.17}$$

对比式(6.16),总变分 δu_V 可表示为

$$\delta u_V = \left(\frac{\partial u_V}{\partial S_p}\right)_\epsilon\delta S_p + \left(\frac{\partial u_V}{\partial D_i}\right)_\sigma\delta D_i \tag{6.18}$$

式中:下标"σ"和"ϵ"表示括号内的值是在恒定压力下($\sigma = 0$)或恒定电场下($\epsilon = 0$)测得的。通过对比式(6.17)和式(6.18),可以把因变量 σ_p 和 ϵ_i 看作是自变量 S_p 和 D_i 的函数,即

$$\delta\sigma_p = \left(\frac{\partial\sigma_p}{\partial S_q}\right)_\epsilon\delta S_q + \left(\frac{\partial\sigma_p}{\partial D_i}\right)_\sigma\delta D_i \tag{6.19a}$$

$$\delta\epsilon_i = \left(\frac{\partial\epsilon_i}{\partial S_p}\right)_\epsilon\delta S_p + \left(\frac{\partial\epsilon_i}{\partial D_j}\right)_\sigma\delta D_j \tag{6.19b}$$

式中:$i,j = 1,2,3$ 和 $p,q = 1,2,\cdots,6$。

或者将因变量 S_p 和 D_i 看作是自变量 σ_p 和 ϵ_i 的函数,即

$$\delta S_p = \left(\frac{\partial S_p}{\partial \sigma_q}\right)_{\epsilon} \delta \sigma_q + \left(\frac{\partial S_p}{\partial \epsilon_i}\right)_{\sigma} \delta \epsilon_i \qquad (6.20\text{a})$$

$$\delta D_i = \left(\frac{\partial D_i}{\partial \sigma_p}\right)_{\epsilon} \delta \sigma_p + \left(\frac{\partial D_i}{\partial \epsilon_j}\right)_{\sigma} \delta \epsilon_j \qquad (6.20\text{b})$$

式(6.19)和式(6.20)称为线性本构方程。表6.1中给出了材料常数的定义,则这些本构关系可改写为如下形式,即

$$S_p = s_{pq}^{\epsilon} \sigma_q + d_{pi} \epsilon_i$$
$$D_i = d_{ip} \sigma_p + \xi_{ij}^{\sigma} \epsilon_j \qquad (6.21)$$

式中:下标 $i,j = 1,2,3$ 和 $p,q = 1,2,\cdots,6$ 指的是第4章所探讨的材料坐标系中的不同方向。

备注6.2: 必须指出的是,本构关系式(6.21)中或者后续的构型中(见下文),式(6.19)或式(6.20)中的变分已经被变量自身所替代。为证明这种操作的合理性,假设式(6.19)或式(6.20)中使用变量的名义值为零。因此,这些变分被定义为变量本身与零值状态之间的一种比较。

在式(6.21)的矩阵形式中,$S \in \mathbf{R}^{6 \times 1}$ 是应变向量,$\sigma \in \mathbf{R}^{6 \times 1}$ 是应力向量,$\epsilon \in \mathbf{R}^{3 \times 1}$ 为电场向量,单位为 V/m,$D \in \mathbf{R}^{6 \times 1}$ 为位移向量,单位为 C/m²。与第5章的一维情况类似,式(6.21)中的第一个方程指的是逆压电效应(驱动),第二个方程描述的是正压电效应(传感)。

为了适应传感应用,式(6.21)可以改写为如下形式,即

$$S_p = s_{pq}^{D} \sigma_q + g_{pi} D_i \qquad (6.22)$$
$$\epsilon_i = -g_{ip} \sigma_p + \beta_{ij}^{\sigma} D_j$$

式中:s_{pq}^{D}(类似于 s_{pq}^{ϵ})是恒定电位移下($D=0$)的柔度系数矩阵,如表6.1所列。与式(6.21)的本构关系类似,式(6.22)的第一个方程指的是逆压电效应(即驱动机理),而第二个方程表示的是正压电效应(即传感机理)。

表6.1 在本构关系(6.21)和(6.22)中所使用的材料常数的定义

材料常数	注 释	单 位
$\left(\frac{\partial S_p}{\partial \sigma_q}\right)_{\epsilon} \triangleq s_{pq}^{\epsilon} \in \mathbf{R}^{6 \times 6}$	恒定电场下的柔度系数矩阵(弹性刚度系数矩阵的逆阵)	m²/N
$\left(\frac{\partial D_i}{\partial \sigma_p}\right)_{\epsilon} = \left(\frac{\partial S_p}{\partial \epsilon_i}\right)_{\sigma} \triangleq d_{ip} \in \mathbf{R}^{3 \times 6}$	将电位移 $D \in \mathbf{R}^{3 \times 1}$(单位为 C/m²)和零电场下的应力(电极短路时)联系起来的压电应变常数矩阵	m²/V 或 C/N
$\left(\frac{\partial D_i}{\partial \epsilon_j}\right)_{\sigma} \triangleq \xi_{ij}^{\sigma} \in \mathbf{R}^{3 \times 3}$	在恒定应力下的电介质或介电常数矩阵	F/m(法拉,F = C/V)
$\left(\frac{\partial S_p}{\partial D_i}\right)_{\sigma} = -\left(\frac{\partial \epsilon_i}{\partial \sigma_p}\right)_{D} \triangleq g_{ip} \in \mathbf{R}^{3 \times 6}$	将应变 $S \in \mathbf{R}^{6 \times 1}$ 和零应力下的电场联系起来的压电电压常数矩阵	(V · m)/N 或 m²/C

材料常数	注　释	单　位
$\left(\dfrac{\partial \epsilon_i}{\partial D_j}\right)_\sigma \triangleq \beta_{ij}^\sigma \in \mathbf{R}^{3\times 3}$	恒定应力下的倒介电常数矩阵	m/F
$-\left(\dfrac{\partial e_i}{\partial S_p}\right)_D = -\left(\dfrac{\partial \sigma_p}{\partial D_i}\right)_S \triangleq h_{ip} \in \mathbf{R}^{6\times 3}$	压电常数矩阵	V/m
$\left(\dfrac{\partial \sigma_p}{\partial S_q}\right)_D \triangleq c_{pq}^D \in \mathbf{R}^{6\times 6}$	在恒定电位移下的弹性刚度系数矩阵	N/m²
$\left(\dfrac{\partial D_i}{\partial S_p}\right)_\epsilon = -\left(\dfrac{\partial \sigma_p}{\partial e_i}\right)_S \triangleq e_{ip} \in \mathbf{R}^{6\times 3}$	压电常数矩阵	(V/m)·V 或 C/m²

此外,为了更加适应于驱动应用,式(6.22)可改写为如下形式,即

$$\sigma_p = c_{pq}^D S_q - h_{pi} D_i$$
$$\epsilon_i = -h_{pi} S_p + \beta_{ij}^S D_j \tag{6.23a}$$
$$\sigma_p = c_{pq}^\epsilon S_q - e_{pi}\epsilon_i$$
$$D_i = e_{ip} S_p - \xi_{ij}^S \epsilon_j \tag{6.23b}$$

式中:c_{pq}^D 为在恒定电位移下($D=0$)的弹性刚度系数矩阵(式(4.21)),而 h 和 e 是表 6.1 定义的压电常数矩阵(β_{ij}^S 中的上标 S 指的是恒应变或零应变条件下的倒介电常数矩阵)。值得注意的是,通过式(6.21)和式(6.22)的相互代入,可以得到材料常数之间的关系。本节后续将讨论一些典型案例中的材料常数之间的关系。

为了更好地了解式(6.21)~式(6.23)和表 6.1 中的不同材料常数之间的关系,表 6.2 列出了这些材料的各种有用形式。这些关系是通过对比不同版本的本构方程,同时考虑表 6.1 中给出的常数的定义得到的。

表 6.2　本构关系中所使用的压电常数和材料常数之间的关系(式(6.21)~式(6.23))

材料常数	使用的方程
$\beta^S - \beta^\sigma = gh$	(6.22)、(6.23)
$\xi^\sigma - \xi^S = de$	(6.21)
$c_{ijpq} s_{pqkl} = \delta_{(ij)(kl)}$	(6.20)~(6.23)
$c^D - c^\epsilon = eh$	(6.23)
$s^\epsilon - s^D = dg$	(6.21)、(6.22)
$d = \xi^s g = es^\epsilon$	(6.21)、(6.22)
$e = \xi^s h = dc^\epsilon$	(6.21)~(6.23)
$g = \xi^\sigma d = hs^D$	(6.21)~(6.23)
$h = \beta^S e = gc^D$	(6.22)、(6.23)

6.2.3 压电材料的非线性特性

前述本构关系是基于线弹性力学(应力-应变关系)和介电常数(电位移-电场关系)假设建立的。然而,实际中,压电材料会表现出如迟滞、蠕变等非线性特性。由于压电材料的迟滞非线性非常重要,并且会用于后续的振动控制系统,故专门选用一章(第7章)来研究压电材料的迟滞现象并介绍其补偿技术。迟滞非线性特性将在第7章进行详细论述。

除了迟滞非线性,压电作动器,特别是压电陶瓷,在其响应中往往会产生不良的蠕变非线性。蠕变指的是在恒定电力负载下,压电作动器的位移中出现的塑性变形形式的有害变化,通常为对数形态。这种现象与压电陶瓷剩余极化强度有关。蠕变通常是晶畴在恒定电场中随时间发生的缓慢重新排列的具体表现(http://www. physikinstrumente. com)。图6.7所示是压电作动器在阶跃输入下的典型蠕变响应。

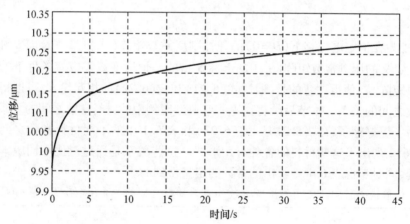

图6.7　压电作动器一个阶跃输入下的典型蠕变响应

蠕变的一个很好的近似模型(Krejci, Kuhnen 2001; Binnie, et al. 1982)可以写为

$$\Delta S = \Delta S_0 [1 + \gamma \ln(t/0.1)] \tag{6.24}$$

式中:S_0 为0.1s后的初始应变;γ 为蠕变系数(通常为0.01~0.02);t 为时间。虽然和迟滞效应相比,蠕变效应相当小,但是为确保精确的前馈定位,特别是在低频环境中,必须补偿这种非线性。也即在低频或静态环境应用中,必须考虑蠕变非线性,其在以下两种情况中可以被忽略:在高频率下;当作动器处于弹性约束下,不会随时间的变化产生明显的变形量。

6.3 压电材料的本构常量

6.3.1 一般关系

为使得前述定义的材料常数更加可视化,式(6.21)的压电本构关系可用矩阵形式表示为

$$
\begin{Bmatrix} S_1 \\ S_2 \\ S_3 \\ S_4 \\ S_5 \\ S_6 \end{Bmatrix} = \begin{pmatrix} s_{11} & s_{12} & s_{13} & s_{14} & s_{15} & s_{16} \\ s_{21} & s_{22} & s_{23} & s_{24} & s_{25} & s_{26} \\ s_{31} & s_{32} & s_{33} & s_{34} & s_{35} & s_{36} \\ s_{41} & s_{42} & s_{43} & s_{44} & s_{45} & s_{46} \\ s_{51} & s_{52} & s_{53} & s_{54} & s_{55} & s_{56} \\ s_{61} & s_{62} & s_{63} & s_{64} & s_{65} & s_{66} \end{pmatrix} \begin{Bmatrix} \sigma_1 \\ \sigma_2 \\ \sigma_3 \\ \sigma_4 \\ \sigma_5 \\ \sigma_6 \end{Bmatrix} + \begin{pmatrix} d_{11} & d_{21} & d_{31} \\ d_{12} & d_{22} & d_{32} \\ d_{13} & d_{23} & d_{33} \\ d_{14} & d_{24} & d_{34} \\ d_{15} & d_{25} & d_{35} \\ d_{16} & d_{26} & d_{36} \end{pmatrix} \begin{Bmatrix} \epsilon_1 \\ \epsilon_2 \\ \epsilon_3 \end{Bmatrix} \quad (6.25a)
$$

$$
\begin{Bmatrix} D_1 \\ D_2 \\ D_3 \end{Bmatrix} = \begin{pmatrix} d_{11} & d_{12} & d_{13} & d_{14} & d_{15} & d_{16} \\ d_{21} & d_{22} & d_{23} & d_{24} & d_{25} & d_{26} \\ d_{31} & d_{32} & d_{33} & d_{34} & d_{35} & d_{36} \end{pmatrix} \begin{Bmatrix} \sigma_1 \\ \sigma_2 \\ \sigma_3 \\ \sigma_4 \\ \sigma_5 \\ \sigma_6 \end{Bmatrix} + \begin{pmatrix} \xi_{11} & \xi_{12} & \xi_{13} \\ \xi_{21} & \xi_{22} & \xi_{23} \\ \xi_{31} & \xi_{32} & \xi_{33} \end{pmatrix} \begin{Bmatrix} \epsilon_1 \\ \epsilon_2 \\ \epsilon_3 \end{Bmatrix}
$$

$$(6.25b)$$

式(6.25)是最一般的形式;然而,当材料以任意角度绕给定轴旋转时,弹性性能保持不变,那么,柔度系数的总数会减少到 5 个。如第 4 章所述,这些材料是横观各向同性的,而压电陶瓷即属于这一类材料。通常,假设第三根轴或方向 3 是沿着极化方向的,而极化方向与横观各向同性轴方向一致。因此,对于压电陶瓷,式(6.25)可简化为

$$
\begin{Bmatrix} S_1 \\ S_2 \\ S_3 \\ S_4 \\ S_5 \\ S_6 \end{Bmatrix} = \begin{pmatrix} s_{11} & s_{12} & s_{13} & 0 & 0 & 0 \\ s_{12} & s_{11} & s_{13} & 0 & 0 & 0 \\ s_{13} & s_{13} & s_{33} & 0 & 0 & 0 \\ 0 & 0 & 0 & s_{44} & 0 & 0 \\ 0 & 0 & 0 & 0 & s_{44} & 0 \\ 0 & 0 & 0 & 0 & 0 & 2(s_{11}-s_{12}) \end{pmatrix} \begin{Bmatrix} \sigma_1 \\ \sigma_2 \\ \sigma_3 \\ \sigma_4 \\ \sigma_5 \\ \sigma_6 \end{Bmatrix} + \begin{pmatrix} 0 & 0 & d_{31} \\ 0 & 0 & d_{31} \\ 0 & 0 & d_{33} \\ 0 & d_{15} & 0 \\ d_{15} & 0 & 0 \\ 0 & 0 & 0 \end{pmatrix} \begin{Bmatrix} \epsilon_1 \\ \epsilon_2 \\ \epsilon_3 \end{Bmatrix}
$$

$$(6.26a)$$

$$\begin{Bmatrix} D_1 \\ D_2 \\ D_3 \end{Bmatrix} = \begin{pmatrix} 0 & 0 & 0 & 0 & d_{15} & 0 \\ 0 & 0 & 0 & d_{15} & 0 & 0 \\ d_{31} & d_{31} & d_{33} & 0 & 0 & 0 \end{pmatrix} \begin{Bmatrix} \sigma_1 \\ \sigma_2 \\ \sigma_3 \\ \sigma_4 \\ \sigma_5 \\ \sigma_6 \end{Bmatrix} + \begin{pmatrix} \xi_{11} & 0 & 0 \\ 0 & \xi_{11} & 0 \\ 0 & 0 & \xi_{33} \end{pmatrix} \begin{Bmatrix} \epsilon_1 \\ \epsilon_2 \\ \epsilon_3 \end{Bmatrix} \quad (6.26\text{b})$$

式(6.26)意味着对于横观各向同性压电陶瓷而言,有 5 个弹性常数、3 个压电应变常数和 2 个介电常数。

为了更好地理解这些关系,接下来具体解释压电应变常数 d_{ij} 的物理含义以及其如何将机械场(力场)和电场耦合起来。在这之前,须知对于横观各向同性压电材料,假设当电场方向和极化方向相同时(如 ϵ_3),会在方向 1 和方向 2 上产生同样的应变(见式(6.26a),其中 $d_{31} = d_{32}$)。然而,这种假设对各向异性压电材料如聚偏氟乙烯(PVDF)是不适用的,PVDF 的压电应变常数矩阵形式为

$$\boldsymbol{d}^{\text{FVDF}} = \begin{pmatrix} 0 & 0 & d_{31} \\ 0 & 0 & d_{32} \\ 0 & 0 & d_{33} \\ 0 & d_{25} & 0 \\ d_{15} & 0 & 0 \\ 0 & 0 & 0 \end{pmatrix} \quad (6.27)$$

从式(6.27)可知,$d_{31} \neq d_{32}$,即对各向异性压电材料而言,在极化方向上施加电场,会在方向 1 和方向 2 上产生不同的应变。事实上,PVDF 薄膜具有高度的各向异性,即 $d_{31} \approx 5d_{32}$。此外,PVDF 聚合物的介电强度比 PZT 约高 20 倍,因此,相比 PZT 材料其可以承受更高强度的电场。第Ⅲ部分将介绍基于压电材料 PVDF 的压电传感器应用实例(第 12 章)。

对 PZT 和 PVDF 材料而言,压电应变常数 d_{15} 是指外加电场 ϵ_1 或 ϵ_2(垂直于极化方向 3)作用下产生的剪切形变 $S_5(S_{xz} = S_{zx})$ 或 $S_4(S_{yz} = S_{zy})$。因为在所有的压电常数中 d_{15} 通常具有最大值,故可以利用这个特性来设计有效的剪切作动器和传感器(Glazounov, et al. 1998, www. physikinstrumente. com)。为对所选取压电材料的材料常数进行一个更好的相对比较,表 6.3 列出了几种压电陶瓷(PZT – 4、PZT – 5A、PZT – 5H 和 PMN – PT)的材料常数。

表 6.3　几种常用压电陶瓷中选用的材料常数

符号	单位	PZT – 4	PZT – 5A	PZT – 5H	PMN – PT
s_{11}^{ϵ}	$10^{-12} \text{m}^2/\text{N}$	12.3	16.4	16.5	59.7
s_{12}^{ϵ}	$10^{-12} \text{m}^2/\text{N}$	– 4.05	– 5.74	—	—

符号	单位	PZT – 4	PZT – 5A	PZT – 5H	PMN – PT
s_{13}^{ϵ}	$10^{-12}\,m^2/N$	-5.31	-7.22	-9.1	45.3
s_{33}^{ϵ}	$10^{-12}\,m^2/N$	15.5	18.8	20.7	86.5
s_{44}^{ϵ}	$10^{-12}\,m^2/N$	39	47.5	43.5	14.4
d_{33}	$10^{-12}\,C/N$	289	390	650	2285
d_{31}	$10^{-12}\,C/N$	-123	-190	-320	-1063
d_{15}	$10^{-12}\,C/N$	496	584		
ρ	kg/m^3	7500	7800	7800	8050
κ_{33}	—	—	0.72	0.75	0.91

6.3.2 压电常数

虽然在前面部分介绍了压电常数,但它们是从结构力学和数学角度出发进行推导得出的。为了更好地洞察其物理根源,这一节将从完全不同的角度来证明它们存在的合理性。如前所述,压电材料一般是各向异性的,它们的物理常数(如压电常数、弹性常数、介电常数)取决于所施加的应力或应变的方向以及所施加场的方向。因此,需用两个下标定义这些常数(请参考表 6.1 中这些常数的定义),其中一个表示应力或应变(弹性常数),另一个表示电位移或电场(即介电常数),同时使用一个上标表示这个量是恒定的(即恒定电场或恒定应力)。

不失一般性,假定正极化方向是沿着 z 轴方向或方向 3。如前所述,这是一种可以简化后续推导和定义的常规处理方法。为更好地理解这些常数的物理含义,图 6.8 为一个典型的晶轴 x、y、z 矩形系统,其中正极化方向沿着 z 轴,基于此介绍一些最重要的压电常数以及一些特例和结构。

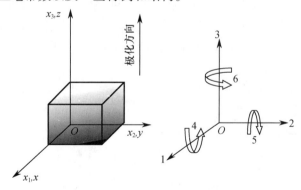

图 6.8 晶轴和形变方向示意图
1 ~3—法向应变/应力;4 ~6—剪切应变/应力。

压电应变常数 d_{ij}:如表 6.1 中所定义,压电应变常数是指施加单位机械应力所产生电极化的比率。另外,它还可以定义为施加单位电场所产生的机械应变(表6.1第二行第一列的第二项)。指标记法下,压电应变常数 d_{ij} 表示所有外部应力保持恒定条件下,沿 i 轴施加单位电场时,沿 j 轴所产生的应变。例如,d_{31} 表示系统在无应力场中,沿方向3施加单位电场时,方向1上产生的应变(图6.9)。

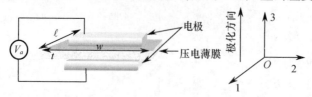

图6.9 压电应变常数 d_{31} 的结构示意图(薄片状)

基于压电应变常数 d_{31} 的定义和图6.9所示的物理量,d_{31} 表示为

$$d_{31} = \frac{S_1}{\epsilon_3} = \frac{\Delta\ell/\ell}{V_a/t} = \frac{t\Delta\ell}{V_a\ell} \tag{6.28}$$

压电应变常数 d_{31} 通常是负数(表6.3)。如前所述,d_{31} 的另一种定义是在零电场中($\epsilon = 0$),施加单位应力(作用力 F 沿着方向3)时,所产生的极化。这种情况下产生的极化等于发生短路时的电荷密度,即

$$d_{31} = \frac{Q/\ell w}{F/tw} = \frac{CV_a/\ell w}{F/tw} = \frac{CV_a t}{F\ell} \triangleq \frac{V_a}{F} K\xi_0 w \tag{6.29}$$

式中:ξ_0 为自由空间介电常数;K 为相对介电常数,其与压电材料的等效电容 C(式(6.29))有关,即

$$C = K\xi_0 = \frac{\ell w}{t} \tag{6.30}$$

压电电压常数 g_{ij}:类似于应变常数,压电电压常数 g_{ij}(关于 g 的定义见表6.1的第一列第四行)被定义为沿方向 j 施加单位机械应力时,沿方向 i 所产生的电场。此外,它也可以被定义为沿方向 i 施加单位电位移时,沿方向 j 所产生的机械位移。例如 g_{31} 指的是沿方向1施加单位应力时,方向3所产生的电场,此时其他的所有应力都为零(图6.10)。

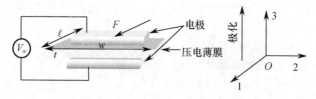

图6.10 压电电压常数 g_{31} 的结构示意图(薄片状)

基于压电电压常数 g_{31} 和图6.10所示的物理量,g_{31} 表示为

$$g_{31} = \frac{\epsilon_3}{\sigma_1} = \frac{V_a/t}{F/wt} = \frac{V_a}{F}w \tag{6.31}$$

另外，g_{31}是施加单位电荷密度所产生的应变，因此它又可表示为

$$g_{31} = \frac{\Delta\ell/\ell}{Q/\ell w} = \frac{\Delta\ell/\ell}{CV_a/\ell w} \triangleq \frac{\Delta\ell}{\ell} = \frac{t}{V_a K \xi_0} \tag{6.32}$$

压电介电常数 ξ_{ij}：基于表 6.1 中介电常数的定义，绝对介电常数 ξ_{ij} 定义为在单位电场作用下（沿 j 轴方向）、单位面积上（沿 i 轴方向）产生的电位移或电荷。对于大部分压电材料，在指定方向上施加电场只会产生相同方向的电位移。而大部分参考文献中使用的是相对介电常数值，$K = \xi/\xi_0$，即绝对介电常数和自由空间介电常数（$\xi_0 = 8.85 \times 10^{-12}$ F/m）的比值。如前所述，相对介电常数与材料的固有电容量有关（式（6.30））。

弹性柔度常数 s_{ij}：基于表 6.1 中弹性柔度的定义，弹性柔度常数 s_{ij} 被定义为沿 j 轴方向作用单位应力时，沿 i 轴方向产生的应变。与式（4.21）的应力－应变关系类似，其中应力向量与应变向量关系通过弹性刚度张量 c 建立，而此处，应变向量与应力向量关系则通过弹性柔度常数 s_{ij}（逆刚度）建立。

像本书中讨论的其他材料常数那样，弹性柔度是在恒定电场（$\epsilon = 0$）或短路（SC）下测得的，记为 s_{ij}^{ϵ}，或是在恒定电位移（$D = 0$）或开路（OC）下测得的，记为 s_{ij}^{D}。当电路为开路时（图 6.11(a)），电场会使压电材料中产生附加的应变，这样和图 6.11(b) 的短路结构相比，会使 s_{ij}^{D} 产生一个增量（因为短路时 $\epsilon = 0$，不会产生额外的应变），即 $s_{ij}^{D} > s_{ij}^{\epsilon}$。仅通过电路结构的简单变化（从开路到短路，反之亦然）即可得到不同的柔度值。换言之，弹性刚度和弹性柔度直接相关（从基础力学的角度来看），其关系为

$$C^D = \frac{1}{s^D} \text{ 或 } C^{\epsilon} = \frac{1}{s^{\epsilon}} \tag{6.33}$$

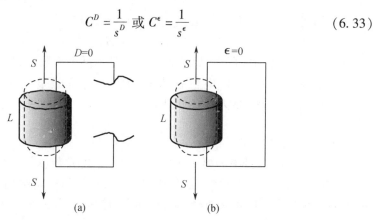

图 6.11　开路(a)（OC 或 $D = 0$）和短路(b)（SC 或 $\epsilon = 0$）的结构示意图

综上所述，通过改变电路结构（开路和短路之间的切换）即可在不改变材料特性的情况下轻松地改变等效弹性刚度，上述发现称为压电分流。可有效地利用电压分流来设计新型的半主动振动控制系统，这样可以有选择性地改变结构的等效刚度，从而用于吸振（当存在有害振动的情况下）或能量收集。有关这个概念的更

多细节将会在第9章阐述。

压电耦合系数 κ_{ij}：机电耦合系数是压电材料进行机 - 电能量转换能力的反映。另一方面，它被定义为所储存的机械能和外部施加的电能之间的比率（用作驱动器时），或是所储存的电能和外部施加的机械能之间的比率（用作传感器时），即 κ_{ij} 定义为

$$\kappa_{ij}^2 = \frac{在 i 方向上储存的机械能（应力和应变）}{在 j 方向上施加的电能（电场和电位移）} \tag{6.34a}$$

或

$$\kappa_{ij}^2 = \frac{在 j 方向上存储的电能（电场和电位移）}{在 i 方向的施加的机械能（应力和应变）} \tag{6.34b}$$

方程式（6.34a）用于驱动器，式（6.34b）用于传感器。

这种耦合真实地表明了压电材料中边界条件的重要性，在测量应力、应变、电位移或电场时都会存在边界条件。考虑到这一点，并希望把耦合系数与其他压电材料常数联系起来，我们使用开路结构进行了一个简单的实验。在对整个流程进行说明之前，不失一般性，将压电本构关系式（6.21）写为如下标量形式（1D），即

$$S = s^\epsilon \sigma + d\epsilon$$
$$D = d\sigma + \xi^\sigma \epsilon \tag{6.35}$$

其中，为方便后续推导，去掉了所有下标。消去式（6.35）中的电场 ϵ，则有

$$S = s^\epsilon \left(1 - \frac{d^2}{s^\epsilon \xi^\sigma}\right)\sigma - \frac{d}{\xi^\sigma}D \tag{6.36}$$

此外，利用式（6.22）中第一个表达式的标量形式，有

$$S = s^D \sigma + gD \tag{6.37}$$

既然已建立了所需的关系，接下来回到确定耦合系数 κ 的问题上来。当电路为开路时（图 6.11（a）），电位移为零（$D = 0$），将此条件代入式（6.36）和式（6.37），且这两个等式的左侧相同，则有

$$s^D = s^\epsilon \left(1 - \frac{d^2}{s^\epsilon \xi^\sigma}\right) \tag{6.38}$$

从式（6.38）可见，括号中的第二项是开路弹性柔度常数（s^D）变化的量化。如果这一项不存在，对于弹性柔度常数 s^D 和 s^ϵ 而言，开路和短路结构会产生一样的值。因此，这一项可看作电场和机械场之间耦合的指标。为此，这一项的平方根被称为耦合系数，定义为

$$\kappa^2 = \frac{d^2}{s^\epsilon \xi^\sigma} \tag{6.39}$$

或写成一般形式为

$$\kappa_{ij}^2 = \frac{d_{ij}^2}{s_{ij}^\epsilon \xi_{ij}^\sigma} \triangleq g_{ij}\, d_{ij} E_p \tag{6.40}$$

式中:E_p 为压电材料的杨氏弹性模量。耦合系数总是正数(基于式(6.39)的定义)并且小于1(这是基于当改变边界条件时,根据式(6.38)不管是开路弹性柔顺常数还是短路弹性柔顺常数都会变成负的),从表6.3一些典型压电材料的参数中可以看到这个值的变化范围。因此,有

$$0 < \kappa^2 < 1 \qquad\qquad (6.41)$$

如前所述,开路弹性柔顺常数 s^D(或弹性刚度 c^D)对应于开路结构,短路弹性柔顺常数 s^e(或弹性刚度 c^e)对应于短路结构。将开路(OC)和短路(SC)结构下的弹性刚度值分别记为 K_{OC} 和 K_{SC},据式(6.33)和式(6.38),易将这两个刚度值联系起来,即

$$\frac{K_{OC}}{K_{SC}} = \frac{1}{1 - \kappa^2} \qquad\qquad (6.42)$$

由式(6.42)可知,开路和短路结构下的弹性刚度比值是一个关于耦合系数 κ 的函数。也即系数 κ 越高,则这两个刚度相差越大。例如,PZT 材料的耦合系数约为0.7,而 PVDF 材料的耦合系数约为0.1。第9章将阐述为什么 K_{OC} 和 K_{SC} 之间的差值越大(或者说耦合系数 κ 越大),越有利于进行有效的振动控制。

6.4 压电结构材料的工程应用

如前所述,压电现象存在于天然或合成材料中。主要来说,大多数工程应用中的压电材料由人工合成,如铅锌钛化合物(PbZrTiO$_3$ – PbTiO$_3$ 或 PZT)、锆钛酸铅、钛酸钡、钛酸锶钡(BaSTO)、锆钛酸铅镧(PLZT)、硫酸锂、聚偏二氟乙烯(PVDF)和共聚物 PVDF 等(Tzou,et al. 2004)。

压电材料按结构可分为高分子材料和陶瓷材料。高分子压电材料,如极化处理后的 PVDF 的压电效应已进行了几十年的研究。PVDF 共聚物在工业应用中发现了多种用途,如超声换能器、水诊器、话筒和振动阻尼(Fukada 2000;Baz,Ro 1996),尽管如此,PVDF 的低刚度和低机电耦合系数(如与陶瓷 PZT 相比)仍然限制了它们的使用。

应用最广泛的压电陶瓷是 PZT,因其具有优异的性能并能够通过适当调整钛酸比率(Berlincourt 1981)来优化其特性以满足特定应用。它们的机械性能使其适合各种机电换能器如发电机(如火花点火、固态电池)、传感器(如加速度和压力)和执行机构(如气动和液压阀)。PZT 用于发电机时,将机械冲击或压力转换为电能(Audigier,et al. 1994;Sodano,et al. 2005)。压电陶瓷最常见的传感器应用是加速度计和压力传感器(Tomikawa, Okada 2003;Caliano,et al. 1995)。特别在高频(大于10kHz)操作中,压电陶瓷可被用于声波和超声波换能器来为不同的测试测量应用产生高频声波(Matsunaka,et al. 1998;Billson,Hutchins 1993)。

尽管自20世纪60年代至今一直在进行 PZT 材料应用的开发,新型压电材料仍具有令人振奋的潜力,并且其研究活动还在继续,如钛酸锶(SrTiO$_3$)在极度低温

度下的巨大压电现象(Damjanovic 1998),或最近在氮化硼纳米管中发现的压电现象(Mele, Kral 2002; Jalili, et al. 2003; Salehi - Khojin, Jalili 2008 a, b; Salehi - Khojin, et al. 2009)。

6.4.1 压电陶瓷在机电系统中的应用

近些年,随着机电一体化概念到动态系统的广泛应用,研究者的兴趣都集中在可以替代传统作动器的压电陶瓷上。一般来说,压电陶瓷驱动各向异性的本质允许作动器在设计时不依赖于连接机构的驱动。

PZT 驱动具有公认的优势,然而,这些作动器在使用时存在明显的设计限制,主要包括小变形和非线性性能。实际应用场合中往往需要作动器在产生位移的同时能够输出较大的力或力矩,开发一款满足以上要求的压电作动器并将其应用在实际系统中则是一项挺不简单的工程挑战。虽然可以使用其他方法实现同样的功能,但接下来仍给出一些大位移应用中,提高 PZT 元件分辨能力的补偿方法。

6.4.2 压电陶瓷驱动的位移放大策略

现有的 PZT 位移放大概念包含多种方法和原则,可以通过图 6.12 表示(Giurgiutiu, et al. 1995; Jalili, et al. 2003)。在这个领域已经积累了相当多的工程经验,因为这个问题并不局限于 PZT 作动器的应用。

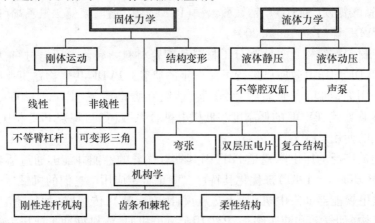

图 6.12　压电作动器的位移放大概念(来自 Jalil, et al. 2003,经过授权)

压电作动器或工作台可以被设计成杠杆式放大器,这样 PZT 位移增大系数通常为 2 ~ 20 倍。为了在行程增加时保持亚纳米分辨率,杠杆系统必须严格地使用最小的间隙和摩擦。或者用柔性机构放大 PZT 位移,这样就将产生一个可用的冲程(Confield, Frecker 2000; Frecker, et al. 1997; Kota, et al. 1999)。由于机械装置的固有弹性,柔性机构可以提供预加载的效果,这在 PZT 堆叠制动器中是很重要的

（即 PZT 堆可以保持压力但不能保持拉力[①]）。

在梁上布置 PZT 贴片会导致梁结构产生横向运动，这也可能是使用柔性齿轮机构的结果。为得到更高的旋转分辨率和产生更大的扭矩，可以考虑使用圆形阵列的组合梁，这种情况下，励磁电压在模拟运动时需要时间上的准确同步。从偏转的角度来看，若要确定组合梁的结构特性，就必须充分了解各种操作条件下梁的行为，如温度升高条件下的轴向和横向载荷。此外，从动齿轮和梁末端之间交接区域处会发生力矩传递（基于摩擦行为）。

6.4.3　基于压电陶瓷的高精度微型电机

一些制造工艺需要从不变的"宏观"系统发展成能够支持毫微级技术的轻便灵活的小型单元。人们对自动化机械系统的小型化、微调、精密微装配和医疗技术（如医用气泵和微创治疗仪器）不断增长的兴趣促进了新微型执行器的发展。现已有很多学者对微型电机的相关技术进行了研究（Itoh 1993；Nakamura, et al. 1995；Sato 1994；Vishnewsky, Glob 1996）。

如图 6.13 所示，PZT 作动器在与运动转换器或柔性机构接触时可能会产生平移或旋转运动。PZT 材料产生的微小机械位移（如 20 ~ 100μm 和 1000 ~ 10000N）可能变成平移和旋转运动，可以利用两种设备配置达到这一目的。第一种为步进运动放大机构，结合集成棘轮传动机构，将步进动作转换成具有高转矩特性的转动位移（Jalili, et al. 2003）。第二种为基于摩擦原理的柔性旋转步进机构。这一概念基于压电陶瓷元件的准静态定位，其与基于共振的超声波电机形成了对比（Uhea, Tomikawa 1993）。虽然棘轮机构提供了很好的思路，但其运动仍依赖于棘轮的齿

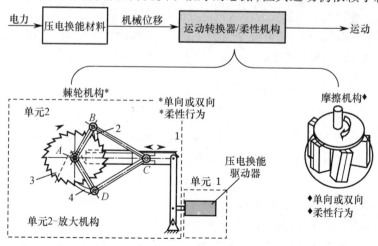

图 6.13　基于 PZT 的带棘轮的微型电机和摩擦运动传动器的概念

---

①　请参考后面部分对这类作动器工作原理的详细阐述。

轮齿数。

6.5 压电作动器和传感器

6.5.1 压电作动器/传感器的结构

PZT 作动器(或传感器)的两种基本设计为叠堆式(轴向驱动)和薄片式(弯曲驱动)。轴向作动器是由一堆薄陶瓷片构成的,这些薄瓷片由金属电极隔开(图 6.14),并且将电极交替的连接在电源两极。在薄片式作动器结构中,压电材料薄膜［如活性纤维复合材料（AFC）］（Bentand Hagood 1993；Sodano, et al. 2004；Wilkie,et al. 2000)夹在两个电极之间(图 6.15),或贴合在主结构的一侧(图 6.16)。当执行机构受到激励时,压电薄膜应变导致主结构产生应变,从而产生一个与外加电压成正比的运动。下面将对这两种结构的工作原理进行更详细的阐述。

压电叠堆作动器/传感器:这些类型的作动器可以在几万牛的作用力下只产生亚纳米级范围的位移。它们的响应时间极短(微秒级),在约 1/3 的谐振频率周期内即可达到其标称位移。在这种结构中,上升时间属于微秒级别,并且加速度可以超过 $10000g$。这样的特性使得压电叠堆作动器/传感器可以用于快速切换,或在高频下进行纳米和亚纳米级的反复运动,因为其运动源于固态晶体,没有移动部件,因此没有"粘－滑运动"产生。基于上述特性,理论上来讲压电叠堆作动器/传感器可以得到无限的分辨率,使其成为微/纳米计量及处理的有利工具。第 10 章将给出压电微纳米定位系统的详细讨论及最新研究进展。

在压电叠堆结构中,压电应变常数 d_{33} 决定了其他压电常数。因此,应变方向与电场方向一致。如图 6.14 所示的一维结构,线性机电本构关系式(6.21)可以简化为

$$S_3 = d_{33}\epsilon_3 + \frac{1}{c}\sigma_3 \tag{6.43}$$

$$D_3 = \xi_{33}\epsilon_3 + d_{33}\sigma_3 \tag{6.44}$$

当没有外载荷时,长度变化与外加电压之间的关系可以近似表示为

$$\Delta L \approx d_{33}nV_a \tag{6.45}$$

式中:n 是堆栈中的薄片的数量;V_a 为外加电压。

尽管具有上述优势,压电陶瓷叠堆作动器仍具有以下缺点:应变相对较小,大约 1/1000(0.1%);对拉力敏感。对于第一个缺点,可以使用图 6.12 中的放大机制,放大机制能够将执行机构位移范围扩大 2～20 倍。亚纳米级的分辨率可用无摩擦弯曲来保证(图 6.17 给出了这一机理的示例)。另一方面,为了降低这些执行机构对拉力的灵敏度,可按图 6.18 所示,在压电叠堆结构内部预装载弹簧。

116

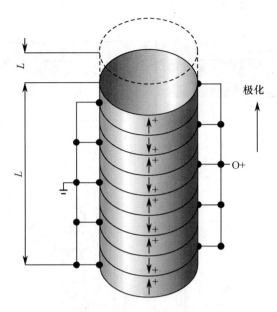

图 6.14　由金属电极隔开的轴向压电作动器示意图

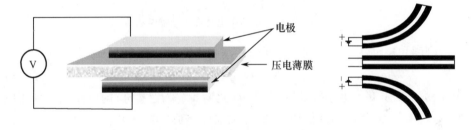

图 6.15　薄片式压电作动器示意图(压电薄膜夹在电极间)

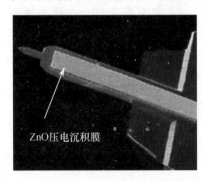

图 6.16　薄片式压电作动器示意图(压电薄膜贴合在主结构一侧)
(来自 Gurjar,Jalili 2007,经过授权)

　　薄片式作动器/传感器:薄片式作动器(或传感器)中的活性物质由薄陶瓷片组成(图 6.15 或图 6.16)。这些作动器的位移方向垂直于电场的极化方向。当电压增加时,薄片收缩。其最大行程是薄片长度的函数,而并行排列的薄片数决定了

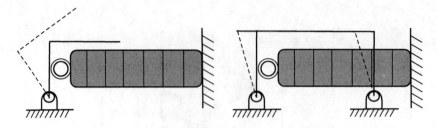

图 6.17　用于压电作动器位移放大的弯曲机构

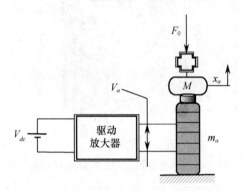

图 6.18　加载弹簧的压电叠堆作动器结构

元件的刚度和稳定性。未加载的单层薄片压电作动器位移 L 可以被估算为

$$\Delta L \approx \pm \epsilon_3 d_{31} L_0 \tag{6.46}$$

式中：L_0 是陶瓷条的长度；d_{31} 是与垂直于极化向量（宽度方向）的应变相关的压电应变常数。薄片式作动器在使用时，将作动器的平面直接安装在弹性结构的平面上。施加的电压使作动器内产生压电应力，作动器和结构之间的应力差将产生弯矩，进而引起结构的变形，如图 6.19 所示。由于这个结构运动方程的推导十分复杂，这里不做相关介绍，更多细节请读者参考第 8 章。

与 6.6.1 节中的作动器结构类似，压电传感器分为叠堆和薄片结构。传感器和作动器之间的唯一显著差异是压电常数的值不同。

6.5.2　压电作动器/传感器实例

PZT 惯性作动器：PZT 惯性作动器通常由两个平行的压电片组成。当施加电压时，一个压电片扩张而另一个压电片收缩，由此产生的位移与输入电压成正比。作动器的谐振频率可以根据惯性质量的大小进行调节（图 6.20）。惯性质量增加会降低谐振频率，而其减少会增加谐振频率。作动器的谐振频率 f_r 可以表示为

$$f_r = \frac{1}{2\pi}\sqrt{\frac{k_a}{m_a}} \tag{6.47}$$

式中：k_a 为作动器的有效刚度，m_a 可定义为

118

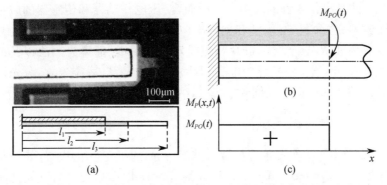

图 6.19 横截面不连续的压电驱动作动器(a)与压电激励产生的机电弯矩(b)，
以及作动器长度上均匀分布的内力矩(c)

$$m_a = m_{ePZT} + m_{inertial} + m_{acc} \tag{6.48}$$

式中：m_{ePZT} 为 PZT 有效质量；$m_{inertial}$ 为惯性质量；m_{acc} 为加速度质量。PZT 惯性作动器的参数可以通过一个简单的 SDOF 系统(图 6.20)来确定(Jalili, Knowles 2004; Knowles, et al. 2001)。这个"参数识别"问题是一个逆向问题。对参数估计或微分方程支配的逆向题感兴趣的读者可以参考 Banks、Ito(1988)及 Banks、Kunisch(1989)。

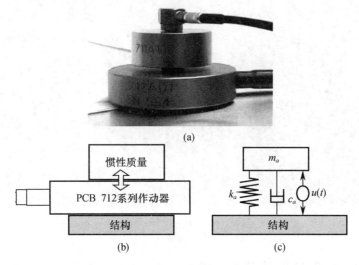

图 6.20 A PCB(主动振动控制仪器仪表、PCB Piezotronics 股份有限公司的一个部门，
www. pcb. com)系列 712PZT 惯性作动器(a)、操作示意图(b)和一个简单的 SDOF 数学模型(c)

6.6 压电系统的研究进展

压电作动器和传感器，凭借其超细分辨率和快速的频率响应，被应用于许多微/纳米级系统中。这些应用的详细内容将在本书的第Ⅲ部分进行广泛探讨，这里

简要回顾一些具有代表性的应用。一般而言,压电作动器和传感器的应用可分为以下4个学科:生命科学、医学和生物学(如扫描显微镜、操纵基因、细胞渗透、微分散);半导体和微电子学(如硅片和掩模定位和对准、显微光刻法以及纳米光刻技术);光学和光子学(如光纤校准和切换、图像稳定、自适应光学、激光调频和镜定位;精密仪器(如快速刀具伺服系统、微纳米定位和微雕刻系统)。

6.6.1　压电式微操纵器

图 6.21 演示了一个三连杆显微操纵器,我们的研究小组用它来进行纳米纤维提取和操纵(Saeidpourazar,Jalili 2008a,b)。然而,由于缺乏反馈传感器(制造商的硬件限制),除了机械手在执行机构中存在迟滞非线性,其定位精度也是有限的。因此,为了得到一个精确的系统,需在逆前馈迟滞补偿技术中使用精确的迟滞模型。

图 6.21　MM3A 压电式纳米纤维抓取显微操纵器

6.6.2　压电式微悬臂梁传感器

压电式微悬臂梁最近成为检测无标记化学和生物物种的有效方法(Chen,et al. 1995;Afshari,Jalili 2007a,b,2008;Mahmoodi,et al. 2008a)。这些传感器通过物种在悬臂功能化表面上的吸附起作用(图 6.22(a))。通过估算由悬臂表面抗原－抗体相互作用产生的表面应力来进行研究(Afshari,Jalili 2008;Mahmoodi,et al. 2008a;Salehi－Khojin,et al. 2009b;Mahmoodi,et al. 2008b)。图 6.22(b)描述了商用压电驱动微悬臂,目前,在我们研究小组中用于生物物种检测。在机电电压到力的转换中,必须先检测出压电层的迟滞非线性(氧化锌层突出显示在图 6.22 (b)中),并将其降低,以确保质量检测的准确性。

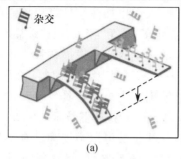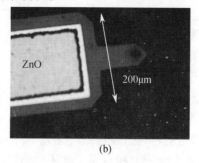

(a)   (b)

图 6.22　(a)基于微悬臂的 DNA 检测(a)和压电式微悬臂(b)

6.6.3　压电式平移纳米定位器

压电式平移定位器将电能转换成应变能从而产生平动位移(Berlincourt 1981),其通常使用压电陶瓷叠堆结构。近年来,PZT 驱动定位器的应用有了很大的发展,它们为改进以下应用提供了可行性的方案,如扫描探针显微术(Schitter, Stemmer 2004;Xu, Meckl 2004)、光存储器设备(Park, et al. 1995;Aoshima, et al. 1992)、微型机器人和夹钳(Hesselbach, et al. 1998;Schmoeckel, et al. 2000)、纳米计量(Haitjema 1996)和生物医学仪器(Meldrum 1997)等。然而,迟滞非线性限制了它们精确控制微纳米级运动的能力,进而限制了它们的实际应用(Hu, et al. 2005;Hu, Ben‐Mrad 2003;Goldfarb, Celanovic 1997a, b;Bashash, Jalili 2007a, b, 2008)。图 6.23 演示了一个三维压电平移定位器,它在我们的研究小组中用于微纳米定位(Bashash, Jalili 2006a, b, 2007a, b, 2008)。

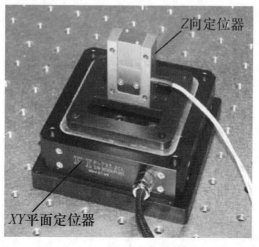

图 6.23　3D Physik Instrumente Ⓡ 我们研究小组的 PZT 驱动的平移定位器

6.6.4 未来的发展方向和前景

在过去的 10 年中,随着压电系统的应用,人们更加注重计算机控制的设计以及更高精度的机械加工要求。制造工艺从固定的"宏观"系统到移动微/纳米系统的演变,展现了这些系统由其出色特性带来的激动人心的发展领域。正如本章反复强调的,为了促进制造加工工艺的提升,我们需要使用压电材料(如压电陶瓷)来构建出一种新型的微型电机,该电机能够输出大力矩并且具备精密调速和定位的功能,这样的应用需求极大地推动了压电作动器和传感器技术的发展。

尽管这些材料已经得到广泛关注,仍有一些领域可以被视为具有挑战性的课题,需要进一步研究和发展。这些包括:发展新材料和新型增强技术来生产具有更高膨胀值,强度、稳定性、可重复性和耐久性的压电材料;发展更加稳定且易于实现前馈和反馈定位控制框架;发展专用硬件和高速信号处理平台以满足压电系统在如超速扫描探针显微镜(如 AFM)、超高精密定位和制造业等领域的应用。

总　　结

本章对压电材料的物理原理和本构模型进行了详细的讨论。从压电原理初级水平开始,基于第 4 章的统一能量方法,推导了最一般形式的压电材料的本构模型,接着介绍了重要和实用的压电材料参数以及最常见的压电传感器和作动器结构。讨论了压电材料和结构的工程应用,特别是基于压电作动器和传感器。本章是后续第 8 章与第 9 章讨论的基于压电系统和振动控制系统建模及控制的基础。

第 7 章

压电材料的迟滞特性

本章简要但系统地介绍了压电材料迟滞现象的来源、精确的建模方法和有效的补偿技术。本章有助于读者对第 9 章和第 10 章中基于压电作动器和传感器的振动控制系统的理解。

7.1　迟滞现象的来源

前述压电材料的本构关系是基于线弹性(应力－应变关系)和介电关系(电位移－电场关系)的假设。然而,实际中压电材料表现出的是非线性特性,最主要的是迟滞非线性。不仅压电材料具有迟滞现象,在许多不同学科领域也会观察到迟滞现象,如形状记忆合金、黏弹性材料、电活性聚合物、磁致伸缩材料、电/磁流变体等材料、混凝土钢筋结构以及齿轮系统。图 7.1 描述的是 3 种不同材料的迟滞非线性。

尽管人们很多年前就发现了迟滞现象,但由于其普遍存在性和复杂的结构,至今仍是不同学科的研究热点。为便于读者理解,文中给出一个简单但普遍适用的数学表达式描述迟滞现象。在此基础上,用迟滞算子来表征多分支非线性输入/输出的关系,其中迟滞系统的输出值不仅与输入信号瞬时值有关,还与输入信号的历史过程有关,尤其是极值,如图7.1所示(Krasnosel'skii,Pokrovskii 1989;Bashash,Jalili 2006a,2007a,2008)。因此,迟滞算子属于一个更一般的非线性多值算子族。

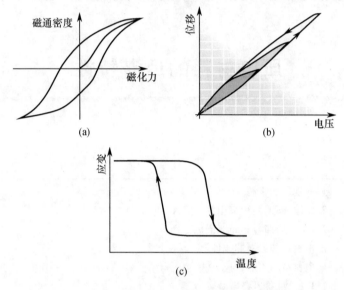

图 7.1　迟滞非线性
(a)磁性材料;(b)压电材料;(c)形状记忆合金。

7.1.1　率无关和率相关迟滞

　　"率无关"迟滞是一种输出信号不会受输入信号变化(变化率、变化速度或变化类型)影响的多分支非线性族。在磁场和压电迟滞方面,人们提出很多这类迟滞模型并通过实验证明了其有效性(Tao,Kokotovic 1996;Mayergoyz 2003)。这类建模方法意味着时间对输入/输出关系的影响是可以忽略的。因此,这类迟滞有时被称为"静态"迟滞。然而,当输入变化得非常快时就必须考虑时间的影响,因其会导致迟滞模型复杂甚至难以处理(Mayergoyz 2003;Ang,et al. 2003)。实际中,为了避免这些复杂的情况,可以通过有效的控制方法和补偿技术来完善率无关迟滞模型,这能够很大程度上提高多种率相关迟滞非线性系统的性能(Bashash,Jalili 2007b)。

7.1.2　局部与非局部记忆特性

　　率无关迟滞非线性可以分为两类:局部记忆非线性;非局部记忆非线性。正如前面迟滞算子定义描述的那样,由于这是一个多值、多分支的非线性系统,所以一个输入值可能产生多个输出值。在局部记忆迟滞模型中,只能通过当前时刻的输出值来查看历史过程对下一时刻输出值的影响。然而,在非局部记忆迟滞模型中,下一时刻的输出值不仅取决于当前时刻的输入值,还与输入的历史极值有关。

7.2　压电材料的迟滞非线性

如前所述,铁磁迟滞是人们最熟知的迟滞类型,但许多其他材料也具有这种多分支非线性,如压电材料的固有迟滞非线性,很大程度上降低了其性能,还可能在反馈控制应用中引起运行的不稳定。很多人在研究压电材料非线性的产生原因,但有一个被学者们普遍接受的理论,即压电材料中存在的迟滞现象是由于材料晶体极化过程中内部滑移所致。也就是说,由于极化后的材料中残留有不规则排列的晶体颗粒,所以当施加不同输入时,会引起内部的能量耗散(Ge,Jouaneh 1995;Ikeda 1996)。当输入变化较小时,这种现象不明显,但是残余应变的发现(即使撤去电场后)却有十分重要的意义。图7.2描述的是压电驱动器对具有九个转折点的交变三角输入信号的迟滞响应(Bashash,Jalili 2006a)。

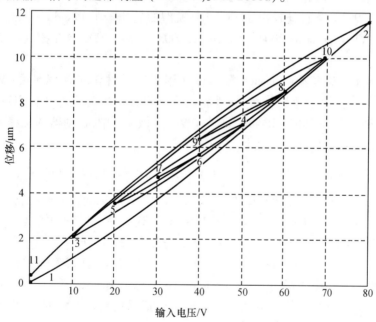

图7.2　压电驱动器对一个交变三角输入的迟滞响应

尽管"迟滞"一词本义为"滞后",但不同于多线性系统(如黏滞型记忆)中的"相位滞后"(Moheimani, Fleming 2006)。压电材料的迟滞响应在输入极值点处表现出突变(类似于图7.2所示的情形),这与相位滞后的线性系统的响应是完全不同的,线性系统的输出值在输入极值点处变得更平滑。尽管如此,这两种现象之间还是存在明显的相似之处,基于这种相似性并利用未建模的相位滞后可建立迟滞模型(Washington 2006)。

7.3 压电材料的迟滞建模方法[①]

迟滞模型从概念上讲可以分为两类:本构法,源于现象内在的物理机制,并基于经验观测进行推导得出;唯象法,直接利用数学模型来描述现象,而不考虑其内在的物理机制。

显然,本书无法介绍所有的迟滞模型,但可为给读者提供相关的背景知识,这一节将简要介绍一些精确模型,并对其计算效率和解决实际问题能力进行对比。

7.3.1 唯象迟滞模型

唯象法迟滞建模已经得到了广泛的研究(Gorbet, et al. 2001;Visintin 1994;Brokate,Sprekels 1996)。这类方法中最著名的是 Preisach 模型及其改进形式,该方法在压电材料特别是压电陶瓷的迟滞建模中获得广泛认可(Ge, Jouaneh 1997;Galinaitis 1999)。人们还提出了 Preisach 模型的简化子类 Prandtl – Ishlinskii(PI)迟滞模型(Chaghai, et al. 2004;Ang, et al. 2003)。接下来简要介绍这些最常用的唯象模型。

Preisach 迟滞模型:Preisach 模型最初用于铁磁材料的迟滞建模(Mayergoyz 2003),后被广泛用于超导材料、磁性材料和铁电体材料的迟滞建模(Ge, Jouaneh 1997;Hughes, Wen 1997;Bobbio, et al. 1997)。该模型中,作动器的位移与输入电压有关(Ge, Jouaneh 1997),也即

$$x(t) = H_{VD}\{V_a(t)\} = \iint_{\alpha \geq \beta} \mu(\alpha,\beta)\gamma_{\alpha\beta}[V_a(t)]\mathrm{d}\alpha\mathrm{d}\beta \qquad (7.1)$$

式中:$x(t)$ 为 t 时刻的迟滞输出(如伸长);$V_a(t)$ 为 t 时刻的输入电压;$\gamma_{\alpha\beta}[\cdot]$ 为基本迟滞算子(图7.3(a));$\mu(\alpha,\beta)$ 为 Preisach 函数,它是用三角方法(图7.3(b))计算的权重函数(Mayergoyz 2003);α 和 β 分别为其"上升""下降"阈值(图7.3(a))。可见,经典的 Preisach 模型是一组带有权重的基本迟滞算子连续叠加的结果。对该模型及其泛函分析(Friedman 1982)感兴趣的读者可参考 Mayergoyz(2003)。必须指出,尽管基本迟滞算子 $\gamma_{\alpha\beta}[\cdot]$ 通常是局部记忆的,但事实证明该模型也可以捕捉到非局部记忆效应。

Preisach 模型能够构建复杂的迟滞回线,但它没有对这一现象进行物理分析。此外,运用该模型需要大量的数学运算,因此,有时更倾向于使用本构法建模。本

---

① 本节内容都归纳于或直接引用于我们在该领域的相关出版物。

节后续会对这类建模方法进行讨论。

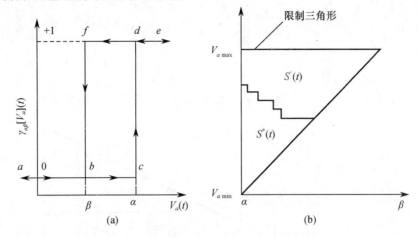

图 7.3　迟滞算子(a)和计算权函数的三角方法(b)

Prandtl – Ishlinskii（PI）迟滞模型：在众多唯象法中，Prandtl – Ishlinskii（PI）迟滞模型因其易于实现并且存在逆模型吸引了众多关注（Kuhnen，Janocha 2001；Bashash，Jalili 2007b）。实际上，该模型与 Preisach 模型具有近乎相同的精度（图 7.4(a)）。PI 模型通过叠加一组带有不同阈值的 backlash 算子来预测多分支迟滞响应。从物理角度来看，这种组合构造了应变强化的非线性弹塑性模型（Visintin 1994）。

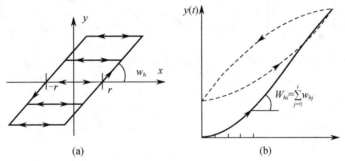

图 7.4　阈值 r 和权值 w_h 的广义 backlash 算子(a)与 backlash 算子线性叠加的迟滞回线(b)

广义的 backlash 算子表达式为

$$y(t) = H_{r,w_h}[x, y_0](t) = w_h \max\{x(t) - r, \min\{x(t) + r, y(t - T)\}\} \quad (7.2)$$

以及

$$y_0 = y(0) = w_h \max\{x(0) - r, \min\{x(0) + r, y(0)\}\} \quad (7.3)$$

式中：$x(t)$ 为 t 时刻的输入值；$y(t)$ 为 t 时刻的输出值；r 为控制输入阈值的大小；w_h 为权重值；T 为采样周期。通过不同阈值和权重值的 backlash 算子的线性叠加得到复杂非线性迟滞模型（图 7.4(b)）为

127

$$y(t) = \sum_{i=0}^{n} H_{r,w_h}^{i}[x,y_0](t) = \sum_{i=0}^{n} w_h^i \max\{x(t) - r^i, \min\{x(t) + r^i, y(t - T)\}\}$$

$$(7.4)$$

式中:权向量 $\boldsymbol{H}_{r,w_h}[x,\boldsymbol{y}_0](t) = [H_{r,wh}^0[x,y_0^0](t), \cdots, H_{r,wh}^n[x,y_o^n](t)]^T$, $\boldsymbol{w}_h = [w_h^0, \cdots, w_h^n]^T$,阈值向量 $\boldsymbol{r} = [r^0, \cdots, r^n]^T$, $r^0 < r^1 < \cdots < r^{n-1} < r^n$。

图 7.5 描述了 4 个不同阈值和权重值的 backlash 算子叠加的迟滞响应。

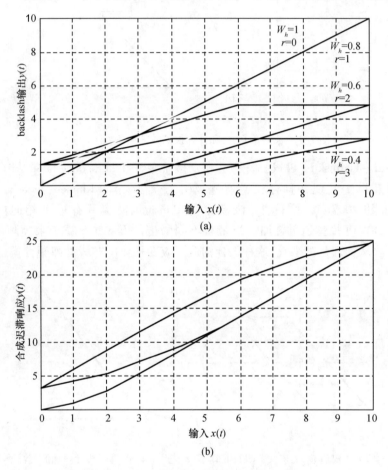

(a)

(b)

图 7.5　4 个不同阈值和权重值叠加的迟滞现象

　　由于其唯象本质,PI 模型过于刻板可能导致输出不精确。因此,人们提出一些改进措施来完善这种方法(Bashash, Jalili 2007b; Ang, et al. 2003),包括一些最新方法(Bashash, Jalili 2007 a,b,2008)。在精密定位应用中,若使用 PI 模型或其他唯象模型,会涉及到迟滞回线的中心对称性,然而,压电作动器实际的迟滞响应并不表现出这样的对称性,上述情况不仅会导致定位精度不足,还会降低压电作动器在精密定位中的性能。为了解决这个问题,人们提出了一些补救措施,包括下面改进的 PI 迟滞模型（Chaghai, et al. 2004）。

改进的 Prandtl – Ishlinskii（PI)迟滞模型:除了上述提到的实际迟滞回线绕中心不对称外,PI 模型在调整原点附近残余位移时还存在精度不足的问题。一种解决办法是以 PI 模型为基础构造新算子弥补所描述的不足。然而,这不仅会增加模型的复杂性,还会限制其实际的运用(Ang, et al. 2003)。

因此,人们提出了修改 backlash 算子等式的方法,该方法将同时补偿对称性问题并满足残余位移的需求(Bashash, Jalili 2007b)。更具体地说,就是在 PI 迟滞模型式(7.4)的原始 backlash 算子中引入一个新的参数 $\eta > 0$,即

$$y(t) = \sum_{i=0}^{n} H_{r,\eta,w_h}^{i}[x, y_0^i](t) = w_h^i \max\{x(t) - r^i, \min\{x(t) + \eta^i r^i, y(t - T)\}\}$$

$$y_0^i = y^i(0) = w_h^i \max\{x(0) - r^i, \min\{x(0) + \eta^i r^i, y^i(0)\}\} \qquad (7.5)$$

参数 η（或 η^i)在下降状态时改变 backlash 阈值;所选的值越大,下降状态的延迟越高。通过给每一个独立的 backlash 算子赋予适当的 η 值,可以提高模型的灵活性和准确性。图 7.6 展示了具有不同 η 值的改进的 backlash 算子响应。改进后的 PI 迟滞算子可以描述(Bashash, Jalili 2007b)为

$$y(t) = \sum_{i=0}^{n} w_h^i \max\{x(t) - r^i, \min\{x(t) + \eta^i r^i, y(t - T)\}\} \qquad (7.6)$$

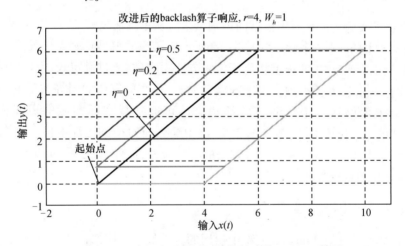

图 7.6　在下降状态时不同延迟值的改进 backlash 算子

更多细节请参考 Bashash 和 Jalili（2007 b)。为证明改进的 PI 模型比传统模型更有效,将这两种模型用于具有高分辨率电容式位置传感器的 PhysikInstrumente P – 753. 11C PZT 驱动纳米定位器上(图 7.7)。

为确定权重参数和适当的 η 值,用 26 个 backlash 算子对应 0 ~ 60V 的输入电压范围。这些 backlash 算子可以保证实验结果和模型响应之间的误差最小。对于初始输入阈值按照紧密间隔划分,而对于之后的输入阈值则按照稀疏间隔划分。

图 7.7   PhysikInstrumente P – 753.11C PZT 驱动纳米定位器实验装置

图 7.8 描述了实验结果和辨识模型的识别结果。从系统输出响应(图 7.8)和迟滞曲线(图 7.8(b)和(c))来看,文中提出的改进 PI 能够很好地识别迟滞现象。

为举例说明改进的 PI 模型相比于传统方法更有效,通过设定式(7.6)中的 η^i 等于零来推导出代表性模型。出于准确性考虑,用相同阈值的同等数量 backlash 参数,在算子中增加一个可调节的补偿来尽可能捕捉实际响应的迟滞回线。图 7.9(b)描述了传统 PI 模型在图 7.8(a)中输入所对应的迟滞响应。如图 7.9(b)所示,通过比较传统方法和改进方法的模型误差,显然,改进后的 PI 模型比传统方法表现出更好的响应。

7.3.2   本构迟滞模型

如前所述,由于在 Preisach 模型中使用的算子具有对称性,所以迟滞回线围绕中心也是对称的。然而,这并不是 PZT 作动器和定位器的实际迟滞响应。此外,该模型在计算权函数时需要大量的运算 (Hu,Ben – Mrad 2003;Ge,Jouaneh 1997;Hughes,Wen 1997)。与 Preisach 模型类似,Prandtl – Ishlinskii 模型也有对称性这一问题(Bashash,Jalili 2006b;Ang,et al. 2003),而且在调整原点周围残余位移时缺少灵活性(Bashash,Jalili 2006b)。

为补偿唯象法存在的这些问题,经广泛研究后,人们利用本构法建立了有效的迟滞模型,如使用非线性一阶微分方程和机电模型来描述迟滞现象及系统的动态

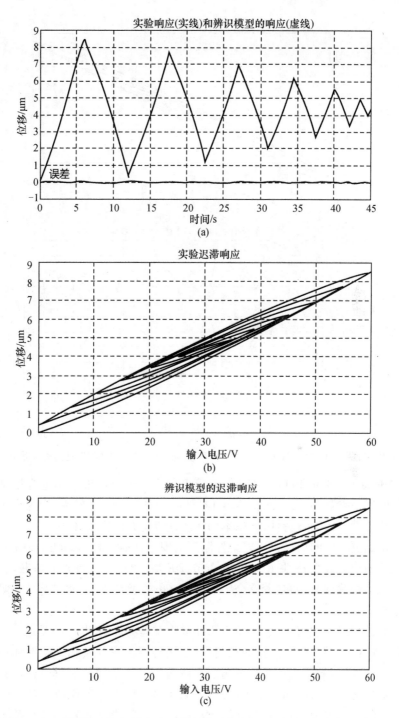

图 7.8 PZT 驱动纳米定位器实验和辨识模型响应($y(t)$)(a)、压电作动器的迟滞响应($y(t)$ 和 $V_a(t)$)(b)和辨识模型的迟滞响应($y(t)$ 和 $V_a(t)$)(c)

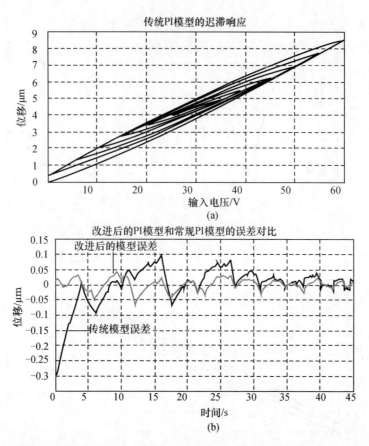

图 7.9　传统 PI 模型的迟滞响应(a)与改进后的 PI 模型和传统 PI 建模的误差对比(b)

特性(Aderiaens, et al. 2000)。Goldfarb 等人用广义麦克斯韦电阻电容模型作为迟滞现象的集中参数表达式（Goldfarb, Celanovic 1997a, b）。然而, 因为尚未完全了解迟滞现象潜在的物理特性, 所以本构法的优势也并未完全体现。

为得到更精确的模型以更好地控制迟滞现象, Bashash 和 Jalili（2006a）提出了迟滞现象的记忆显性特性（Bashash, Jalili 2007a, 2008）。为突出本书重点, 这里未给出太多相关细节, 而是着重介绍本构方法的主要特点, 并将其与传统唯象法进行比较。

记忆显性迟滞建模:虽然迟滞非线性本质上是不可预测的, 但是通过广泛的实验和观察后还是发现了其潜在的物理特性, 同时也注意到其物理特性和现象是一致的。具体来说, 就是基于经验观测到的该现象的 3 个属性:目标转折点、曲线校准和擦除特性(Bashash, Jalili 2006a)。也就是说, 能够检测到转折点的位置并预测迟滞轨迹。上升曲线和下降曲线有间隔, 且"参考"曲线可以通过指数函数和多项式近似拟合得到。内部轨迹可以认为是通过两个顺序点的若干条曲线连接的多条路径。这些曲线的形状与迟滞"参考"曲线相似。内部迟滞轨迹可以通过一系列代表迟滞轨迹的内部转折点识别出来(Bashash,et al. 2008)。

　　为更好地描述迟滞现象的记忆显性特性,对 PhysikInstrumente PZT 驱动定位器进行了一组实验(图 7.7)。图 7.10 描述了作动器对一组四交替连续准静态输入的迟滞响应。迟滞曲线由两个所谓的"参考"曲线构成。所有上升曲线始于零点并沿着同一上升参考曲线,不同位置的下降曲线形状都相似并且都逼近一个特定的交汇点。

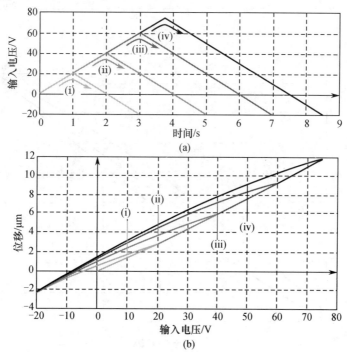

图 7.10　作动器对三角输入信号的迟滞响应
(a)输入信号; (b)作动器响应。

　　记录转折点(Bashash,Jalili 2006a):如图 7.10 所示,4 条输入信号都是从零点开始的。输入信号移动到上升点#2 后其方向发生改变,此时,上转折点被记录(图 7.11)。然后输入信号下降到#3 点,此时,下转折点被记录。输入信号再次上升到点#4,最后下降到零点(点#5)。图 7.11(b)清晰地表明从转折点分出的迟滞轨迹逼近前一个转折点,使得曲线轨迹与相关参考曲线相似。例如,在图 7.11(b)中源自点#3 和#4 的轨迹分别接近点#2 和#3。

　　曲线校准(Bashash,Jalili 2006a):这是迟滞现象的主要属性;在达到或稍微超过转折点后迟滞路径的方向发生轻微的变化。因此,在达到转折点后曲线从 3 个#4(4i,4ii,4iii)的点接近点#3,接着以相似的路径继续。迟滞特性的物理解释最为有趣:内部路径无法突破迟滞边界,也无法脱离由其他迟滞轨迹包围的边界;迟滞轨迹在转折点处汇合后,依据与该转折点相关的历史曲线重新调整位置。曲线在

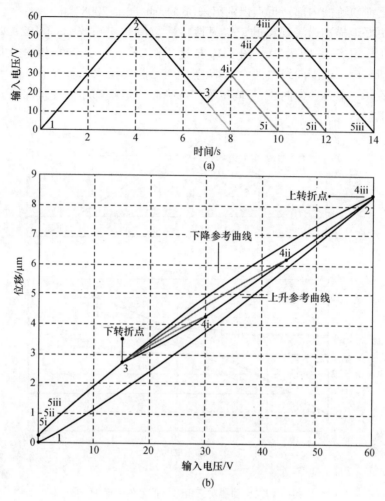

图 7.11　一组四交替连续准静态输入的迟滞响应
(a)输入信号；(b)响应。

一个交叉的转折点校准后，新轨迹继续按照先前的轨迹朝向目标点。因此，为了精确预测迟滞轨迹，转折点的位置存储在"模型记忆单元"中。

擦除特性(Bashash，Jalili 2006a)：由于具有这种擦除属性，只有与其他迟滞轨迹不相交的内部回线被记忆单元记录下来，而其他回线都会被清除。图 7.12 描述了当输入信号超过显性极值时的擦除特性。局部极值点是输入信号中比其他值大(小)的点。因此，当输入分别超过#6 和#4 时，第一和第二擦除点发生在# 7 和#8之间。当输入超过极值#8 时，第三擦除点发生在#9 和#10 之间。当迟滞轨迹达到并超过转折点时，擦除特性和曲线校准特性同时发生。擦除特性是迟滞现象的一个独特属性，它可以把与已清除的回线相关的未使用转折点从记忆单元里清空。

记忆显性迟滞建模范例：因为已构建了记忆显性迟滞建模所需的基础条件并

通过实验验证了迟滞现象的记忆特性,则可以通过一个指数表达式来描述输出输入平面内任意两点(y_1,x_1)和(y_2,x_2)之间的统一的迟滞曲线(Bashash, Jalili 2006a, 2008),即

$$x(y) = F(y,y_1,x_1,y_2,x_2) = k(1 + ae^{-\tau(y-y_1)})(y - y_1) + x_1 \qquad (7.7)$$

式中:a 和 τ 为构造迟滞曲线的常参数;k 为迟滞曲线的指数迟滞斜率,表示为

$$k = \frac{x_2 - x_1}{y_2 - y_1}(1 + ae^{-\tau(y_2-y_1)})^{-1} \qquad (7.8)$$

参数 a 和 τ 为上升和下降参考曲线定义,且不随其他内部曲线的变化而变化,同时参数 k 由起点和终点间独立曲线计算得来。基于该方法,即可预测任何已知点和目标转折点之间的迟滞轨迹。

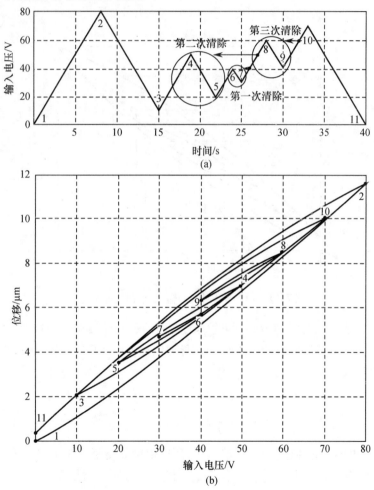

图 7.12　迟滞现象的擦除和曲线校准特性
(a)任意交替输入;(b)由此产生的迟滞响应。

图 7.13 描述了一个由 n 个内部回线构成的典型迟滞响应。上下转折点用下标 L 和 U 标注,而上升和下降曲线分别用下标 A 和 D 标注。编号顺序开始于最小的内部回线终止于最大的外层回线。对于在转折点处的曲线校准,曲线从点(y_{L1},x_{L1})开始上升并用虚线表示,如图 7.13 中用 F_{A0} 标注,迟滞路径预测表达式为

$$x_A(y) = F_{A0}(y) = F(y, y_{L1}, y_{U1}, x_{U1}) G(y, y_{L1}, y_{U1})$$

$$+ \sum_{i=1}^{n} F_{Ai}(y) G(y, y_{Ui}, y_{U(i+1)}) \tag{7.9}$$

式中:n 为完整的内部循环次数;G 为 Heaviside 函数,其表达式为

$$G(x, a, b) = \begin{cases} 1(x \in [a, b]) \\ 1(x \notin [a, b]) \end{cases} \tag{7.10}$$

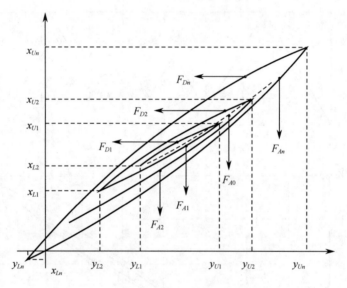

图 7.13　n 个内部回线的输入/输出迟滞响应

式(7.9)表明,迟滞路径由一组连续的不同的迟滞曲线组成,这些曲线之间有一定的间隔,并由转折点分开。类似的,对于从(y_{U1},x_{U1})开始下降的曲线,迟滞路径表示为

$$x_D(y) = F(y, y_{U1}, x_{U1}, y_{L1}, x_{L1}) G(y, y_{L1}, y_{U1})$$

$$+ \sum_{i=1}^{n} F_{Di}(y) G(y, y_{L(i+1)}, y_{Li}) \tag{7.11}$$

为了证明模型的性能,设计了输入值,所以模型需要至少 3 个记忆单元才能得到迟滞轨迹的准确预测。用一、二和三个记忆单元分别进行模型的模拟。图 7.14 展示了仿真和实验结果(Bashash, Jalili 2006a)。正如之前的预测,当输入超过第一极值后,第一个记忆单元模型的响应偏离了实际的迟滞响应(图 7.14),使用同样的方式,当输入超过第二个极值后,使用二个记忆单元的模型响应也偏离了实际

的迟滞响应（图7.14(b)）。3个或更多记忆单元的模型（图7.14(c)）则表现出了近乎完美的表现。当记忆单元的数量增加到一个最小值时,图7.14(d)～(f)描述了迟滞的变化。因此,得出的结论是,如果想要准确地预测迟滞现象,就需要模型具有足够多的记忆单元。

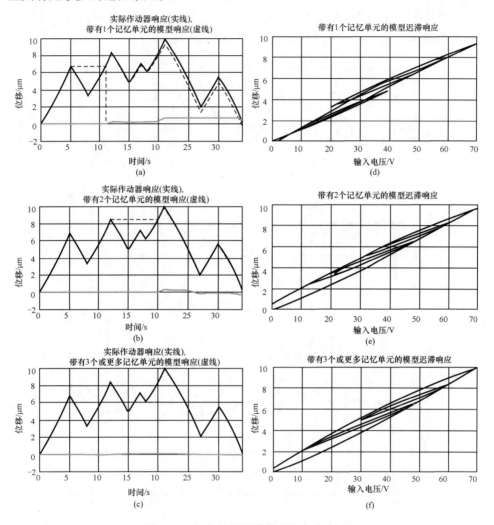

图7.14 记忆显性迟滞模型的实验验证

（a）单记忆单元的系统响应；（b）双记忆单元的系统响应；（c）三记忆单元的系统响应；
（d）单记忆单元的迟滞响应；（e）双记忆单元的迟滞响应；（f）三记忆单元的迟滞响应。

作动器的迟滞参数（式(7.7)、式(7.9)和式(7.11) 中的 a 和 τ）一旦确定,且作动器不受大的温度变化或其他外界影响,那么,这些参数将保持不变。然而,随着时间变化,这些参数可能也随之变化。因此,作动器的参数必须按照一定的周期每月或每年进行校准。

将记忆显性迟滞模型与唯象法中的 Prandtl – Ishlinskii(PI)迟滞模型进行比较。在适当的位置上给输出算子添加一个偏差以调整迟滞回线,用 26 个 backlash 算子(类似于前面小节 PI 模型的结果)来保持响应的连续性。图 7.15 表明,与先前仿真相同输入下,PI 模型响应的最大模型误差为 0.29%,平均模型误差为 0.054μm,而记忆显性模型响应的最大模型误差为 0.05%,平均建模误差为 0.013μm。该结果清晰地表明,记忆显性模型优于广泛使用的 PI 模型及其改进模型。

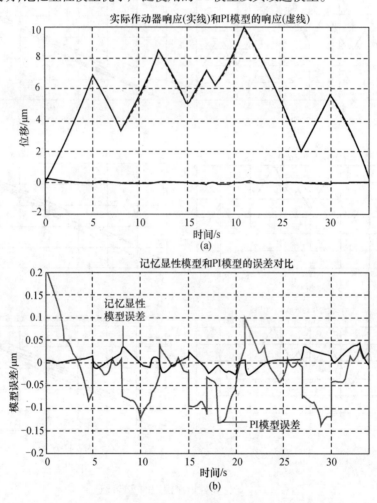

图 7.15　Prandtl – Ishlinskii(PI)迟滞模型和记忆显性迟滞模型的比较
(a)PI 模型响应;(b)两种模型误差的比较。

7.4　迟滞补偿技术

如前所述,由于多分支和记忆显性特性,迟滞模型通常具有复杂的结构。随着输入电压的变化,迟滞回线区域也会成比例的变化,同时导致一定比例的能量损失(Mayergoyz 2003)。避免迟滞现象的一个有效方法是使用电荷驱动电路,也即使用可控的输入电荷。现已证明压电材料中施加的电荷和位移之间存在线性关系(Newcomb,Filnn 1982;Furutani,et al. 1998)。然而,电荷驱动的缺点是仪器昂贵、测量噪声过大,以及系统响应不足(Moheimani,Fleming 2006;Salah,et al. 2007)。因此,许多应用更倾向于使用电压驱动,并通过前馈或反馈控制器的逆模型补偿迟滞效应。

前馈控制器一般采用逆迟滞模型,通常用于低频低精度的定位,而反馈控制器用于精确定位和高频轨迹的跟踪。然而,前馈迟滞补偿器可以显著提高反馈控制器的稳定性。我们认为,通过在逆迟滞模型中加入系统动力学分析可以得到一个更精确的前馈控制器,进而能够提高压电作动器在更宽频率的性能(图7.16(a))。此外,可以把具有鲁棒性的反馈控制方法应用到逆迟滞模型里来,以提高闭环系统的稳定性,进而应对非建模的动力学和外部扰动(图7.16(b))。基于前面章节提到的各种迟滞模型,可以对其采用多种前馈和反馈方法(Bashash,Jalili 2007b,2008)。然而,我们更愿意在接下来的第10章提供更多关于两个单轴压电纳米定位控制系统补偿技术的细节(参见10.3节)。

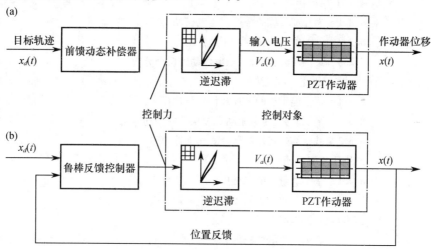

图 7.16　压电作动器位置控制方案
(a)逆模型前馈;(b)鲁棒多变结构前馈控制器。

总　　结

本章简要但相对全面地介绍了迟滞非线性压电系统的建模方法和迟滞补偿技术,其可以作为各种压电系统控制器(尤其是作动器)设计的参考,有关内容将在第10章进行深入的讨论。

第 *8* 章

压电系统建模

　　基于前文压电基础的介绍,将在这一章对压电系统进行综合建模,包括叠堆式结构和薄片式结构的分布参数系统。本章内容是第 9 章讨论的使用压电作动器和传感器进行振动控制的基础。

8.1　建模预备工作和假设

基于第 4 章和第 6 章讨论的统一方法,线性压电材料的总势能可以表示为(6.2.2 节式(6.16))

$$\delta U = \int_V (\sigma_p \delta S_p + \epsilon_i \delta D_i)\,\mathrm{d}V \quad (i = 1,2,3; p = 1,2,\cdots,6) \tag{8.1}$$

结合压电本构方程式(6.21)、式(6.22)及式(6.23),势能表达式可以根据实际情况进行简化。如针对压电作动器的应用,将本构方程式(6.23a)代入势能表达式(8.1),则有

$$\delta U = \int_V \left((c_{pq}^D S_q - h_{ip} D_i)\delta S_p + (-h_{ip} S_p + \beta_{ij}^S D_j)\delta D_i \right)\mathrm{d}V \tag{8.2}$$

式中:$i,j = 1,2,3; p,q = 1,2,\cdots,6$。

式(8.2)进一步简化为

$$\delta U = \int_V (c_{pq}^D S_p \delta S_q - h_{ip}\delta(D_i S_p) + \beta_{ij}^S D_j \delta D_i)\,\mathrm{d}V \tag{8.3}$$

式中:$i,j = 1,2,3; p,q = 1,2,\cdots,6$。

式(8.3)可分为三部分:纯机械能部分(弹性应变能)、纯电能部分(电介质能)及组合能部分(耦合能)。

需要强调的是,与前文类似,在此处计算中,电场的动能将被忽略(详见第 6 章中关于这个假设及其实际有效性和限制的讨论),施加于压电材料的电压所引起的电虚功将在下一节的哈密顿(Hamilton)原理中加以考虑。另外,总势能可以由电焓密度表示为

$$\delta U = \int_V H_e \,\mathrm{d}V \tag{8.4a}$$

其中

$$H_e = \frac{1}{2} c_{pq}^\epsilon S_p S_q - e_{ip}\epsilon_i S_p - \frac{1}{2}\beta_{ij}^S \epsilon_j \epsilon_i \tag{8.4b}$$

表示电焓密度或电 Gibbs 势能。尽管这里可以使用其他方法,但我们更愿意采用第一种方法,即利用式(8.3)结合电虚功构成 Hamilton 形式。

接下来的章节将对一些常见结构形式的作动器或传感器进行讨论研究。

8.2　叠堆式压电作动器建模

叠堆式压电作动器是很多微纳米系统的重要部件,由于其超高的分辨率和准确性,被广泛应用于各种不同的领域,包括扫描探针显微镜(Giessibl 2003;Gonda, et al. 1999)、显微外科手术(Lopez, et al. 2001)、显微装备以及微型制造(Hesselbach,et al. 1998；Schmoeckel,et al. 2000）。

据压电本构方程式(6.23a)，一维叠堆式作动器表达式简化为

$$\sigma_3 = c_{33}^D S_3 - h_{33} D_3 \Rightarrow \sigma = c^D S - hD$$

$$\epsilon_3 = -h_{33} S_3 + \beta_{33}^S D_3 \Rightarrow \epsilon = -hS + \beta^S D \tag{8.5}$$

式中:所有的下标都被省略。将式(8.5)代入势能表达式(8.3)，注意到杆结构的动能表达式为(4.3.1 节式(4.44))

$$T = \frac{1}{2} \int_0^L \left\{ \rho(x) \left(\frac{\partial u(x,t)}{\partial t} \right)^2 \right\} \mathrm{d}x \tag{8.6}$$

根据扩展的 Hamilton 原理(3.2 节)

$$\int_{t_1}^{t_2} (\delta L + \delta W^{\mathrm{ext}}) \, \mathrm{d}t = 0 \tag{8.7}$$

易得压电作动器的运动方程。如前所述,相对于机械动能,电场的动能非常小(特别是高频微电场情况),因此,电场中的动能将被忽略。

与势能和动能类似,式(8.7)中外力虚功同样由机械力虚功(如由外部非保守力和阻尼力等导致)及电虚功(由施加于压电作动器上的电压导致)组成,表示为

$$\delta W^{\mathrm{ext}} = \delta W_m^{\mathrm{ext}} + \delta W_e^{\mathrm{ext}} \tag{8.8}$$

叠堆式压电作动器在应用时常分为无外加负载(以及外加负载可忽略的如各种光学定位系统)与有外加负载两种情况。为方便读者理解,下文将对这两种情况分别进行讨论。

不论是否存在外加负载,外加电压 $V_a(x,t)$ 将始终导致压电材料发生电量为 Q 的充电过程,因此压电作动器都将产生电虚功。为将虚功计算过程一般化,外加电压将被看作由位置变量 x 与时间变量 t 共同作用的函数。当压电作动器与传感器的尺寸大小与其依附的主体进行比较时,这种空间条件限制就显得尤为重要。基于上述条件及图8.1 中的作动器结构,电场虚功 $\delta W_e^{\mathrm{ext}}$ 与作动器在长度 L 上总电荷 Q 的变化关系式可表示为

$$\delta W_e^{\mathrm{ext}} = \int_0^L (V_a(x,t) \delta Q) \, \mathrm{d}x \tag{8.9}$$

式中:$V_a(x,t)$ 表示单位长度上外加电压的大小(即基于两个电极之间的距离做归一化处理)。将电荷－电位移关系式(6.7)代入式(8.9)中,电虚功表示为

$$\delta W_e^{\mathrm{ext}} = \int_0^L V_a(x,t) \left(\oint_{\partial V} \delta D(x,t) \, \mathrm{d}A \right) \mathrm{d}x = \int_0^L A(x) V_a(x,t) \delta D(x,t) \, \mathrm{d}x \tag{8.10}$$

式中:$A(x)$ 是压电作动器的变截面函数(图8.1(b))。必须指出的是,$V_a(x,t)$ 已包含在 n 层压电结构(图8.1(b))的输入电压中。

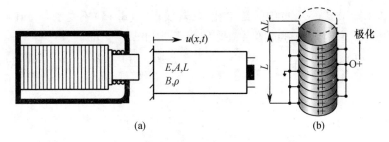

图 8.1　n 层固态作动器的原理(a)及等效叠堆模型(b)

8.2.1　无外加负载的叠堆式压电作动器

无外加负载情况下,唯一的机械力虚功是由内部阻尼结构导致的,其表达式为 (Dadfarnia,et al. 2004a)

$$\delta W_m^{\text{ext}} = -\int_0^L B\left(\frac{\partial u(x,t)}{\partial t}\right)\delta u(x,t)\,\mathrm{d}x \tag{8.11}$$

式中:B 为等效的线性黏滞(空气)阻尼。将式(8.5)及应力 – 应变关系式 $S = \partial u/\partial x$ 代入势能表达式(8.1)中后,再与动能表达式(8.6)、电虚功表达式(8.10)以及机械力虚功表达式(8.11)一起,代入扩展的 Hamilton 原理式(8.7)中,则有

$$\int_{t_1}^{t_2}\Bigg[\int_0^L\Bigg\{\rho(x)\,\frac{\partial u(x,t)}{\partial t}\delta\left(\frac{\partial u(x,t)}{\partial t}\right)\Bigg\}\mathrm{d}x - \int_0^L\Bigg\{c^D A(x)\,\frac{\partial u(x,t)}{\partial x}\delta\left(\frac{\partial u(x,t)}{\partial x}\right)$$

$$-hA(x)\,\frac{\partial u(x,t)}{\partial x}\delta D(x,t) - hA(x)D(x,t)\delta\left(\frac{\partial u(x,t)}{\partial x}\right)$$

$$+\beta^S A(x)D(x,t)\delta D(x,t)\Bigg\}\mathrm{d}x + \int_0^L (A(x)V_a(x,t)\delta D(x,t))\,\mathrm{d}x$$

$$-\int_0^L B\left(\frac{\partial u(x,t)}{\partial t}\right)\delta u(x,t)\,\mathrm{d}x\Bigg]\mathrm{d}t = 0 \tag{8.12}$$

采用与第 4 章相同的处理方式(即交换原式中第一项的积分顺序,先对时间 t 进行积分,后对位置 x 积分,随后采用分部积分法,并假设在 $t = t_1$ 与 $t = t_2$ 两个端点处函数 $u(x,t)$ 的值不变,最后合并同类项),式(8.12)可简化为

$$\int_{t_1}^{t_2}\Bigg[\int_0^L\Bigg\{\left(-\rho(x)\,\frac{\partial^2 u(x,t)}{\partial t^2} + \frac{\partial}{\partial x}\left(c^D A(x)\,\frac{\partial u(x,t)}{\partial x}\right) - \frac{\partial}{\partial x}(hA(x)D(x,t))\right.$$

$$\left.-B\frac{\partial u(x,t)}{\partial t}\right)\delta u(x,t) + \left(hA(x)\,\frac{\partial u(x,t)}{\partial x} - \beta^S A(x)D(x,t) + A(x)V_a(x,t)\right)$$

$$\delta D(x,t)\Bigg\}\mathrm{d}x + \left(hA(x)D(x,t) - c^D A(x)\,\frac{\partial u(x,t)}{\partial x}\right)\delta u(x,t)\,\Bigg|_0^L\Bigg]\,\mathrm{d}t = 0$$

$$\tag{8.13}$$

与 3.1.3 节式(3.20)中的讨论相同,若要求式(8.13)不受变分 $\delta u(x,t)$ 和 $\delta D(x,t)$ 的影响,这两个变分前的系数必须为零,因此,对于 $\delta u(x,t)$,有

$$\rho(x)\frac{\partial^2 u(x,t)}{\partial t^2} - \frac{\partial}{\partial x}\left(c^D A(x)\frac{\partial u(x,t)}{\partial x}\right) + B\frac{\partial u(x,t)}{\partial t} + \frac{\partial}{\partial x}(hA(x)D(x,t)) = 0$$

(8.14a)

对于 $\delta D(x,t)$,有

$$h\frac{\partial u(x,t)}{\partial x} - \beta^S D(x,t) + V_a(x,t) = 0$$

(8.14b)

同时,边界条件为

$$\left(hA(x)D(x,t) - c^D A(x)\frac{\partial u(x,t)}{\partial x}\right)\delta u(x,t)\ \bigg|_0^L = 0$$

(8.14c)

式(8.14a)为梁的分布参数方程,其中耦合了压电作动器的电位移,式(8.14b)表示压电作动器与梁结构之间的静态耦合关系,式(8.14c)为整体结构需要满足的边界条件。

由式(8.14b)可得到电位移 $D(x,t)$ 的表达式,将其分别代入式(8.14a)及边界条件(8.14c)中,得到叠堆式压电作动器对外加电压 $V_a(x,t)$ 响应的偏微分方程为

$$\rho(x)\frac{\partial^2 u(x,t)}{\partial t^2} - \frac{\partial}{\partial x}\left(A(x)\left(c^D - \frac{h^2}{\beta^S}\right)\frac{\partial u(x,t)}{\partial x}\right) + B\frac{\partial u(x,t)}{\partial t}$$

$$= -\frac{\partial}{\partial x}\left(\frac{h}{\beta^S}A(x)V_a(x,t)\right)$$

(8.15a)

$$\left(\left(\frac{h^2}{\beta^S} - c^D\right)A(x)\frac{\partial u(x,t)}{\partial x} + \frac{h}{\beta^S}A(x)V_a(x,t)\right)\delta u(x,t)\ \bigg|_0^L = 0$$

(8.15b)

考虑到表 6.1 与表 6.2 中压电常量之间的关系,式(8.15a)与式(8.15b)中的耦合项 $c^D - h^2/\beta^S$ 能够按如下步骤简化,即

$$c^D - \frac{h^2}{\beta^S} = c^D - \frac{(\beta^S dc^\epsilon)^2}{\beta^S} = c^D - \beta^S d^2(c^\epsilon)^2 = c^D - \beta^S c^\epsilon(d^2 c^\epsilon)$$

$$= c^D - \beta^S c^\epsilon \kappa^2 \xi^\sigma = c^D - \beta^S c^\epsilon \kappa^2 \frac{es^\epsilon}{g} = c^D - (\beta^S e)c^\epsilon \kappa^2 \frac{s^\epsilon}{g}$$

$$= c^D - (gc^D)c^\epsilon \kappa^2 \frac{s^\epsilon}{g} = c^D(1 - \kappa^2)$$

(8.16a)

式中:κ 在第 6 章中定义为压电耦合系数(在式(6.40)中,这个系数表示 $\kappa = \kappa_{33}$)。同样,式(8.15a)右边的 h/β^S 项也可由 κ 表示为

$$\frac{h}{\beta^S} = \frac{\beta^S dc^\epsilon}{\beta^S} = dc^\epsilon = d(c^D(1 - \kappa^2))$$

(8.16b)

由式(8.16)可知,压电材料耦合系数对弹性刚度的影响,压电材料耦合系数越大,材料的等效刚度($c^D(1 - \kappa^2)$)越小,材料也会更柔软并易变形,这个重要的

结论常被应用于压电作动器及传感器的设计中。

8.2.2 外加负载的叠堆式压电作动器

第6章中曾简单介绍过,大多数压电陶瓷作动器只能承受轴向载荷(针对剪切受力模式下的设计除外)。因此,对压电作动器加载时,必须十分谨慎。实际应用中,为防止压电作动器内部结构的无意损坏,可将各种柔顺机构及弯曲机构集成到压电作动器结构中(可参见 Physik Instrumente 公司产品目录中为达到这一目的而设计的适配器)。

其中最常见的是包含弹簧阻尼柔顺机构的适配器,其原理如图 8.2 所示。图中,压电作动器叠堆固定于一个柔顺机构下方。压电作动器的基本参数包括密度 ρ、杨氏模量 E、黏性阻尼系数 B、长度 L 以及横截面积 A。柔顺机构的基本参数包括质量 M、阻尼系数 c 以及弹性系数 k,同时,柔顺机构上受到载荷 F_0 作用。

针对上述情况构建运动方程时,由于增加了柔顺弯曲与外部载荷 F_0,压电作动器的势能(式(8.1))和动能(式(8.6))以及虚功(式(8.11))将稍增大。增加柔顺机构之后,系统的势能、动能及虚功表达式为

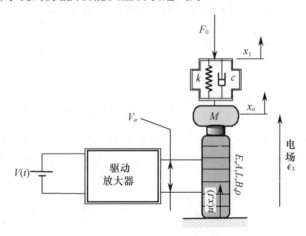

图 8.2 带有柔顺结构的叠堆式压电作动器受外部压力作用原理图,$x_a(t) = u(L,t)$

$$\delta U = \int_0^L A(x)(c^D S\delta S - h\delta(DS) + \beta^S D\delta D)\,\mathrm{d}x + \frac{1}{2}k(u(L,t) - x_l(t))^2$$

$$(8.17)$$

$$T = \frac{1}{2}\int_0^L \left\{\rho(x)\left(\frac{\partial u(x,t)}{\partial t}\right)^2\right\}\mathrm{d}x + \frac{1}{2}M\left(\frac{\partial u(L,t)}{\partial t}\right)^2 \quad (8.18)$$

$$\delta W_m^{\text{ext}} = -F_0 x_l(t) - \int_0^L B\left(\frac{\partial u(x,t)}{\partial t}\right)\delta u(x,t)\,\mathrm{d}x$$

$$- c\left(\frac{\partial u(L,t)}{\partial t} - \dot{x}_l(t)\right)\delta(u(L,t) - x_l(t)) \tag{8.19}$$

将上述新的表达式及电虚功表达式(8.10)带入扩展的 Hamilton 原理式(8.7),采用与前一节相同的简化步骤,经过简单变换及合并同类项后,得到压电作动器结构的运动方程如下:

对于 $\delta u(x,t)$,有

$$\rho(x)\frac{\partial^2 u(x,t)}{\partial t^2} - \frac{\partial}{\partial x}\left(c^D A(x)\frac{\partial u(x,t)}{\partial x}\right) + B\frac{\partial u(x,t)}{\partial t} + \frac{\partial}{\partial x}(hA(x)D(x,t)) = 0$$

$$\tag{8.20a}$$

对于 $\delta D(x,t)$,有

$$h\frac{\partial u(x,t)}{\partial x} - \beta^S D(x,t) + V_a(x,t) = 0 \tag{8.20b}$$

对于 $\delta x_l,(t)$,有

$$c\dot{x}_l(t) + kx_l(t) - c\frac{\partial u(L,t)}{\partial x} - ku(L,t) + F_0 = 0 \tag{8.20c}$$

$$\left\{hA(L)D(L,t) - c^D A(L)\frac{\partial u(L,t)}{\partial x} - M\frac{\partial^2 u(L,t)}{\partial t^2}\right.$$

$$\left. - k(u(L,t) - x_l(t)) - c\left(\frac{\partial u(L,t)}{\partial t} - \dot{x}_l(t)\right)\right\}\delta u(L,t) = 0$$

$$\tag{8.20d}$$

$$\left(c^D A(0)\frac{\partial u(0,t)}{\partial x} - hA(0)D(0,t)\right)\delta u(0,t) = 0 \tag{8.20e}$$

与前一节类似,由式(8.20b)得到电位移 $D(x,t)$ 的表达式,将其分别代入式(8.20a)及边界条件式(8.20d)和式(8.20e),得到叠堆式压电作动器对外加电压响应关系的偏微分方程为

$$\rho(x)\frac{\partial^2 u(x,t)}{\partial t^2} - \frac{\partial}{\partial x}\left(c^D A(x)(1-\kappa^2))\frac{\partial u(x,t)}{\partial x}\right) + B\frac{\partial u(x,t)}{\partial t}$$

$$= -\frac{\partial}{\partial x}(dc^D A(x)(1-\kappa^2)V_a(x,t)) \tag{8.21a}$$

$$c\dot{x}_l(t) + kx_l(t) - c\frac{\partial u(L,t)}{\partial x} - ku(L,t) + F_0 = 0 \tag{8.21b}$$

$$\left\{dc^D A(L)(1-\kappa^2)V_a(L,t) - c^D(1-\kappa^2)A(L)\frac{\partial u(L,t)}{\partial x} - M\frac{\partial^2 u(L,t)}{\partial t^2}\right.$$

$$\left. - k(u(L,t) - x_l(t)) - c\left(\frac{\partial u(L,t)}{\partial t} - \dot{x}_l(t)\right)\right\}\delta u(L,t) = 0 \tag{8.21c}$$

$$\left(dc^D(1-\kappa^2)A(0)V_a(0,t) - c^D(1-\kappa^2)A(0)\frac{\partial u(0,t)}{\partial x}\right)\delta u(0,t) = 0$$

$$\tag{8.21d}$$

备注 8.1:实际应用中,大多数研究者都假设压电作动器的输入电压与位置坐标 x 无关,即加载电压函数 $V_a(x,t) \approx V_a(t)$(Dadfarnia,et al. 2004a,b)。同时,假设压电作动器的横截面不变,则式(8.21)可简化为

$$\rho(x)\frac{\partial^2 u(x,t)}{\partial t^2} - E_p A \frac{\partial^2 u(x,t)}{\partial x^2} + B \frac{\partial u(x,t)}{\partial t} = 0 \tag{8.22a}$$

$$c\,\dot{x}_l(t) + kx_l(t) - c\frac{\partial u(L,t)}{\partial x} - ku(L,t) + F_0 = 0 \tag{8.22b}$$

$$\left\{ dE_p A V_a(t) - E_p A \frac{\partial u(L,t)}{\partial x} - M\frac{\partial^2 u(L,t)}{\partial t^2} - k(u(L,t) - x_l(t)) \right.$$

$$\left. - c\left(\frac{\partial u(L,t)}{\partial t} - \dot{x}_l(t)\right)\right\}\delta u(L,t) = 0 \tag{8.22c}$$

$$\left(dE_p A V_a(t) - E_p A \frac{\partial u(0,t)}{\partial x}\right)\delta u(0,t) = 0 \tag{8.22d}$$

式中:压电等效刚度 E_p 定义为

$$E_p \triangleq c^D(1 - \kappa^2) \tag{8.23}$$

式中:压电耦合系数 κ 实际上是系数 κ_{33} 去掉下标的简写形式。由图 8.2 中所给的边界条件可知,$\delta u(L,t) \neq 0$ 以及 $u(0,t) = 0$,因此,边界条件式(8.22c)和式(8.22d)可简化为

$$M\frac{\partial^2 u(L,t)}{\partial t^2} + E_p A \frac{\partial u(L,t)}{\partial x} + c\left(\frac{\partial u(L,t)}{\partial t} - \dot{x}_l(t)\right)$$

$$+ k(u(L,t) - x_l(t)) = dE_p A V_a(t) \tag{8.24a}$$

$$u(0,t) = 0 \tag{8.24b}$$

式(8.24a)是压电作动器的加载电压 $V_a(t)$ 与其顶端位移 $u(L,t)$ 之间的关系表达式。下文中,将此关系式应用于叠堆式压电作动器的振动分析。

8.2.3 案例研究:叠堆式压电作动器振动分析

图 8.3 描述的是一种典型的叠堆式压电作动器原理结构及其等效模型,图中柔性装置是很多叠堆式压电作动器的常见结构,尤其常用于精密定位中。将初始条件 $x_l(t) = 0$ 代入压电作动器运动微分方程式(8.22a)及边界条件式(8.24a)和式(8.24b),则有

$$\rho(x)\frac{\partial^2 u(x,t)}{\partial t^2} - E_p A \frac{\partial^2 u(x,t)}{\partial x^2} + B \frac{\partial u(x,t)}{\partial t} = 0 \tag{8.25a}$$

$$M\frac{\partial^2 u(L,t)}{\partial t^2} + E_p A \frac{\partial u(L,t)}{\partial x} + c\frac{\partial u(L,t)}{\partial t} + ku(L,t) = f(t) \tag{8.25b}$$

$$u(0,t) = 0 \tag{8.25c}$$

式(8.25b)中,等效力$f(t)$定义为(式(8.24a))

$$f(t) = dE_pAV_a(t)$$

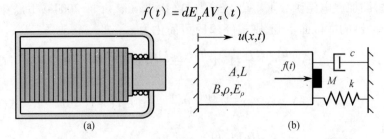

图 8.3　叠堆式压电作动器原理结构(a)和等效模型(b)

(来源:Vora,et al. 2008,经过授权)

模型分析:式(8.25a)的无阻尼自由运动状态可表示为

$$\rho\left(\frac{\partial^2 u(x,t)}{\partial t^2}\right) = E_pA\left(\frac{\partial^2 u(x,t)}{\partial x^2}\right) \tag{8.26}$$

采用第4章描述的分离变量法,将式(8.26)的解看作一个时间函数与空间函数乘积的形式,则轴向位移$u(x,t)$可表示为

$$u(x,t) = \phi(x)q(t) \tag{8.27}$$

式中:$\phi(x)$为空间模态函数;$q(t)$为广义的时间函数。将式(8.27)代入无阻尼自由振动方程式(8.26),采用4.3.1节中杆振动的处理方式,则有

$$\left(\frac{\ddot{q}(t)}{q(t)}\right) = \left(\frac{E_pA}{\rho}\right)\frac{\phi''(x)}{\phi(x)} = -\omega^2 \tag{8.28}$$

与第4章的讨论类似,由于特征函数与固有频率(即用$\phi_r(x)$代替$\phi(x)$或者ω_r代替ω)由超越方程求得,因此,特征函数可表示为

$$\phi_r(x) = C_r \sin\beta_r x + D_r \cos\beta_r x \tag{8.29}$$

其中

$$\beta_r^2 = \frac{\rho\omega_r^2}{E_pA} \tag{8.30}$$

在固定端,由初始条件$\phi_r(0) = 0$(式(8.25c)),可求得式(8.29)中的$D_r = 0$。因此,特征函数$\phi_r(x)$简化为

$$\phi_r(x) = C_r \sin\beta_r x \tag{8.31}$$

忽略离散阻尼c,将轴向位移$u(x,t)$的分离形式(8.27)代入压电作动器的末端$(x=L)$边界条件,则有

$$M\phi_r(L)\ddot{q}_r(t) + E_pA\phi_r'(L)q_r(t) + k\phi_r(L)q_r(t) = 0 \tag{8.32}$$

将式(8.28)及(8.31)代入式(8.32),整理后可得系统的特征方程为

$$-(ME_pA/\rho)\beta_r^2 + E_pA\beta_r \cot(\beta_r L) + k = 0 \tag{8.33}$$

对式(8.33)采用数值方法求解时,能够得到无数组 β_r 的解,根据式(8.30),也将得到无数个对应的固有频率 ω_r,则第 r 阶模态的特征函数可以表示为

$$\phi_r(x) = C_r \sin\left(\sqrt{\frac{\rho}{E_p A}} \omega_r x\right) \tag{8.34}$$

参数 C_r 可由特征函数关于质量的正交关系(详见 4.4.2 节)求得

$$\rho \int_0^L \phi_r(x) \phi_s(x) \mathrm{d}x + M\phi_r(L)\phi_s(L) = \delta_{rs} \tag{8.35}$$

将式(8.34)代入式(8.35)中,参数 C_r 可表示为

$$C_r = \left[\rho \int_0^L \sin^2\left(\sqrt{\frac{\rho}{E_p A}} \omega_r x\right) \mathrm{d}x + M\sin^2\left(\sqrt{\frac{\rho}{E_p A}} \omega_r L\right)\right]^{-1/2} \tag{8.36}$$

得到系统无阻尼自由运动微分方程的特征函数及固有频率后,通过考虑外加负载及阻尼对系统的影响,可对系统在强迫状态下的运动进行分析。

强迫振动分析:如第 4 章所述,前文求得的无阻尼自由运动微分方程的特征函数及固有频率可以直接代入轴向位移 $u(x,t)$,则有

$$u(x,t) = \sum_{r=1}^{\infty} \phi_r(x) q_r(t) \tag{8.37}$$

基于式(8.37),运动微分方程式(8.25a)可用无穷级数表示为

$$\sum_{r=1}^{\infty} \left\{\rho\phi_r(x)\ddot{q}_r(t) - E_p A\phi''_r(x)q_r(t) + B\phi_r(x)\dot{q}_r(t)\right\} = 0 \tag{8.38}$$

采用第 4 章中介绍的标准模态分析法,代入边界条件并利用特征函数关于质量与刚度的正交条件,运动微分方程可表示为

$$\ddot{q}_r(t) + \sum_{s=1}^{\infty} \left\{\xi_{rs}\dot{q}_s(t)\right\} + \omega_r^2 q_r(t) = f_r(t) \tag{8.39}$$

其中

$$\zeta_{rs} = B\int_0^L \phi_r(x)\phi_s(x)\mathrm{d}x + c\phi_r(L)\phi_s(L), \quad f_r(t) = \phi_r(L)f(t) \tag{8.40}$$

在第 p 阶对式(8.39)进行截断,可以得到矩阵形式表达式为

$$\boldsymbol{M}\ddot{\boldsymbol{q}}(t) + \boldsymbol{\zeta}\dot{\boldsymbol{q}}(t) + \boldsymbol{K}\boldsymbol{q}(t) = \boldsymbol{F}u \tag{8.41}$$

其中

$$\boldsymbol{M} = \left[\delta_{rs}\right]_{p\times p}, \boldsymbol{\zeta} = \left[\zeta_{rs}\right]_{p\times p}, \boldsymbol{q} = \left[q_1(t), q_2(t), \cdots, q_p(t)\right]_{p\times 1}^{\mathrm{T}}$$

$$\boldsymbol{K} = \left[\omega_r^2\delta_{rs}\right]_{p\times p}, \boldsymbol{F} = \left[\phi_1(L), \phi_2(L), \cdots, \phi_p(L)\right]_{p\times 1}^{\mathrm{T}}, u = f(t) \tag{8.42}$$

最终,式(8.42)可转化为线性状态空间表达形式,即

$$\dot{\boldsymbol{x}}(t) = \boldsymbol{A}\boldsymbol{x}(t) + \boldsymbol{B}u(t), \boldsymbol{y}(t) = \boldsymbol{C}\boldsymbol{x}(t) \tag{8.43}$$

式中

$$A = \begin{bmatrix} \boldsymbol{0} & \boldsymbol{I} \\ -\boldsymbol{M}^{-1}\boldsymbol{K} & -\boldsymbol{M}^{-1}\boldsymbol{\zeta} \end{bmatrix}_{2p \times 2p}, \quad B = \begin{bmatrix} \boldsymbol{0} \\ -\boldsymbol{M}^{-1}\boldsymbol{F} \end{bmatrix}_{2p \times 1}, \quad x(t) = \begin{Bmatrix} \boldsymbol{q}(t) \\ \dot{\boldsymbol{q}}(t) \end{Bmatrix}_{2p \times 1} \quad (8.44)$$

将压电作动器在 $x = L$ 处的位移作为系统的输出,即 $y(t) = u(L,t)$,对式(8.37)在第 p 阶进行截断,则输出系数的矩阵形式可以表示为

$$C = [\phi_1(L), \phi_2(L), \cdots, \phi_p(L), 0, \cdots, 0]_{1 \times 2p} \quad (8.45)$$

数值模拟:这一部分,将对上文所构造数学模型中的不同参数影响进行数值模拟分析。首先分析边界上的质量与弹簧刚度系数对特征函数与固有频率的影响,图 8.4(a)为边界质量 $M = 0$ 时,4 组不同模态的固有频率随不同边界弹簧刚度系数 k 变化的关系曲线,图 8.4(b)则为边界弹簧刚度系数 k 等于零时,4 组不同模态的固有频率随不同边界质量 M 变化的关系曲线。其他的参数设为:$\rho = 6000\text{kg/}$ m^3,$d_a = 0.01\text{m}$(压电作动器直径),$L = 0.1\text{m}$ 以及 $E_p = 100\text{GPa}$。这些参数来源于实际的微型作动器。

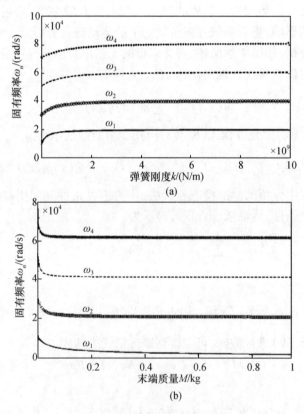

图 8.4 作动器前四阶固有频率

(a)边界弹簧刚度系数 k;(b)末端质量 M。

(来源:Vora,et al. 2008,经过授权)

由图 8.4 中曲线可以观察到,当边界弹簧刚度系数增加时,所有模态下的固有

频率都呈指数增长,并最终收敛到一个极限值,这是由于当压电作动器的边界弹簧由于刚度系数不断增大,直到变为一个硬弹簧时,压电作动器相当于在边界被夹紧,此时,增加边界弹簧刚度系数对系统固有频率的影响微乎其微。当边界质量增加时,所有模态下的固有频率同样会呈指数变化并最终收敛,但变化趋势是固有频率随质量的增加而变小。值得注意的是,某一模态的固有频率随弹簧的刚度系数增加所收敛的极限值与前一模态的固有频率随质量的增加所收敛的极限值非常接近,例如,图 8.4(a)中的 ω_1 和 ω_2 收敛处的极限值分别与图 8.4(b)中的 ω_1 和 ω_2 收敛处的极限值非常接近(Vora,et al. 2008)。

为了研究边界弹簧与质量对系统振型的影响,可在 4 种结构下:(C1)$M=0$,极大的 k 值;(C2)$M=0$,$k=0$;(C3)适中的 M 值,适中的 k 值;(C4)极大的 M 值,极大的 k 值,研究系统前四阶模态函数曲线变化情况。具体的数值模拟参数如表 8.1所列,数值模拟的模态函数曲线如图 8.5 所示。由图中可见,不同结构对系统模态函数的影响十分明显。仔细观察图线可知,在 C1($M=0$,极大的 k 值)结构下的函数曲线与压电作动器在两端夹紧下结构的曲线相似。由图中同样可以发现 C1 结构下某一阶的模态函数曲线与 C4 结构下高一阶的模态曲线相似(如 C1 结构的一阶模态曲线与 C4 结构的二阶模态曲线相似)(Vora,et al. 2008)。

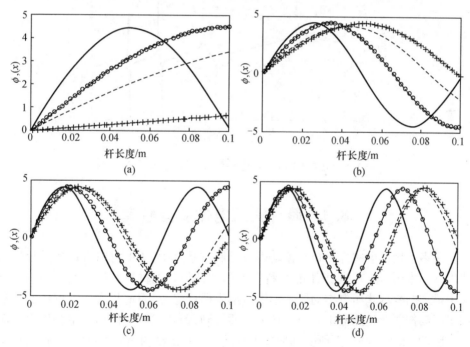

图 8.5 处于不同边界弹簧及质量配置下的压电作动器

(a)第一阶模态函数;(b)第二阶模态函数;(c)第三阶模态函数;

(d)第四阶模态函数(C1: ⸺ C2: ⬤⬤ C3: ⴰ ⴰ ⴰ C4: ⅰⅰ✚ⅰⅰ)。

表 8.1　用于数值模态计算的参数设置

线型	M/kg	k/(N/m)	ω_1/kHz	ω_2/kHz	ω_3/kHz	ω_4/kHz
C1 ━━	0	10^{10}	20.25	40.5	60.76	81
C2 ─◉─	0	0	10.21	30.62	51.03	71.44
C3 ▪ ▪ ▪	0.02	10^4	7.31	24.09	43.04	62.79
C4 ⊩┿⊪	1	10^{10}	1.39	20.5	40.87	61.27

注:作动器的阻尼系数 $B=0.1((\text{N}\cdot\text{s})/\text{m}^2)$;离散阻尼系数 $c=0.05((\text{N}\cdot\text{s})/\text{m}^2)$

图 8.6 中描绘了最接近于现实案例的 C3(适中的 M 值,适中的 k 值)结构前四阶模态函数的 Bode 图。图中,多模态频率响应与预期理论计算一致,这证明了上文中所建的模型的准确性。

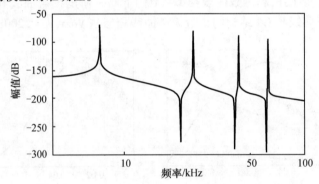

图 8.6　处于 C3 边界配置下系统的前四阶模态 Bode 图

8.3　薄片式压电作动器建模

很多利用压电陶瓷材料对振动进行控制的系统中,压电材料常以单晶片的形式出现。术语"单晶"是指压电材料中不添加任何其他材料及任何其他结构。上文中描述的叠堆式压电作动器常用于微纳米器件定位,而薄片式压电作动器则常用于振动控制及传感器中。第 6 章中简要提到,薄片式压电作动器主要依靠平面应力驱动,压电作动器上所受到的应力和应变平行于结构表面时(图 8.7),压电片将在 d_{31} 模式下工作(图 6.15)。这时,可以通过测量压电片的电压变化,对其表面的应力大小进行测量。同时,由表 6.3 可知,压电片在 d_{31} 模式工作所产生的感应电压通常低于相同条件下在 d_{33} 模式所产生的感应电压。

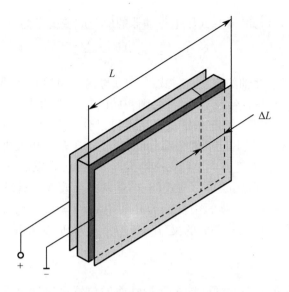

图 8.7　薄片式压电作动器

8.3.1　基于能量法的薄片式作动器建模

为便于对薄片式压电作动器进行建模并避免考虑特殊情况,这里将对一个表面上贴合有压电片的柔性梁进行讨论。如图 8.8 所示,梁的厚度为 t_b,长度为 L,压电片的厚度为 t_p,长度为 $(l_2 - l_1)$,假设压电片与梁的宽度均为 b 并且压电片与梁在距支撑点 l_1 处完美贴合,由备注 8.1 可知,输入电压作为压电作动器的唯一输入量被假设为与位置坐标 x 无关。

在该柔性梁上建立如图 8.8 所示的一个以纵向为 x 轴,横向为 z 轴的直角坐标系,并定义梁厚度方向几何中心处 $z = 0$。

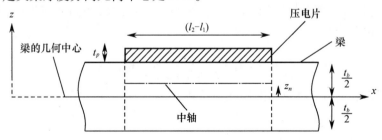

图 8.8　梁坐标系及贴附压电片的详细描述

与叠堆式压电作动器类似,薄片式压电作动器的压电本构方程可由式(6.23a)简化为

$$\sigma_1 = c_{11}^D S_1 - h_{31} D_3$$
$$\epsilon_3 = -h_{31} S_1 + \beta_{33}^S D_3 \tag{8.46}$$

另外,由式(4.65a)可知,薄片式压电作动器的应力应变关系为

$$S_1 = S_{xx} = -z\frac{\partial^2 w(x,t)}{\partial x^2} \tag{8.47}$$

式中:$w(x,t)$为梁中性轴的挠度。将式(8.46)与式(8.47)代入势能表达式(8.3)之前,考虑到系统的复合性及非均匀性,则初始的势能表达式(8.1)更适用这种具有复杂几何结构的情况。系统的能量表达式可以分为3个部分:贴有压电片的部分(对应坐标l_1至l_2)及其前后两个部分(对应坐标0至l_1以及坐标l_2至L)。

由于材料属性在厚度方向上(即z轴)发生了改变,则贴有压电片的梁应力应变方程和势能方程将在式(8.47)与式(8.1)的基础上改变。对没有贴压电片部分的梁($x < l_1$以及$x > l_2$),梁的中性面为几何中心($z = 0$),应力应变方程保持式(8.47)不变;对贴有压电片部分的梁($l_1 < x < l_2$),应力应变方程改变为

$$S_1 = -(z - z_n)\frac{\partial^2 w(x,t)}{\partial x^2} \tag{8.48}$$

式中:z_n为图8.8中的中性面。这个新中性面的位置可以通过设整个横截面上x方向上的合力为零得到,其计算方法为(Ballas 2007;Dankert,Dankert 1995)

$$b\int_{-\frac{t_b}{2}}^{\frac{t_b}{2}} \sigma_1^b(z)\,\mathrm{d}z + b\int_{-\frac{t_b}{2}}^{\frac{t_b}{2}+t_p} \sigma_1^p(z)\,\mathrm{d}z = 0 \tag{8.49}$$

式中:σ_1^b与σ_1^p分别表示梁与压电片所受的应力,对式(8.49)中每部分使用胡克定律(式(4.24)),用应变表示应力,则有

$$\int_{-\frac{t_b}{2}}^{\frac{t_b}{2}} c_b^D(z - z_n)\,\mathrm{d}z + \int_{\frac{t_b}{2}}^{\frac{t_b}{2}+t_p} c_p^D(z - z_n)\,\mathrm{d}z = 0 \tag{8.50}$$

式中:c_b^D与c_p^D分别为梁与压电片的杨氏模量。简化式(8.50)后可以得到中性轴z_n的表达式为

$$z_n = \frac{c_p^D t_p(t_p + t_b)}{2(c_b^D t_b + c_p^D t_p)} \tag{8.51}$$

针对此模型中不同的材料属性和几何结构,势能表达式(8.1)中的积分将根据压电片的位置分段表示,即

$$\delta U = b\left\{\int_0^{l_1}\int_{-\frac{t_b}{2}}^{\frac{t_b}{2}}(c_b^D S_1 \delta S_1)\,\mathrm{d}z\mathrm{d}x + \int_{l_1}^{l_2}\int_{-\frac{t_b}{2}}^{\frac{t_b}{2}}(c_b^D S_1 \delta S_1)\,\mathrm{d}z\mathrm{d}x \right.$$

$$\left. + \int_{l_1}^{l_2}\int_{\frac{t_b}{2}}^{\frac{t_b}{2}+t_p}((c_p^D S_1 - h_{31}D_3)\delta S_1 + (-h_{31}S_1 + \beta_{33}^S D_3)\delta D_3)\,\mathrm{d}z\mathrm{d}x \right.$$

$$+ \int_{l_2}^{L} \int_{-\frac{t_b}{2}}^{\frac{t_b}{2}} (c_b^D S_1 \delta S_1) \, dz dx \bigg\} \tag{8.52}$$

式(8.52)中,前两部分与最后一部分积分中的应变 S_1 由式(8.47)求得,而第三部分积分中的应变 S_1 则由式(8.48)求得。与势能表达式类似,该模型的动能表达式也需要用分段积分表示为(同叠堆式压电作动器相同,薄片式压电作动器的电场动能被忽略)

$$T = \frac{1}{2}b \bigg\{ \int_0^{l_1} \rho_b t_b (\dot{w}(x,t))^2 dx + \int_{l_1}^{l_2} (\rho_b t_b + \rho_p t_p)(\dot{w}(x,t))^2 dx$$

$$+ \int_{l_2}^{L} \rho_b t_b (\dot{w}(x,t))^2 dx \bigg\} = \frac{1}{2} \int_0^L \rho(x)(\dot{w}(x,t))^2 \, dx \tag{8.53}$$

其中

$$\rho(x) = [\rho_b t_b + G(x)\rho_p t_p] b$$
$$G(x) = H(x - l_1) - H(x - l_2) \tag{8.54}$$

式中:$H(x)$ 为单位阶跃函数;ρ_b 及 ρ_p 分别为梁和压电片的线密度。

考虑材料的粘性阻尼及结构阻尼时,系统的总机械虚功表达式为

$$\delta W_m^{\text{ext}} = -B \int_0^L \bigg(\frac{\partial w(x,t)}{\partial t} \bigg) \partial w(x,t) \, dx - C \int_0^L \bigg(\frac{\partial^2 w(x,t)}{\partial x \, \partial t} \bigg) \partial w(x,t) \, dx \tag{8.55}$$

式中:B 和 C 分别为黏性阻尼及结构阻尼系数(Dadfarnia, et al. 2004c)。与叠堆式压电作动器类似,压电片上由加载电压引起的电虚功表达式为

$$\delta W_e^{\text{ext}} = b \int_0^L V_a(x,t) \delta D_3(x,t) \, dx \tag{8.56}$$

为推广到一般形式,同样假设式(8.56)中压电片上的加载电压为时间变量与空间变量共同作用的函数。将式(8.47)与式(8.48)带入到能量方程式(8.52),求出结果后与动能表达式(8.53)、虚功表达式(8.55)及式(8.56)一起代入扩展的 Hamilton 原理式(8.7),整理后得

$$\int_{t_1}^{t_2} \bigg[\int_0^L \bigg\{ \int_0^L \bigg\{ \rho(x) \frac{\partial w(x,t)}{\partial t} \delta \bigg(\frac{\partial w(x,t)}{\partial t} \bigg) \bigg\} dx - \int_0^L \bigg\{ c(x) \frac{\partial^2 w(x,t)}{\partial x^2} \delta \bigg(\frac{\partial^2 w(x,t)}{\partial x^2} \bigg)$$

$$+ \beta_1 D_3(x,t) \delta D_3(x,t) + h_1 \frac{\partial^2 w(x,t)}{\partial x^2} \delta D_3(x,t)$$

$$+ h_1 D_3(x,t) \delta \bigg(\frac{\partial^2 w(x,t)}{\partial x^2} \bigg) \bigg\} dx + b \int_0^L V_a(x,t) \delta D_3(x,t) dx$$

$$- B \int_0^L \frac{\partial w(x,t)}{\partial t} \delta w(x,t) dx - C \int_0^L \bigg(\frac{\partial^2 w(x,t)}{\partial x \, \partial t} \bigg) \delta w(x,t) dx \bigg] dt = 0 \tag{8.57}$$

其中

$$c(x) = \frac{b}{3}\left\{\left(\frac{c_b^D t_b^3}{4}\right) + G(x)\left[3c_b^D t_b z_n^2 + c_p^D\left(t_p^3 + 3t_p\left(\frac{t_b}{2} - z_n\right)^2\right.\right.\right.$$

$$\left.\left.\left. + 3t_p^2\left(\frac{t_b}{2} - z_n\right)\right)\right]\right\}$$

$$h_1 = h_{31}t_p b(t_p + t_b - 2z_n)/2, \beta_1 = \beta_{33}^e bt_p \tag{8.58}$$

采用前一章中对式(8.12)的处理方法,上式可简化为

$$\int_{t_1}^{t_2}\left[\int_0^L\left\{\left(-\rho(x)\frac{\partial^2 w(x,t)}{\partial t^2} - \frac{\partial}{\partial x}\left(c(x)\frac{\partial^2 w(x,t)}{\partial x^2}\right) - h_1\frac{\partial^2 D_3(x,t)}{\partial x^2}\right.\right.\right.$$

$$\left. - B\frac{\partial w(x,t)}{\partial t} - C\frac{\partial^2 w(x,t)}{\partial x \partial t}\right)\delta w(x,t) + \left(-\beta_1 D_3(x,t) - h_1\frac{\partial^2 w(x,t)}{\partial x^2}\right.$$

$$\left.+ bV_a(x,t)\right)\delta D_3(x,t)\right\}dx - \left(c(x)\frac{\partial^2 w(x,t)}{\partial x^2} + h_1 D_3(x,t)\right)\delta\left(\frac{\partial w(x,t)}{\partial x}\right)\Bigg|_0^L$$

$$\left. - \left(\frac{\partial}{\partial x}\left(c(x)\frac{\partial^2 w(x,t)}{\partial x^2}\right) + h_1\frac{\partial D_3(x,t)}{\partial x}\right)\delta w(x,t)\Bigg|_0^L\right]dt = 0 \tag{8.59}$$

上文中提到,若要求式(8.59)不受变分 $\delta w(x,t)$ 和 $\delta D_3(x,t)$ 的影响,其系数必须为零,对于 $\delta w(x,t)$,有

$$\rho(x)\frac{\partial^2 w(x,t)}{\partial t^2} + \frac{\partial^2}{\partial x^2}\left(c(x)\frac{\partial^2 w(x,t)}{\partial x^2}\right) + h_1\frac{\partial^2 D_3(x,t)}{\partial x^2}$$

$$+ B\frac{\partial w(x,t)}{\partial t} + C\frac{\partial^2 w(x,t)}{\partial x \partial t} = 0 \tag{8.60a}$$

对于 $\delta D_3(x,t)$,有

$$\beta_1 D_3(x,t) + h_1\frac{\partial^2 w(x,t)}{\partial x^2} = bV_a(x,t) \tag{8.60b}$$

同时,边界条件为

$$\left(c(x)\frac{\partial^2 w(x,t)}{\partial x^2} + h_1 D_3(x,t)\right)\delta\left(\frac{\partial w(x,t)}{\partial x}\right)\Bigg|_0^L = 0$$

$$\left(\frac{\partial}{\partial x}\left(c(x)\frac{\partial^2 w(x,t)}{\partial x^2}\right) + h_1\frac{\partial D_3(x,t)}{\partial x}\right)\delta w(x,t)\Bigg|_0^L = 0 \tag{8.60c}$$

与叠堆式压电作动器类似,式(8.60a)为梁的分布参数方程,其中耦合了压电作动器的电位移,式(8.60b)表示压电作动器与梁结构之间的静态耦合关系,式(8.60c)为整体结构需要满足的边界条件。

由式(8.60b)可以得到电位移 $D_3(x,t)$ 的表达式,将其分别代入式(8.60a)及边界条件式(8.60c)中,得到薄片式压电作动器对外加电压 $V_a(x,t)$ 响应的偏微分方程表达式为

$$\rho(x)\frac{\partial^2 w(x,t)}{\partial t^2} + \frac{\partial^2}{\partial x^2}\left(\left(c(x) - \frac{h_1^2}{\beta_1}\right)\frac{\partial^2 w(x,t)}{\partial x^2}\right)$$

$$+ B \frac{\partial w(x,t)}{\partial t} + C \frac{\partial^2 w(x,t)}{\partial x \partial t} = \frac{-bh_1}{\beta_1} \frac{\partial^2 V_a(x,t)}{\partial x^2} \qquad (8.61a)$$

$$\left[\left(c(x) - \frac{h_1^2}{\beta_1} \right) \frac{\partial^2 w(x,t)}{\partial x^2} + \frac{bh_1}{\beta_1} V_a(x,t) \right] \delta \left(\frac{\partial w(x,t)}{\partial x} \right) \bigg|_0^L = 0 \qquad (8.61b)$$

$$\left[\frac{\partial}{\partial x} \left(\left(c(x) - \frac{h_1^2}{\beta_1} \right) \frac{\partial^2 w(x,t)}{\partial x^2} \right) + \frac{bh_1}{\beta_1} \frac{\partial V_a(x,t)}{\partial x} \right] \delta w(x,t) \bigg|_0^L = 0 \qquad (8.61c)$$

由于压电片贴附引起的几何结构不一致性,此时,式(8.61)中的耦合项 $c(x)$ $-h_1^2/\beta_1$ 不能够进行简化,在本节后文中将介绍一些简化耦合项的特殊方法。但表达式 $-bh_1/\beta_1$ 与叠堆式压电作动器类似,可以简化为

$$-\frac{bh_1}{\beta_1} = \frac{-bh_{31}t_p b(t_p + t_b - 2z_n)}{2\beta_{33}^S bt_p} = -\frac{1}{2} b(t_p + t_b - 2z_n) \frac{h_{31}}{\beta_{33}^S}$$

$$= -\frac{1}{2} b(t_p + t_b - 2z_n) c_p^D (1 - \kappa_{31}^2) d_{31}$$

$$= -\frac{1}{2} b(t_p + t_b - 2z_n) E_p d_{31} \qquad (8.62)$$

其中,薄片式压电作动器等效刚度 E_p 定义为

$$E_p = c_p^\epsilon = c_p^D (1 - \kappa_{31}^2) \qquad (8.63)$$

备注 8.2:这里需要提到一个被广泛用于薄片式压电作动器的假设:无论粘贴于梁的什么位置,压电片上都具有统一输入电压,压电片以外部分的输入电压为 0。因此,$V_a(x,t)$ 可以表示为

$$V_a(x,t) = V_a(t) G(x) \qquad (8.64)$$

式中:$G(x)$ 定义同前文中式(8.54);$V_a(t)$ 则表示压电片上的输入电压。

将输入电压表达式(8.64)与简化式(8.62)代入式(8.61a),并结合边界条件式(8.61b)及式(8.61c)中 $G(x=0) = G(x=L) = 0$,则有

$$\rho(x) \frac{\partial^2 w(x,t)}{\partial t^2} + \frac{\partial^2}{\partial x^2} \left(EI^{eqv}(x) \frac{\partial^2 w(x,t)}{\partial x^2} \right)$$

$$+ B \frac{\partial w(x,t)}{\partial t} + C \frac{\partial^2 w(x,t)}{\partial x \partial t} = -M_{P0} G''(x) V_a(t) \qquad (8.65)$$

$$\left(\frac{\partial^2 w(x,t)}{\partial x^2} \right) \delta \left(\frac{\partial w(x,t)}{\partial x} \right) \bigg|_0^L = 0 \qquad (8.66a)$$

$$\left[\frac{\partial}{\partial x} \left(\frac{\partial^2 w(x,t)}{\partial x^2} \right) \right] \delta w(x,t) \bigg|_0^L = 0 \qquad (8.66b)$$

其中

$$EI^{eqv}(x) = c(x) - \frac{h_1^2}{\beta_1}, \quad M_{P0} = -\frac{1}{2} b(t_p + t_b - 2z_n) E_p d_{31} \qquad (8.67)$$

式(8.65)与边界条件式(8.66a)及式(8.66b)是薄片式压电作动器的运动微分方程。可以以此为基础,对具有类似薄片式压电作动器的振动控制系统进行设计。

下一节中将使用它们对一个已经商品化的典型薄片式压电作动器进行建模。

8.3.2　案例研究:压电驱动有源探针的振动分析[①]

背景及引言:这个案例介绍了薄片式压电作动器作为纳米机械悬臂梁(NMC)探针时的应用(Salehi – Khojin, et al. 2008)。由于 NMC 探针具有结构灵活、对原子间力与分子间力的高灵敏度以及快速响应的优点,近年来,其在各方面的应用包括原子力显微镜(Jalili, Laxminarayana 2004; Jalili, et al. 2004; Nagashima, et al. 1996; Gahlin, Jacobson 1998; Miyahara, et al. 1999)、生物传感(Ziegler 2004; Dareing, Thundat 2005; McFarland, et al. 2005; Ren, Zhao 2004; Wu, et al. , 2001; Braun, et al. 2005)、扫描热显微镜(Thundat, et al. 1994; Berger, et al. 1996; Grigorov, et al. 2004; Susuki 1996; Majumdar, et al. 1995; Shi, et al. 2000)以及微机电系统开关(Lee, et al. 2007; Chu, et al. 2007)都受到了广泛的关注。如在原子力显微镜应用中,NMC 将在共振频率附近振动,针尖样品共振频率的改变可用于观察表面形貌的定量测量(Jalili, et al. 2004; Jalili, Laxminarayana 2004)。在生物传感应用中,NMC 吸附于生物物种表面并导致其表面张力变化,由于吸附生物质量的增加,将导致系统的共振频率远离原来 NMC 的固有频率(Mahmoodi, et al. 2008b; Afshari, Jalili 2008)。有关这些系统的详细讨论可参见第 11 章。本节只讨论薄片式压电作动器的建模及其振动分析的步骤。

如图 8.9 所示,有源探针的上表面通常会用压电材料层(ZnO)覆盖。最近,一些研究人员开发了一个综合框架模型(Bashash, et al. 2008a; Bashash 2008),用以准确描述 NMC 在不连续截面上的振动。模型显示,当质量与刚度增加时,悬臂梁的振型与固有频率都将受到重要影响。同时,强迫振动的结果表明,系统的响应频率将受几何结构不连续的影响,更多这方面细节将在本书第Ⅲ部分讨论。同时,实验结果也表明,目前 NMC 有源探针动力学分析中所用的几何结构连续的假设是无效的,由于这个假设过于简化问题,以致造成模型与实验测量结果存在较大的误差。

NMC 有源探针综合建模:对如图 8.10 所示几何结构不连续的压电 NMC 进行建模。由备注 8.2 可知,这个系统的运动微分方程可以根据式(8.66)简化,即将原式中 $G(x)$ 简化为 $G(x) = 1 - H(x - l_1)$,并对式(8.54)中的 $\rho(x)$ 根据图 8.10 中不同的几何宽度与压电材料进行少许修改。

针对本例中有源探针的结构,惯性矩的分段表达式为

$$EI^{eqv}(x) = \begin{cases} (EI^{eqv})_1 = c_b^D (I_p + I_{b1}) & (0 < x \leqslant l_1) \\ (EI^{eqv})_2 = c_b^D I_{b1} & (l_1 < x \leqslant l_2) \\ (EI^{eqv})_3 = c_b^D I_{b2} & (l_2 < x \leqslant L) \end{cases} \qquad (8.68)$$

---

① 本章介绍的内容来自作者最近发表的文章(Salehi – Khojin, et al. 2008)。

158

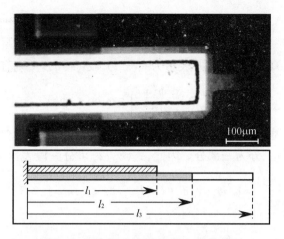

图 8.9　压电驱动的 NMC 梁与其横截面

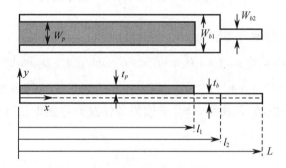

图 8.10　表面上覆盖压电层的 NMC 梁示意图

（来源：Salehi – Khojin，et al. 2008，经过授权）

与 8.3.1 节类似，式中的部分参数表达式为

$$I_p = z_n^2 (t_b W_{b1} + \eta t_p W_p) - \eta \left[(t_p^2 + t_b t_p) z_n + \frac{1}{3} t_p^3 + \frac{1}{2} t_b t_p^2 + \frac{1}{4} t_b^2 t_p \right] W_p$$

$$I_{b1} = \frac{W_{b1} t_b^3}{12}, \ I_{b2} = \frac{W_{b2} t_b^3}{12}; z_n = \frac{c_p^D t_p W_p (t_b + t_p)}{2 (c_p^D t_p W_p + c_b^D t_b W_{b1})}, \eta = \frac{c_p^D}{c_b^D} \quad (8.69)$$

单位长度质量的分段表达式为

$$m(x) = \begin{cases} m_1 = \rho_p W_p t_p + \rho_b W_{b1} t_b & (0 < x \leqslant l_1) \\ m_2 = \rho_b W_{b1} t_b & (l_1 < x \leqslant l_2) \\ m_3 = \rho_b W_{b2} t_b & (l_2 < x \leqslant L) \end{cases} \quad (8.70)$$

式中：z_n 为复合梁部分的中性轴；ρ_b 及 ρ_p 分别为梁和压电材料的密度，其他参数已在前文中定义。另外，由前文可知，假设系统的阻尼均匀地分布于梁的长度方向上（Salehi – Khojin，et al. 2008）。

根据 4.4 节中提出的模态分析步骤，NMC 处于无阻尼自由状态下的横向振动微分方程可表示为

$$\frac{\partial^2}{\partial x^2}\left(EI^{\mathrm{eqv}}(x)\frac{\partial^2 w}{\partial x^2}\right) = -m(x)\frac{\partial^2 w}{\partial t^2} \tag{8.71}$$

假设式(8.71)的解能分离并表示为 $w(x,t)=\phi(x)q(t)$，则有

$$\frac{\mathrm{d}^2}{\mathrm{d}x^2}\left(EI^{\mathrm{eqv}}(x)\frac{\mathrm{d}^2\phi(x)}{\mathrm{d}x^2}\right) = \omega^2 m(x)\phi(x) \tag{8.72}$$

式中：ω 为系统的固有频率。为得到式(8.72)的解析解，NMC 将根据分界点的连续条件在长度方向上分为三部分。因此，式(8.72)可分三段表达为

$$(EI^{\mathrm{eqv}})_n\frac{\mathrm{d}^4\phi_n(x)}{\mathrm{d}x^4} = \omega^2 m_n(x)\phi_n(x)\,(l_{n-1}<x<l_n;n=1,2,3;l_0=0,l_3=L)$$

$$\tag{8.73}$$

式中：$\phi_n(x)$、$(EI)_n$ 以及 m_n 分别为系统的第 n 阶振型、抗弯刚度以及梁的线密度①。

式(8.73)的一般解可表示为

$$\phi_n(x) = A_n\sin\beta_n x + B_n\cos\beta_n x + C_n\sinh\beta_n x + D_n\cosh\beta_n x \tag{8.74}$$

式中：$\beta_n^4 = \omega^2 m_n/(EI^{\mathrm{eqv}})_n$；$A_n$、$B_n$、$C_n$ 以及 D_n 是求解系统特征方程后得到的常量表达式。为得到一般解，需得到 NMC 的边界条件及分界面的连续条件，悬臂梁的边界条件为

$$\phi_1(0) = \frac{\mathrm{d}\phi_1(0)}{\mathrm{d}x} = 0 \tag{8.75}$$

$$\frac{\mathrm{d}^2\phi_3(L)}{\mathrm{d}x^2} = \frac{\mathrm{d}^3\phi_3(L)}{\mathrm{d}x^3} = 0 \tag{8.76}$$

第 n 阶振型下，NMC 分界面上的位移、角度偏转、弯矩以及剪切力的连续条件可以表示为

$$\phi_n(l_n) = \phi_{n+1}(l_n) \tag{8.77}$$

$$\frac{\mathrm{d}\phi_n(l_n)}{\mathrm{d}x} = \frac{\mathrm{d}\phi_{n+1}(l_n)}{\mathrm{d}x} \tag{8.78}$$

$$(EI^{\mathrm{eqv}})_n\frac{\mathrm{d}^2\phi_n(l_n)}{\mathrm{d}x^2} = (EI^{\mathrm{eqv}})_{n+1}\frac{\mathrm{d}^2\phi_{n+1}(l_n)}{\mathrm{d}x^2} \tag{8.79}$$

$$(EI^{\mathrm{eqv}})_n\frac{\mathrm{d}^3\phi_n(l_n)}{\mathrm{d}x^3} = (EI^{\mathrm{eqv}})_{n+1}\frac{\mathrm{d}^3\phi_{n+1}(l_n)}{\mathrm{d}x^3} \tag{8.80}$$

将式(8.75)~式(8.80)代入式(8.74)，可以得到系统的特征矩阵方程，其详细推

---

① ( )$_n$ 表示第 n 层横截面的振型和参数值，同时后文中将要使用到的( )$^{(r)}$，表示第 r 阶振型和参数值；ω_r 表示第 r 阶振型的固有频率。

导过程由 Bashash(2008)给出。设特征矩阵方程的行列式值为零可以得到系统的固有频率,对应的振型参数可以利用质量归一化条件求解特征方程得到,质量归一化条件为

$$\int_{l_0}^{l_n} m(x)\phi^{(r)}(x)\phi^{(s)}(x)\mathrm{d}x = \delta_{rs} \ \text{或} \int_{l_0}^{l_n} m(x)(\phi^{(r)}(x))^2\mathrm{d}x = 1 \qquad (8.81)$$

式中:δ_{rs} 为克罗内克符号;$\phi^{(r)}(x)$ 以及 $\phi^{(s)}(x)$ 为 NMC 根据第 r 阶及第 s 阶的固有频率求得的特征函数,如 $\phi^{(r)}(x)$ 可表示为

$$\phi^{(r)}(x) = \begin{cases} \begin{aligned} \phi_1^{(r)}(x) &= A_1^{(r)}\sin\beta_1^{(r)}x + B_1^{(r)}\cos\beta_1^{(r)}x \\ &\quad + C_1^{(r)}\sinh\beta_1^{(r)}x + D_1^{(r)}\cosh\beta_1^{(r)}x \quad (0 < x \le l_1) \\ \phi_2^{(r)}(x) &= A_2^{(r)}\sin\beta_2^{(r)}x + B_2^{(r)}\cos\beta_2^{(r)}x \\ &\quad + C_2^{(r)}\sinh\beta_2^{(r)}x + D_2^{(r)}\cosh\beta_2^{(r)}x \quad (l_1 < x \le l_2) \\ \phi_3^{(r)}(x) &= A_3^{(r)}\sin\beta_3^{(r)}x + B_3^{(r)}\cos\beta_3^{(r)}x \\ &\quad + C_3^{(r)}\sinh\beta_3^{(r)}x + D_3^{(r)}\cosh\beta_3^{(r)}x \quad (l_2 < x \le L) \end{aligned} \end{cases}$$

$$(8.82)$$

利用得到的固有频率及特征函数的表达式可求得系统的强迫振动方程,根据第 4 章中的特征函数展开法,系统的强迫振动响应可以用以下形式表达,即

$$w(x,t) = \sum_{r=1}^{\infty} \phi^{(r)}(x)q^{(r)}(t) \qquad (8.83)$$

式中:$\phi^{(r)}(x)$ 及 $q^{(r)}(t)$ 为对应 r 阶模态下的特征函数及广义时间坐标,将式(8.83)代入式(8.65),并采用 4.4.3 节中强迫振动分析的步骤,则系统的运动微分方程表示为

$$\ddot{q}^{(r)}(t) + \sum_{s=1}^{\infty} \{\zeta_{rs}\dot{q}^{(s)}(t)\}(x) + \omega_r^2 q^{(r)}(t) = f^{(r)}(t) \quad (r = 1,2,\cdots,\infty)$$

$$(8.84)$$

其中

$$\begin{aligned} \zeta_{rs} &= \int_0^L c(x)\phi^{(r)}(x)\phi^{(s)}(x)\mathrm{d}x \\ &= c\left\{\int_0^{l_1}\phi_1^{(r)}(x)\phi_1^{(s)}(x)\mathrm{d}x + \int_{l_1}^{l_2}\phi_2^{(r)}(x)\phi_2^{(s)}(x)\mathrm{d}x + \int_{l_2}^{L}\phi_3^{(r)}(x)\phi_3^{(s)}(x)\mathrm{d}x\right\} \end{aligned}$$

$$(8.85)$$

$$\begin{aligned} f^{(r)}(t) &= M_{P_0}V_a(t)\int_0^L G''(x)\phi^{(r)}(x)\mathrm{d}x \\ &= \frac{1}{2}W_p E^{\mathrm{piezo}} d_{31}(t_b + t_p - 2z_n)V_a(t)\int_0^L G''(x-l_1)\phi^{(r)}(x)\mathrm{d}x \end{aligned} \qquad (8.86)$$

161

对于式(8.86)中单位阶跃函数的二阶导数形式,可以写为[①](Abu – Hilal 2003)

$$\int_0^L H''(x - l_1) \phi^{(r)}(x) dx = \int_0^L \delta'(x - l_1) \phi^{(r)}(x) dx = -\frac{d}{dx}(\phi^{(r)}(x)) \bigg|_{x = l_1}$$

(8.87)

式中:$\delta(\cdot)$表示狄拉克函数。将式(8.87)代入式(8.86),则有

$$f^{(r)}(t) = \bar{f}^{(r)} V_a(t)$$

(8.88)

其中

$$\bar{f}^{(r)} = -\frac{1}{2} \phi'^{(r)}(l_1) W_p E_p d_{31} (t_b + t_p - 2z_n)$$

现在,式(8.84)的第 p 阶截断表达式为

$$M\ddot{q} + \zeta\dot{q} + Kq = Fu$$

(8.89)

其中

$$M = I_{p \times p}, \zeta = [\zeta_{rs}]_{p \times p}, K = [\omega_r^2 \delta_{rs}]_{p \times p}, F = [\bar{f}^{(1)}, \bar{f}^{(2)}, \cdots, \bar{f}^{(p)}]_{p \times 1}^T$$

$$q = [q^{(1)}(t), q^{(2)}(t), \cdots, q^{(p)}(t)]_{p \times 1}^T, u = V_a(t)$$

(8.90)

因此,式(8.89)的状态方程可表示为

$$\dot{X} = AX + Bu$$

(8.91)

其中

$$A = \begin{bmatrix} 0 & I \\ -M^{-1}K & -M^{-1}\zeta \end{bmatrix}_{2p \times 2p}, \quad B = \begin{bmatrix} 0 \\ M^{-1}F \end{bmatrix}_{2p \times 1}, \quad X = \begin{Bmatrix} q \\ \dot{q} \end{Bmatrix}_{2p \times 1}$$

(8.92)

理论分析与实验结果对比:本实验中,由 Veeco 公司制造的 DMASP 商业化 NMC 有源探针被用于研究上文中的系统动态响应模型,另外,由 Polytec 公司生产的型号为 MSA – 400 微系统分析仪将用于实验平台的搭建。MSA – 400 采用多普勒激光测振仪和闪屏视频显微镜测量 MEMS 及 NEMS 系统的三维动态响应(图 8.11),它能够测量平面上精确到 10^{-12} m 的位移,工作频率最高能够达到 20MHz。

如图 8.12(a)所示,实验所用的 NMC 有源探针上外覆盖了压电材料薄膜,其组成依次为 0.25μmTi/Au 层,为 3.5μmZnO 层和 2.5μmTi/Au 层。位于 ZnO 层上下的 Ti/Au 层将作为电极与硅悬臂梁一起形成双晶压电悬臂梁作动器。当加载电压施加于悬臂梁的固定端时,ZnO 层的收缩与膨胀将导致 NMC 的横向振动。

实验所用的 NMC 有源探针被安装在如图 8.12(b)所示的 XYZ 三轴定位台上,其位置则根据激光传感器所测量到的梁的运动数据进行调整。通过光学显微镜的扫描可精确地选取 NMC 表面的目标点。当给系统施加电信号后,多普勒激光

---

① 在此简化过程中,需要利用狄拉克函数的性质 $\int_{-\infty}^{\infty} \delta^{(n)}(x - x_0) f(x) dx = (-1)^n f^{(n)}(x_0)$。

图 8.11　克莱姆森大学智能结构与 NEMS 实验室中基于微系统分析仪针对 NMC 特性分析实
验装置(来源:Salehi – Khojin,et al. 2008,经过授权)

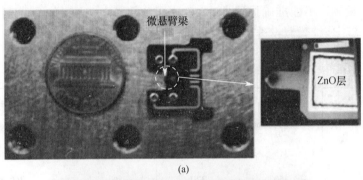

(a)

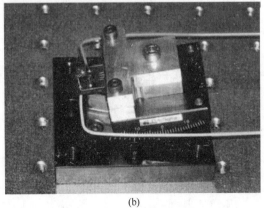

(b)

图 8.12　Veeco DMASP NMC 梁与美分硬币的对比图(a)和
用于调整 NMC 端部激光反射形式的 XYZ 微型定位台(b)

振动测量仪通过对背面反射激光的采集与处理,可对梁上任意给定点的速度进行测量。本研究中,作用在压电片上的激振源为 10V 的交流调频电压信号,频率范围为 0 ~ 500kHz。

为了将实验测得的模态振型和固有频率与上文所建数学模型求得的解对比,实验系统需要高度精确的实验参数。虽然一些参数可以从产品说明里得到,另一些参数可以通过 MSA – 400 实验仪器测量得到,但由于存在参数的不确定性,可能大幅降低模型的准确性。因此,此处进行的系统辨识过程将精确地对参数值与实验测量值比较并调整。系统辨识过程是为了减小实际系统模态振型和固有频率与动态响应模型之间的误差函数。这里将不讨论系统辨识过程的细节,有兴趣的读者可以参见论文 Salehi – Khojin, et al. 2008, 2009b。

表 8.2 中分别描述了优化变量的初始(近似)值、上下边界以及均匀不连续 NMC 模型的优化值。图 8.13 描述了 NMC 梁实验与理论模型的前三阶振型。由图可知,与连续梁模型相比,不连续梁模型的振型更符合实验所测数据。此外,模态频率响应也表明,由不连续梁模型得到的系统固有频率更加精确(图 8.14)。由于连续梁假设理论不能准确描述 NMC 有源探针的模态响应,为了提高模型准确性,应该基于不连续梁假设进行建模。

表 8.2 用于系统辨识的系统参数,近似的参数值,
上下边界值以及均匀不连续梁的优化值

参数	下界	上界	初始值	优化值
$L/\mu m$	475	485	480	**477. 9**
$l_1/\mu m$	315	330	325	**321. 6**
$l_2/\mu m$	350	370	360	**360. 8**
$(EI^{eqv})_1/(N \cdot \mu m^2)$	200	2000	1000	**1352. 5**
$(EI^{eqv})_2/(N \cdot \mu m^2)$	100	500	200	**208. 6**
$(EI^{eqv})_3/(N \cdot \mu m^2)$	10	100	20	**23. 3**
$m_1/(mg/m)$	5.0	15.0	10.0	**10. 2**
$m_2/(mg/m)$	2.0	5.0	3.0	**3. 6**
$m_3/(mg/m)$	—	—	0. 51	—
m_e/ng	0. 1	2.0	0.5	**1. 3**
μ_1	100	800	500	**148. 2**
μ_2	1000	10000	5000	**2719. 9**
μ_3	1000	10000	5000	**3788. 6**

164

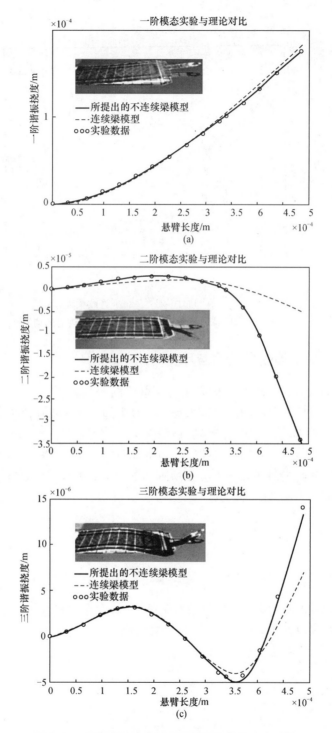

图 8.13　均匀不连续梁的实验及理论模态响应对比

（a）一阶模态；（b）二阶模态；（c）三阶模态。

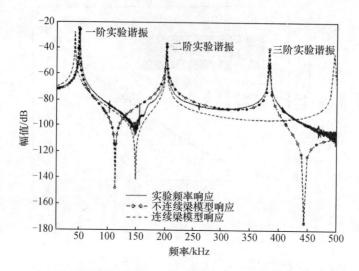

图 8.14　模态响应比较(实线:不连续梁模型;
虚线:连续梁模型)(竖直的虚线表示实验所获得的值)

8.3.3　基于等效弯矩的薄片式作动器建模

前文介绍的综合处理与分析方法为压电作动器的建模提供了必要的理论基础,但是当其为薄片式压电作动器时,需要将其中的一些方程与传统的牛顿方法区别开来。也就是说,需要将压电本构方程式(6.21)的第一个等式改写为图 8.7 与图 8.8 所示的薄片式压电作动器情况,即将式(6.21)第一个等式的下标设置为 $p = q = 1$ 以及 $i = 3$,另外考虑表 6.2 中所列出的不同材料常数之间关系,则贴有压电片部分梁的应力应变表达式为

$$\sigma_1 = \frac{1}{s_{11}^\epsilon}S_1 - \frac{d_{31}}{s_{11}^\epsilon}\epsilon_3 = c_p^\epsilon(S_1 - d_{31}\epsilon_3) \tag{8.93a}$$

$$S_1 = -(z - z_n)\frac{\partial^2 w(x,t)}{\partial x^2} \tag{8.93b}$$

由于我们只关心增加了压电片后对梁的影响,即在进行弯矩计算时只考虑压电材料导致的应力及应变(式(8.93))。因此,没有贴压电片部分的应力应变关系可以表示为

$$\sigma_1 = \frac{1}{s_{11}^\epsilon}S_1 = c_p^\epsilon S_1 \tag{8.94a}$$

$$S_1 = -z\frac{\partial^2 w(x,t)}{\partial x^2} \tag{8.94b}$$

之后即可得到完整的运动微分方程(式(8.65)左边部分)。使用这个方法目的不

166

是为了分解运动微分方程,而是需要对由增加压电材料所引起的弯矩变化进行研究。

用于描述梁和压电片应力分布的模型有很多(图 8.15(a)所示的钉扎力模型、图 8.15(b)所示的增强钉扎力模型及图 8.15(c)所示的欧拉梁模型),但这里只采用对弯曲变形及约束条件做出最准确假设的模型,即图 8.15(c)所示的欧拉梁模型。

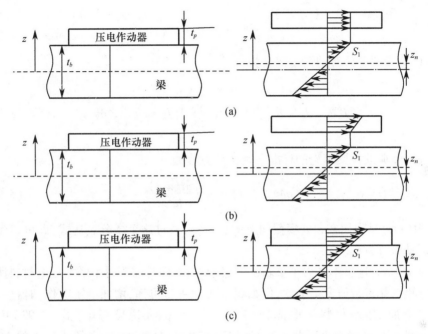

图 8.15 薄片式作动器不同的应变分布示意图((左)梁和压电片配置,(右)应变分布)
(a)钉扎力模型;(b)增强钉扎力模型;(c)欧拉梁模型。

根据欧拉梁模型理论,可以利用式(8.93b)或式(8.94b)得到沿厚度方向上的应变 S_1 表达式,正如之前提到,假设压电材料中产生的电场强度均匀分布,即

$$\epsilon_3 = \frac{V_a(t)}{t_p} \tag{8.95}$$

对压电层(即 $\frac{t_b}{2} < z < t_p + \frac{t_b}{2}$),将基于图 8.15(c)所示的欧拉梁模型求得的应变式(8.93b)及电场表达式(8.95)代入应力表达式(8.93a),之后将合成应力代入弯矩表达式并沿梁的长度方向积分(贴有压电片部分的梁),则有

$$M_{\text{piezo}}(x,t) = -\int_A \sigma_1 z \mathrm{d}A$$

$$= - b \int_{\frac{t_b}{2}}^{\frac{t_b}{2}+t_p} \times \left[c_p^\epsilon \left(- (z - z_n) \frac{\partial^2 w(x,t)}{\partial x^2} - \frac{d_{31}}{t_p} V_a(t) \right) \right] (z - z_n) \mathrm{d}z \qquad (8.96)$$

应注意到,等效力矩是根据式(8.96)中新中性轴 z_n 计算得到的。简化式(8.96),则压电作动器的弯矩表达式为

$$M_{\text{piezo}}(x,t) = \underbrace{(E_p I^{\text{eqv}}) \frac{\partial^2 w(x,t)}{\partial x^2}}_{M_{\text{piezo}}^{\text{nonactive}}} + \underbrace{\frac{1}{2} b E_p d_{31} (t_p + t_b - 2z_n) V_a(t)}_{M_{\text{piezo}}^{\text{active}}} \qquad (8.97)$$

式中:横截面的等效转动惯量定义为

$$I^{\text{eqv}} = I_p - b z_n t_p (t_p + t_b - z_n), I_p = b \int_{\frac{t_b}{2}}^{\frac{t_b}{2}+t_p} z^2 \mathrm{d}z \qquad (8.98)$$

采用经典欧拉梁理论的标准平衡微分方程为

$$\rho A w_u(x,t) = - \frac{\partial^2 M(x,t)}{\partial x^2} \qquad (8.99)$$

式中:$M(x,t)$ 是作用在 x 处横截面上的总弯矩,通过这个微分表达式,即可得到系统的运动微分方程。

前文提到,这里不是为了重新练习建模过程,而是需要对由增加压电材料所引起的弯矩变化进行研究。为此,仔细观察式(8.97)可知,增加了压电作动器后,因为材料增加(压电材料一般部分)产生了一个标准诱导弯矩(式(8.97)中的 $M_{\text{piezo}}^{\text{nonactive}}$ 部分),同时因为压电效应产生了一个均匀分布弯矩(式(8.97)中的 $M_{\text{piezo}}^{\text{active}}$ 部分)。将这部分与式(8.67)比较,则有

$$M_{\text{piezo}}^{\text{active}} = \frac{1}{2} b E_p d_{31} (t_p + t_b - 2z_n) V_a(t) = - M_{p_0} V_a(t) \qquad (8.100)$$

式(8.100)表明,对压电片加载电压产生的压电效应等效于在作动器边界集中增加了一个 $M_{\text{piezo}}^{\text{active}}$ 力矩,如图 8.16 所示。

现在,由于增加压电作动器所引起的弯矩变化已经很清楚,可认为这个弯矩是外加负载,并由此计算电虚功为

$$\delta W_{\text{piezo}}^{\text{ext}} = \int_0^L \frac{\partial^2}{\partial x^2} (M_{\text{piezo}}^{\text{active}} G(x)) \delta w(x,t) \mathrm{d}x = - M_{P_0} V_a(t) \int_0^L G''(x) \delta w(x,t) \mathrm{d}x$$

$$(8.101)$$

接下来,将这部分虚功添加到总虚功表达式(8.55),将结果代入扩展的 Hamilton 原理式(8.7),即可得到与前一节类似的运动微分方程。

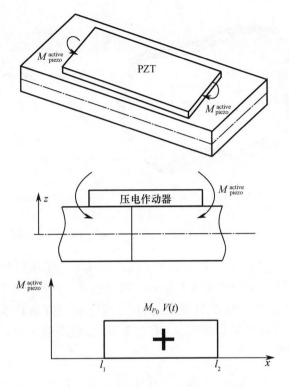

图 8.16　由于压电片贴附所产生的等效力矩(顶部)和
沿梁长度方向均匀分布的力矩(底部)

8.4　二维压电驱动简介

4.3.3 节中提到,很多工程结构,特别是薄片式作动器与传感器,属于板式或薄膜结构,这种从一维向二维扩展同样需要对微纳米应用中的压电作动器与传感器进行考虑。尽管扩展后出现的泊松效应会使问题的分析变得复杂,本书还是提出了全面通用的解决方法,为压电系统和其他二维模型的发展提供了必要的工具。

8.4.1　基于能量法的二维压电驱动建模

为提供示例,同时也为呈现出结果的常用性与一般性,这里对表面贴有压电片的基尔霍夫板进行建模(图 8.17)。这样做是为了在这个相对复杂的二维结构中方便应变方程的推导。对于模型中出现的单个压电片或不对称结构,采用与8.3.1 节(式(8.48)和式(8.51))中梁处理相同的步骤,这里不再详述,感兴趣的读者可自行推导。

基于图 8.17 所示的结构,总势能(8.3)可以表示为

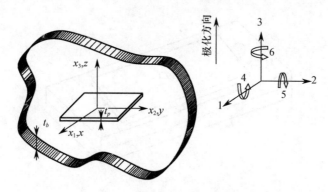

图 8.17　贴有压电片板及其变形与极化方向示意图

$$\delta U = \int_V \{ c_{11}^D S_1 \delta S_1 + c_{12}^D S_1 \delta S_2 + c_{21}^D S_2 \delta S_1 + c_{22}^D S_2 \delta S_2 + c_{16}^D S_1 \delta S_6 + c_{26}^D S_2 \delta S_6$$

$$- h_{31} \delta(D_3 S_1) - h_{32} \delta(D_3 S_2) - h_{36} \delta(D_3 S_6) - \beta_{33}^s D_3 \delta(D_3) \} dV \quad (8.102)$$

式(8.102)是贴有压电片任意板总势能的一般表达式。如当贴有压电片的板是各向同性板,这时只有 5 个弹性系数常数、3 个压电应变常数以及 2 个介电常数(6.3.1 节中式(6.25)及式(6.26))。在此基础上,应力应变关系式(4.23)及式(4.25)可以表示为

$$c_{11}^D = c_{22}^D = \frac{E}{1-v^2}, \ c_{12}^D = c_{21}^D = \frac{vE}{1-v^2}, \ c_{16}^D = c_{26}^D = 0, h_{31} = h_{32}, h_{36} = 0 \quad (8.103)$$

将式(8.103)中的材料系数代入总势能表达式(8.102),则有

$$\delta U = \int_V \left\{ \frac{E}{1-v^2} S_1 \delta S_1 + \frac{vE}{1-v^2} S_1 \delta S_2 + \frac{vE}{1-v^2} S_2 \delta S_1 + \frac{E}{1-v^2} S_2 \delta S_2 \right.$$

$$\left. - h_{31} [\delta(D_3 S_1) + \delta(D_3 S_2)] + \beta_{33}^s D_3 \delta D_3 \right\} dV \quad (8.104)$$

将式(8.104)扩展到具有如图 8.18 所示几何形状的一般板形式,并考虑不同材料的因素(板及压电片),则有

$$\delta U = \int_0^{l_{1x}b} \int_0^{} \int_{-\frac{t_b}{2}}^{\frac{t_b}{2}} \left\{ \frac{E_b}{1-v_b^2} S_1 \delta S_1 + \frac{v_b E_b}{1-v_b^2} S_1 \delta S_2 + \frac{v_b E_b}{1-v_b^2} S_2 \delta S_1 \right.$$

$$\left. + \frac{E_b}{1-v_b^2} S_2 \delta S_2 \right\} dxdydz + \int_{l_{1x}}^{l_{2x}l_{1y}} \int_0^{} \int_{-\frac{t_b}{2}}^{\frac{t_b}{2}} \left\{ \frac{E_b}{1-v_b^2} S_1 \delta S_1 + \frac{v_b E_b}{1-v_b^2} S_1 \delta S_2 \right.$$

$$\left. + \frac{v_b E_b}{1-v_b^2} S_2 \delta S_1 + \frac{E_b}{1-v_b^2} S_2 \delta S_2 \right\} dxdydz + \int_{l_{1x}}^{l_{2x}} \int_{l_{1y}}^{l_{2y}} \int_{-\frac{t_b}{2}-t_p}^{-\frac{t_b}{2}} \left\{ \frac{E_p}{1-v_p^2} S_1 \delta S_1 \right.$$

$$+ \frac{v_p E_p}{1 - v_p^2} S_1 \delta S_2 + \frac{v_p E_p}{1 - v_p^2} S_2 \delta S_1 + \frac{E_p}{1 - v_p^2} S_2 \delta S_2 - h_{31} \big[\delta(D_3 S_1) + \delta(D_3 S_2) \big]$$

$$+ \beta_{33}^S D_3 \delta D_3 \Big\} \mathrm{d}x\mathrm{d}y\mathrm{d}z + \int_{l_{1x}}^{l_{2x}} \int_{l_{1y}}^{l_{2y}} \int_{-\frac{t_b}{2}}^{\frac{t_b}{2}} \Big\{ \frac{E_b}{1 - v_b^2} S_1 \delta S_1 + \frac{v_b E_b}{1 - v_b^2} S_1 \delta S_2$$

$$+ \frac{v_b E_b}{1 - v_b^2} S_2 \delta S_1 + \frac{E_b}{1 - v_b^2} S_2 \delta S_2 \Big\} \mathrm{d}x\mathrm{d}y\mathrm{d}z + \int_{l_{1x}}^{l_{2x}} \int_{l_{1y}}^{l_{2y}} \int_{\frac{t_b}{2}}^{\frac{t_b}{2}+t_p} \Big\{ \frac{E_p}{1 - v_p^2} S_1 \delta S_1$$

$$+ \frac{v_p E_p}{1 - v_p^2} S_1 \delta S_2 + \frac{v_p E_p}{1 - v_p^2} S_2 \delta S_1 + \frac{E_p}{1 - v_p^2} S_2 \delta S_2 - h_{31} \big[\delta(D_3 S_1) + \delta(D_3 S_2) \big]$$

$$+ \beta_{33}^S D_3 \delta D_3 \Big\} \mathrm{d}x\mathrm{d}y\mathrm{d}z + \int_{l_{1x}}^{l_{2x}} \int_{l_{2y}}^{b} \int_{-\frac{t_b}{2}}^{\frac{t_b}{2}} \Big\{ \frac{E_b}{1 - v_b^2} S_1 \delta S_1 + \frac{v_b E_b}{1 - v_b^2} S_1 \delta S_2$$

$$+ \frac{v_b E_b}{1 - v_b^2} S_2 \delta S_1 + \frac{E_b}{1 - v_b^2} S_2 \delta S_2 \Big\} \mathrm{d}x\mathrm{d}y\mathrm{d}z + \int_{l_{1x}}^{a} \int_{0}^{b} \int_{-\frac{t_b}{2}}^{\frac{t_b}{2}} \Big\{ \frac{E_b}{1 - v_b^2} S_1 \delta S_1$$

$$+ \frac{v_b E_b}{1 - v_b^2} S_1 \delta S_2 + \frac{v_b E_b}{1 - v_b^2} S_2 \delta S_1 + \frac{E_b}{1 - v_b^2} S_2 \delta S_2 \Big\} \mathrm{d}x\mathrm{d}y\mathrm{d}z \qquad (8.105)$$

式中：E_b 及 E_p 分别为板和压电材料的杨氏弹性模量；v_b 及 v_p 分别为板和压电材料的泊松比。式(8.105)积分的上下边界条件如图 8.18 所示。

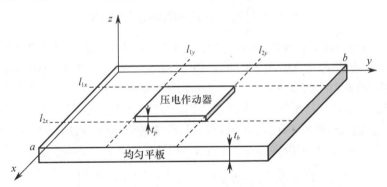

图 8.18　贴有对称压电片的矩形板几何结构

与梁的动能表达式处理过程类似，板的动能表达式写为（同求梁的动能时一样，电场动能被忽略）

$$T = \frac{1}{2} \int_{0}^{l_{1x}} \int_{0}^{b} (\rho_b t_b \dot{w}^2(x,y,t)) \mathrm{d}x\mathrm{d}y + \frac{1}{2} \int_{l_{1x}}^{l_{2x}} \int_{0}^{l_{1y}} (\rho_b t_b \dot{w}^2(x,y,t)) \mathrm{d}x\mathrm{d}y$$

$$+ \frac{1}{2} \int\limits_{l_{1x}}^{l_{2x}} \int\limits_{l_{1y}}^{l_{2y}} ((\rho_b t_b + 2\rho_p t_p) \dot{w}^2 (x,y,t) \ \mathrm{d}x\mathrm{d}y$$

$$+ \frac{1}{2} \int\limits_{l_{1x}}^{l_{2x}} \int\limits_{l_{2y}}^{b} (\rho_b t_b \dot{w}^2 (x,y,t)) \mathrm{d}x\mathrm{d}y + \frac{1}{2} \int\limits_{l_{1x}}^{a} \int\limits_{0}^{b} (\rho_b t_b \dot{w}^2 (x,y,t)) \mathrm{d}x\mathrm{d}y$$

$$\text{(8.106)}$$

或简写为

$$T = \frac{1}{2} \int\limits_{0}^{a} \int\limits_{0}^{b} \rho(x,y) \left(\frac{\partial w(x,y,t)}{\partial t} \right)^2 \mathrm{d}x\mathrm{d}y \tag{8.107}$$

式中:$\rho(x,y)$ 为板与压电材料组合后的密度,定义为

$$\rho(x,y) = \rho_b t_b + \rho_p 2 t_p G(x,y) \tag{8.108}$$

式中:板与压电材料的界面指示函数为

$$G(x,y) = (H(x - l_{1x}) - H(x - l_{2x})) (H(y - l_{1y}) - H(y - l_{2y})) \tag{8.109}$$

与梁模型处理类似,考虑板的黏滞阻尼及结构阻尼,总机械虚功可以表示为

$$\delta W_m^{\mathrm{ext}} = - B \int\limits_{0}^{a} \int\limits_{0}^{b} \left(\frac{\partial w(x,y,t)}{\partial t} \right) \delta w(x,y,t) \mathrm{d}x\mathrm{d}y$$

$$- C \int\limits_{0}^{a} \int\limits_{0}^{b} \left(\frac{\partial^3 w(x,y,t)}{\partial x \partial y \partial t} \right) \delta w(x,y,t) \mathrm{d}x\mathrm{d}y \tag{8.110}$$

式中:B 和 C 分别为黏滞阻尼及结构阻尼系数(Dadfarnia,et al. 2004c)。与一维结构表达形式类似,由于外加电压而产生的电虚功为

$$\delta W_e^{\mathrm{ext}} = \int\limits_{0}^{a} \int\limits_{0}^{b} V_a(x,y,t) \delta D_3(x,y,t) \mathrm{d}x\mathrm{d}y \tag{8.111}$$

最后,将应力应变关系式(4.88)代入式(8.105),考虑动能式(8.107)的变分,并将 δU 及 δT 表达式及总虚功 δW^{ext}($= \delta W_m^{\mathrm{ext}} + \delta W_e^{\mathrm{ext}}$)代入扩展的 Hamilton 原理式(8.7),则可得到两个偏微分方程:一个为板的振动微分方程;另一个为电位移 $D_3(x, y, t)$ 的静态关系式及其 8 个边界条件表达式。可以明显地看出,这些表达式和派生关系式都十分冗长,这里不再详述,留给读者自行推导,借助先进的数学软件工具(如 Maple 或者 Mathematica),可得到具有对阵布置压电片板的横向振动偏微分方程为

$$\rho t_b \frac{\partial^2 w}{\partial t^2} + \frac{\partial^2}{\partial x^2} \left[b \left\{ [R + R_1(x,y)] \left(\frac{\partial^2 w}{\partial x^2} + v_b \frac{\partial^2 w}{\partial y^2} \right) \right\} \right.$$

$$+ (l_{2y} - l_{1y}) R_2(x,y) \left(\frac{\partial^2 w}{\partial x^2} + v_p \frac{\partial^2 w}{\partial y^2} \right) \right]$$

$$+ \frac{\partial^2}{\partial y^2} \left[a \left\{ [R + R_1(x,y)] \left(\frac{\partial^2 w}{\partial y^2} + v_b \frac{\partial^2 w}{\partial x^2} \right) \right\} \right.$$

$$+ (l_{2x} - l_{1x}) R_2(x,y) \left(\frac{\partial^2 w}{\partial y^2} + v_p \frac{\partial^2 w}{\partial x^2} \right) \right]$$

$$+ \frac{\partial^2}{\partial x \partial y} \left((1 - v_b) [R + R_1(x,y)] \frac{\partial^2 w}{\partial x \partial y} + (1 - v_p) R_2(x,y) \frac{\partial^2 w}{\partial x \partial y} \right)$$

$$= - \frac{\partial^2}{\partial x^2} ((l_{2y} - l_{1y}) \{B(t)G(x,y)(d_{31} + v_p d_{32})\})$$

$$- \frac{\partial^2}{\partial y^2} ((l_{2x} - l_{1x}) \{B(t)G(x,y)(d_{32} + v_p d_{31})\}) \qquad (8.112)$$

其中

$$R = \frac{E_b t_b^3}{12(1 - v_b^2)}$$

$$R_1(x,y) = G(x,y) \frac{E_b t_b^3}{12(1 - v_b^2)}$$

$$R_2(x,y) = G(x,y) \frac{E_p}{12(1 - v_p^2)} \left(\frac{t_p^3}{3} + \frac{t_b^2 t_p}{4} + \frac{t_b t_p^2}{2} \right)$$

$$B(t) = \frac{E_p V_a(t)}{2(1 - v_p^2)}(t_p + t_b)$$

(8.113)

8.4.2 基于等效弯矩的二维压电驱动建模

与一维结构类似,8.3.3 节中的结果可以拓展到板结构。为此,首先简单复习板的振动微分方程。

采用与 8.3.3 节中类似的处理方式,由压电本构方程式(6.26a)可以得到压电片中的二维应力应变关系式为

$$S_1 = s_{11}^S \sigma_1 + s_{12}^S \sigma_2 + d_{31} \epsilon_3$$

$$S_2 = s_{12}^S \sigma_1 + s_{11}^S \sigma_2 + d_{32} \epsilon_3$$

$$S_6 = 2(s_{11}^S - s_{12}^S) \sigma_6 \qquad (8.114)$$

假设压电材料为各向异性($d_{32} \neq d_{31}$,见 6.3.1 节),式(8.114)中的相关系数能够用板的材料系数来表达(式(4.23)),即

$$s_{11}^S = 1/E_p, \quad s_{12}^S = -v_p/E_p \qquad (8.115)$$

将式(8.114)中的工程符号转化为指标记法($1 \to xx, 2 \to yy, 6 \to xy$),得到应力 σ_{xx}、σ_{yy}、σ_{xy} 的表达式为

$$\sigma_{xx} = \frac{E_p}{1 - v_p^2} S_{xx} + \frac{v_p E_p}{1 - v_p^2} S_{yy} - \frac{E_p}{1 - v_p^2}(d_{31} + v_p d_{32}) \frac{V_a(t)}{t_p}$$

$$\sigma_{yy} = \frac{v_p E_p}{1 - v_p^2} S_{xx} + \frac{E_p}{1 - v_p^2} S_{yy} - \frac{E_p}{1 - v_p^2}(v_p d_{31} + d_{32}) \frac{V_a(t)}{t_p}$$

$$\sigma_{xy} = \frac{E_p}{2(1 + v_p)} S_{xy} \qquad (8.116)$$

式中:假设压电材料中的电场均匀分布且 $\epsilon_3 = V_a(t)/t_p$。

与一维结构类似,贴有压电片部分的板的弯矩可以表示为

$$M_x^{\text{piezo}} = -\left(l_{2y} - l_{1y}\right) \int\limits_{\frac{t_b}{2}}^{\frac{t_b}{2}+t_p} \sigma_{xx}z\mathrm{d}z \tag{8.117a}$$

$$M_y^{\text{piezo}} = -\left(l_{2x} - l_{1x}\right) \int\limits_{\frac{t_b}{2}}^{\frac{t_b}{2}+t_p} \sigma_{yy}z\mathrm{d}z \tag{8.117b}$$

$$M_{xy}^{\text{piezo}} = \iint\limits_A \sigma_{xy}z\mathrm{d}A \tag{8.117c}$$

注意到与一维结构表达式(8.96)相比较,由于作动器与传感器的对称布置,式(8.117)中有 $z_n = 0$。将式(4.88)的二维应变分量代入式(8.116),并将结果代入弯矩表达式(8.117),则有

$$M_x^{\text{piezo}}(x,\ y,t) = \underbrace{\left(l_{2y} - l_{1y}\right)R_2(x,y)\left(\frac{\partial^2 w}{\partial x^2} + v_p\frac{\partial^2 w}{\partial y^2}\right)}_{M_{x,\text{nonactive}}^{\text{piezo}}}$$

$$+ \underbrace{\frac{E_p}{2(1+v_p^2)}\left(l_{2y} - l_{1y}\right)\left(t_b + t_p\right)\left(d_{31} + v_p d_{32}\right)V_a(t)}_{M_{x,\text{active}}^{\text{piezo}}}$$

$$\tag{8.118a}$$

$$M_y^{\text{piezo}}(x,\ y,t) = \underbrace{\left(l_{2x} - l_{1x}\right)R_2(x,y)\left(\frac{\partial^2 w}{\partial y^2} + v_p\frac{\partial^2 w}{\partial x^2}\right)}_{M_{y,\text{nonactive}}^{\text{piezo}}}$$

$$+ \underbrace{\frac{E_p}{2(1+v_p^2)}\left(l_{2x} - l_{1x}\right)\left(t_b + t_p\right)\left(d_{32} + v_p d_{31}\right)V_a(t)}_{M_{y,\text{active}}^{\text{piezo}}} \tag{8.118b}$$

$$M_{xy}^{\text{piezo}}(x,\ y,t) = \underbrace{\left(\frac{1-v_p}{2}\right)R_2(x,y)\frac{\partial^2 w}{\partial x\ \partial y}}_{M_{xy,\text{nonactive}}^{\text{piezo}}} \tag{8.118c}$$

由于这里只考虑贴有压电片部分的板,根据式(8.113)中的定义,$R_2(x,t)$ 中 $G(x,y)$ 的值为 1。

接下来考虑经典基尔霍夫板的标准平衡微分方程(Rao 2007),即

$$\rho t_b \frac{\partial^2 w}{\partial t^2} = \frac{\partial^2 M_x}{\partial x^2} + \frac{\partial^2 M_y}{\partial y^2} + 2\frac{\partial^2 M_{xy}}{\partial x\ \partial y} \tag{8.119}$$

并将弯矩式(8.118)的主动部分代入式(8.119),则有

$$M_{x,\text{active}}^{\text{piezo}}(x,y,t) = \frac{E_p}{2(1+v_p^2)}\left(l_{2y} - l_{1y}\right)\left(t_b + t_p\right)\left(d_{31} + v_p d_{32}\right)V_a(t)$$

$$= -M_{P_{0x}}V_a(t) \tag{8.120a}$$

$$M_{y,\text{active}}^{\text{piezo}}(x,y,t) = \frac{E_p}{2(1+v_p^2)}(l_{2x}-l_{1x})(t_b+t_p)(d_{32}+v_pd_{31})V_a(t)$$

$$= -M_{P_{0y}}V_a(t) \tag{8.120b}$$

式(8.120)表明,与一维结构类似,增加薄片式压电作动器的影响,等效于增加两个集中施加于作动器边界的力矩 $M_{x,\text{active}}^{\text{piezo}}$ 和 $M_{y,\text{active}}^{\text{piezo}}$。按照一维结构的求解过程,可以得到这些等效外加力矩产生的电虚功(式(8.111))及总机械虚功(式(8.110)),详细步骤参见 8.4.1 节,可以得到运动微分方程。通过简化及替换,可得到与式(8.112)相同的运动表达式。

8.5 压电传感器的建模

如第 6 章所述,当压电材料作为传感器使用时,它们会因为受到机械应力或应变作用而产生感应电压,这个现象就是第 6 章提到的正压电效应(式(6.21)与式(6.22)的第二个表达式)。相对于传统的传感器,压电传感器拥有更优越信噪比和高频噪声抑制能力(Moheimani,Fleming 2006)。

压电传感器在零电场下($\epsilon_i=0$ 或者短路)受到应力作用时,式(6.21)的第二个表达式可以用来推导传感器因加载应力产生的电位移 D,即

$$D_i = d_{ip}\sigma_p(i=1,2,3;p=1,2,\cdots,6) \tag{8.121}$$

或者,当压电传感器在零电位移($D_i=0$ 或者开路)时,由式(6.22)的第二个表达式可以得到传感器产生的电场,即

$$\epsilon_i = -g_{ip}\sigma_p(i=1,2,3;p=1,2,\cdots,6) \tag{8.122}$$

因此,由式(6.7)可求得产生的总电量为

$$Q = \oint_{\partial V}\boldsymbol{D}.\boldsymbol{n}\mathrm{d}A \tag{8.123}$$

通过测量压电传感器产生的电压,可以得到相应的充放电电量。类似于前文中对压电作动器不同结构的考虑,下文将讨论处于轴向及横向结构的压电传感器。

8.5.1 叠堆式压电传感器

第 6 章简要提到,叠堆式压电传感器能够成比例的将机械能转化为电能(图 8.19)。前文中也提到,压电传感器将在两种情况下工作,即短路状态和开路状态,下文将对这两种情况进行详细讨论。

建模及准备工作:与叠堆式压电作动器类似,为得到传感器(图 8.19)的运动微分方程,将采用与 8.2.1 节相同的处理过程。为此,叠堆式传感器的动能表达式和势能表达式可由式(8.6)及式(8.3)得到。与作动器的运动微分方程类似,在忽略了电场虚功的情况下,叠堆式压电传感器的运动微分方程可通过将能量表达式

及虚功表达式(8.11)代入扩展的 Hamilton 原理式(8.7)得到。经过计算与简化，运动微分方程可以表示如下：

对于 $\delta u(x,t)$，有

$$\rho(x)\frac{\partial^2 u(x,t)}{\partial t^2} - \frac{\partial}{\partial x}\left(c^D A(x)\frac{\partial u(x,t)}{\partial x}\right) + B\frac{\partial u(x,t)}{\partial t} + \frac{\partial}{\partial x}(hA(x)D(x,t)) = 0$$

(8.124a)

对于 $\delta D(x,t)$，有

$$h\frac{\partial u(x,t)}{\partial x} - \beta^s D(x,t) = 0 \qquad (8.124b)$$

同时，边界条件为

$$\left(hA(x)D(x,t) - c^D A(x)\frac{\partial u(x,t)}{\partial x}\right)\delta u(x,t)\ \Big|_0^L = 0 \qquad (8.124c)$$

式中：与叠堆式压电作动器类似，h 及 β^s 为压电常数。由式(8.124b)可得电位移 $D(x,t)$ 表达式为

$$D(x,t) = \frac{h}{\beta^s}\frac{\partial u(x,t)}{\partial x} \qquad (8.125)$$

将电位移表达式(8.125)代入电荷方程(8.123)，则压电传感器产生的总电量为

$$Q = \oint_{\partial V} \boldsymbol{D}.\boldsymbol{n}\mathrm{d}A = \oint_{\partial V}\frac{h}{\beta^s}\frac{\partial u(x,t)}{\partial x}\mathrm{d}A = \frac{hA}{\beta^s}\frac{\partial\bar{u}(x,t)}{\partial x} = \frac{hA}{\beta^s}\bar{S}(x,t) \quad (8.126)$$

假设传感器在横截面上轴向位移是恒定的，代入 h/β^s 的等效表达式(8.16b)，由应力应变关系式(6.21)可以得到式(8.126)在零电场下的简化形式为

$$Q = d_{33}c^\epsilon A(-s^\epsilon\sigma) = -d_{33}F(t) \qquad (8.127)$$

如图 8.19 所示，应力应变关系式中的负号表示轴向力 F 为压力。对于 n 层压电片(图 8.1(b))，轴向力作用于所有的压电片上，因此总电量表达式(8.127)改写为

$$Q = -nd_{33}F(t)$$

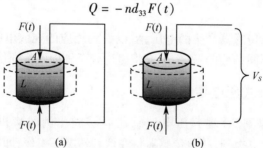

图 8.19　零加载电场下(或短路)(a)及零电位移(或开路)下叠堆式压电传感器(b)示意图

开路情况：图 8.19 所示叠堆式压电传感器的开路电压可通过简化式(8.122)得到，即

$$\epsilon_3 = -g_{33}\sigma_3 \rightarrow \frac{V_s}{L} = -g_{33}\frac{F}{A} \rightarrow V_s(t) = -g_{33}\frac{L}{A}F \qquad (8.128)$$

176

根据表 6.2 中压电常数之间的关系,式(8.128)可简化为

$$V_s(t) = -\frac{d_{33}}{\xi^\sigma} \frac{L}{A} F = -d_{33} \frac{F}{C_p^s}, C_p^s \triangleq \xi^\sigma \frac{A}{L} \tag{8.129}$$

式中:C_p^s 定义为叠堆式压电结构的电容大小;ξ^σ 定义为叠堆式压电结构一般条件下介电常数(表6.1)。因此,总电量为

$$Q = C_p^s V_s(t) = -d_{33} F = -g\xi^\sigma F \tag{8.130}$$

由式(8.127)及式(8.130)可以看出,传感器产生的总电量 Q 与尺寸及外加电压 $V_s(t)$ 无关。

力与加速度传感器:由式(8.127)及式(8.130),可以通过压电传感器测量加载力大小或振动结构的加速度大小。对于力传感器,如图 8.19(b)所示的轴向力 $F(t)$ 可以通过测量电压 $V_s(t)$ 的大小,再由式(8.128)变换求得。

对于加速度的测量,可以根据惯性力 F 与加速度 a 之间的关系式 $F = Ma$ 求得,对应的输出电压表达式(图 8.20)为

$$V_s(t) = -g_{33} \frac{L}{A} F = -g_{33} \frac{L}{A} Ma = \left(-g_{33} \frac{L}{A} M \right) a = K_a a \tag{8.131}$$

由式(8.131)可知,压电材料所产生的电压大小正比于加速度。

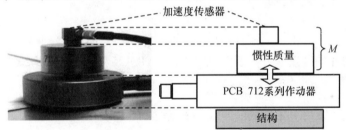

图 8.20　用于加速度测量的叠堆式压电传感器示意图

8.5.2　薄片式压电传感器

与叠堆式压电传感器类似,当薄片式压电传感器(图 8.21)在零电场情况下受应力场作用时,可由式(8.121)求得其电位移表达式。由于已获得薄片式压电作动器完整的运动微分方程,即式(8.60b)。因此,可求解无外加电压时电位移表达式 D_3 为

$$D_3(t) = -\frac{h_1}{\beta_1} \frac{\partial^2 w(x,t)}{\partial x^2} = -\frac{h_{31} t_p b(t_p + t_b - 2z_n)}{2\beta_{33}^s b t_p} \frac{\partial^2 w(x,t)}{\partial x^2} \tag{8.132}$$

将电位移表达式(8.132)代入式(8.123),得到产生的感应电量为

$$Q = \oint_{\partial V} \boldsymbol{D}.\boldsymbol{n} \mathrm{d}A = b\int_{l_1}^{l_2} D_3 \mathrm{d}x = -b\int_{l_1}^{l_2} \frac{h_{31}(t_p + t_b - 2z_n)}{2\beta_{33}^s} \frac{\partial^2 w(x,t)}{\partial x^2} \mathrm{d}x \tag{8.133}$$

进一步简化式(8.133),则有

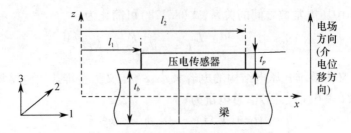

图 8.21   薄片式压电传感器的几何结构示意图

$$Q = -b\,\frac{h_{31}(t_p + t_b - 2z_n)}{2\beta_{33}^S}\int_{l_1}^{l_2}\frac{\partial^2 w(x,t)}{\partial x^2}\mathrm{d}x$$

$$= -b\,\frac{h_{31}t_{eq}}{\beta_{33}^S}\int_{l_1}^{l_2}\frac{\partial^2 w(x,t)}{\partial x^2}\mathrm{d}x = -bE_p d_{31}t_{eq}\int_{l_1}^{l_2}\frac{\partial^2 w(x,t)}{\partial x^2}\mathrm{d}x$$

$$= -bE_p d_{31}t_{eq}\left(\frac{\partial w(l_2,t)}{\partial x} - \frac{\partial w(l_1,t)}{\partial x}\right) \qquad (8.134)$$

式(8.134)给出了相应的充电量。式中的等效厚度 t_{eq} 定义为组合梁中性轴到组合
梁中心轴之间的距离,即

$$t_{eq} = \frac{1}{2}(t_p + t_b) - z_n \qquad (8.135)$$

如果压电贴片的厚度远小于梁的厚度,则式(8.135)中的 t_{eq} 为 $z_n = 0$ 或者 $z_n = 0$,
$t_p = 0$ 时的值。

8.5.3   压电传感器的等效电路模型

对于很多压电传感器及作动器的应用,需要将传感器及作动器等效为电路模
型加以考虑。虽然有大量的电路模型可应用于此,但这里只关注其中一个简单并
被广泛应用于实践的电路模型(Preumont 2002)。在此模型中,压电材料被等效为
一个串联有电容的电压源(图 8.22)。图 8.22 中,C_p^l 表示薄片式压电传感器的等
效电容,V_s 表示为压电传感器的感应电压或压电作动器的外加电压。

因此,感应电压 V_s 可以用电量(图 8.22)表示为

$$V_s(t) = -\frac{Q}{C_p^l} \qquad (8.136)$$

将式(8.134)代入感应电压式(8.136),则有

$$V_s(t) = \frac{bE_p d_{31}t_{eq}}{C_p^l}\left(\frac{\partial w(l_2,t)}{\partial x} - \frac{\partial w(l_1,t)}{\partial x}\right) \qquad (8.137)$$

然而,实际应用中压电材料的感应电压必须经电荷放大器或电流放大器进行
放大(图 8.23)。当感应电压经图 8.23(a)所示电荷放大电路放大时,则电路的输
出电压为

$$V_0(t) = K_c V_s(t) \tag{8.138}$$

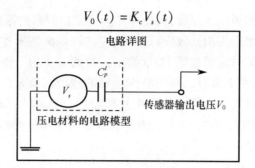

图 8.22　压电材料的等效电路模型（一个电压源串联电容）

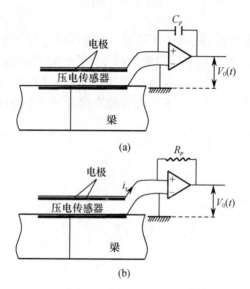

(a)

(b)

图 8.23　薄片式压电传感器示意图

（a）电荷放大电路；（b）电流放大电路。

式中：K_c 为电荷放大系数；V_0 为电路的输出电压（图 8.23（a））。

在理想假设情况（即无限内阻情况下）的电流放大器作用下，传感器输出电压为

$$V_0(t) = -R_p i_s(t) = -R_p \dot{Q} \tag{8.139}$$

式中：R_p 为放大器的常数。将式（8.134）代入输出电压式（8.139），则传感器输出电压为

$$V_0(t) = -R_p \dot{Q} = b E_p d_{31} t_{eq} R_p \left(\frac{\partial^2 w(l_2, t)}{\partial x \, \partial t} - \frac{\partial^2 w(l_1, t)}{\partial x \, \partial t} \right) \tag{8.140}$$

备注 8.3：薄片式压电传感器的泊松效应考虑：在建模过程中，主要假设薄片式压电传感器只在一个方向上受到应力作用（x 方向或 1 方向），但在很多实际应用中，特别是微纳米系统中，这个假设不成立。因此，需要考虑其他方向上的应变。

当从宏观尺度转移到微纳米尺度，其他尺寸上通常被忽略的振动，其影响开始变得重要起来。这种现象称为泊松效应，这一效应在许多微纳米连续系统的建模中发挥着重要作用。相关讨论将在第 11 章给出。虽然前文为了推导方便并没有考虑泊松效应，但结合 8.4.1 节对二维压电作动器的建模以及 8.5.2 节中推导一维压电片模型电位移的过程可求得二维压电片模型的电位移 $D_3(z, y, t)$，其表达式类似于式(8.132)，利用式(8.133)中的感应电量 Q 可求得传感器电压。感兴趣的读者可自行推导该模型。

总　　结

　　本章对基于压电材料的系统(作动器及传感器)进行了全面建模。基于第 4 章及第 6 章讨论的能量法，得到了最常见的压电作动器及传感器的运动微分方程。同时，根据不同的实例，对叠堆式及薄片式压电结构进行了研究，实验结果证明了不同情况下所建模型的有效性。本章内容将为读者下一章的学习奠定基础。

第 **9** 章

基于压电作动器和传感器的振动控制

　　本章通过几个案例和典型系统来介绍基于压电作动器/传感器的振动控制系统的概念及其实现过程。基于前面几章所建立和衍生出来的建模方法,本章将提出一种综合的处理方法,其适用于多种基于压电材料的主动吸振和振动控制系统。具体包括压电作动器和传感器在轴向和横向结构下的应用,以及基于集中参数系

181

统和分布参数系统的压电控制系统设计。

9.1 振动控制的概念和预备知识

如第 1 章中所述,可通过以下 3 种方式来控制或消去不想要的振动:振动隔离(隔振)、振动吸收(吸振)和振动控制。在振动隔离中,一种情况是把振动源从所关注的系统中隔离出来,另一种情况是在连接点处保护设备远离振动(图 1.3)。不同于隔振器,吸振器包含了一个附加在主系统上的次级系统(通常是质量 - 弹簧 - 阻尼套件),从而保护主系统远离振动。在振动控制方案中,为了在调节或跟踪一个目标轨迹的同时能够抑制系统中的瞬态振动,则要求施加在系统上的驱动力或力矩是可变的。这样的控制案例是具有挑战性的,因为它在实现运动跟踪的同时需要稳住系统的瞬态振动。

如前文所述,从振动控制系统实现功能所需外力多少的角度出发,可将振动控制系统分为被动、主动和半主动 3 种(图 1.5)。在被动的振动控制系统中,一般利用弹性部件(如刚度)和能量耗散器(如阻尼器)来吸收振动能量或将它们加载到振动传输的路径中。在具有高度不确定性宽频带干扰的应用场合下,被动的振动控制方式具有明显局限性,此时,选用主动的振动控制系统则能弥补被动方法的缺点。在主动振动控制中,引入一个额外的驱动力作为吸振器的一部分,然后使用不同的算法对系统进行控制,使其对干扰具有更好的响应特性。主动和被动方法的结合,就是所谓的半主动振动控制系统,利用它可降低系统实现目标性能所需外力的数量;此外,尽管可能存在干扰和参数不确定性,半主动振动控制系统可以利用被动器件(如弹簧)的可变特性进行有效的振动控制。

本章主要介绍一些基于压电作动器和传感器的振动控制系统的基本概念、建模方法、系统设计以及实时控制的实现。这些系统主要分为两大类:吸振器和振动控制系统。在第一类中,将主动吸振技术应用到集中参数和分布参数系统中。在第二类中,讨论了主动和半主动法在分别为轴向和横向结构的分布参数系统中的应用,同时介绍一些与自感知驱动概念相关的研究进展,所谓的自感知即压电材料具有作动(驱动)和感知双重功能的特性。

备注:在我们讨论本章具体内容之前,必须强调复习附录 A 中所给出的数学基础知识的重要性,尤其是 A.3 和 A.4 两节,它们是为稳定性分析和本章所需的一些背景知识而准备的。

9.2 基于压电惯性作动器的主动吸振

主动吸振技术具有两个主要优点,它不仅能提供一个更宽的振动衰减频带,而且实时可调。通常来说,一个主动吸振器是基于一个共振发生器而工作的。为此,通过在主动单元(图9.1(b))上增加一个可控力让一个稳定的主系统(图9.1(a))变成一个渐进稳定的系统。很显然,主动控制会成为复合系统的一个不稳定因素,因此必须评估复合系统(即主系统和吸振器子系统)的稳定性。附录A中关于稳定性方面的内容有助于解决该问题。

产生共振条件的设计方案如图9.2所示,系统的主特征根(极点)被移到了虚数轴上,然后吸振器就转变为共振器,它能够在连接点处模拟主系统的振动能量。尽管有很多方法可以产生这样的共振,此处,仅讨论两种应用最广泛的吸振共振器。

对于主动振动控制系统而言,作动器单元是一个非常重要的组成部分。智能材料的发展推动了这些基于压电陶瓷,形状记忆合金和磁致伸缩材料的先进作动器的发展。在过去几十年中,压电陶瓷作为传统换能器的一种很有潜力的替代品,已经被广泛使用。特别是压电惯性作动器,它对于主动结构振动控制(包括主动吸振)而言是一种高效廉价的解决方案。如6.5.2节所述(图6.20),压电惯性作动器在与主结构相连接的点上施加力。

这些惯性作动器由两个并联的压电片组成,当施加电压时,一个压电片扩展另一个压电片收缩,从而产生与输入电压成正比的位移。通过调整惯性质量块的大小可以调节作动器的共振频率(图6.20),增加惯性质量的大小会降低共振频率,反之减少质量会提高共振频率。关于共振频率f_r和作动器有效质量的具体内容参考6.5.2节。我们构建一个简单的单自由度系统(图6.20(b)),通过对该系统的实验来确定压电惯性作动器的参数。

在下面的章节中,将主要讨论两个广泛应用的主动吸振器方案,包括它们的建模框架、控制器设计、稳定性分析、实时控制的实现问题等。

9.2.1 主动共振吸振器

主动共振吸振器的概念:主动共振吸振器(ARA)是可调吸振器的一种新的实现方式。在吸振器上加一个位移(或速度、加速度)反馈控制,使吸振器的主特征根移到虚轴上,从而产生共振。一旦主动共振吸振器进入共振状态,则它能在此频率上产生很好的吸振效果。

如本节后面证明的那样,所设计控制方案的特征方程是有理的,故更容易实现系统的闭环稳定性。所设计的主动共振吸振器只需要一个来自吸振器质量块的信号,此信号可以是绝对的,也可以是相对于连接点的(图9.1(b))。当信号通过补偿器被处理后,系统会利用压电换能(PZT)惯性作动器产生一个附加力。通过合理设置补偿器的参数,吸振器可成为一个理想的共振器,其能工作在一个频率或多个频率上。因此,共振器能在给定的频率下吸收主系统的振动能量,并且其工作频率是实时可调的。此外,当控制器或作动器发生故障时,ARA会以一个被动吸振器的形式继续工作,因此它本身具有失效保护特性。菲利波维奇和施罗德在1999

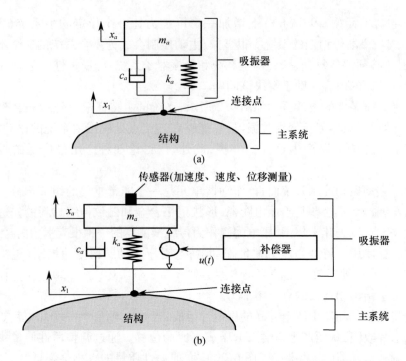

图 9.1　带有被动吸振器(a)和主动吸振器(b)的主系统的一般结构

年提出了一种类似的吸振方法(针对线性系统),但是 ARA 并不局限于线性系统。

　　假设压电换能作动器是线性的,则 ARA(图 9.1(b))的动态方程可表示为

$$m_a \ddot{x}_a(t) + c_a \dot{x}_a(t) + k_a x_a(t) - u(t) = c_a \dot{x}_1(t) + k_a x_1(t) \qquad (9.1)$$

式中:$x_1(t)$ 为主系统和吸振器连接点处的位移;$x_a(t)$ 为吸振器质量块的位移。吸振器质量块的质量 m_a 在式(6.48)中已经给出,通过调整控制量 $u(t)$ 可令 ARA 产生指定的共振频率。

　　引入反馈控制量 $u(t)$ 的目的是用一个指定的共振频率 ω_c 将一个耗散系统(图 9.1(a))转化为一个稳定的或临界稳定的系统(图 9.1(b))。换言之,控制目标是将复合系统的主极点移到 $\pm j\omega_c$ 处,其中 $j = \sqrt{-1}$(图 9.2)。因此,在一定频段范围内的特定频率处,主动共振吸振器(ARA)会进入临界稳定状态。在吸振器部分加上一个位置(或速度、加速度)反馈($U(s) = \overline{U}(s) X_a(s)$),则对应的 ARA 动态方程(式(9.1))在拉普拉斯域内为

$$(m_a s^2 + c_a s + k_a) X_a(s) - \overline{U}(s) X_a(s) = (c_a s + k_a) X_1(s) \qquad (9.2)$$

选取补偿器的传递函数 $\overline{U}(s)$,令主系统在与吸振器连接点处的位移为零,即

$$C(s) \triangleq (m_a s^2 + c_a s + k_a) - \overline{U}(s) = 0 \qquad (9.3)$$

补偿器的参数由引入到吸振器特征方程 $C(s)$ 中的共振条件所决定,即方程 $C(s)$ 的实部和虚部同时为 0,$\mathrm{Re}\{C(j\omega_i)\} = 0$,$\mathrm{Im}\{C(j\omega_i)\} = 0$,其中 $i = 1, 2, \cdots, l, l$ 是所要吸收的振动频率的阶数。利用附加的补偿器参数可实时调整系统的稳态频率

范围和其他特性。

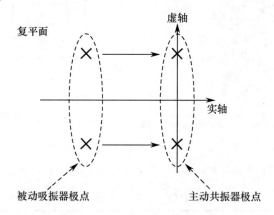

图 9.2　通过将特征方程的极点配置到虚轴上来实现主动共振吸振器的方案示意图

考虑下面的情况,将 $U(s)$ 当作一个比例补偿器(包含一个时间常数,该时间常数是基于 ARA 的加速度得到的),$U(s)$ 由下式给出,即

$$U(s) = \bar{U}(s)X_a(s), \quad \bar{U}(s) = \frac{gs^2}{1 + Ts} \tag{9.4}$$

在时域中,控制量 $u(t)$ 可从下式得到,即

$$u(t) = \frac{g}{T}\int_0^t \mathrm{e}^{-(t-\tau)/T}\ddot{x}_a(\tau)\mathrm{d}\tau \tag{9.5}$$

式中:g 和 T 为控制增益,需要对它们进行选取和在线调整。为了达到理想的共振状态,方程式(9.3)的两个主特征根被配置到虚轴上,且位于指定的穿越频率 ω_c 处。将 $s = \pm\mathrm{j}\omega_c$ 代入到方程式(9.3)中求解控制参数 g_c 和 T_c,对于 $\omega = \omega_c$,有

$$g_c = m_a\left(\frac{c_a^2}{m_a^2(\omega^2 - k_a/m_a)} - \frac{k_a}{m_a\omega^2} + 1\right), \quad T_c = \frac{c_a\sqrt{k_a/m_a}}{\sqrt{m_ak_a}(\omega^2 - k_a/m_a)} \tag{9.6}$$

控制参数 g_c 和 T_c 是由 ARA 的物理特性(c_a、k_a 和 m_a)和干扰频率 ω 所共同决定的,即控制参数的设定与主系统的参数无关。然而,当确定不能获取 ARA 的物理特性时,必须考虑一种自动调整控制参数的方法。对于这样的自整定(自动调整)问题,为了保证系统的稳定性,必然会和主系统的参数发生关系,故主系统并不能完全解耦出来,此问题会在本节的后面进行讨论。

主动共振吸振器在结构振动控制中的应用:利用一个受到激振力的单自由度系统(SDOF)来验证所设计的 ARA 的效果。如图 9.3 所示,两个 PZT 惯性作动器分别用于主系统(作动器型号:712 - A01)和吸振器部分(作动器型号:712 - A02)。每个 PZT 作动器系统都包含了被动部分(PZT 材料的刚度和阻尼特性)和主动部分(具体物理参数如表 9.1 所列)。顶部的作动器扮演了吸振器的角色,它会随着控制量 $u(t)$ 而作动,底部的作动器则产生激振力 $f(t)$。

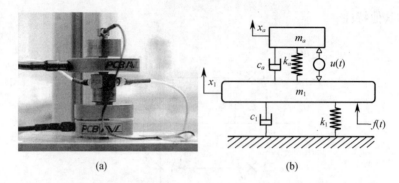

(a)   (b)

图 9.3　主动共振吸振器方案的实现:两个压电换能作动器(a)和它的数学模型(b)

表 9.1　PCB 系列 712PZT 惯性作动器的参数(通过实验测定)

PZT 系统参数	型号:PCB712 – A01	型号:PCB712 – A02
有效质量(m_{ePZT})/g	7.199	12.14
惯性质量($m_{inertial}$)/g	100	200
刚度/(kN/m)	$k_1 = 3814.9$	$k_a = 401.5$
阻尼/((N·s)/m)	$c_1 = 79.49$	$c_a = 11.48$

复合系统的动态方程可表述为

$$m_a\ddot{x}_a(t) + c_a\dot{x}_a(t) + k_a x_a(t) - u(t) = c_a\dot{x}_1(t) + k_a x_1(t) \tag{9.7}$$

$$m_1\ddot{x}_1(t)(c_1+c_a)\dot{x}_1(t) + (k_1+k_a)x_1(t) - \{c_a x_a(t) + k_a x_a(t) - u(t)\} = f(t) \tag{9.8}$$

式中:$x_1(t)$ 和 $x_a(t)$ 分别为主系统和吸振器的位移。

稳定性分析和参数灵敏度分析:渐进稳定的充分必要条件是特征方程所有根都具有负实部。对于线性系统,利用控制量(式(9.5)),并结合式(9.7)和式(9.8)可得到复合系统(图9.3(b))的特征方程,并且使用劳斯-赫尔维茨方法可以很容易求得满足稳定性要求的补偿器参数 g 和 T。

自整定命题:当在实际应用环境中使用 ARA 时,系统的物理特性可能是不知道的或随时间变化的,此时,系统利用补偿器的参数 g 和 T 只能抑制部分振动。为了弥补这个缺点,需要一种自整定方法,通过一些附加的变量(如 Δg 和 ΔT)来调整补偿器参数 g 和 T。对于单时间常数的线性补偿器(式(9.4))而言,主系统位移 $X_1(s)$ 和吸振器位移 $X_a(s)$ 之间的传递函数为

$$G(s) = \frac{X_1(s)}{X_a(s)} = \frac{m_a s^2 + c_a s + k_a - \dfrac{gs^2}{1+Ts}}{c_a s + k_a} \tag{9.9}$$

因 $s = j\omega$,传递函数在频域内可改写为

$$G(j\omega) = \frac{X_1(j\omega)}{X_a(j\omega)} = \frac{-m_a\omega^2 + c_a\omega j + k_a + \dfrac{g\omega^2}{1+T\omega j}}{c_a\omega j + k_a} \tag{9.10}$$

通过对加速度传感器的测量值进行积分（Renzulli，et al. 1999）或者其他方法（Jalili，Olgac 2000a）可实时获得 $G(\mathrm{j}\omega)$。参照类似于 Renzulli 等（1999）使用的方法，为了抑制主系统的振动，传递函数式（9.10）的分子必须趋近零，通过令下式为零可实现这一目的，即

$$G(\mathrm{j}\omega) + \Delta G(\mathrm{j}\omega) = 0 \tag{9.11}$$

式中：$G(\mathrm{j}\omega)$ 是实时传递函数，由式（9.10）得到 $\Delta G(\mathrm{j}\omega)$ 的表达式为

$$\Delta G(\omega_i) = \frac{\partial G}{\partial g}\Delta g + \frac{\partial G}{\partial T}\Delta T + 高阶项 \tag{9.12}$$

因为吸振器的物理参数估计值（即 c_a、k_a 和 m_a）会在实际参数值附近，故 Δg 和 ΔT 应该是小量，且式（9.12）中的高阶项可忽略。利用式（9.11）和式（9.12），并且略去高阶项，得到

$$\Delta g = \mathrm{Re}\left[\, G(\mathrm{j}\omega)\left[\frac{2Tc_a\omega^2 - k_a + k_aT^2\omega^2}{\omega^2}\right]\right.$$

$$\left. + \mathrm{Im}\left[\, G(\mathrm{j}\omega)\,\right]\left[\frac{c_a - T^2\omega^2 c_a + 2k_aT}{\omega^2}\right]\right.$$

$$\Delta T = \mathrm{Re}\left[\, G(\mathrm{j}\omega)\,\right]\left[\frac{c_a - T^2\omega^2 c_a + 2k_aT}{g\omega^2}\right]$$

$$+ \mathrm{Im}\left[\, G(\mathrm{j}\omega)\,\right]\left[\frac{k_a - 2Tc_a\omega^2 - k_aT^2\omega^2}{g\omega^3}\right] + \frac{T}{g}\Delta g \tag{9.13}$$

式中：g 和 T 为当前这一时刻的补偿器参数（由式（9.6）给出）；c_a、k_a 和 m_a 为吸振器参数的预估值；ω 为吸振器的基准激励频率；$G(\mathrm{j}\omega)$ 为实时获取的传递函数。重新调整后的控制参数 g 和 T 由下式决定，即

$$g_{新} = g_{当前} + \Delta g, T_{新} = T_{当前} + \Delta T \tag{9.14}$$

式中：Δg 和 ΔT 由式（9.13）给出。g 和 T 按照式（9.14）进行调整，这个过程会一直重复直到 $|G(\mathrm{j}\omega)|$ 进入指定的范围内。$G(\mathrm{j}\omega)$ 由下式实时调整，即

$$G(\mathrm{j}\omega) = |G(\mathrm{j}\omega)|\mathrm{e}^{(\mathrm{j}\varphi(\omega))} \tag{9.15}$$

其中幅值和相位是确定的，假设吸振器和主系统的位移都是关于时间的调和函数，具体形式为

$$x_a(t) = X_a\sin(\omega t + \varphi_a), x_1(t) = X_1\sin(\omega t + \varphi_1) \tag{9.16}$$

基于式（9.15）中的幅值和相位，传递函数则由式（9.15）和下式共同决定，即

$$|G(\mathrm{j}\omega)| = \frac{X_1}{X_a}, \varphi(\omega) = \varphi_1 - \varphi_a \tag{9.17}$$

数值仿真和讨论：为了论证吸振器方案的可行性，设计了下面的研究案例。主动共振吸振器的控制律为一个含有单时间常数（由式（9.5）给出）的比例补偿器。在主系统上加载一个单位振幅的简谐激励，频率为 800Hz，ARA 和主系统的参数由表 9.1 给出，然后使用 Matlab/Simulink 进行仿真。主系统和吸振器的位移仿真结

果如图 9.4 所示。

如图 9.4 所示,主系统部分的振动大约在 0.05s 之后被完全抑制,此时,吸振器处于临界稳定共振状态。在此案例中,假设所有的物理参数都能精确获知。

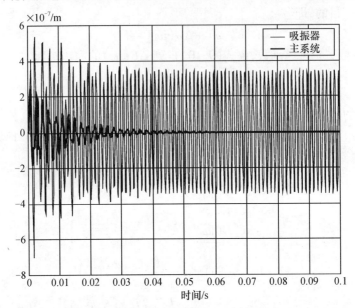

图 9.4　在频率为 800Hz 谐振信号激励下的主系统和吸振器位移

但在实际应用中,这些参数不能被精确获知或会随时间变化,故必须考虑对系统参数进行估计。

为了论证所设计的自整定方法的可行性,在仿真中对系统的标称参数(m_a, m_1, k_a, k_1, c_a, c_1)进行 10% 的扰动(模拟实际值)。但是,依然使用标称值 m_a、m_1、k_a、k_1、c_a 和 c_1 进行补偿器参数 g 和 T 的计算,使用标称参数进行的仿真结果如图 9.5 所示。从图 9.5(a)可见,参数变化产生的结果是令主系统发生了稳态振荡。在进行实验时,必然会出现这种并不希望看到的响应结果,故需要自整定方法对控制参数进行补偿。

第一次自整定迭代的结果如图 9.5(b)所示,其中控制参数 g 和 T 是基于式 (9.14)的算法进行调整的。从图 9.5(b)中可见,进行一次迭代后,主系统的响应有了明显的改善。两次迭代后的结果如图 9.5(c)所示,此响应结果非常接近于图 9.4(假设图 9.4 中的所有系统参数都能被精确获知)。

9.2.2　延时共振吸振器

延时共振(DR)是一种提高吸振器灵敏度的方法,由 Olgac 和他的研究团队在 1994 年提出并应用。延时共振吸振器在消除主系统的振动方面表现出很好的特性,如实时可调性、主动可控吸振器的独立特性及实现方式的简易性。此外,通过

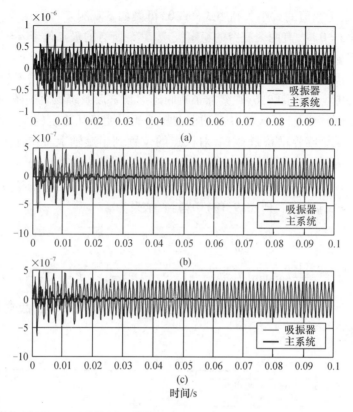

图 9.5 系统响应(位移(m))

(a)标称吸振器参数;(b)一次自整定后;(c)两次自整定后。

对该单自由度吸振器进行调整,其能处理多频振动。当将吸振器与主系统相连后,保证复合系统(主系统和吸振器的组合)处于渐进稳定状态是非常重要的。

延时共振概念简介:在此处对延时共振进行概述以供读者参考。吸振器(图9.1(b))的数学模型为

$$m_a \ddot{x}_a(t) + c_a \dot{x}_a(t) + k_a x_a(t) - u(t) = 0, u(t) = g \ddot{x}_a(a - \tau) \quad (9.18)$$

式中:$u(t)$为延时加速度反馈。

式(9.18)经过拉普拉斯变换后得到的特征方程为

$$m_a s^2 + c_a s + k_a - g s^2 \mathrm{e}^{-\tau s} = 0 \quad (9.19)$$

当反馈为零时($g = 0$),则系统是耗散的,此时,两个特征根(极点)位于复平面的左半面。然而,当g和τ大于0时,这两个稳定的有穷根会被无数个增加的有穷根所替代。注意到式(9.19)的特征根(极点)是离散分布的($s = a + \mathrm{j}\omega$),且有以下关系,即

$$g = \frac{|m_a s^2 + c_a s + k_a|}{|s^2|} \mathrm{e}^{\tau a} \quad (9.20)$$

式中:|·|表示幅值的大小。利用式(9.20)可做如下观测。

(1)当 $g = 0$ 时,有两个有穷的稳定极点,其余所有的极点位于 $a = -\infty$ 处。

(2)当 $g = +\infty$ 时,有两个极点位于 $s = 0$ 处,其余的极点位于 $a = +\infty$ 处。

图9.6描述了使用加速度反馈和固定时间延迟量 τ 的延时共振(DR)系统的典型根轨迹图。细看图9.6,观察加了时间延迟量 τ 后系统根轨迹图的连续性,发现当 g 从0到∞变化时,式(9.19)的根在复平面内明显从稳定的左半面移动到右半面。对于某个临界增益量 g_c,一对极点的位置到了虚轴上。在这个操作点上,延时共振成为了一个完美的吸振器,此时虚轴上的特征根为 $s = \pm j\omega_c$,其中 ω_c 是共振频率($j = \sqrt{-1}$),下标"c"表示根轨迹在虚轴上的穿越。控制参数 g_c 和 τ_c 可通过将根 $s = \pm j\omega_c$ 代入到式(9.19)中得到,结果为

$$g_c = \frac{1}{\omega_c^2}\sqrt{(c_a\omega_c)^2 + (m_a\omega_c^2 - k_a)^2}$$

$$\tau_c = \frac{1}{\omega_c}\left\{\arctan\left[\frac{c_a\omega_c}{m_a\omega_c^2 - k_a}\right] + 2(l-1)\pi\right\} \quad (l = 1, 2, \cdots) \qquad (9.21)$$

变量 l 指的是在 ω_c 处穿越虚数轴的根轨迹分支的序号(图9.6),故它并不一定得是第一分支。

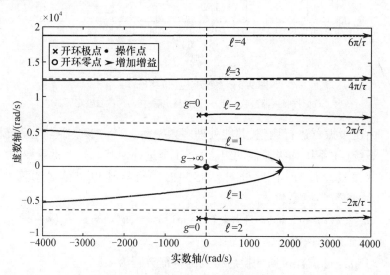

图9.6 具有加速度反馈和固定时间延迟量 τ 的延时共振系统的典型根轨迹图

当选取 g_c 和 τ_c 作为控制参数时,则延时共振结构(图9.1(b))在频率 ω_c 处成为一个共振器。对于频率为 ω_c 的简谐振动而言,它成为一个理想的吸振器。因此,控制的目标是把DR吸振器系统保持在临界稳定点的位置上。关于延时共振稳定性的进一步讨论,可以在以下文献中找到(Olgac,Holm-Hansen 1994;Olgac,et al. 1997)。

吸振器在柔性梁上的应用:为了具体说明主动吸振器在分布参数系统中的应

用情况,将一个普通的梁结构当作主系统,吸振器与之相连,并加载谐波激励。如图 9.7 所示,施加激励的位置在 b 处,吸振器位于 a 处。假设梁的横截面是均匀的,并进行欧拉－伯努利假设,假设梁的所有参数都是常量且是均匀的。梁在未发生形变时,其中心轴的弹性形变量用 $w(x,t)$ 表示,用符号"·"和"′"分别表示对时间变量 t 和对位移变量 x 求偏导。

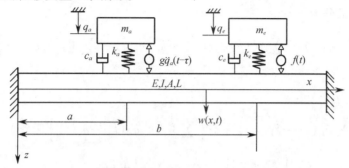

图 9.7　由横梁、吸振器和激振器组合而成的复合系统结构图

在以上假设条件下,系统的动能方程为

$$T = \frac{1}{2}\rho\int_0^L \left(\frac{\partial w}{\partial t}\right)^2 \mathrm{d}x \, \frac{1}{2}m_a\dot{q}_a^2 + \frac{1}{2}m_e\dot{q}_e^2 \tag{9.22}$$

利用线性应变,得到系统的势能方程为

$$U = \frac{1}{2}EI\int_0^L \left(\frac{\partial^2 w}{\partial x^2}\right)^2 \mathrm{d}x + \frac{1}{2}k_a\{w(a,t) - q_a\}^2 + \frac{1}{2}k_e\{w(b,t) - q_e\}^2 \tag{9.23}$$

虽然通过哈密顿原理可轻松推导出运动方程,但我们会使用假设模态法来进行后续的吸振分析和稳定性分析。然而,一般的处理方法包括对原始的分布参数系统的控制器进行推导,具体在后续关于振动控制系统的章节中进行展开介绍。对于此离散化系统,w 被定义为一个有限和,所谓的假设模态法(AMM)为(式(4.190))

$$w(x,t) = \sum_{i=1}^n W_i(x)q_{bi}(t) \tag{9.24}$$

推出这些模态振型之间的正交条件为(式(4.174)和式(4.176))

$$\int_0^L \rho W_r(x)W_s(x)\mathrm{d}x = \delta_{rs}$$

$$\int_0^L EIW_r''(x)W_s''(x)\mathrm{d}x = \omega_r^2\delta_{rs} \tag{9.25}$$

在拉格朗日公式中,吸振器的反馈律,作动器的激振力,吸振器和激振器的阻尼耗散力都被认为是非守恒力(第 4 章),从而推导出运动方程。

吸振器部分为

$$m_a \ddot{q}_a(t) + c_a \left\{ \dot{q}_a(t) - \sum_{i=1}^{n} W_i(a) \dot{q}_{bi}(t) \right\}$$

$$+ k_a \left\{ q_a(t) - \sum_{i=1}^{n} W_i(a) q_{bi}(t) \right\} - g \ddot{q}_a(t - \tau) = 0$$

$$(9.26)$$

激振器部分为

$$m_e \ddot{q}_e(t) + c_e \left\{ \dot{q}_e(t) - \sum_{i=1}^{n} W_i(b) \dot{q}_{bi}(t) \right\} + k_e \left\{ q_e(t) - \sum_{i=1}^{n} W_i(b) q_{bi}(t) \right\} = -f(t)$$

$$(9.27)$$

梁部分为

$$N_i \ddot{q}_{bi}(t) + S_i q_{bi}(t) + c_a \left\{ \sum_{i=1}^{n} W_i(a) \dot{q}_{bi}(t) - \dot{q}_a(t) \right\} W_i(a)$$

$$+ c_e \left\{ \sum_{i=1}^{n} W_i(b) \dot{q}_{bi}(t) - \dot{q}_e(t) \right\} W_i(b)$$

$$+ k_a \left\{ \sum_{i=1}^{n} W_i(a) q_{bi}(t) - q_a(t) \right\} W_i(a)$$

$$+ k_e \left\{ \sum_{i=1}^{n} W_i(b) q_{bi}(t) - q_e(t) \right\} W_i(b)$$

$$+ g W_i(a) \ddot{q}_a(t - \tau) = f(t) W_i(b) \quad (i = 1,2,3,\cdots,n) \quad (9.28)$$

式(9.26)~式(9.28)构成了一个包含$(n+2)$个二阶微分方程的系统。

通过选取合适的反馈增益,可将吸振器的工作频率调整到共振频率 ω_c。在这种情况下,虽然梁受到频率为 ω_c 的激振力的作用,但其能够在 a 点保持静止。通过对式(9.24)进行拉普拉斯变换并在吸振器上施加反馈控制,则以达到共振状态,即

$$\overline{W}(a,s) = \sum_{i=1}^{n} W_i(a) Q_{bi}(s) = 0 \tag{9.29}$$

其中 $\overline{W}(a,s) = \Im\{w(a,t)\}$,$Q_a(s) = \Im\{q_a(t)\}$,$Q_{bi}(s) = \Im\{q_{bi}(t)\}$。方程式 (9.29)在时域中可写为

$$w(a,t) = \sum_{i=1}^{n} W_i(a) q_{bi}(t) = 0 \tag{9.30}$$

式(9.30)表明主系统在与吸振器相连接处的稳态振动被消除了。因此,吸振器扮演的角色是一个工作频率与激振力频率相等的共振器,它吸收了连接点处的所有振动能量。

复合系统的稳定性:在上一节中推导了横梁 - 吸振器 - 激振器系统的运动方程的最一般形式。如前所述,在主动吸振器中加入反馈控制会引起系统的不稳定,下面将解决这个问题。

在拉普拉斯域中,用下式描述该复合系统,即

$$A(s)Q(s) = F(s) \tag{9.31}$$

其中

$$Q(s) = \begin{Bmatrix} Q_a(s) \\ Q_e(s) \\ Q_{b1}(s) \\ \vdots \\ Q_{bn}(s) \end{Bmatrix}_{(n+2) \times 1}$$

$$F(s) = \begin{Bmatrix} 0 \\ -F(s) \\ 0 \\ \vdots \\ 0 \end{Bmatrix}$$

$$A(s) = \begin{pmatrix} m_a s^2 + c_a s + k_a - gs^2 e_{-\tau s} & 0 & -W_1(a)(c_a s + k_a) & \cdots & -W_n(a)(c_a s + k_a) \\ 0 & m_e s^2 + c_e s + k_e & -W_1(b)(c_e s + k_e) & \cdots & -W_n(b)(c_e s + k_e) \\ m_a W_1(a) s^2 & m_e W_1(b) s^2 & s^2 + cs + \omega_1^2(1 + j\delta) & \cdots & 0 \\ \vdots & \vdots & \vdots & \ddots & \vdots \\ m_a W_n(a) s^2 & m_e W_n(b) s^2 & 0 & \cdots & s^2 + cs + \omega_n^2(1 + j\delta) \end{pmatrix}$$

$$\tag{9.32}$$

为了评估复合系统的稳定性,分析特征方程的根,即行列式($A(s)$) = 0。因为特征方程中存在反馈(吸振器的超越延时项),故使分析过程变得更加复杂。根轨迹图观测法可被用于整个系统的分析。当增加反馈增益时,特征方程的根会从复平面的左侧移动到右侧,这样会引起系统的不稳定。从根轨迹图中可得到复合系统能够稳定运行的频率范围(Olgac, Jalili 1998)。

实验设置和实验结果:实验装置如图 9.8 所示,主结构(主系统)是尺寸为 9.525mm × 25.4mm × 304.8mm 的钢梁(2),梁的两端夹紧在花岗岩床上(1)。利用一个带有质量块(3 和 4)的压电惯性作动器对梁施加周期性的激振力,而类似的作动器 – 质量块结构(5 和 6)组成了延时共振吸振器。这些质量块被对称地放置在梁的两侧,它们到梁中心位置的距离为整根梁长度的 1/4。用于实现延时共振的反馈信号是从加速度传感器(7)上获取的,它安装在吸振器部分的质量块上。另一个安装在梁上的加速度传感器(8)只用于监控梁的振动以及评估 DR 吸振器在抑制振动方面的表现。系统的控制是通过一个采样频率为 10kHz 的高速数据采集卡实现的。

横梁 – 吸振器 – 激振器系统的主要参数如下。

横梁:$E = 210\text{GPa}, \rho = 1.8895\text{kg} = \text{m}$。

吸振器:$m_a = 0.183\text{kg}, k_a = 10130\text{kN} = \text{m}, c_a = 62.25(\text{N} \cdot \text{s})/\text{m}, a = L/4$。

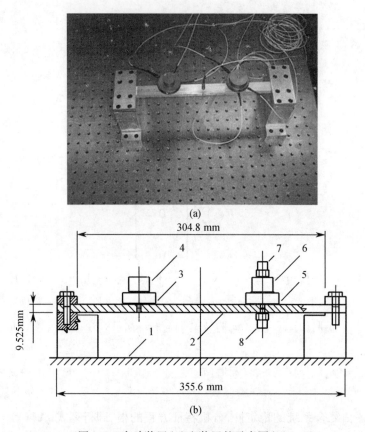

图 9.8　实验装置(a)和装置的示意图(b)

激振器：$m_e = 0.173$ kg，$k_e = 6426$ kN/m，$c_e = 3.2$ (N·s)/m，$b = 3L/4$。

动态仿真以及和实验结果进行对比：首先测试了实验系统的前两阶模态振型的固有频率 ω_1 和 ω_2。与高阶振型相比，通过测试得到的前两阶振型频率数值具有更高的精度。表 9.2 对比了分别通过实验(实际值)和数值计算(理论值)得到的两端夹紧梁的固有频率。

表 9.2 中两组数据之间的差异主要原因是：实验得到的频率是含有结构阻尼的梁的固有频率，它们反映的是梁结构在实际实验过程中被部分夹紧所产生的效应，频率的理论值是基于一个理想的两端夹紧的无阻尼梁模型而计算出来的。

表 9.2　梁固有频率的实验值与理论值的对比　　　　　（单位：Hz）

固有振型	峰值频率(实验值)	固有频率(两端固定)
一阶振型	466.4	545.5
二阶振型	1269.2	1506.3

通过考察模态振型的阶数对梁形变的影响效果，发现至少需要考虑系统的前三阶固有频率。图 9.9 展示的是通过仿真测试得到的系统对一个激励频率 $\omega_c =$

1270Hz 的响应曲线,相应的理论控制参数为:$g_{c\,theory} = 0.0252\text{kg}$,$\tau_{c\,theory} = 0.8269\text{ms}$。对于相同的激励频率,实验中的控制参数为:$g_{c\,exp} = 0.0273\text{kg}$,$\tau_{c\,exp} = 0.82\text{ms}$。当激振器对梁施加的激振力持续 5ms 后,触发了延时共振器的自动调整功能,梁在连接点处的加速度按指数式衰减。从图 9.9 可见,吸振器对振动的抑制作用约在 200ms 内产生效果。将仿真得到的时间响应曲线与实验中的振动抑制效果进行对比发现,图 9.9 的仿真结果与图 9.10 中的实验数据非常接近。唯一可观察到的区别是响应曲线在呈指数衰减中所包含的频率成分的不同,因为实际系统的极点的虚部比数值分析值要小,但是这个微小的差异并不影响前面的对比分析。

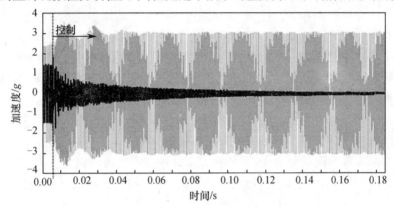

图 9.9　梁和吸振器对 1270Hz 激励的响应(仿真曲线)

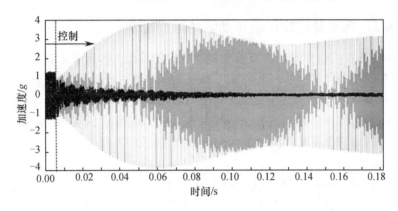

图 9.10　梁和吸振器对 1270Hz 激励的响应(实验曲线)

9.3　基于 PZT 的主动振动控制

如前所述,在振动控制方案中,一方面需要通过改变控制输入量来追踪目标轨迹,同时需要抑制系统中的瞬态振动。所有分布参数式物理系统在本质上是由偏微分方程组(PDE)所支配的,故系统的维数是无穷的,这一点在第 1 章中已经进行了强调。正因为这些方程组的复杂性,使用离散法构造一个有限维度的降阶模型,这样就能让控制策略在实际系统中进行应用。利用假设模态法(AMM)或有限元法(FEM)可得到系统的近似模型,在这些模型的基础上就可以应用一些控制器设计方法进行控制系统的设计。在近似处理过程中所使用的截断程序将模型和控制器联系了起来。由于忽略了高频动力学(与控制溢出相关)和所设计控制器的高阶问题(与模型中所使用的柔性模态数目的增加相关),因此在控制器的实现过程中就会出现严重的问题。为了克服这些不足,研究人员开发了一种基于无穷维分布式(IDD)偏微分模型的替代方法。

本节将介绍控制器的设计、开发以及基于压电作动器实现实时控制,其中压电作动器有两种常规的结构(即轴向和横向)。对于轴向结构(叠堆式),我们使用相同的压电陶瓷作动器(关于它详细的建模等细节内容请参考8.2节),然后设计一种新的控制器以匹配此驱动方式。在此案例中,我们借助于离散表示法和集中参数基础控制器(具体见9.3.1节)进行控制器的设计和开发。

第二个例子是将一个弯曲机类型的压电作动器与一个柔性梁向连,这是一种在很多压电作动器和传感器系统中常用的结构。为了说明基于分布参数表示法的系统在控制实现方面的复杂性,我们将详细讨论这类系统的设计、开发及实时控制的实现,并且对分别使用集中参数表示法和分布参数表示法的系统进行对比。第一种振动控制法是基于集中参数系统,但后续针对同一系统所设计开发的振动控制器则是基于分布参数系统。

9.3.1 基于叠堆式压电作动器的振动控制

关于叠堆式压电作动器的建模和振动分析的具体内容参考8.2节。本节将介绍状态空间控制器的开发过程,它用于对压电作动器进行轨迹控制,这类作动器被广泛地应用在许多定位和振动控制场合。为此,首先简要介绍状态空间控制器设计的概要,然后是如何基于压电作动器来实现控制,其中包括实际系统中的控制实现问题:如针对局部反馈而设计的控制观测器,以及应对参数不确定性和未建模动态而设计的鲁棒控制。

状态空间控制器设计概述:该系统使用图9.3中的压电陶瓷作动器(8.2.3节)。控制目标是让作动器的末端($y(t) = u(L,t)$,见式(8.43))去跟踪目标轨迹$y_d(t)$(该轨迹相对于时间是连续二阶可导的),跟踪误差为

$$e(t) = y_d(t) - y(t) \tag{9.33}$$

求式(9.33)两边关于时间的导数,并结合式(8.43)的状态空间方程,得

$$\dot{e}(t) = \dot{y}_d(t) - \dot{y}(t) = \dot{y}_d(t) - \boldsymbol{C}\dot{\boldsymbol{x}}(t)$$

$$= \dot{y}_d(t) - \boldsymbol{CAx}(t) - \boldsymbol{CB}u(t) \tag{9.34}$$

从式(9.34)可见,对于本系统的作动器或其他柔性结构(如梁、板材、壳体等)而言,因为要求系统的输入量为作用力、输出量为位移,这样状态方程中的 **CB** 项

196

就一定为零。这表明无法使用一阶状态空间控制器来控制跟踪位移形式的目标轨迹。令 $CB = 0$，对跟踪误差进行再次微分得

$$\ddot{e}(t) = \ddot{y}_d(t) - CA\dot{x}(t) = \ddot{y}_d(t) - CA^2 x(t) - CABu(t) \qquad (9.35)$$

同理可见，式(9.35)中的 CAB 项对于柔性机械结构来说一定是非零的。因此，下面定理中所阐述的二阶状态空间控制器可被用于控制作动器的位移。

定理 9.1 对式(8.43)中的单输入单输出状态空间系统而言，它满足 $CB = 0$，$CAB \neq 0$，假设所有的信号都是有界的，在下面控制律的作用下，跟踪误差趋于渐进收敛，即当 $t \to \infty$ 时 $e \to 0$，则

$$u(t) = \{CAB\}^{-1}(\ddot{y}_d(t) - CA^2 x(t) + k_1 \dot{e}(t) + k_2 e(t)) \qquad (k_1, k_2 > 0)$$

$$(9.36)$$

证明：将式(9.36)给出的控制律代入式(9.35)中得到下面的方程，该方程描述了系统的误差动力学特性，即

$$\ddot{e}(t) + k_1 e(t) + k_2 e(t) = 0 \qquad (9.37)$$

因为 k_1 和 k_2 是正数常量，则式(9.37)是一个稳定的二阶微分方程，它的特征根位于复平面的左半面。这样就实现了跟踪误差的渐进收敛(Vora, et al. 2008)。

状态空间控制器的仿真结果：所设计的控制律通过 C3 结构(见 8.2.3 节)作用在作动器模型上，假设系统输出和状态向量是实时可测的。我们选用两个幅值为 $10\mu m$、频率分别为 1kHz 和 50kHz 的正弦信号作为目标轨迹。在目标信号上加 $60°$ 的相位移，这相当于加载一个非零初始误差值，可以用来评估控制器的瞬态响应能力。k_1 和 k_2 的分别选为 7000 和 1.225×10^9，这样系统的误差动力学就处于临界阻尼状态，此时，系统的固有频率为 35000rad/s(5573kHz)。为了维持数值积分的稳定性，将采样频率调到 100MHz。临界阻尼误差动力学能够使系统在稳定性与系统性能之间保持较好的平衡，因为它响应快速并且无超调。此外，因为处于临界阻尼误差动力学的系统具有更高的固有频率，这使其响应更快速，但是响应速度不能超过某个阈值，该阈值则是由颤振效应所决定。

图 9.11 显示的是跟踪结果，从图中可见，控制器可以精确地跟踪低频和高频轨迹，且两者跟踪误差的指数收敛率是相同的。在跟踪误差曲线中存在小幅振荡，尤其是在跟踪高频轨迹时，这是因为数值积分中时刻存在近似处理。在跟踪低频轨迹时，系统输出在第一个周期内就收敛到目标轨迹上，但是在跟踪高频轨迹时，它却需要花费好几个周期才能与目标轨迹相重合。我们可以通过增加控制增益来改进这个问题，从而让系统获得更快的响应速度。

控制观测器的设计：在许多实际应用场合中，只有作动器的末端位移是可测的(系统输出为 $y(t) = u(L, t)$，见式(9.43))。这就限制了上面所开发的控制器的应用，因为它是需要全状态反馈的。因此，在反馈回路中增加状态估测器或观测器是克服此问题的一种有效手段。闭环状态观测器已经被广泛地应用在无法对状态量做直接测量的反馈控制场合中。我们还是需要对系统的可观测性进行研究，遗憾的是目前

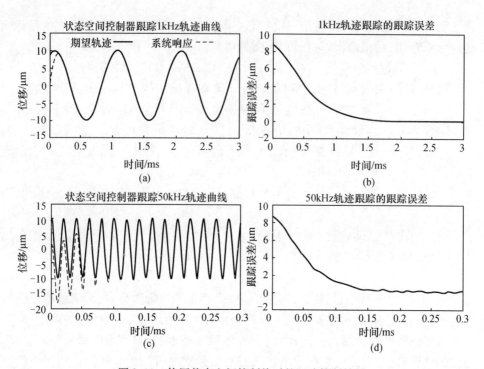

图 9.11　使用状态空间控制律时的跟踪控制结果

(a)1kHz 正弦轨迹跟踪；(b)(a)的跟踪误差；(c)50kHz 正弦轨迹跟踪；(d)(c)的跟踪误差。

轴向作动器的状态空间模型并不符合可观测条件,因为可观测性矩阵的秩小于系统的阶数,这意味着它并不能保证将闭环观测器的极点配置到目标位置。然而,开环系统是稳定的(这意味着状态向量是可测的),这就能够把观测器的极点配置到离目标位置尽可能近的地方,具体是通过将闭环观测器的增益调整到最优值来实现的。

适用于线性系统的经典闭环观测器模型为

$$\dot{\hat{\boldsymbol{x}}}(t) = \boldsymbol{A}\,\hat{\boldsymbol{x}}(t) + \boldsymbol{B}u(t) + \boldsymbol{L}(y(t) - \boldsymbol{C}\,\hat{\boldsymbol{x}}(t)) \qquad (9.38)$$

式中:$\hat{\boldsymbol{x}}(t)$ 为观测到的状态向量;$\boldsymbol{L}$ 为观测器的增益矩阵。为了得到观测器误差的动态特性,将状态观测误差定义为

$$\tilde{\boldsymbol{x}}(t) = \boldsymbol{x}(t) - \hat{\boldsymbol{x}}(t) \qquad (9.39)$$

求式(9.39)两边关于时间的导数,然后联立式(8.43)和式(8.43)得

$$\dot{\tilde{\boldsymbol{x}}}(t) = (\boldsymbol{A} - \boldsymbol{LC})\tilde{\boldsymbol{x}}(t) \qquad (9.40)$$

式(9.40)是一个一阶微分方程,表示的是观测器误差的动态特性。若要实现式(9.40)的渐进稳定,则矩阵$(\boldsymbol{A} - \boldsymbol{LC})$的特征值必须全部位于复平面的左侧。最简单的方法是令 $\boldsymbol{L} = 0$,然后使用一个开环观测器,因为对当前系统来说矩阵 $\boldsymbol{A}$ 的特征值具有负实部。但是系统中可能存在不确定性和干扰,且系统固有的低阻尼特性导致开环观测器的瞬态响应较差,故还是得用闭环观测器。我们的目标是通过

选择增益矩阵 L 得到一个稳定的误差动态系统,该系统的所有特征值都被推向复平面左侧且集中在实数轴周围,这样能同时提高观测器的稳定性和瞬态响应能力。需要注意的是,在现实系统中观测器的特征值在向左侧移动时不能超过某个值,因为我们需要更短的采样时间来实时地解算观测器的微分方程。

利用随机优化算法可将观测器的极点最优地配置到期望的位置。随机优化算法相比梯度法的优点在于它能搜索目标函数的全局最优解。图 9.12 展示了观测器极点 3 组不同的最佳位置,它们在实轴上的坐标分别为 − 1000、− 20000、−50000。尽管可以将观测器的极点移向左侧以得到更稳定的系统,但并不能将它们全部配置到实轴上以获得期望的瞬态响应能力。虽然存在约束条件,但通过优化算法可将极点挤压到实数轴周围,可最重要的问题是目前的系统缺少可观测性条件。不过还是有方法获得令人满意的稳态响应。

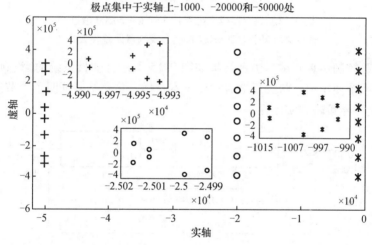

图 9.12　观测器极点配置于实轴上 − 1000、− 20000、−50000 附近的最优位置

为了评估观测器在估计状态向量时的表现,我们进行了一组仿真,将观测器的极点配置到 − 50 000 附近,同时应用初始条件将系统的输入激振力的频率设为 20kHz。结果如图 9.13 所示,所有 8 个状态观测器的误差都收敛到零,虽然开始阶段存在一定程度的振荡,但稳态响应的表现都很好。

控制器和观测器的集成:所设计的观测器可被集成到状态空间控制器中,这样可以有效地解决实际系统中状态反馈不可用的问题。联立式(9.36)和式(9.38),集成观测器之后的状态空间控制律为

$$u(t) = \{CAB\}^{-1}(\ddot{y}_d(t) - CA^2\hat{x}(t) + k_1\dot{e}(t) + k_2 e(t)) \quad (k_1, k_2 > 0)$$

$$\dot{\hat{x}}(t) = A\hat{x}(t) + Bu(t) + L(y(t) - C\hat{x}(t)) \qquad (9.41)$$

图 9.14 是控制结构框图,观测器接收控制对象的输入和输出数据,同时将估计的状态反馈给控制器。基于这种控制策略,再次重复系统对 1kHz 和 5kHz 目标

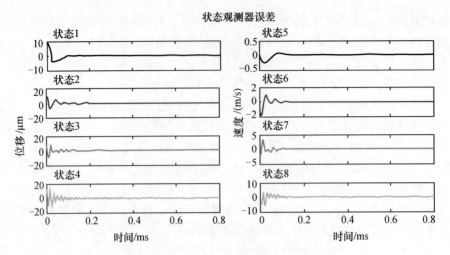

图 9.13　观测器极点配置在实轴上 -50000 附近，
输入激励频率为 20kHz 时，状态观测器误差收敛到 0

轨迹的跟踪控制仿真测试。仿真结果如图 9.15 所示，此时，系统的瞬态响应和稳态响应与系统使用精确状态反馈时相比基本一样。仿真结果证明了本节所提出的控制器/观测器策略的实用性。

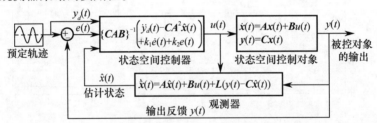

图 9.14　实际系统中用于控制作动器的集成式状态空间控制器/观测器结构框图

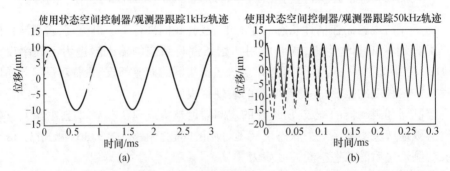

图 9.15　使用复合的控制器/观测器策略跟踪控制 1kHz(a) 和 50kHz(b) 的正弦轨迹

对于基于精确状态反馈的状态空间控制器(图 9.11)和基于通过观测得到状态反馈的控制器(图 9.15)而言，两者的轨迹跟踪控制效果几乎相同。有人可能会提出这样的观点：与控制律中其他项相比，状态反馈的效果可以被忽略掉。为了说

200

明这个疑问,我们将状态观测器从控制器中剥离出来,然后进行同样的仿真,结果如图 9.16 所示,较差的跟踪结果证明了集成状态观测器的必要性。

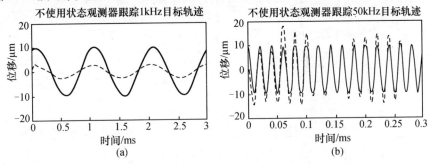

图 9.16　不使用状态反馈时,系统跟踪控制 1kHz(a)和 50kHz(b)的正弦轨迹

控制器带宽测试:对任何振动控制方案(如当前部分的振动控制方案)而言,最重要的一个目标是构建出一个具有较高带宽的跟踪控制器,其可用于控制叠堆式压电作动器,使作动器能工作在任意指定的频率范围内。在当前的控制器框架中,因为受到实际情况的限制,高阶模态的效应被忽略。因此,我们使用的是一个截断模型,控制器也是在此基础上进行搭建的。但是在现实情况中,一个作动器具有无数个模态,使用截断法会产生相对较大的跟踪误差。所以接下去要研究模态截断如何影响控制器的性能和带宽。

这里选用一个基于 C3 结构的四模态(包含前四阶模态)作动器模型来代表一个实际的控制对象。然后构建 4 个不同的控制器,它们分别基于控制对象的前一阶、前两阶、前三阶与前四阶模态的近似。一般的预期是:具有更多模态的控制器能够实现更好的跟踪带宽。将一个振幅为 $10\mu m$ 的目标轨迹加载到系统上,它的频率从 1kHz 到 80kHz 递增变化,这是为了覆盖控制对象的所有共振频率(这里指的是前四阶共振频率)。我们观察稳态跟踪误差的幅值随频率变化的关系,以连续展示所设计的控制器/观测器在指定频率范围内的表现。基于有限模态近似法的不同控制器和它们对应的跟踪控制结果如图 9.17 所示。从图中可见,控制器只能消除它能力范围内(即它所包含的模态数目)的跟踪误差。例如,基于一阶模态近似的控制器可以精确地跟踪低于二阶共振的目标轨迹,但是跟踪误差在高于一阶模态的频段范围内会出现很大的波峰。随着控制器中所包含模态数量的增加,跟踪带宽随之增大。对于完整包含前四阶模态近似模型的控制器而言,跟踪误差在整个频率范围内是平滑的且变化较小。因此,可得出以下结论:对于一个具有无限模态数目的实际作动器而言,所开发的控制器的跟踪带宽是由它所包含的模态数目所决定。对于任何指定的带宽,如果控制器中包含频带范围内的所有模态,则能保证系统进行精确的轨迹跟踪。

从图 9.17 中可见,跟踪误差曲线在控制器所包含的模态范围内存在一些小波峰,这是因为在近似处理时对高阶模态做了截断处理。通过增加控制增益可以削

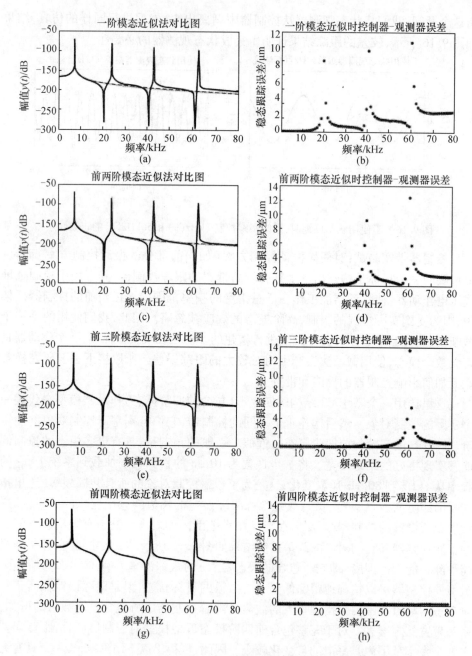

图 9.17 在不同近似法下对一个四模态控制对象模型的跟踪控制结果，
其中(a,b)是一阶模态，(c,d)是前两阶模态，(e,f)是前三阶模态，
(g,h)是前四阶模态近似法和相应的跟踪控制结果

平这些小波峰，如图 9.18 所示，通过选取更大的控制增益，减弱了跟踪误差曲线的
整体大小和 20kHz 附近的小波峰。一般来说，对于一个具有不确定性的控制对象

而言,更大的控制增益会降低跟踪误差的大小。但是在实际系统中,当控制器的增益很大时会出现颤振现象,故不能无限制地增加控制增益值。

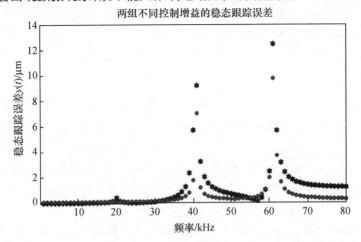

图9.18 基于二模态近似法的控制器/观测器的 2 组不同增益的稳态跟踪误差对比
(其中圆点图案表示的是具有较大增益值的控制器)

鲁棒状态空间控制器的开发:在现实系统中无法避免不确定性,如未建模动态产生的效应、外部干扰、系统非线性、参数不确定性以及环境的变化都会影响闭环系统的性能。因此,控制器必须被设计成具有鲁棒性以应对这些负面效应,从而提高系统的跟踪性能。下面将为当前的状态空间系统开发一个基于李雅普诺夫法的鲁棒变结构控制器,以减少降阶效应产生的不确定性对系统性能的影响。变结构控制(也称为滑模控制)技术已经被广泛地应用在各种控制场合中。改进后的系统状态空间方程包含干扰项,具体为

$$\dot{x}(t) = Ax(t) + Bu(t) + Gd(t)$$
$$y(t) = Cx(t) \tag{9.42}$$

式中:$G_{2p \times 1}$为干扰矩阵;$d(t)$是一个有界的时变项,表示干扰所产生的综合效应。鲁棒控制的目的是保证系统在未知干扰的作用下还能跟踪上目标轨迹。求式(9.33)关于时间的一阶导数并结合式(9.42)的状态方程得

$$\dot{e}(t) = \dot{y}_d(t) - \dot{y}(t) = \dot{y}_d(t) - C\dot{x}(t)$$
$$= \dot{y}_d(t) - CAx(t) - CBu(t) - CGd(t) \tag{9.43}$$

如前所述,对当前系统来说 CB 项为 0,因此不能用一阶状态空间控制器来控制作动器末端。

位移的轨迹跟踪。在很多情况下,如存在参数不确定性和外部干扰时,CG 项为 0,但是为了开发一种更加通用的控制策略,假定 CG 项是非零的。进一步求式(9.43)关于时间的导数,得到跟踪误差的二阶导数为

$$\ddot{e}(t) = \ddot{y}_d(t) - CA^2x(t) - CABu(t) - CAGd(t) - CG\dot{d}(t) \tag{9.44}$$

为了同时实现系统的鲁棒性和跟踪控制性能,将滑动流形(滑模面)定义为

$$s(t) = \dot{e}(t) + \sigma e(t) \tag{9.45}$$

式中:σ 为一个正数常量,代表滑移线的斜率。现考虑下面的控制律,即

$$u(t) = \{CAB\}^{-1}(\dot{y}_d(t) - CA^2x(t) + \sigma \dot{e}(t) + \eta_1 s(t) + \eta_2 \mathrm{sgn}(s(t))) \quad (\eta_1, \eta_2 > 0) \tag{9.46}$$

式中:η_1 和 η_2 为控制增益,η_2 满足如下的鲁棒条件,即

$$\| CGd(t) + CAGd(t) \| \leqslant \eta_2 \tag{9.47}$$

式(9.47)要求 $CG\dot{d}(t)$ 是有界的,这意味着要么 CG 为零,要么 $d(t)$ 是一阶连续可导的。

定理9.2 对于式(9.42)的控制对象,式(9.46)的控制律能保证滑动轨迹 $s(t)$、跟踪误差 $e(t)$ 以及它关于时间的一阶导数 $\dot{e}(t)$ 都是渐进收敛的,即当 $t \to \infty$ 时,$s(t), e(t), \dot{e}(t) \to 0$,即所有的信号都是有界的。

证明:将控制律式(9.46)代入到式(9.44)的二阶误差动态模型中,得

$$\ddot{e}(t) + \sigma \dot{e}(t) + \eta_1 s(t) + \eta_2 \mathrm{sgn}(s(t)) + CAGd(t) + CG\dot{d}(t) = 0 \tag{9.48}$$

现在定义一个正定的李雅普诺夫函数 V,即

$$V = \frac{1}{2}s^2(t) \tag{9.49}$$

它对时间一阶导数为

$$\dot{V}(t) = s(t)\dot{s}(t) = s(t)(\ddot{e}(t) + \sigma \dot{e}(t)) \tag{9.50}$$

利用式(9.48)将式(9.50)中的 $\ddot{e}(t) + \sigma \dot{e}(t)$ 替换掉,得

$$\dot{V}(t) = -\eta_1 s^2(t) - \eta_2 s(t)\mathrm{sgn}(s(t)) - (CAGd(t) + CG\dot{d}(t))s(t)$$
$$= -\eta_1 s^2(t) - \eta_2 |s(t)| - (CAGd(t) + CG\dot{d}(t))s(t) \tag{9.51}$$

若所选取的控制器增益能满足式(9.47)的鲁棒条件,则 $\dot{V}(t)$ 满足

$$\dot{V}(t) \leqslant -\eta_1 s^2(t) \leqslant 0 \tag{9.52}$$

这样能同时保证 $s(t)$、$e(t)$ 和 $\dot{e}(t)$ 是渐进收敛的。

滑模控制中的滑模轨迹 $s(t)$ 具备有限时间收敛特性,即 $s(t)$ 在一段有限的时间内能够到达滑模面(也称为切换面,$\dot{e}(t) + \sigma e(t) = 0$),然后 $s(t)$ 在切换面内向着原点滑动。在滑移轨迹即将到达切换面的阶段,滑移轨迹和切换面之间有一个平滑的过渡;但是在滑动模态运动阶段(即滑移轨迹到达切换面之后),系统输入量会在两个值之间不停地切换,这样就会产生颤振效应。在实际应用中,颤振会引起系统的不稳定,故需要消除或减弱颤振。一种比较常用的减弱颤振的方法是用一个软切换饱和函数来替换控制律中的硬切换符号函数,具体为

$$u(t) = \{CAB\}^{-1}(\dot{y}_d(t) - CA^2x(t) + \sigma \dot{e}(t) + \eta_1 s(t) + \eta_2 \mathrm{sat}(s(t)/\varepsilon)) \tag{9.53}$$

式中:$\varepsilon > 0$ 是一个很小的数,它决定饱和函数的切换速度(开关速度或转化速度),

饱和函数的定义为

$$\mathrm{sat}(s/\varepsilon) = \begin{cases} s/\varepsilon & (|s| < \varepsilon) \\ \mathrm{sgn}(s) & (|s| \geqslant \varepsilon) \end{cases} \tag{9.54}$$

利用以上改进措施可以消除颤振效应,但是会相应地减弱控制器的渐进收敛特性。若最终要实现全局一致有界响应,其前提是稳态误差的幅值是有界的,而幅值由控制增益的组合所决定,具体函数关系为

$$|e_{ss}(t)| \leqslant \frac{\eta_2 \varepsilon}{\sigma(\eta_1 \varepsilon + \eta_2)} \tag{9.55}$$

所选取的 ε 值越小,则稳态误差的幅值越小,这样就越有可能发生颤振。我们应该在抑制颤振和系统的跟踪性能之间做一个平衡,这样才能合理地调整 ε 这个参数。

下面进行两组仿真,对比展示分别使用符号函数和饱和函数的变结构控制器的性能。将控制器的标称参数相对实际控制对象的参数做 5% 的偏移,这样为了模拟闭环系统中的不确定性。图 9.19 展示的是控制器对一个幅值为 5μm、频率为 50kHz 的目标轨迹的跟踪结果,从图中可见,两个控制器都能有效地跟踪目标轨迹。使用符号函数的滑模控制器的控制输入量会在滑动阶段产生颤振效应(图 9.19(b)),但是使用饱和函数的滑模控制器(图 9.19(d))则不会出现颤振效应。图 9.20 是控制器的相位图,两组相位曲线变现出相似的响应特性,两者不同之处是,在原点附近滑模控制器出现了小幅颤振,而使用软切换的控制器则没有这种现象。

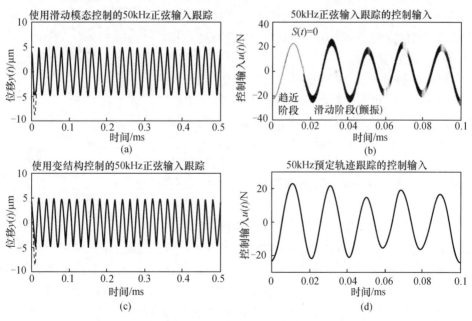

图 9.19　50kHz 目标轨迹的鲁棒跟踪控制、滑模控制
(a)跟踪;(b)控制输入;软切换模态控制;(c)跟踪;(d)控制输入。

205

50kHz正弦输入跟踪的相位对比图

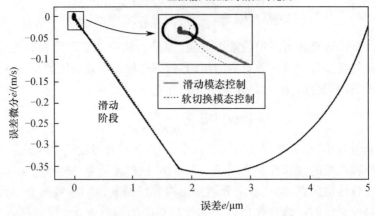

图 9.20　滑动模态控制和软切换模态变结构控制的相位对比图

9.3.2　基于薄片式压电作动器的振动控制

如前所述,薄片式结构的压电传感器和作动器已经被广泛地应用在振动控制系统和传感/开关等应用场合中,最近又被应用在振动能量收集系统中。因此,本节将介绍振动控制系统的一种综合设计方法,其中包含了系统实时控制的实现问题。控制系统的设计分为以下两类:基于集中参数表示法的系统和基于分布参数表示法的系统。下面将综合研究这两种方法,并对比研究两者的特性。

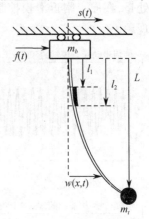

图 9.21　表面贴有压电片的
运动柔性梁结构示意图

振动控制对象:为了对比研究这两种控制器,我们考虑一个柔性梁的控制问题,如图 9.21 所示,柔性梁连接在一个运动底座上,底座的运动由一个电动振动器所控制,在柔性梁的表面贴一个压电片(作动器)用于抑制下半部分梁的振动。我们的控制目标是在调节悬臂梁底座运动的同时抑制悬臂梁中的瞬态振动。

对于第一种基于集中参数法表示的系统,所设计的控制框架如下:选用简单的 PD 控制策略来控制底座的运动,并使用一个李雅普诺夫控制器来控制压电作动器的电压信号。选用基于能量法的李雅普诺夫函数会产生一个与速度相关的信号,但是无法通过物理手段测量出这个信号。为解决该问题,我们设计了一个降阶观测器来估算这个与速度相关的信号。因此,所设计的控制器是基于一个截取了梁的前两阶模态的近似模型。

对于第二种基于分布参数法表示的系统(同一个系统),所设计的控制器的控制目的是对梁底座的运动进行指数型的调节,同时抑制梁中的瞬态振动。为此,选用两种典型的阻尼形式,即黏滞阻尼和结构阻尼,并且这两种阻尼是梁结构所固有的。通过李雅普诺夫法控制悬臂底座的控制力和压电作动器上的输入电压,最终通过实验证明系统能够控制底座的运动且闭环系统表现出指数稳定性。

数学建模:我们的研究对象是一根均匀的柔性悬臂梁,梁上半部的表面贴有压电作动器。如图9.21所示,梁的一端固定在一个可以运动的底座上,底座的质量为m_b,梁端部的质量为m_t,梁的总厚度为t_b,长度为L,压电片的厚度为t_b,长度为$l_2 - l_1$,假设压电片和梁具有相同的宽度为b,压电片被贴在距离梁底座l_1处。此系统的外部输入量是作用在梁底座上的力$f(t)$和施加在压电作动器上的输入电压$V_a(t)$。

在建模方面,借鉴8.3.1节中所给出的通用建模方法,与8.3.1节中所不同的是,本系统中增加了运动底座和梁的端部质量(随之产生了与这两者相关的动能项),而且因为外部力作用在底座上,这样就存在非保守力做功的计算问题。基于以上不同之处,将式(8.53)的动能表达式修改为

$$T = \frac{1}{2}\left\{\int_0^L \rho(x)(\dot{s}(t) + \dot{w}(x,t))^2\,\mathrm{d}x + m_b\dot{s}(t)^2 + m_t(\dot{s}(t) + \dot{w}(L,t))^2\right\}$$

(9.56)

式(9.56)包含了与底座运动相关的动能项。同理,修改式(8.55)的虚功表达式,从而包含运动底座部分所做的功,修改后的虚功表达式为

$$\delta W_m^{\mathrm{ext}} = f(t)\delta s(t) - B\int_0^L\left(\frac{\partial w(x,t)}{\partial t}\right)\delta w(x,t)\,\mathrm{d}x - C\int_0^L\left(\frac{\partial^2 w(x,t)}{\partial x\,\partial t}\right)\delta w(x,t)\,\mathrm{d}x$$

(9.57)

与第8章中所用的推导流程类似,将式(8.52)的能量方程、式(9.56)的动能方程、式(9.57)的总虚功与式(8.56)代入到式(8.7)中,并进行一些操纵(包括方程中的介电质位移$D_3(x,t)$略去),得到系统的运动方程为

$$\left(m_b + m_t + \int_0^L\rho(x)\,\mathrm{d}x\right)\ddot{s}(t) + \int_0^L\rho(x)\ddot{w}(x,t)\,\mathrm{d}x + m_t\ddot{w}(L,t) = f(t)$$

(9.58a)

$$\rho(x)\left(\ddot{s}(t) + \frac{\partial^2 w(x,t)}{\partial t^2}\right) + \frac{\partial^2}{\partial x^2}\left(EI^{\mathrm{eqv}}(x)\frac{\partial^2 w(x,t)}{\partial x^2}\right)$$

$$+ B\frac{\partial w(x,t)}{\partial t} + C\frac{\partial^2 w(x,t)}{\partial x\,\partial t} = M_{P0}G''(x)V_a(t)$$

(9.58b)

$$w(0,t) = 0,\quad w'(0,t) = 0,\quad w''(L,t) = 0,$$

$$EI^{\mathrm{eqv}}(L)w'''(L,t) = m_t(\ddot{s}(t) + \ddot{w}(L,t))$$

(9.58c)

其中

$$EI^{eqv}(x) = c(x) - \frac{h_1^2}{\beta_1}, \quad M_{P_0} = -\frac{1}{2}b(t_p + t_b - 2z_n)E_p d_{31} \tag{9.59}$$

这样就得到了系统运动方程的最一般形式,可以在此基础上建立控制律,从而实现在进行轨迹跟踪的同时对梁的振动进行控制。如前所述,控制器有两种不同的设计构架,它们分别基于系统的集中参数表示法和分布参数表示法。通过下面的两个研究案例来深入讨论这两种方法,从而为控制器的开发以及系统的实时控制问题提供指导。

例 9.1 基于集中参数表示法的压电振动控制,控制对象为平移柔性梁。

在本研究案例中,利用第 4 章中的假设模态法对式(9.58)运动偏微分方程做离散化处理。为此,梁挠度(梁末端的弯曲量)的定义为

$$\begin{cases} w(x,t) = \sum_{i=1}^{\infty} \varphi_i(x)q_i(t) \\ P(x,t) = s(t) + w(x,t) \end{cases} \tag{9.60}$$

式(9.58)的离散化表达式为

$$\left[m_b + m_t + \int_0^L \rho(x)\,\mathrm{d}x\right]\ddot{s}(t) + \sum_{i=1}^{\infty} m_i \ddot{q}_i(t) = f(t) \tag{9.61a}$$

$$m_i \ddot{s}(t) + m_{di}\ddot{q}_i(t) + \omega_i^2 m_{di}q_i(t) - \frac{h_1^2(\phi_i'(l_2) - \phi_i'(l_1))}{\beta_1(l_2 - l_1)}$$

$$\times \sum_{j=1}^{\infty} \{(\phi_j'(l_2) - \phi_j'(l_1))q_j(t)\} = -\frac{h_1 b(\phi_i'(l_2) - \phi_i'(l_1))}{\beta_1}V_a(t)$$

$$(i = 1, 2, \cdots) \tag{9.61b}$$

其中

$$m_{di} = \int_0^L \rho(x)\phi_i^2(x)\,\mathrm{d}x + m_t\phi_i^2(L)$$

$$m_i = \int_0^L \rho(x)\phi_i(x)\,\mathrm{d}x + m_t\phi_i(L) \tag{9.62}$$

备注 9.2:在例 9.1 中,忽略了梁的阻尼特性。这是为了让后续控制器的开发步骤更简单。虽然这不会影响该建模方法的通用性,但在例 9.2 中会考虑阻尼耗散效应。

控制器的推导:如前所述,我们在开发一个基于集中参数表示法的系统的控制器时,假设系统模态的数量是有限的。故为了在实际系统中搭建出此控制器,只用到系统的前两阶模态,在本节的后面会对模态数的选择做详细介绍。因此,联立式(9.61)和式(9.62),则截断后的两模态(取前两阶模态)梁模型(包含压电片模型)为

$$\left[m_b + m_t + \int_0^L \rho(x)\,\mathrm{d}x\right]\ddot{s}(t) + m_1\ddot{q}_1(t) + m_2\ddot{q}_2(t) = f(t) \tag{9.63a}$$

$$m_1 \ddot{s}(t) + m_{d1} \ddot{q}_1(t) + \omega_1^2 m_{d1} q_1(t) - \frac{h_1^2(\phi_1'(l_2) - \phi_1'(l_1))}{\beta_1(l_2 - l_1)} \{ (\phi_1'(l_2) - \phi_1'(l_1)) \}$$

$$\times q_1(t) + (\phi_2'(l_2) - \phi_2'(l_1)) q_2(t) \} = - \frac{h_1 b(\phi_1'(l_2) - \phi_1'(l_1))}{\beta_1} V_a(t)$$

$$(9.63b)$$

$$m_2 \ddot{s}(t) + m_{d2} \ddot{q}_2(t) + \omega_2^2 m_{d2} q_2(t) - \frac{h_1^2(\phi_2'(l_2) - \phi_2'(l_1))}{\beta_1(l_2 - l_1)} \{ (\phi_1'(l_2)$$

$$- \phi_1'(l_1)) q_1(t) + (\phi_2'(l_2) - \phi_2'(l_1)) q_2(t) \}$$

$$= \frac{h_1 b(\phi_2'(l_2) - \phi_2'(l_1))}{\beta_1} V_a(t) \qquad (9.63c)$$

可将式(9.63)写成更为简洁的矩阵形式,即

$$M \ddot{\Delta} + K\Delta = F_e \qquad (9.64)$$

其中

$$M = \begin{bmatrix} \psi & m_1 & m_2 \\ m_1 & m_{d1} & 0 \\ m_2 & 0 & m_{d2} \end{bmatrix}$$

$$M = \begin{bmatrix} 0 & 0 & 0 \\ 0 & k_{11} & k_{12} \\ 0 & k_{12} & k_{22} \end{bmatrix}$$

$$F_e = \begin{Bmatrix} f(t) \\ \tau_1 V_a(t) \\ \tau_2 V_a(t) \end{Bmatrix}$$

$$\Delta = \begin{Bmatrix} s(t) \\ q_1(t) \\ q_2(t) \end{Bmatrix} \qquad (9.65)$$

$$\psi = m_b + m_t + \int_0^L \rho(x) \, \mathrm{d}x$$

$$\tau_1 = -\frac{h_1 b}{\beta_1} (\phi'_1(l_2) - \phi'_1(l_1))$$

$$\tau_2 = -\frac{h_1 b}{\beta_1} (\phi'_2(l_2) - \phi'_2(l_1))$$

$$k_{11} = \omega_1^2 m_{d1} - \frac{h_1^2}{\beta_1(l_2 - l_1)} (\phi'_1(l_2) - \phi'_1(l_1))^2$$

$$k_{12} = -\frac{h_1^2}{\beta_1(l_2 - l_1)} (\phi'_1(l_2) - \phi'_1(l_1))(\phi'_2(l_2) - \phi'_2(l_1))$$

$$k_{22} = \omega_2^2 m_{d2} - \frac{h_1^2}{\beta_1(l_2 - l_1)}(\phi'_2(l_2) - \phi'_2(l_1))^2 \qquad (9.66)$$

定理 9.3 对于式(9.64)所描述的系统,用于控制梁底座上的驱动力和压电片驱动电压的控制律为

$$f(t) = -k_p \Delta s - k_d \dot{s}(t) \qquad (9.67)$$

$$V_a(t) = -k_v(\tau_1 \dot{q}_1(t) + \tau_2 \dot{q}_2(t)) \qquad (9.68)$$

式中:k_p 和 k_d 为正的控制增益;$\Delta s = s(t) - s_d$,s_d 为所设定的目标位置;$k_v > 0$ 为电压控制增益,闭环系统是稳定的,且

$$\lim_{x \to \infty} \{q_1(t), q_2(t), \Delta s\} = 0$$

证明:具体证明过程见附录 B(B.1 节)。

控制器的实现:从控制律方程可见,若要求出控制输入量 $V_a(t)$,则需要知道 $\dot{q}_1(t)$ 和 $\dot{q}_2(t)$ 的数值,这两个量与速度有关,但一般是不可被测量的。为解决该问题,我们对加速度计测得的加速度信号做积分处理,但这样的控制器结构有时会引起闭环系统的不稳定。为此,本方案设计了一个降阶观测器来估算速度信号 $\dot{q}_1$ 和 $\dot{q}_2$,利用 3 个可测量的信号:底座位移 $s(t)$,端部挠度 $P(L,t)$,梁根部的应变 $S(0,t)$,即

$$y_1 = s(t) = x_1 \qquad (9.69\text{a})$$

$$y_2 = P(L,t) = x_1 + \phi_1(L)x_2 + \phi_2(L)x_3 \qquad (9.69\text{b})$$

$$y_3 = S(0,t) = \frac{t_b}{2}(\phi''_1(0)x_2 + \phi''_2(0)x_3) \qquad (9.69\text{c})$$

前 3 个状态量($x_1 = s(t)$,$x_2 = q_1(t)$,$x_3 = q_2(t)$,$x_4 = \dot{s}(t)$,$x_5 = \dot{q}_1(t)$,$x_6 = \dot{q}_2(t)$)可通过下式得到,即

$$\begin{Bmatrix} x_1 \\ x_2 \\ x_3 \end{Bmatrix} = \boldsymbol{C}_1^{-1} \boldsymbol{y} \qquad (9.70)$$

因为此系统是可观测的,故可以设计一个降阶观测器来估计与速度相关的状态信号。定义 $\boldsymbol{X}_1 = \begin{bmatrix} x_1 & x_2 & x_3 \end{bmatrix}^T$ 和 $\boldsymbol{X}_2 = \begin{bmatrix} x_4 & x_5 & x_6 \end{bmatrix}^T$,$\boldsymbol{X}_2$ 的估计值可定义为

$$\hat{\boldsymbol{X}}_2 = \boldsymbol{L}_r \boldsymbol{y} + \hat{\boldsymbol{z}} \qquad (9.71)$$

$$\dot{\hat{\boldsymbol{z}}} = \boldsymbol{F}\hat{\boldsymbol{z}} + \boldsymbol{G}\boldsymbol{y} + \boldsymbol{H}\boldsymbol{u} \qquad (9.72)$$

式中:$\boldsymbol{L}_r \in \mathbf{R}^{3\times3}$,$\boldsymbol{F} \in \mathbf{R}^{3\times3}$,$\boldsymbol{G} \in \mathbf{R}^{3\times3}$ 和 $\boldsymbol{H} \in \mathbf{R}^{3\times2}$ 由观测器的极点配置所决定,定义估计误差为

$$\boldsymbol{e}_2 = \boldsymbol{X}_2 - \hat{\boldsymbol{X}}_2 \qquad (9.73)$$

估计误差的微分为

$$\dot{\boldsymbol{e}}_2 = \dot{\boldsymbol{X}}_2 - \dot{\hat{\boldsymbol{X}}}_2 \qquad (9.74)$$

将系统的状态空间方程式(9.71)和式(9.72)代入到式(9.74)中,并进行化简得

$$\dot{e}_2 = Fe_2 + (A_{21} - L_rC_1A_{11} - GC_1 + FL_rC_1)X_1$$
$$+ (A_{22} - L_rC_1A_{12} - F)X_2 + (B_2 - L_rC_1B_1 - H)u \quad (9.75)$$

为了使估计误差 e_2 趋向于0,矩阵 F 必须是赫维茨矩阵,且满足

$$F = A_{22} - L_rC_1A_{12} \quad (9.76)$$

$$H = B_2 - L_rC_1B_1 \quad (9.77)$$

$$G = (A_{21} - L_rC_1A_{11} + FL_rC_1)C_1^{-1} \quad (9.78)$$

根据所要求的观测器极点位置来选取矩阵 F,若 F 是已知的,则通过式(9.76)~

式(9.78)可得到 L_r、H 和 G,速度变量 $\hat{X}_2$ 可通过式(9.71)和式(9.72)估计得到。

数值仿真:为了验证控制器的效果,控制对象为图9.21中的柔性梁结构,其中压电作动器贴在梁的表面,系统参数如表9.3所列。

表9.3　数值仿真和平移梁实验装置的系统参数

项目	符号	数值	单位
梁的杨氏模量	c_b^D	69×10^9	N/m^2
梁的厚度	t_b	0.8125	mm
梁和 PZT 的厚度	b	20	mm
梁的长度	L	300	mm
梁的体积密度	ρ_b	3960	kg/m^3
PZT 的杨氏模量	c_p^D	66.47×10^9	N/m^2
PZT 的耦合参数	h_{31}	5×10^8	V/m
PZT 的反介电常数	ρ_{33}	4.55×10^7	m/F
PZT 的厚度	t_p	0.2032	mm
PZT 的长度	$t_2 - l_1$	33.655	mm
PZT 在梁上的位置	l_1	44.64	mm
PZT 的体积密度	ρ_p	7750	kg/m^3
基底质量	m_b	0.455	kg
端部质量	m_t	0.01	kg
PZT 的压电常数	d_{31}	-180×10^{-12}	C/N
PZT 电容量	C_p^l	103.8	nF
梁的黏滞阻尼系数	B	0.1	kg/ms
梁的结构阻尼系数	C	0.04	kg/s
PZT 的高弹性模量	E_{high}^{piezo}	72.59×10^9	N/m^2
PZT 的低弹性模量	E_{low}^{piezo}	60.98×10^9	N/m^2

首先,我们研究没有压电作动器进行振动控制时的悬臂梁,将 PD 控制增益定为:$k_p = 120$ 和 $k_d = 20$,图 9.22 是此条件下(即只对底座的运动进行力控制)的数值仿真结果。为研究压电作动器在梁的振动控制方面的效果,我们将电压信号的控制增益设为 $k_v = 2 \times 10^7$,图 9.23 展示了使用压电控制器(基于两模态近似模型)时系统响应的数值仿真结果。通过对比图 9.22 和图 9.23 中梁的末端位移量可见,使用压电作动器能有效抑制梁的振动。

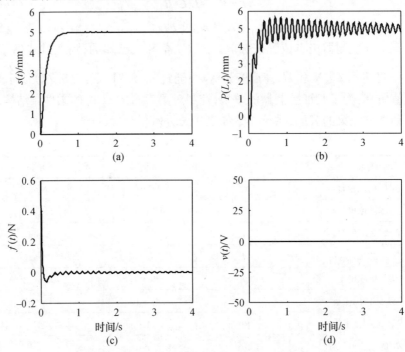

图 9.22　不使用压电片进行振动控制时的数值仿真
(a)底座运动;(b)末端位移;(c)控制力;(d)压电电压。

控制实验:为了更好地评估控制器的效果,我们搭建实验装置并验证数值仿真的结果。实验装置包括一根柔性梁、数据采集仪、放大器、信号调节器和控制软件。如图 9.24 所示,铝制柔性梁的两端分别贴了一个应变传感器和一个压电片作动器。我们利用一个夹具将柔性梁的一端固定在底座上,然后用一个振动器在夹具上施加驱动力,振动器与梁底座之间通过一个连杆连接。实验设备的参数如表 9.3 所列。

图 9.25 是实验系统的控制模块框图,其中振动器在底座上施加控制力,压电作动器在梁上施加力矩,而这些输入的力和力矩则都受控于控制器。我们分别用两个激光传感器来测量底座的位置和梁末端的位移,并在梁底座附近贴上应变传感器,用于测量动态应变,通过数据采集卡采集以上三路信号并传输给上位机。对于控制器(式(9.67)和式(9.68))余下需要用到的信号(除直接可测的信号外),

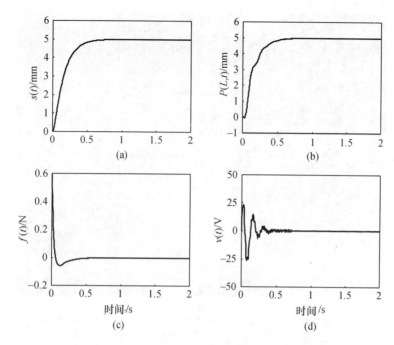

图 9.23　使用压电片进行振动控制时的数值仿真

（a）底座运动；（b）末端位移；（c）控制力；（d）压电电压。

其获取的具体方法在前面已经做了阐述。

两种情况（不使用压电片和使用压电进行振动控制）的实验结果分别如图 9.26 和图 9.27 所示。从结果中可见，当使用压电片进行振动控制时，悬臂梁的振动在 1s 内就被消除，而不使用压电片进行控制时，梁的振动持续了 6s 多。除了运动开始阶段有点不同，实验结果与仿真结果是一致的。在运动开始阶段，实验结果的曲线中存在轻微的超调量（与仿真结果不同），是因为实验中存在缺陷（如振动器的饱和缺陷）以及在建模中存在未建模动态（如关于摩擦的建模）。通过实验结果的对比可见，尽管存在一些缺陷和建模上的不足，但是通过控制压电片的输入电压可以有效抑制梁的振动。

例 9.2　基于分布参数表示法的压电振动控制，控制对象为平移柔性梁。

例 9.1 基于集中参数表示法，详细地介绍了同步控制的开发和利用压电作动器进行振动控制。尽管实验结果表明该系统具有良好的性能，但因为受到传感器布局的限制，该控制器局限于前两阶模态（即只能在前两阶模态的频率范围内正常工作）。通过本研究案例，我们将介绍在使用分布参数表示法描述原始系统的情况下，基于压电作动器进行实时振动控制的系统开发步骤和整体流程。虽然控制器的开发会变得更加复杂和麻烦，但这能避免系统模型简化所产生的许多问题，如控制溢出和传感器局限性等。

本例的研究对象和例 9.1 相同，如图 9.21 所示，系统的主要控制目标是通过

(a)

(b)   (c)

图 9.24　实验装置

(a)整个系统；(b)PZT 作动器，ACX 型号 No. QP21B；(c)动应变片。

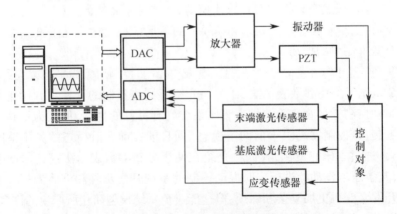

图 9.25　系统控制模块框图

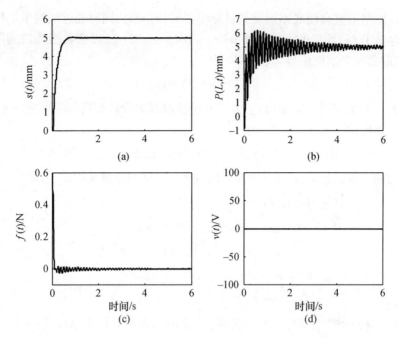

图 9.26　不使用压电片进行振动控制时的实验结果

（a）底座运动；（b）末端位移；（c）控制力；（d）压电电压。

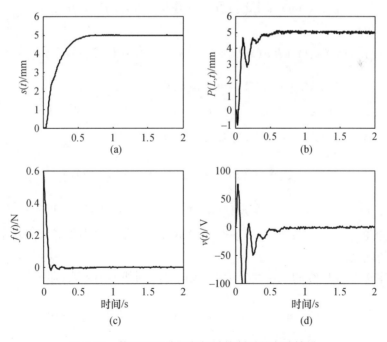

图 9.27　使用压电片进行振动控制时的实验结果

（a）底座运动；（b）末端位移；（c）控制力；（d）压电电压。

调整底座控制力 $f(t)$ 使底座运动到目标位置 $s_d(s_d > 0)$,同时通过调整压电作动器的输入电压 $V_a(t)$ 使梁的末端位移 $w(x,t)$($\forall x \in [0,L]$)以指数型收敛到零。为此,我们定义一个辅助信号 $s_1(t) \in \mathfrak{R}$ 为

$$s_1(t) = s(t) - s_d \tag{9.79}$$

且 $\dot{s}_1(t) = \dot{s}(t)$, $\ddot{s}_1(t) = \ddot{s}(t)$。为了方便控制器的设计和后续的稳定性分析,再定义一个辅助信号 $u(x,t) \in \mathfrak{R}$ 为

$$u(x,t) = s_1(t) + w(x,t) \tag{9.80}$$

下面的方程组是 $u(x,t)$ 分别对时间变量 t 和空间变量 x 的偏导,即

$$u(0,t) = s_1(t)$$
$$\dot{u}(x,t) = \dot{w}(x,t) + \dot{s}(t), \quad \dot{u}(0,t) = \dot{s}(t)$$
$$\ddot{u}(x,t) = \ddot{w}(x,t) + \ddot{s}(t), \quad \ddot{u}(0,t) = \ddot{s}(t) \tag{9.81}$$
$$u'(x,t) = w'(x,t), \quad u''(x,t) = w''(x,t)$$
$$u'''(x,t) = w'''(x,t), \quad u''''(x,t) = w''''(x,t) \tag{9.82}$$

利用式(9.81)和式(9.82)之间的关系,将梁的场方程和边界条件式(9.58a)~式(9.58c)改写为如下形式,即

$$m_b \ddot{u}(0,t) + \int_0^L \rho(x)\ddot{u}(x,t)\mathrm{d}x + m_t \ddot{u}(L,t) = f(t) \tag{9.83}$$

$$\rho(x)\ddot{u}(x,t) + B\dot{u}(x,t) + C\dot{u}'(x,t) + \frac{\partial^2}{\partial x^2}\left[EI^{\mathrm{eqv}}(x)u''(x,t)\right]$$
$$= M_{P0}V_a(t)G''(x) + B\dot{u}(0,t) \tag{9.84}$$

$$u'(0,t) = 0, \quad u''(L,t) = 0, \quad m_t\ddot{u}(L,t) - EI^{\mathrm{eqv}}(L)u'''(L,t) = 0 \tag{9.85}$$

将式(9.84)代入到式(9.83)中,将梁底座的方程式(9.83)化简为

$$m_b\ddot{u}(0,t) + (BL + C)\dot{u}(0,t) - B\int_0^L\dot{u}(x,t)\mathrm{d}x$$
$$+ EI^{\mathrm{eqv}}(0)u'''(0,t) - C\dot{u}(0,t) = f(t) \tag{9.86}$$

方程式(9.84)、式(9.86)和边界条件式(9.85)形成了控制器推导和闭环系统稳定性证明的基础。

备注9.3:在后续的稳定性分析中,我们会用到如下不等式,即

$$w^2(x,t) \leqslant L\int_0^L w'^2(x,t)\mathrm{d}x, \quad w^2(x,t) \leqslant L^3\int_0^L w''^2(x,t)\mathrm{d}x$$

$$w'^2(x,t) \leqslant L\int_0^L w''^2(x,t)\mathrm{d}x(\forall x \in [0,L]) \tag{9.87}$$

$$\int_0^L w^2(x,t)\,\mathrm{d}x \leqslant L^2 \int_0^L w'^2(x,t)\,\mathrm{d}x \leqslant L^4 \int_0^L w''^2(x,t)\,\mathrm{d}x \tag{9.88}$$

$$\int_0^L u'^2(x,t)\,\mathrm{d}x \leqslant L^2 \int_0^L u''^2(x,t)\,\mathrm{d}x \tag{9.89}$$

$$\frac{z^2}{\delta} + \delta y^2 \geqslant |zy| \quad (\forall z,y,\delta \in \Re ,\ \forall \delta > 0) \tag{9.90}$$

$$z^2 + y^2 \geqslant 2zy,\ -(z^2+y^2) \leqslant 2|zy| (\forall z,y \in \Re) \tag{9.91}$$

$$\int_0^L f(x,t)g(x,t)\,\mathrm{d}x \leqslant \left(\sqrt{\int_0^L f^2(x,t)\,\mathrm{d}x} \right) \left(\sqrt{\int_0^L g^2(x,t)\,\mathrm{d}x} \right) (f(x,t),$$

$$g(x,t) \in \Re \ \forall x \in [0,L]) \tag{9.92}$$

备注9.4:如果势能的定义为

$$U = \frac{1}{2} \int_0^L EI^{\mathrm{eqv}}(x) u''^2(x,t)\,\mathrm{d}x \tag{9.93}$$

则对于$\forall t \in [0,\infty]$,U是有界的,并且对于$n=2,3,4$,$\forall x \in [0,L]$和$\forall t \in [0,\infty]$,$\dfrac{\partial^n(x,t)}{\partial x^n}$是有界的。此外,如果动能的定义为

$$T = \frac{1}{2} m_b \dot{u}^2(0,t) + \frac{1}{2} \int_0^L \rho(x) \dot{u}^2(x,t)\,\mathrm{d}x + \frac{1}{2} m_t \dot{u}^2(L,t) \tag{9.94}$$

则对于$\forall t \in [0,\infty]$,T是有界的,且对于$n=0,1,2,3$,$\forall x \in [0,L]$和$\forall t \in [0,\infty]$,$\dfrac{\partial^w(x,t)}{\partial x^n}$是有界的。

控制器设计:利用李雅普诺夫法,定义如下的非负函数$V_1(t) \in \Re$,即

$$V_1(t) = \frac{1}{2} \int_0^L \rho(x) \dot{u}^2(x,t)\,\mathrm{d}x + \frac{1}{2} \int_0^L EI^{\mathrm{eqv}}(x) u''^2(x,t)\,\mathrm{d}x \tag{9.95}$$

求式(9.95)关于时间的导数,并将式(9.84)代入到结果表达式中,化简得

$$\dot{V}_1(t) = -B \int_0^L \dot{u}^2(x,t)\,\mathrm{d}x + B \dot{u}(0,t) \int_0^L \dot{u}^2(x,t)\,\mathrm{d}x - \frac{C}{2} \dot{u}^2(L,t)\ \frac{C}{2} \dot{u}^2(0,t)$$

$$- EI^{\mathrm{eqv}}(L) \dot{u}(L,t) u'''(L,t) + EI^{\mathrm{eqv}}(0) \dot{u}(0,t) u'''(0,t)$$

$$- M_{P0} V_a(t) [\dot{u}'(l_1,t) - \dot{u}'(l_2,t)] \tag{9.96}$$

详细的推导过程参考 Dadfarnia 等人的文章(2004b)。定义一个标量函数$V_2(t)$,即

$$V_2(t) = \int_0^L \rho(x) u(x,t) \dot{u}(x,t) \, dx + \frac{B}{2} \int_0^L u^2(x,t) \, dx + C \int_0^L u(x,t) u'(x,t) \, dx$$

$$(9.97)$$

对式(9.97)进行微分,并联立场方程式(9.84)、式(9.86)和边界条件式(9.85)得

$$\dot{V}_2(t) = \int_0^L \rho(x) \dot{u}^2(x,t) \, dx - EI^{\text{eqv}}(L) u(L,t) u'''(L,t) CEI^{\text{eqv}}(0) u(0,t) u'''(0,t)$$

$$- \int_0^L EI^{\text{eqv}}(x) u''^2(x,t) \, dx + B \dot{u}(0,t) \int_0^L u(x,t) \, dx + C \int_0^L \dot{u}(x,t) u'(x,t) \, dx$$

$$- M_{P0} V_a(t) \left[u'(l_1,t) - u'(l_2,t) \right] \qquad (9.98)$$

Dadfarnia 等(2004b)提供了详细的推导过程。下面定义一个新的备用标量函数 $V_3(t)$,即

$$V_3(t) = V_1(t) + \beta_0 V_2(t) \qquad (9.99)$$

式中:β_0 是一个正的控制增益量。式(9.99)两边对时间变量求导,然后将式(9.96)和式(9.98)代入其中,得

$$\dot{V}_3(t) = \int_0^L (\beta_0 \rho(x) - B) \dot{u}^2(x,t) \, dx + B \dot{u}(0,t) \int_0^L \dot{u}(x,t) \, dx$$

$$- \beta_0 \int_0^L EI^{\text{eqv}}(x) u''^2(x,t) \, dx + B\beta_0 \dot{u}(0,t) \int_0^L u(x,t) \, dx$$

$$+ C\beta_0 \int_0^L \dot{u}(x,t) u'(x,t) \, dx - \frac{C}{2} \dot{u}^2(L,t) + \frac{C}{2} \dot{u}^2(0,t)$$

$$- EI^{\text{eqv}}(L) \gamma_L(t) u'''(L,t) + EI^{\text{eqv}}(0) \gamma_0(t) u'''(0,t)$$

$$+ M_{P0} V_a(t) \left[\beta_0 g(t) + \dot{g}(t) \right] \qquad (9.100)$$

其中辅助信号 $\gamma_0(t)$、$\gamma_L(t)$ 和 $g(t) \in \mathfrak{R}$ 的定义为

$$\gamma_0(t) = \dot{u}(0,t) + \beta_0 u(0,t) \qquad (9.101)$$

$$\gamma_L(t) = \dot{u}(L,t) + \beta_0 u(L,t) \qquad (9.102)$$

$$g(t) = u'(l_2,t) - u'(l_1,t) \qquad (9.103)$$

基于式(9.100)的结构,将压电片上的输入控制电压 $V_a(t)$ 设计为

$$V_a(t) = -\frac{K_v}{M_{P0}} (\beta_0 g(t) + \dot{g}(t)) \qquad (9.104)$$

式中:K_v 为一个正的控制增益。为了得到 $\gamma_0(t)$ 的动态特性,求式(9.101)两边关于时间的导数,再乘上 m_b,然后利用式(9.86)得到如下的开环方程,即

$$m_b\dot{\gamma}_0(t) = -(BL+C)\dot{u}(0,t) + B\int_0^L \dot{u}(x,t)\,\mathrm{d}x - EI^{\mathrm{eqv}}(0)u'''(0,t)$$

$$+ C\dot{u}(L,t) + f(t) + m_b\beta_0\dot{u}(0,t) \tag{9.105}$$

故底座控制力 $f(t)$ 可被设计为

$$f(t) = -(m_b\beta_0 - BL - C)\dot{u}(0,t) - K_r\gamma_0(t) - K_p u(0,t) \tag{9.106}$$

其中 K_r 和 K_p 是正的控制增益量。将式(9.106)代入式(9.105)中,得到闭环系统 $\dot{\gamma}_0(t)$ 的表达式为

$$m_b\dot{\gamma}_0(t) = B\int_0^L \dot{u}(x,t)\,\mathrm{d}x + C\dot{u}(L,t) - EI^{\mathrm{eqv}}(0)u'''(0,t) - K_r\gamma_0(t) - K_p u(0,t)$$

$$\tag{9.107}$$

稳定性分析:利用李雅普诺夫稳定性理论可证明,在上述所设计的控制律的作用下,系统能够实现控制目标。接下来通过下面的理论对这部分的主要内容进行概述。

定理 9.4 式(9.104)和式(9.106)的控制律能以指数型控制底座的运动,具体为

$$|s_1(t)| \leqslant \sqrt{\frac{2\lambda_3\kappa_0}{K_p}\exp\left(-\frac{\lambda_5}{\lambda_3}t\right)} \tag{9.108a}$$

梁末端的位移则按如下的指数型被控制,即

$$|w(x,t)| \leqslant \sqrt{\frac{\lambda_3\kappa_0 L^3}{\lambda_4}\exp\left(-\frac{\lambda_5}{\lambda_3}t\right)} \quad (\forall x \in [0,L]) \tag{9.108b}$$

实现上述两点的前提条件是所选取的控制增益 K_r 和 K_p 满足以下条件,即

$$K_p > m_t\beta_0 + 2B\delta_6 L^2 + \frac{2B\beta_0}{\delta_5} + \frac{2B\beta_0^2}{\delta_6} + C\beta_0 \tag{9.108c}$$

$$K_r > \frac{B}{\delta_3} + \frac{B}{\delta_4} + \frac{2B}{\delta_5} + \frac{2B\beta_0}{\delta_6} + C \tag{9.108d}$$

式中:λ_3、λ_4、λ_5、β_0、δ_3、δ_4、δ_5 和 δ_6 为正的边界常量,正数常量 κ_0 由下式给出,即

$$\kappa_0 = \int_0^L \dot{u}^2(x,0)\,\mathrm{d}x + u^2(0,0) + \gamma_0^2(0) + \dot{u}^2(L,0) + \int_0^L u''^2(x,0)\,\mathrm{d}x$$

$$\tag{9.108e}$$

证明:详细的证明过程见附录 B(B.2 节)。

备注 9.5:从附录式(B.20)、式(B.21)、式(B.22)、式(B.24)和式(B.29)中

可见,对于 $\forall t \in [0, \infty]$, $\int_0^L \dot{u}^2(x,t), dx$, $\int_0^L u''^2(x,t), dx, u(0,t), \gamma_0(t), \gamma_L(t)$ 都是有界的,并且从 $\gamma_0(t)$ 和 $\gamma_L(t)$ 的定义中可见,对于 $\forall t \in [0, \infty]$, $\dot{u}(0,t)$ 和 $\dot{u}(L,t)$ 也是有界的。因此,机械系统的动能和势能是有界的。故利用式(B.30)、式(9.87)和备注9.4中讨论的性质可得出:对于 $n = 0, 1, 2, 3$, $\forall x \in [0, L]$ 和 $\forall t \in [0, \infty]$, $\frac{\partial^n(x,t)}{\partial x^n}$ 和 $\frac{\partial^n(x,t)}{\partial x^n}$ 都是有界的。从方程式(9.86)可见,对于 $\forall x \in [0, \infty]$, $\ddot{u}(0,t)$ 或 $s(t)$ 是有界的。将方程式(9.58b)划分为3个闭区间:$x \in [0, l_1]$;$x \in [l_1, l_2]$;$x \in [l_2, L]$。然后在每个区间里考虑 $\ddot{w}(x,t)$ 的有界性,这样就能看出对于 $\forall t \in [0, \infty]$, $\ddot{w}(x,t)$ 是有界的。基于以上信息,我们得到的结论是对于 $\forall t \in [0, \infty]$,控制律式(9.104)、式(9.106)和机械系统式(9.58a)~式(9.58c)中的所有信号在闭环控制中都是有界的。

数值仿真:我们利用假设模态展开式对原始的偏微分方程做截断处理,以便于进行数值仿真。在本小节中会讨论系统的实现问题,并展示数值仿真的结果。类似于前面的研究案例,我们利用假设模态展开式(9.60)对梁的振动进行分析。采用类似于例9.1中所用的方法可得到系统的运动方程,所不同的是,在建模和数值分析中加入了阻尼项,故将式(9.61)的控制方程修改为

$$\left[m_b + m_t + \int_0^L \rho(x) dx \right] \ddot{s}(t) + \sum_{j=1}^{\infty} m_j \ddot{q}_j(t) = f(t) \tag{9.109a}$$

$$m_i \ddot{s}(t) + \sum_{j=1}^{n} m_{ij} \ddot{q}_j(t) + \sum_{j=1}^{n} \zeta_{ij} \ddot{q}_j(t) + \sum_{j=1}^{n} k_{ij} \ddot{q}_j(t)$$

$$= M_{P0}(\phi'_i(l_2) - \phi'_i(l_1)) V_a(t) (i = 1, 2, \cdots) \tag{9.109b}$$

其中

$$m_i = \int_0^L \rho(x) \phi_i(x) dx + m_t \phi_i(L)$$

$$m_{ij} = \int_0^L \rho(x) \phi_i(x) \phi_j(x) dx + m_t \phi_i(L) \phi_j(L)$$

$$\zeta_{ij} = \int_0^L \phi_i(x) [B\phi_j(x) + C\phi'_j(x)] dx$$

$$k_{ij} = \int_0^L EI^{\mathrm{eqv}}(x) \phi''_i(x) \phi''_j(x) dx$$

因此,可将式(9.109)中梁的前 n 阶模态近似模型方程改写为如下的矩阵形式,即

$$\boldsymbol{M} \ddot{\Delta} + \boldsymbol{\zeta} \dot{\Delta} + \boldsymbol{K}\Delta = \boldsymbol{F}\boldsymbol{u} \tag{9.110}$$

其中

$$\boldsymbol{M} = \begin{bmatrix} \psi & m_1 & m_2 & \cdots & m_n \\ m_1 & m_{11} & m_{12} & \cdots & m_{1n} \\ m_2 & m_{12} & m_{22} & \cdots & m_{2n} \\ \vdots & \vdots & \vdots & \ddots & \vdots \\ m_n & m_{1n} & m_{2n} & \cdots & m_{nn} \end{bmatrix}, \quad \boldsymbol{\zeta} = \begin{bmatrix} 0 & 0 & 0 & \cdots & 0 \\ 0 & \zeta_{11} & \zeta_{12} & \cdots & \zeta_{1n} \\ 0 & \zeta_{21} & \zeta_{22} & \cdots & \zeta_{2n} \\ \vdots & \vdots & \vdots & \ddots & \vdots \\ 0 & \zeta_{n1} & \zeta_{n2} & \cdots & \zeta_{nn} \end{bmatrix}$$

$$\boldsymbol{K} = \begin{bmatrix} 0 & 0 & 0 & \cdots & 0 \\ 0 & k_{11} & k_{12} & \cdots & k_{1n} \\ 0 & k_{12} & k_{22} & \cdots & k_{2n} \\ \vdots & \vdots & \vdots & \ddots & \vdots \\ 0 & k_{1n} & k_{2n} & \cdots & k_{nn} \end{bmatrix}, \quad \boldsymbol{\Delta} = \begin{bmatrix} s(t) \\ q_1(t) \\ q_2(t) \\ \vdots \\ q_n(t) \end{bmatrix}, \quad \boldsymbol{F} = \begin{bmatrix} 1 & 0 \\ 0 & \tau_1 \\ 0 & \tau_2 \\ \vdots & \vdots \\ 0 & \tau_n \end{bmatrix}, \quad \boldsymbol{u} = \begin{bmatrix} f(t) \\ V_a(t) \end{bmatrix}$$

$$\psi = m_b + m_t + \int_0^L \rho(x)\,\mathrm{d}x$$

$$\tau_i = M_{P0}(\phi_i'(l_2) - \phi_i'(l_1)) \quad (i = 1,2,\cdots,n) \tag{9.111}$$

方程式(9.109)可写为如下的状态空间形式,即

$$\dot{X} = AX + Bu \tag{9.112}$$

其中

$$A = \begin{bmatrix} \boldsymbol{0} & \boldsymbol{I} \\ -\boldsymbol{M}^{-1}\boldsymbol{K} & -\boldsymbol{M}^{-1}\boldsymbol{C} \end{bmatrix}, \quad B = \begin{bmatrix} \boldsymbol{0} \\ \boldsymbol{M}^{-1}\boldsymbol{F} \end{bmatrix}, \quad X = \begin{bmatrix} \boldsymbol{\Delta} \\ \dot{\boldsymbol{\Delta}} \end{bmatrix} \tag{9.113}$$

在数值仿真中,我们用 Matlab 软件解上述方程。

控制系统的实现:压电片输入电压的控制律式(9.104)中需要用到 $g(t)$,利用式(9.82)中的关系可得

$$g(t) = w'(l_2,t) - w'(l_1,t) \tag{9.114}$$

对比式(9.114)和压电传感器方程式(8.137),可得

$$g(t) = \frac{C_p^l}{bE_p d_{31} t_{eq}} V_s(t) \tag{9.115}$$

在得到 $g(t)$ 后,利用数值微分法可求得 $\dot{g}(t)$,因为在压电片输入电压的控制律式(9.104)中会用到这两个量。

数值仿真结果:为了测试控制器的效果,我们使用图9.21的柔性梁模型为实验对象,具体系统参数如表9.3所列。所设定的目标位置为 $s_d = 5\text{mm}$,控制增益选为 $K_p = 120$,$K_r = 16$ 和 $\beta_0 = 0.01$。当不使用压电片进行振动控制时(即只有控制力作用在底座上),系统的响应如图9.28所示,梁末端的位移,底座的运动曲线和底座上的控制力分别如图9.28(a)~(c)所示。当使用压电片进行振动控制时,所设计的控制器是基于八模态(前八阶模态)的近似模型而开发的,此时,系统的响应

如图 9.29 所示。压电片输入电压 $V_a(t)$ 控制律中的控制增益选为 $K_v = 0.5$。仿真结果表面使用压电作动器可以有效抑制梁的振动。压电片上的输入电压信号 $V_a(t)$ 如图 9.29(b) 所示,实际系统可调的电压范围为 $-100 \sim 100\text{V}$。底座的运动曲线和控制力分别如图 9.29(c)、(d) 所示。

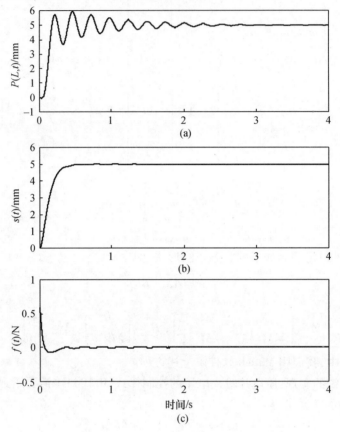

图 9.28　不使用压电片进行振动控制时的系统响应
(a)末端位移;(b)底座运动;(c)底座控制力。

　　为了验证本例所设计的控制器的效果,我们将它与例 9.1 中的基于降阶模型所开发的控制器(带有观测器)进行比较。例 9.1 中我们选用了一个 PD 控制器来控制底座的运动,并选用一个带有观测器的控制器对压电作动器的输入电压进行控制,从而使闭环系统处于能量耗散状态并保持稳定。图 9.30 对比了分别在本例控制器和例 9.1 控制器作用下梁末端位移的情况。在基于前两阶模态近似模型的情况下,两个控制器所控制下的系统输出基本相同。于是,进行基于前三阶模态近似模型的控制仿真实验,图 9.31 为两个控制器控制下梁末端位移的变化曲线。从图 9.31 可见,本例中开发的控制器能够控制系统稳定的运行(梁的振动得到了控制),但此时带有观测器的控制器(式(9.67)和式(9.68))引起了系统的不稳定

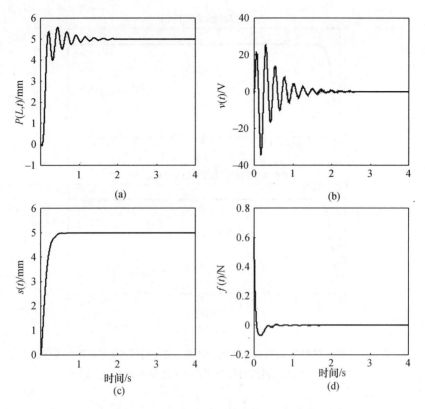

图 9.29　使用压电片进行振动控制时的系统响应

(a)梁末端位移；(b)压电片驱动电压；(c)底座运动曲线；(d)底座上的控制力。

（梁的末端位移出现震荡），这是因为控制系统中产生了溢出效应。从图 9.31(b)和图 9.31(c)中可见，当增加压电片输入电压的控制增益 K_v 时，溢出效应会变得更加明显。本例控制器中增加模态数量不会影响系统的稳定性，这与例 9.1 中基于降阶模型所开发的控制器正好相反，因为本例所开发的控制器(式(9.104))是基于无限维的分布参数式模型。

对比图 9.29 和图 9.31 的仿真结果可见，若只考虑系统的前几阶模态，当使用压电作动器进行振动控制时，梁的截断模型的振动可以很快地被抑制。但如果模型中包含的模态数目较多(包含了高阶模态)，会导致梁的振动持续更长的时间。压电作动器并不能有效地抑制梁的高阶振型(模态)，因为高阶振型会在压电片的安装位置处产生振型节点。因此，通过在梁上的不同位置安装多个压电作动器可以控制住这些高阶振型。

控制实验：为了更好地评估控制器的效果，我们采用和例 9.1 相同的实验设备(图 9.24)，然后用该实验装置来验证数值仿真的结果。本实验的控制模块框图也和例 9.1 中框图的相同(图 9.25)，框图中的振动器在梁的底座上施加输入控制

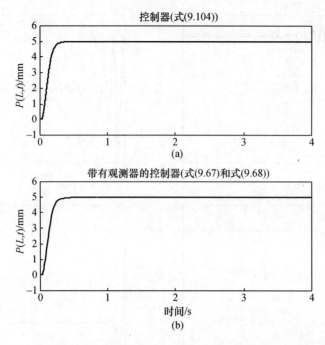

图 9.30 二阶模态模型的末端位移对本例中设计的控制器的响应和对式(9.67)、
式(9.68)的带有观测器的控制器的响应(图 9.23(b))的对比

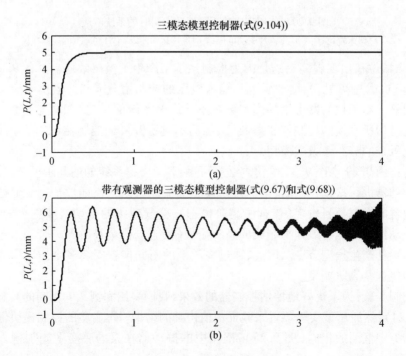

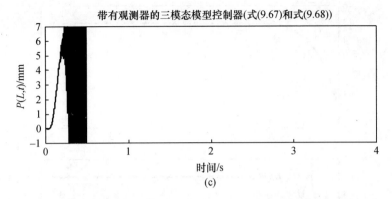

带有观测器的三模态模型控制器(式(9.67)和式(9.68))

图 9.31 三模态模型(基于前三阶模态的近似模型)的末端位移响应对比

（a)对本例中的控制器的响应和对带有观测器的控制器式(9.67)和

式(9.68)的响应;(b)增益 $K_v = 0.01$;(c)增益 $K_v = 0.15$。

力,压电片在梁上施加一个受控的力矩。

两种情况(使用和不使用压电控制器)的实验结果分别如图 9.32 和图 9.33 所示。可见,当使用压电控制器时,悬臂梁的振动在 1s 内就被消除;当不使用压电控制器时(即不使用压电作动器进行振动控制),悬臂梁的振动持续了 3s 多。

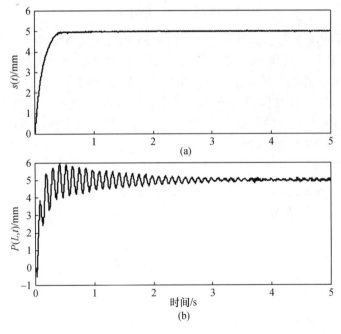

图 9.32 不使用压电控制时的实验结果

（a)底座运动;（b)末端位移。

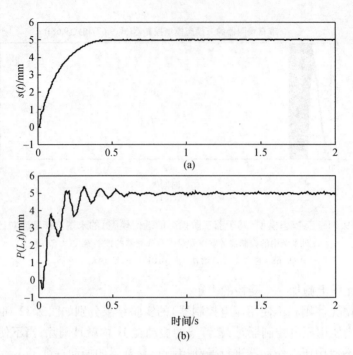

图 9.33　使用压电控制时的实验结果

（a）底座运动；（b）末端位移。

　　实验结果基本上与仿真结果一致。图 9.34 和图 9.35 分别显示了使用压电控制器与不使用压电控制器两种情况下，梁的末端位移的数值仿真结果和实验结果的对比。实验结果和仿真结果之间存在微小差异，是因为实验有局限性（如振动器的饱和限制）以及控制对象中存在未建模动态（如摩擦建模和其他非线性）。尽管存在局限性和建模上的不足，但是可以明显看出利用压电控制器控制压电作动器的输入电压可以抑制梁的振动。

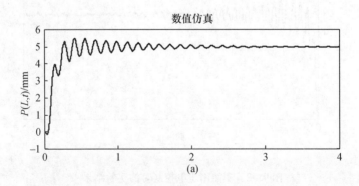

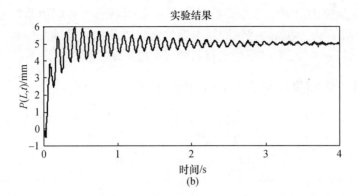

图 9.34　不使用压电控制时梁的末端位移的数值仿真与实验结果的对比

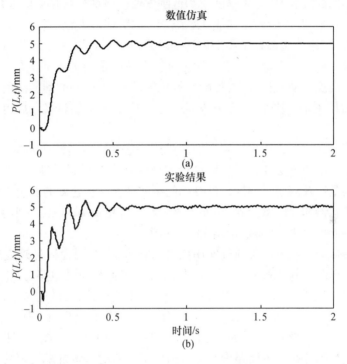

图 9.35　使用压电控制时梁的末端位移的数值仿真与实验结果的对比

9.4　基于压电材料的半主动振动控制系统

如第 1 章和本章开头所述,半主动振动控制系统是根据参数控制策略对阻尼或弹性力进行调整,从而实现结构振动控制的目的。半主动振动控制系统填补了被动和主动振动控制系统之间的空白,它既具备被动系统的可靠性,又具有主动系统的多功能性和适应性。因为半主动振动控制系统具有低能耗和低成本的优点,故最近几年研究人员对于半主动振动控制在实际系统中的应用非常感兴趣。因此,本节介绍了半主动振动控制的基本理论概念以及如何设计并搭建一个典型的半主动振动控制系统(即基于压电材料的变刚度振动控制系统)。

9.4.1 变刚度振动控制的概念简介

6.3.2 节中简要介绍了变刚度的概念,变刚度法是一种半主动振动控制方法,具体是通过在两个不同值(即低刚度值和高刚度值)之间切换结构的刚度从而耗散系统的振动能量(Clark 2000;Ramaratnam, et al. 2004a, b; Ramaratnam, et al. 2003;Ramaratnam,Jalili 2006)。在变刚度法中,通过一个简单的控制律(基于位置和速度反馈)来切换弹性元件的刚度,从而加快系统能量的耗散。弹性元件具有两个不同的刚度值,即高刚度值和低刚度值。当系统离开平衡点时,我们将弹性元件切换到高刚度状态,这样能让系统储存的势能最大化;当系统储存的势能达到最大值时(即系统振幅在半周期内达到最大时),我们将弹性元件切换到低刚度状态。切换刚度会损失部分势能,系统的总振动能量会随着势能的损失而耗散。当系统向平衡点运动的过程中,势能会转化为动能,但得到的动能比前一个周期的动能要小,因为刚度切换的过程中势能产生了损失,相应的转换之后得到动能也减少了。

这种能量耗散的方法可被用于抑制受到瞬态激励或持续激励的系统的振动。但是这种振动衰减方法在实际应用过程中会受到诸多限制,如所研究的系统需要速度量的测量以及双刚度弹性元件结构的可实现性。在速度的测量中需要用到昂贵的速度传感器和噪声微分器,这使得该限制条件更加突出,不过利用一个输出反馈速度观测器可解决该问题(Xian,et al. 2003)。

变刚度振动控制方法可通过使用压电材料来实现,因为通过改变压电材料电路的接线可以改变其等效刚度,当连到一个处于开路状态的电路时,压电材料表现出高刚度值,当电路短路时,压电材料会表现出低刚度值,具体见6.3.2节(Ramaratnam,Jalili 2006; Richard,et al. 1999)。压电材料具有改变自身刚度的能力是因为它们具有改变自身力顺(顺从系数,为弹性系数的倒数)的能力,具体是通过将压电材料连接到开路或者闭路中改变材料内部电路的电阻抗来实现的。

一个单自由度质点弹簧系统的变刚度振动控制:为了更好地说明变刚度的概念,我们选用一个单自由度质点弹簧系统作为研究对象,如图9.36所示。系统的控制方程为

$$m\ddot{y}(t) + k(t)y(t) = f(t) \qquad (9.116)$$

式中:$y(t)$ 为系统输出(此信号逐渐衰减);m 为质量;$k(t)$ 为刚度;$f(t)$ 为作用在系统上的外力。假定弹簧具有刚度可变的特性,即它可以在两个不同刚度值(高刚度和低刚度)之间切换。当外力 $f(t)$ 使质量块 m 离开平衡位置时,将弹簧的刚度 $k(t)$ 保持为高刚度值。当质量块运动到最大位移处(y_{max})时,系统的最大势能为

$1/2k_{\mathrm{high}}y_{\max}^2$（对表达式做了简化），此时，将弹簧的刚度切换为低刚度值，然后保持此状态直到质量块再次运动到平衡点。因此，切换刚度后，势能在$y_{\max}$处变为$1/2k_{\mathrm{low}}y_{\max}^2$，势能中的损失部分为$1/2\Delta ky_{\max}^2$，其中$\Delta k = k_{\mathrm{high}} - k_{\mathrm{low}}$。

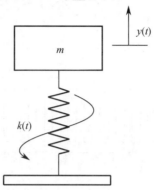

图 9.36　具有变刚度能力的单自由度质点弹簧系统

　　势能中减少的部分$1/2\Delta ky_{\max}^2$会引起所转化动能的减少，从而耗散系统的总能量。当质量块向着远离平衡点的方向运动时，将弹簧的刚度切换到高刚度值，这样周期性地变换弹簧刚度会逐渐耗散系统的能量。因为系统的刚度是随着时间变化的，故单自由度系统不再保守（机械能不守恒）。因此，该系统变成了一个参变系统（系统参数随时间变化），并且通过这种非保守弹性力做功可以有效地将系统的振动能量耗散掉。

　　变刚度控制律：我们设计了一种启发式的控制律来进行刚度变换的基本控制，主要通过硬切换或者开关（继电）控制。控制律是基于物块当前位置（相对于系统平衡点）来进行设计的，控制律的表达式为

$$\begin{cases} k(t) = k_{\mathrm{high}} & (y\dot{y} \geqslant 0) \\ k(t) = k_{\mathrm{low}} & (y\dot{y} < 0) \end{cases} \tag{9.117}$$

可将控制律改写更紧凑的形式，即

$$k(t) = \overline{K}_1 + \overline{K}_2 \operatorname{sgn}(y\dot{y})\,(k_{\mathrm{low}} \leqslant k \leqslant k_{\mathrm{high}}) \tag{9.118}$$

其中

$$\overline{K}_1 = \frac{(k_{\mathrm{high}} + k_{\mathrm{low}})}{2}, \quad \overline{K}_2 = \frac{(k_{\mathrm{high}} - k_{\mathrm{low}})}{2}$$

数值仿真中，弹簧刚度值的改变令势能在最大位移处耗散，从而使系统总能量逐步耗散，在变刚度作用下，受到抑制的系统位移曲线如图 9.37（a）所示。在一个特定周期内系统能量的耗散值与高低刚度值之间的差值（即Δk）成正比。当弹簧刚度按照控制律式（9.118）进行切换时，它能有效抑制系统的振动。

9.4.2　变刚度概念的实时实现

　　通过测量质点弹簧系统中物块的位置和速度可实现式（9.118）的控制律。然

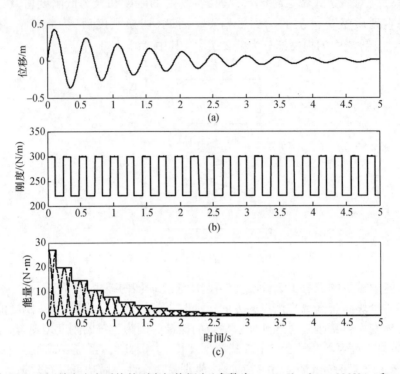

图 9.37　单自由度系统的刚度切换概念(参数为 $m = 1.5\text{kg}, k_{\text{low}} = 220\text{N/m}$ 和

$k_{\text{high}} = 300\text{N/m}$,图 9.37(c)中,点划线(—·—)代表动能,

虚线(— — —)代表势能,实线(——)代表总能量)

而,由于实际系统中无法利用速度传感器直接测量速度值(实现起来很复杂),这样就阻碍了控制律的实现。如果使用加速度传感器来测量加速度信号,然后对加速度信号做积分来间接获得位移量和速度量,但是通过这种方式得到的测量值并不一定纯净而有效。解决该问题的一种简单的方案是,先测量位移,然后对其进行数字微分,从而得到所需的速度信号。但是此方法又会产生一个经典的问题,原位移信号中包含的噪声会随着微分过程夹杂在信号中,这样就会得到错误的速度信号。为了避免这种情况,我们使用一个鲁棒速度观测器来观测速度量,这样就能有助于控制律的实现(此方案由 Xian 等人开发,Ramaratnam 和 Jalili 进行了应用)。鲁棒速度观测器被认为是速度传感器的一种廉价的替代方案,我们随后会简要介绍该控制律。

　　速度观测器的设计:本部分设计的变结构速度观测器适用于具有如下形式的未知非线性系统,即

$$\dot{y} = h(y, \dot{y}) + G(y, \dot{y})u \qquad (9.119)$$

式中:$y(t) \in \mathfrak{R}$ 是系统输出量;$u(t) \in \mathfrak{R}$ 是控制输入量;$h(y, \dot{y})$ 和 $G(y, \dot{y})$ 是系统非线性函数。在设计控制器时,做以下假设。

（1）系统状态始终是有界的。

（2）$h(y,\dot{y})$和$G(y,\dot{y})$是一阶可微的，这样它们的微分是存在的。

（3）控制输入量$u(t)$是一阶可微的。

如果$\dot{y}(t)$是观测到的速度值，则速度观测器的观测误差为

$$\dot{\tilde{y}} = \dot{x} - \dot{\hat{y}}(t) \tag{9.120}$$

若想要精确地观测速度，则观测误差应趋向零，即当$t \to \infty$，$\dot{\tilde{y}} \to 0$。为实现此目标，我们采用一个二阶滤波器来观测速度量，滤波器的结构是基于李雅普诺夫稳定性分析而开发的，滤波器的具体形式为

$$\dot{\hat{y}} = p + \boldsymbol{K}_0 \tilde{y} \tag{9.121}$$

$$\dot{p} = \boldsymbol{K}_1 \mathrm{sgn}(\tilde{y}) + \boldsymbol{K}_2 \tilde{y} \tag{9.122}$$

式中：$p(t)$为一个辅助变量；$\mathrm{sgn}(\cdot)$为标准的符号函数；$\boldsymbol{K}_0$、$\boldsymbol{K}_1$、$\boldsymbol{K}_2$为正定的常数对角矩阵。利用此观测器可进行稳定性分析，在此处不做展开介绍，感兴趣的读者可以参考 Xian 等（2003）的文章。

对速度观测器做改进设计，使其适用于变刚度的应用场合。为了证明变刚度系统中观测器的稳定性，我们对式（9.121）和式（9.122）的观测器结构进行改进，以满足如下的稳定性判据，即

$$\dot{\hat{y}} = p + \boldsymbol{K}_{01} \tilde{y} \tag{9.123}$$

$$\dot{p} = -\frac{2\boldsymbol{K}_2}{m} y \mathrm{sgn}(\dot{\hat{y}}y) - \frac{\overline{\boldsymbol{K}}_1}{m} y + \boldsymbol{K}_{02} \tilde{y} \tag{9.124}$$

式中：$\boldsymbol{K}_{01}$和$\boldsymbol{K}_{02}$为正定的常数对角矩阵，后面将会介绍本结构的稳定性分析。

定理 9.5 一个准时变线性系统（式（9.116）中$f(t)=0$）具有可变刚度$k(t)$（由式（9.118）控制律给出），并且带有速度观测器（式（9.123）和式（9.124）），这样的系统是全局渐进稳定的，即当$t \to \infty$时$y(t) \to 0$。

证明：具体见附录 B（B.3 节）。

单自由度系统的数值仿真（概念的证明）：变刚度法在实现过程中需要用前文所介绍的输出反馈观测器来获取位置信息和速度信息。我们选用图 9.36 的单自由度系统（带有速度观测器）作为研究对象进行数值仿真，并且选取适当的控制增益（$\boldsymbol{K}_{01}$和$\boldsymbol{K}_{02}$）值，系统参数如表 9.4 所列。在仿真时，让观测器对一个给定的目标信号进行位移信号和速度信号的估测，仿真结果如图 9.38 和图 9.39 所示。从图 9.39可见，速度观测误差逐渐趋向于零，即观测速度和实际速度趋向一致。需要指出的是，尽管在某些情况下观测器并不能观测到精确的信号，但是观测信号与实际信号在大方向上是一致的。这样的一致性已经能够满足变刚度控制律实施的要求，因为控制律式（9.118）需要的是对速度信号的精确测量（即精确测量出速度的变化趋势），而不是实际速度本身。

表9.4 质点弹簧系统的系统参数

系统参数	值	单位
质量	1.5	kg
高刚度	300	N/m
低刚度	220	N/m
K_{01}	2300	—
K_{02}	2500	—

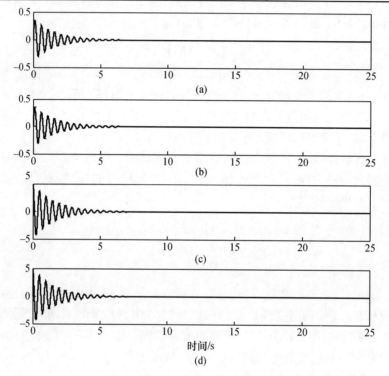

图9.38 变刚度法应用在单自由度系统(图9.36)上时,速度观测器的性能

(a)位移 $y(t)(n)$;(b)观测位移 $\hat{y}(t)(m)$;(c)速度 $\dot{y}(t)(m/s)$;(d)观测速度 $\hat{\dot{y}}(t)(m/s)$。

9.4.3 基于压电材料的变刚度振动控制

如第6章中所述,当压电材料(如一个薄片状的压电片作动器)粘贴到一个振动弹性体上时,改变电路的结构,如从开路转换到短路,这样会让结构产生不同的等效刚度值。弹性刚度 c^D 对应的是开路状态,弹性刚度 c^E 对应的是短路状态,从式(6.38)和式(6.42)可得到这两个弹性刚度之间的关系为

$$c^E = c^D(1 - \kappa^2) \tag{9.125}$$

从式(9.125)可见,当压电材料连接到开路中时,它会表现出高刚度值;当电

232

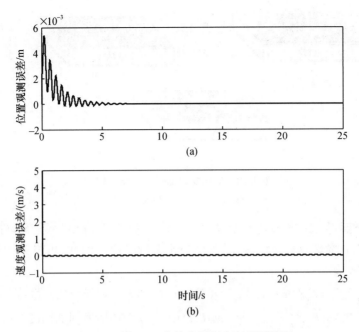

图 9.39　图 9.38 中的位置和速度观测误差

路短路时,它会表现低刚度(因为 $\kappa < 1$)。压电作动器具有改变自身刚度的能力是由于它们具备改变自身力顺的能力,这是因为当把压电材料连到开路或者短路的电路中时它们的电阻抗会发生改变。

如第 8 章中所述,可将一个压电作动器或传感器等效为一个电压源和一个电容的串联。当开路时,压电作动器可以储存更多的势能,因为此时它具有更高的刚度值和更大的电容量,是一个电容充电的过程。当切换到低刚度时(即短路时),它能够有效地耗散能量,因为此时电容两端短路进行放电,并且结构的刚度会变低。不同的压电电路结构如图 9.40 所示,通过改变压电材料电极的电路连接方式可改变压电材料的刚度。如果压电材料被连到电阻式或者电阻 – 电容式(R – L)电路中,则电路中的电阻会以热能的形式将电能耗散掉(Hagood,Flotow 1991)。相对于简单的开闭式系统,被动分流系统(外部电路中装有电阻)具有更好的性能(Moheimani, Fleming 2006),但是需要对这类系统做优化调整,否则,它们会表现出较差的性能而且不稳定。

对柔性梁进行压电变刚度振动控制:为了实现变刚度振动控制,我们选用第 8 章中提到的薄片状压电作动器,其弹性模量 E_p(式(8.63))定义为

$$E_p = c_p^E = c_p^D (1 - \kappa_{31}^2) \tag{9.126}$$

要注意到的是,变刚度法是一种半主动法,贴在梁上的压电片扮演的是能量耗散器的角色,而不是一个主动控制系统(不施加作动力)。当短路时,杨氏模量为 E_p,当开路时,杨氏模量为 $E_p/(1 - \kappa_{31}^2)$,这样就引起了等效刚度的变化(此处 κ_{31}

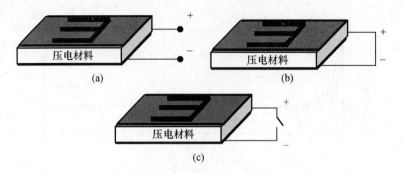

图 9.40　压电材料的不同电路结构

(a)开路；(b)短路；(c)切换电路结构。

是机电耦合系数,其具体定义见第 6 章)。类似于单自由度系统的控制律式(9.118),我们将梁的末端挠度 $w(L,t)$ 当作系统输出。因此,可将梁的控制律式(9.118)修改为

$$E_p = \begin{cases} E_p^{\text{high}} = E_p/(1 - \kappa_{31}^2), & w(L,t)\dot{w}(L,t) \geqslant 0(切换到高刚度或开路) \\ E_p^{\text{low}} = E_p, & w(L,t)\dot{w}(L,t) < 0(切换到低钢度或短路) \end{cases}$$

(9.127)

式中:$w(L,t)$ 和 $\dot{w}(L,t)$ 分别为梁末端的位移和速度,它们相当于单自由度系统中的 y 和 $\dot{y}$。通过改变式(8.63)左侧的 E_p 可实现低刚度和高刚度之间的切换,即低刚度为 $E_p^{\text{low}} = E_p$,高刚度为 $E_p^{\text{low}} = E_p/(1 - \kappa_{31}^2)$。将控制律式(9.127)改写为更加简洁的形式,即

$$E_p = \overline{E}_1 + \overline{E}_2 \text{sgn}(w(L,t)\dot{w}(L,t))$$ (9.128)

其中

$$\overline{E}_1 = \frac{(E_p/(1 - \kappa_{31}^2)) + E_p}{2}, \quad \overline{E}_2 = \frac{(E_p/(1 - \kappa_{31}^2)) - E_p}{2}$$

变刚度控制的数值仿真结果:我们选择图 9.21 中贴有压电片的柔性梁结构(不包含运动底座)作为研究对象进行仿真研究,系统参数如表 9.3 所列。在不同刚度条件下,系统的响应如图 9.41 所示,从图中可见,变刚度法能够产生很好的振动抑制效果。图 9.41 的结果是通过利用模拟速度来切换刚度而实现的。在使用观测器时,因为存在不连续的问题,所以它并不能追踪目标的实际速度。观测速度值与模拟速度很接近,但是和图 9.42 中的模拟速度曲线相比,观测速度滞后一个相位。模拟速度信号和观测速度信号之间的相位对比细节如图 9.43 所示,速度信号对于实现式(9.128)的控制律来说非常重要。从图 9.43 中可见,当使用观测速度来执行控制律时会发生错误的切换,因为观测速度和模拟速度之间存在一个相位滞后。观测速度中的相位滞后会引起无效的切换,这样会产生完全相反的结果,即压电材料会给系统输入能量而不是将系统的能量耗散掉,故会导致系统变得不

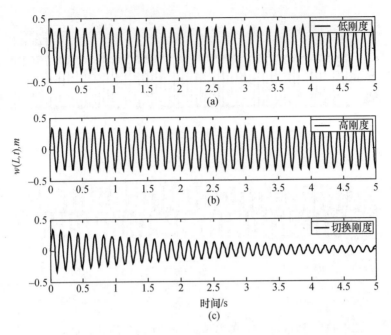

图9.41 在压电材料不同刚度条件下的底座固定结构的末端位移响应

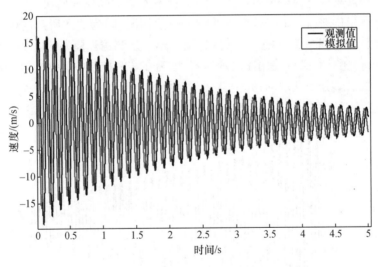

图9.42 观测器的幅值跟踪(使用压电材料时的刚度切换)

稳定。

尽管观测器估计的速度值不能精确地和模拟速度相对应,但是通过优化观测器的增益(K_0, K_1, K_2)可以让观测速度的相位接近于模拟速度,从而实现有效的切换,如图9.44所示。在相位跟踪与幅值跟踪的平衡之间或许存在一组最优的增益值。当压电片覆盖满整根梁时,变刚度控制的效果会更加好(图9.45),因为这对

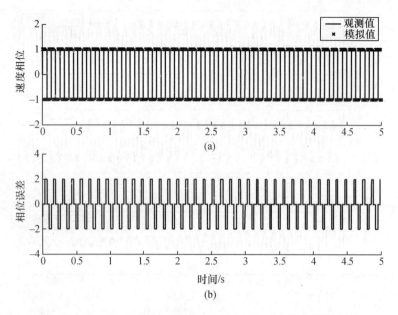

图 9.43　图 9.42 中显示的观测器的观测速度与模拟速度图的对比

于速度观测器来说是很好的可微条件。尽管不连续的问题被解决了,但是观测速度还是存在相位滞后。但是这并不适用于一般情况,因为这和所选的模态数目有关,如使用系统的前三阶模态时,实际速度并不一定和仿真模型的速度一致。即使性能欠佳,但还是有必要使用速度观测器,因为在实时控制中速度信号是通过对位置信号作数值微分来获取的,其中会夹杂信号噪声。

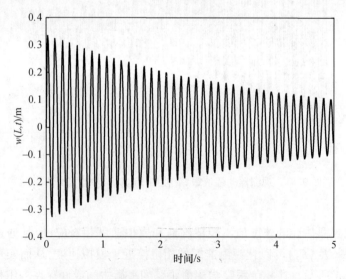

图 9.44　使用相位跟踪观测器时的切换刚度结果

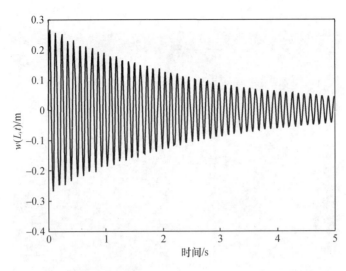

图 9.45　使用观测器时的切换刚度结果(结构为梁的整个长度覆盖压电材料)

9.4.4　基于压电材料的变刚度控制实验

实验装置:实验装置包含一个柔性铝制梁,梁的一端固定一端自由,如图 9.46 所示。我们使用一个压电作动器来激励梁,具体是通过在压电作动器上输入一个驱动电压(电压变化范围:30～150V)来实现的。梁的振动是通过激光位移传感器来测定的。位置反馈信号通过激光位移传感器来获取,而速度反馈信号则通过对位置信号的微分来获取,但是其中包含了噪声。我们使用前面所设计的速度观测器(式(9.123)和式(9.124))来解决此问题。系统所执行的控制律由式(9.127)给出,通过光纤激光传感器来获取位置反馈信号,并将信号反馈到主机中。根据控制律,通过在继电器施加一个 0 或 5V 的电压来控制压电材料电路的开路或短路。继电器有 1ms 的作业时间和 0.5ms 的复位时间。

使用压电作动器进行刚度切换:在压电作动器(作为激振器)上加载一个脉冲函数,在压电控制器的控制下,系统在不同刚度条件下的响应结果如图 9.47 和图 9.48 所示。低刚度是通过将压电片连接到一个短路的电路来实现的,相应的高刚度是通过将电路保持开路来实现的,具体的刚度切换是通过切换继电器的开关状态来实现的,总体的控制遵从控制律式(9.127)。虽然并不能清晰地解读出时域响应的结果,但是从频域响应的结果可以看出在变刚度的作用下,梁的振幅减小了。梁的杨氏模量大约为 69GPa,在低刚度状态下结构的弹性模量为 60.98GPa,在高刚度状态下弹性模量为 72.59GPa,假设 k_{31} 大约为 0.33。从式(9.127)可以看出整个系统的等效刚度的变化规律。

我们是遵循变刚度法的原理来使用压电材料进行半主动振动控制的。通过增加压电片的长度可以进行更加有效的振动控制,但是这会增加结构的重量。

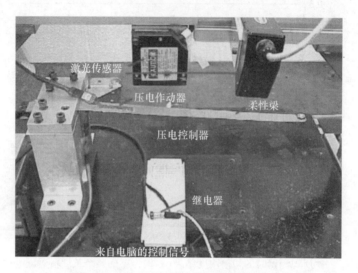

图 9.46　基于压电材料的变刚度实验装置

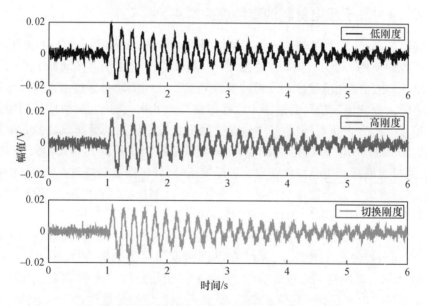

图 9.47　使用压电刚度切换控制器时的系统时域响应

图 9.49显示的是利用观测器通过对位置信号做数值微分而得到的速度信号。从图 9.49 中可见,使用数值微分得到的速度信号不会产生良好的切换效果,因为它里面包含了许多噪声信号,这样就无法解读出真正的速度信号。观测器在估测速度方面表现良好,图 9.50 显示了速度观测器追踪实际位置的结果。

切换控制的动作如图 9.50 所示,切换动作并不密集,因为控制律的范围是在移动的(它会检查当前条件是否高于或者低于某个值,而不是把零点当作参考

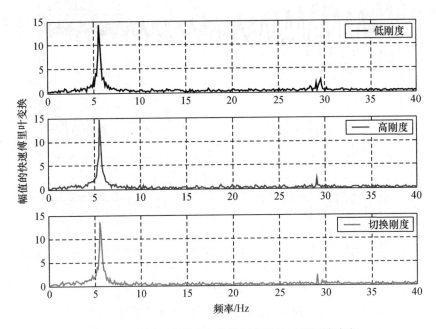

图 9.48　使用压电刚度切换控制器时的系统频域响应

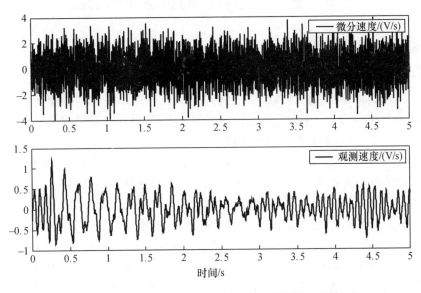

图 9.49　使用数字微分得到的速度值和观测器的观测速度

点),这样就能避免在有噪声时发生误切换。因此,我们需要注意观测器的使用以及实现控制律时存在的实际困难(如位置反馈信号中有噪声)。本实验所用系统的参数如表 9.3 所列。

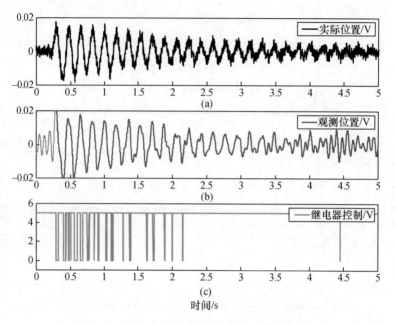

图 9.50　实际位置(a)、观测位置(b)和控制动作(c)

9.5　基于压电材料的自感知作动器

9.5.1　预备知识和背景

因为压电材料具有驱动和传感双重功能,故可用压电材料来制造作动器或传感器。当我们将驱动和传感两个功能同时集成在一个压电片上时就产生了自感知作动器这种新结构。自感知概念的内涵可阐述为:当给压电材料加载电压时,它会发生形变,此时,由于机械形变的作用压电材料中又会产生自感电压,通过对自感电压的测量就能使压电材料具备感知自身形变的能力。因此,如果给压电材料搭配一个合适的电路来测取自感电压,则压电作动器也可以扮演传感器的角色。在自感知模式中,一个压电片可以在作动(逆压电效应)的同时感知梁的振动(正压电效应)。

实现自感知机理的最简单方法是使用一个电容电桥将驱动电压从自感电压中分离出来,如图 9.51 所示(Shen,et al. 2006;Jones,et al. 1994;Itoh,et al. 1996;Zhou,et al. 2003;Gurjar,Jalili 2007)。如 8.5.3 节中所述,可将一个压电作动器的模型简化为一个电容 C_p 和一个电压源 V_s 的串联,即图 9.51 中的虚线部分。利用一个电容电桥可实现自感知机理,该电桥将驱动电压 $V_a(t)$ 和自感电压 $V_s(t)$ 关联在一起,具体关系为

$$V_0(t) = \left[\frac{C_p}{C_1 + C_p} - \frac{C_r}{C_1 + C_r} \right] V_a(t) + \frac{C_p}{C_1 + C_p} V_s(t) \tag{9.129}$$

式中:$C_p = C_{\text{piezo}}^l$(见8.5节)为压电材料的电容;$V_s(t)$为感应电压;C_1和C_r为电桥电容(图9.51)。

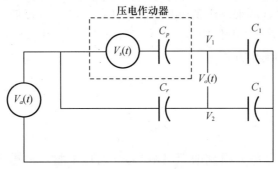

图9.51　自感知作动纯电容桥

从式(9.129)可见,如果$C_p = C_r$,则电桥的输出电压$V_0(t)$只与自感电压$V_s(t)$成正比,这叫做电桥的平衡态。一个处于平衡态的电桥,其输出电压只与自感电压$V_s(t)$有关(Gurjar,Jalili 2007)。但是压电作动器的固有电容C_p对环境温度是敏感的,因此,能否实现自感知功能取决于桥电容C_r是否具备与压电材料内部电容C_p进行动态匹配的能力。为此,我们使用一个自适应估计策略来实时匹配压电材料的内部电容C_p,具体方法会在后面进行讨论。

9.5.2　压电电容的自适应匹配策略

从式(9.129)可见,如果想让电桥将驱动电压和感应电压分离开,则引入的电容C_r需要精确地与压电材料的有效电容C_p相匹配。也就是说,如果$C_p = C_r$,则电桥的输出电压只与自感电压$V_s(t)$成正比,这样就能轻松测得自感电压的数值。但在现实系统中这是很难实现的,因为压电材料的电容会随着环境的变化而变化,故无法精确测量出它的电容值。因此,将一个静态电容连接到电桥网络中是无法对C_p的变化进行补偿的。所以我们需要一个桥式电容元器件去匹配压电材料的有效电容值C_p,这样才能实现自感知机理。

为了解决上述问题,我们使用一种自适应估计策略来进行电容桥的自调整。因此,我们对传统的振动控制方案做了改进,加入了一种补偿技术,使得系统能够实时跟踪压电材料电容的变化并自适应地对电容桥做出相应的调整。

自适应补偿自感知机理:若想实现自感知功能,则系统必须能够实时地对压电材料电容C_p的变化做出补偿。只有满足$C_p = C_r$这个条件时,输出电压才能够反映出感应电压。在一个不平衡的电桥中,驱动电压$V_a(t)$的一部分会反映在输出电压中。因为$V_a(t)$比$V_s(t)$大几个数量级,所以即使$V_a(t)$只有很小的一部分进入电桥的输出电压也会掩盖掉$V_s(t)$。因此,时刻保持电桥的平衡是非常重要的,这将通过动态补偿压电材料电容$V_s(t)$的变化来实现。

自适应补偿机理如图9.52所示,首先对 C_p 进行在线估计,系统使用一种自适应算法使得估计值和真实电容值之间的差值趋向于零。为此,我们输入一个恒定的低功率激励信号(t)来替代驱动电压信号,即 $V_a = 0$。选择低功率是为了保证输入的电压信号不会让压电作动器产生力矩,这样就不会引起梁的振动(即 $V_s = 0$)。此时,电路系统的电压方程为

$$V_1(t) = \theta \Psi(t) \tag{9.130}$$

其中

$$\theta = \frac{C_p}{C_1 + C_p} \tag{9.131}$$

式中:θ 为一个通过估计得到的无量纲参数(与压电材料的电容 C_p 相关),结合图9.52,可将电桥的输出电压写为

$$V_0(t) = V_1(t) - \bar{V}_2(t) = (\theta - \hat{\theta}) \Psi(t) = \tilde{\theta} \Psi(t) = e(t) \tag{9.132}$$

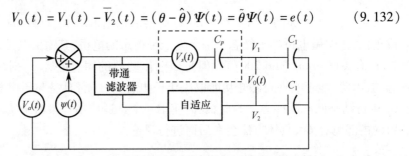

图9.52　自适应自感知作动机理的电路示意图

式中:$\tilde{\theta} = \theta - \hat{\theta}$ 表示参数估计误差。利用预测误差的负效应和误差平方的梯度,则选取参数 θ 的自适应律为

$$\dot{\hat{\theta}}(t) = -ke(t) + G(t)\frac{\partial}{\partial \hat{\theta}}(e(t))^2 \tag{9.133}$$

式中:k 为一个常数增益;$G(t)$ 为一个时变的自适应增益系数,它是基于带有指数型遗忘因子的最小二乘法来选取的。此方法已经被证明,其在估计未知的时变参数时是有效的(Law,et al. 2003)。通过对自适应参数和结构的合理调整可使其工作在最佳状态。例如,可用一个常数增益来替换式(9.133)中的时变自适应增益 G(t),这样就能减少数值计算量。通过选取一种遗忘梯度算法来替代遗忘因子最小二乘法,可实现计算量的减少。

进一步化简方程式(9.113)得

$$\dot{\hat{\theta}}(t) = -k_1 \Psi \tilde{\theta} - P(t) \Psi^2 \tilde{\theta} \tag{9.134}$$

式中:$P(t) = -2G(t)$。常指数型遗忘因子最小二乘法的成本函数定义为(Law,et al. 2003;Slotine, Li 1990)

$$J_2 = \int_0^t \exp(-\alpha(t-\tau))[e(\tau)]^2 d\tau \tag{9.135}$$

式中:α 为一个常数遗忘因子。

改进的自适应补偿机理:自适应律式(9.134)的实现需要高强度的计算,包括大量的迭代计算并且需要复杂的电子硬件的支持。但是当测量值或环境不是快速变化时,可对自适应律式(9.134)做一点改进,此时,用一个常数增益来替代时变自适应增益。因此,将更新律式(9.134)改写为

$$\dot{\hat{\theta}}(t) = -k_1 \Psi \tilde{\theta} - P_0 \Psi^2 \tilde{\theta} \tag{9.136}$$

式中:$P_0(P_0 > 0)$ 为一个常数自适应增益。

定理9.6 自适应律式(9.136)是全局稳定的。

证明:定义如下的李雅普诺夫函数,即

$$V_L = P_0^{-1} \tilde{\theta}^2 > 0 \tag{9.137}$$

略去中间步骤(Gurjar,Jalili 2007),求李雅普诺夫函数式(9.137)对时间的导数,即

$$\dot{V}_L = -2(k_1 P_0^{-1} \Psi + \Psi^2) \tilde{\theta}^2 < 0 \tag{9.138}$$

它是恒为负的,结合不变集定理可得该自适应律是全局稳定的(Slotine,Li 1990),具体见附录 A 的 A.4 节。因为此自适应律不需要自适应增益的递归更新,所以它的计算强度较小也更加有效。经过一些推导处理,得到 θ 的估计值为

$$\dot{\theta}(t) = \exp\left[-\int_0^t k_1 \Psi(\tau) \mathrm{d}\tau - \int_0^t P_0 \Psi^2(\tau) \mathrm{d}\tau\right] \tilde{\theta}(0) \tag{9.139}$$

从式(9.139)可看出,参数误差收敛到零的速度比标准的梯度估计法要快。

9.5.3 自感知作动器在质量检测上的应用

实验装置:本节将利用一个悬臂梁装置实现自感知机理,如图9.53所示,使用这套装置可进行质量检测。实验装置包含一个薄片状的不锈钢梁(其尺寸为13.208mm × 132.08mm × 0.254mm)和一个压电片作动器,该压电片由智能材料公司制造(http://www.smart-material.com),我们用环氧树脂黏合剂将压电片贴合在梁的表面。

在测量作动器产生的电压时,电压信号会经过一个安装在面包板上的外部电容,然后反馈到放大器中。我们在一个激励频率从 4Hz 到 20Hz 变化的线性调频信号 $V_a(t)$ 中夹杂一个低功率的白色噪声信号 $\Psi(t)$,然后通过实时控制软件和 Matlab/Simulink 将该信号反馈到 dSPACEDS1104 数字信号处理器中。

控制器需要 $\Psi(t)$ 和 $V_a(t)$ 来实现自适应。故我们可将这些信号从源头处直接反馈给控制器,但这会产生延时,并且会引起输入信号和输出信号之间的相位移动。为了减小这种效应,我们在实验的输入端采集信号并将其反馈到计算机。这样处理能有助于减少 $\psi(t)$ 和 $\theta\psi(t)$ 之间的相位移动,我们在实验中使用两个不同的带通滤波器将两路信号反馈到计算机。

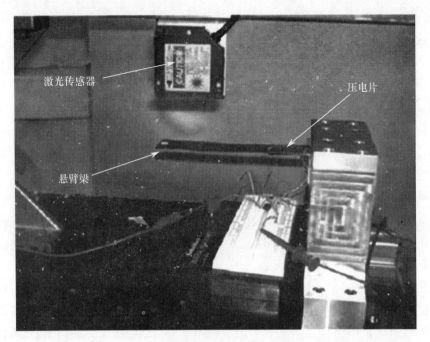

图 9.53　用于末端小质量检测的自感知作动器实验装置图

（图中标注：激光传感器、压电片、悬臂梁）

自适应自感知作动器的实现：实验中将一张小纸片弄成纸团（作为末端质量块）粘在梁上。在放置小纸团的前后检测系统的响应，并进行快速傅里叶变换（FFT），系统响应具体包括压电片的自感电压和梁的末端挠度（通过一个外部激光传感器测量梁末端的形变量）。为了补偿压电材料内部电容的变化，我们通过多次调整增益来优化电桥的平衡态。

第一组实验使用的是扩展的梯度估计法（式（9.134）），实验分别在加载末端质量和不加载末端质量的情况下进行。系统的激励信号是一个幅值 $|V_a(t)| = 5\text{V}$ 的正弦信号，自适应增益的初始值设为 6 000，误差增益常数 $k_1 = 8$。我们选取一个持续激励信号 $\Psi(t)$ 作为白色噪声信号，噪声功率为 0.000 01。信号的采样频率为 2kHz，在上述两种情况下，压电片自感电压和梁末端位移的快速傅里叶变换结果分别如图 9.54（a）和（b）所示。从图 9.54（b）中可见，增加末端质量块后，梁的共振频率降低了，此现象也被准确地反映在压电片自感电压的频谱曲线中（图 9.54（a））。自适应增益 $P(t)$ 和 θ 的估计值分别被绘制在图 9.55（a）和（b）中。

在实验中，将线性调频信号的幅值从 5V 增加到 5.5V，然后来获取带有末端质量的梁的响应信号的快速傅里叶变化（FTT），通过这种方式能得到品质更好的信号。在第二组实验中，我们使用改进后的梯度估计法（式（9.136）），自适应增益 $P(t)$ 被替换成常量 $P_0 = 2\ 000$，该数值是从之前的实验中得到的。不附加末端质量时，压电片自感电压信号的 FTT 如图 9.56 所示。

实验结果讨论：从图 9.54（a）和（b）中可看出系统共振频率的下降是因为增

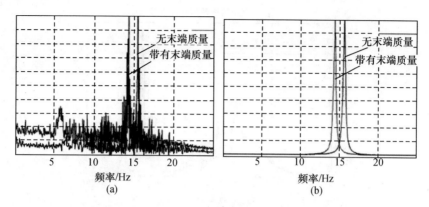

图 9.54　放置末端质量前后的悬臂梁响应的快速傅里叶变换
(a)自感电压；(b)激光无接触位移测量。

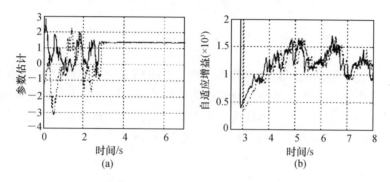

图 9.55　自适应自感知作动器实验
(a)θ 的估计值；(b)自适应增益。

加了末端质量块，这也直接反映在自感电压中。但是，从图 9.55(a)和(b)可见系统在前几秒内并不能读取到准确的信号，这是因为系统使用了实时控制软件(dSPACE 出品的 Control Desk® 软件)来捕获信号的缘故。在实验的前几秒内，尽管系统已经上电，但是不加载信号，因此在这段时间内自适应增益和参数估计值都会发生不规律变化。这就能看出使用常数指数型遗忘因子的缺点，具体表现为：在实验前几秒内由于持续激励信号的缺失，自适应增益会发生急剧的变化。研究人员通过实验已证明，利用改进型梯度估计算法同样可以精确地测量系统的一阶固有频率。从图 9.56 可见，使用改进型梯度估计法得到的系统响应比前面的实验要纯净，这表明此方法更适合于在实验室环境中进行的可控实验。

　　本节所开发的自感知平台可扩展为一个基于微悬臂梁的质量传感系统，但实现该目标之前需克服很多挑战。当前的实验装置是一种很简单的微悬臂梁传感器结构，可通过改进它来实现自感知功能。第Ⅲ部分的第 11 章简要介绍了如何搭建一套微悬臂梁装置以及相关的研究成果，我们在本章就不再对相关内容做展开了，感兴趣的读者可以参阅第 11 章。

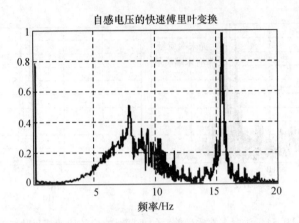

图 9.56 使用改进型梯度估计法的自感电压的快速傅里叶变换

总 结

本章阐述了振动控制系统的基本原理。在前面章节所建模型的基础上,本章针对基于压电材料的主动吸振系统和振动控制系统进行了动力学建模与控制系统设计。其中包含了压电作动器和传感器在轴向与横向结构下的应用,以及压电控制器(分别基于集中参数系统和分布参数系统)的设计。

第Ⅲ部分　基于压电材料的微纳米传感器和作动器

在第Ⅰ部分、第Ⅱ部分的基础上，第Ⅲ部分将进一步讨论基于压电材料的微纳米传感器和作动器的应用，应用范围涵盖分子制造、精密机电、分子识别、功能纳米结构等。其中，第10章综述了基于压电的微/纳米定位系统及其在扫描探针显微及成像方面的广泛应用。结合前文，主要是利用第7章和第8章的内容，本章设计了前馈和反馈控制系统来实现超精密定位，而这正是上述应用场合所需要的。该章详细介绍了基于压电材料的微纳米定位系统，涵盖从单轴纳米定位作动器到3D定位压电驱动作动器。第11章则大致介绍了一种完全不同于扫描探针显微结构——基于压电材料的纳米机械悬臂梁(NMC)传感器和作动器，及其在各种基于NMC的成像和操控系统(如原子力显微镜(Atomic Force Microscopy, AFM)及其派生系统)中的应用。同时，第11章也介绍了关于这类系统建模的一些新概念，并着重讲述了纳米尺度中的非线性效应、泊松效应及压电材料非线性特性等相关问题。具体而言，压电NMC传感器和作动器的线性与非线性模型及其在生物学和超小质量传感与检测方面的应用在该章中均有介绍。另外，该章对基于压电材料的传感器和作动器在宏观尺度与微尺度下的建模局限性做了一个相对一般的比较。本部分的最后一章，即第12章，介绍了利用压电材料或是具有压电特性的纳米材料作动器和传感器的研究现状。具体来说，该章详细阐述了纳米管的压电特性，并拓展到基于纳米管的压电传感器和作动器。作为这种结构的附属产物，当我们使用纳米管复合材料时，结构减振变得可能实现。作为新一代传感器和作动器的一个发展方向，该章还简要介绍和阐述了具有可调谐特性的压电纳米复合材料及由纳米功能材料所构成的电子织物。

基于压电材料的微纳米定位系统

　　本章综述了基于压电材料的微纳米定位系统及其在扫描探针显微镜及成像方面的广泛应用,详细阐述了基于压电材料的微纳米定位系统,范围涵盖从单轴纳米定位驱动器到三轴定位压电驱动系统。

10.1　纳米尺度控制与操纵的分类

　　随着新兴纳米技术的应用,如纳米机电系统(NEMS),我们需要在几纳米到几微米的尺度范围内,对物品、元件及子系统等进行精确的建模、控制及操纵。与宏观尺度下的控制系统设计相比,纳米尺度下的操纵及控制设计中最困难的部分之一就是其不确定性和非线性增加了系统的复杂程度,这是纳米尺度下所特有的。为了应对所增加的复杂性和满足亚纳米级的精度要求,则需要为这些应用环境开发全新的技术和控制器。

这一领域的研究近期在不同的技术层面引起了广泛的关注,如电子芯片制造领域、MEMS(微米机电系统)及 NEMS(纳米机电系统)的测试和装配,以及染色体和基因的显微注射与操控(Kallio,Koivo 1995)。例如,在纳米纤维操控中,最终目的是按照预先特定的安排,对纳米纤维进行抓取、操纵和放置(图 10.1)。其余应用包括定义材料特性、制造电子芯片、测试微电子电路、MEMS 和 NEMS 的装配、远程遥控手术、显微注射及染色体和基因的操纵等。

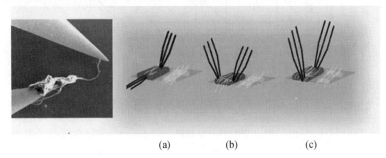

(a)   (b)   (c)

图 10.1　使用 Kleindiek® 的 MM3A® 纳米操纵器操作纳米纤维(左)和
自动编织过程示意图(右)

(a)沿经向放置和折叠纤维;(b)沿纬向放置纤维;(c)展开经丝。

纳米对象操纵的一般定义是,按照预定的安排对纳米对象进行抓取、操纵和放置。纳米尺度下的控制和操纵策略可大体分为以下两类。

(1) 基于扫描探针显微(Scanning Probe Microscopy,SPM)技术。

(2) 基于纳米操纵器的操纵(NanoRobotic Manipulation,NRM)技术。

第一大类中,可以利用如下平台:扫描隧道显微镜(STM)系统和基于纳米机械悬臂梁(NMC)的系统(如原子力显微镜(AFM)等),如图 10.2 所示。在本章中,我们只研究第一类,即基于 SPM 的技术,并着重讲述该类系统中压电微/纳米平台的应用。第 11 章将专门用来研究基于 NMC 的系统及其在当今扫描成像需求下的应用。

10.1.1　基于扫描探针显微的控制及操纵

在基于扫描探针显微(SPM)系统中,探针在近距离内扫描物体表面,此时,探针与物体表面之间存在"相互作用"。相互作用以不同的性质呈现(如电、磁、机械),并能提供被测信号(如隧道电流、力等),如图 10.3 所示。SPM 系统在多种学科和领域中均有广泛应用,如材料科学、生物学、化学及许多其他领域。

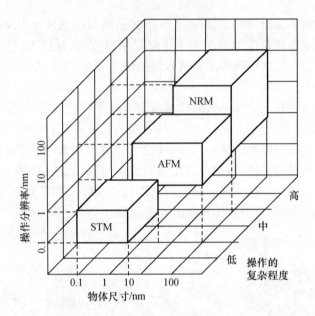

图 10.2　不同纳米操纵策略的比较

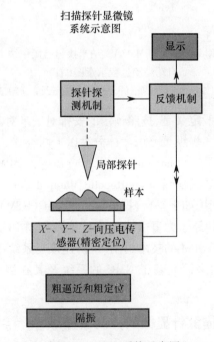

图 10.3　SMP 系统示意图

由前面图 10.2 所描述,在基于 SPM 的控制及操纵技术领域,STM 和 AFM 平台是应用最广泛的两种技术。事实上,纳米操纵技术的早期研究就是始于 STM 系统(Binnig, et al. 1982)和 AFM 系统(Binnig, et al. 1986)。其他技术如光镊子

（Ashkin，et al. 1986）和磁镊子技术（Crick，Hughes 1950）也被应用在纳米操纵技术的研究中。

扫描隧道显微镜（Scanning Tunneling Microscope，STM）是一种基于 SPM 的电气控制和操纵系统。STM 于 1982 年由 Binnig 和 Rohrer 发明（Binnig，et al. 1982），最初设计的目的是为了实现材料表面真实空间内原子的分辨成像。STM 获得原子分辨率图像的能力源自其独特的工作原理。该显微镜装有尖锐的金属针尖，针尖距离导电表面仅有数埃（$1\text{Å}=10^{-10}\text{m}$），如图 10.4（a）和（b）所示。在此距离下，针尖从表面传导隧道电子或"隧道电流"，同时探测表面的电子密度。电子密度与针尖到表面的距离为指数级的关系，这样隧道电流就成为测量相对距离的一个高度敏感的物理量。

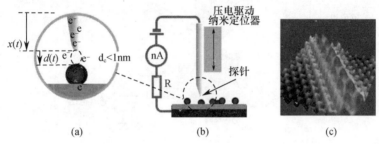

图 10.4　STM 系统的工作原理（（a）和（b））及 STM 系统下 GaAs(110)的表面成像（c）

图 10.4（c）是 STM 探针针尖横向扫描 GaAs(110)表面所得到的，扫描过程中监测隧道电流并不断调整针尖到表面的距离以使隧道电流保持在一个定值上，将表面每个点处的针尖高度变化绘制出来就得到了原子分辨图。

STM 的真实空间成像能力在基础的表面科学研究（金属/半导体表面）中被用于获取重要的结构信息，如 Stroscio 和 Kaiser （1993）。STM 不仅可以用于原子分辨率成像和高分辨率测量，还可以改变或者影响表面。扫描探针与原子/分子的表面之间能够产生的强烈的相互作用，这可以改变表面化学结构，若控制得当，也可用于移动原子或分子来构建纳米结构。正是 STM 的这种特点形成了纳米操纵的基本概念，即在 STM 的超高成像分辨率下，小到原子的纳米颗粒也可以被操纵。如图 10.5 所示，利用 3 个压电（PZT）驱动平台控制 STM 的位置。在软件或算法层面，可以系统性地控制（或补偿）PZT 作动器的非线性（如迟滞或漂移）带来的影响。

更具体来说，我们在 STM 系统中引入一个跟踪控制器来测量 STM 探针尖端和样本表面的未知距离。这样可以实现 STM 探针针尖的运动是可控的，同时具备高分辨率，以满足原子操纵的需要。STM 的这种性质是本章研究的基础，本章概述了 PZT 驱动的纳米平台的建模与控制。虽然本章简单介绍了其他纳米操纵技术（如 AFM 和 NRM），但本章主要详细讨论的是基于 STM 的操纵和控制，特别是以 PZT 为作动器的纳米平台。第 11 章则详细阐述基于 NMC 的操纵和传感，这种结构被用在了 AFM 中。

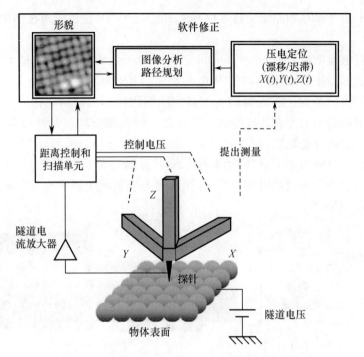

图 10.5 自动化的 STM 的纳米操作和制造过程原理图

原子力显微镜(Atomic Force Microscopy，AFM)是一个基于 SPM 控制和操纵的机电系统：如前所述，AFM 系统属于纳米机械悬臂梁(NMC)系统的一种，而NMC 系统是 SPM 系统的一个子类。如图 10.6 所示，一个典型的 AFM 系统包含一个微机械悬臂探针(具有锋利的尖端)，悬臂探针安装在压电驱动器上；同时，系统

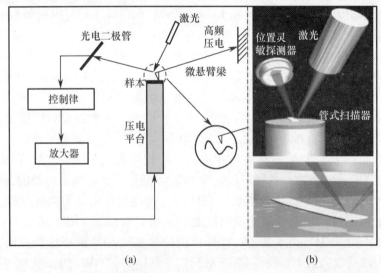

图 10.6 AFM 的基本操作和组成部件示意图(a)和真实比例示意图(b)

装有一个位敏感光检器,用于接收从 AFM 针尖背部反射的激光。大体来说,AFM 的工作过程是在 AFM 针尖下方移动被测样本,在移动样本的同时记录针尖的垂直位移。压电驱动器常被用于令 AFM 针尖与样本表面间的力保持恒定。在 AFM 针尖扫过样本表面的时候,针尖会随样本表面的轮廓上下起伏运动,此时,通过针尖背部反射的激光束会被检测器捕获。这套激光 – 检测系统可以用于位移的测量,并且利用它可以生成样本的表面形貌图像,同时可控制压电驱动器。

AFM 系统已经发展成为一种有用的工具,它可用于直接测量纳米级别的微结构参数和分子间作用力。非接触式的 AFM 与当前的其他扫描探针技术(如接触式 AFM 和 STM)相比,具有独特的优势。与 STM 和接触式 AFM 不同,在非接触式 AFM 中不存在斥力,故可对"软"样本进行扫描成像,亦可实现针尖与样本近乎零接触或完全不接触下生成形貌图像。因为不需要与 AFM 的针尖接触,样本就不会受到污染或损坏,在许多制造工艺中都偏爱这种操作模式,如无损的表面纹理表征,微机电系统(MEMS)的测量和纳米制造的 3D 测绘。

类似于 STM,AFM 系统也可以用于纳米尺度下的操纵,如图 10.2 所示。因为利用 STM 所进行的纳米操纵只能在二维工作空间下进行,故运用 STM 进行复杂的操纵是非常困难甚至近乎不可能的。利用 AFM 进行纳米操纵是可行的,不管是在接触模式还是在动态模式(如非接触模式或轻敲模式)。利用 AFM 在非接触模式下进行操纵时,可对纳米颗粒进行成像,同时消除了针尖的振荡,针尖 Z 在接近颗粒的同时保持与表面的接触。利用 AFM 进行操纵时,可以在纳米颗粒上施加更大的力,而且可以在二维平面内操纵任意形状的对象。但是利用 AFM 操纵单个原子或纳米纤维仍然是个重大的挑战,也是实际执行中的难题(Fukuda,Dong 2003),如图 10.2 所示。

在使用 AFM 时,一种相对常见的操作策略是在悬臂梁的针尖处维持一个预定的基本恒定的力。因此,控制目标是移动悬臂梁底座,从而在针尖上得到预定的力。这是一项在纳米操纵和成像中的高要求任务,例如,在 AFM 的接触式成像中,需要将悬臂探针上的力保持恒定。在几乎所有的无损材料特性检测和纳米操纵任务中,都需要对悬臂探针针尖与材料表面或纳米颗粒之间的相互作用力进行控制。

图 10.7 描述了使用一个带有 PZT 驱动基底的压阻式悬臂梁进行纳米级力跟踪的原理图。该系统的目的是利用压阻梁输出的电压来感知施加在压阻式悬臂梁针尖上的力,并平稳移动梁的基底以在悬臂梁的针尖上获取预定的力。控制目的是在悬臂梁的针尖上获得预期的力,这个力是通过压阻层的输出电压 V_{out} 来测量的。当检测到施加在针尖上的力之后,将力的检测值和目标值一起反馈到控制器中,然后通过控制算法生成合适的控制指令,并以输入电压 V_{in} 的形式发送给纳米平台。

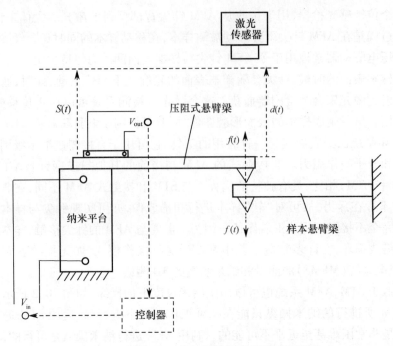

图 10.7　基于 NMC 的力传感器实验装置原理图

10.1.2　基于纳米操纵器的控制和操纵

利用纳米操纵器（Nano Robotic Manipulation，NRM）进行操纵时，可以控制更多的自由度，包括用于控制纳米颗粒定向的旋转自由度。因此，NRM 可以用于三维空间中的操纵。但是在此类纳米操纵中，电子显微镜相对较低的分辨率成了 NRM 纳米操纵的一个限制因素。一个 NRM 系统通常把纳米操纵器作为操纵设备，利用显微镜或 CCD 相机作为视觉反馈，利用末端执行器（包括悬臂梁和镊子）或其他类型的 SPM 及一些传感器（如力传感器、位移传感器、触觉传感器、应变传感器等）来操纵纳米颗粒。

在目前各种可用的 NRM 结构中，一种三自由度的纳米机械手是一个很有吸引力的方案。这种纳米机械手（MM3A®），如图 10.8 所示，它由 2 个旋转电机和 1 个线性纳米电机所组成。MM3A 可以在 1s 间移动 1cm 的距离，步进精度可达 1nm。利用一个驱动系统，它便既能进行粗操纵也能进行精操纵。同时，它具有高度的灵活性，即纳米机械手能够沿着 X、Y、Z 轴的任意角度接近样本。

如图 10.2 所示，前面已经提及 NRM 一项很有吸引力的应用是对纳米纤维进行操纵和编织，以及把纳米操纵器使用到一系列与纺织相关的应用案例中（图 10.9）。NM3A 纳米机械手带有一个融合新式视觉力反馈的控制器，它可以满足纳米织物自动化生产时的严苛要求。

以上是对纳米尺度下一些可用的控制和操纵策略的一个简要介绍，下面将探

254

图 10.8　MM3A 纳米机械手（Kleindiek，TechReport；Saeidpourazar，et al. 2008b）

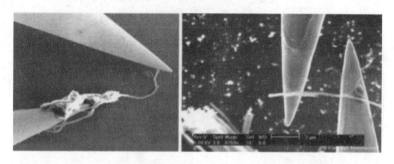

图 10.9　扫描电镜观测下的 MM3A 操纵纳米纤维

讨与本书范畴最密切相关的纳米操纵结构。因此，接下来要讨论基于扫描隧道显微镜的操控平台，此平台定位器的表面覆盖材料大部分受其结构单元控制，即压电驱动纳米平台。

10.2　压电式微纳米定位系统

在微纳米应用场合中，压电材料已经成为各种定位和传感设备的底层组件。在扫描探针显微镜中使用压电传感器来替代光学测量设备、压电陀螺仪的研发、机器人和机械手，以及其他的精密定位与传感应用案例，都体现了这项先进技术的重要性。尽管压电驱动系统凭借其超快的响应速度和超高的精度在许多应用中表现出色，但是其结构非线性（如蠕变和迟滞）大大降低了它的性能。如前面第 7 章所述，尤其是迟滞非线性，它在压电驱动器的开环运行中会引起很大的定位误差。因此，需要有效的控制策略和定位方法来克服这些缺点，这样才能满足当今工业生产和科研的需求。第 6 章已经简要介绍了几个压电驱动的微纳米系统实例。

10.2.1　STM 系统中所使用的压电作动器

如前文所述，压电驱动器在高精度定位应用中最有前景的一个方向，就是其在扫描隧道显微镜（STM）系统中的应用。STM 系统的内部结构如图 10.10 所示，其中压电驱动器及其输入输出信号被集成到一个 STM 控制系统中。STM 的探测头被控制在 3 个空间方向上运动。Z 方向上的运动直接影响扫描精度，X 和 Y 方向

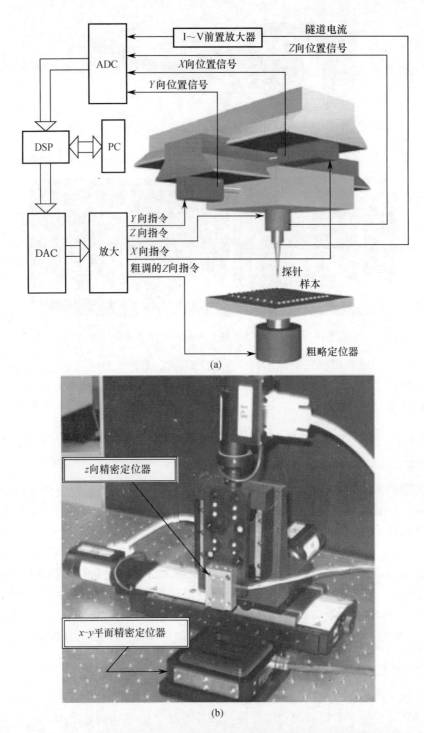

(a)

(b)

图 10.10 STM 操控制系统原理图(a)和克莱姆森大学智能结构和纳米机电
系统实验室搭建的 STM 模块化微纳米定位器的实验样机(b)

则限定了样本表面扫描的区域。基于保持本部分的重点,我们仅集中讨论这些作为系统组成模块的驱动器在一维、二维、三维结构下的建模和控制。若读者对STM 的其他建模方面,如隧道电流模型和样本与针尖之间的相互作用等感兴趣,可参阅相关的参考文献(Bardeen 1961)。

尽管 PZT 作动器可按任意形式进行布局,图 10.10 的两种结构配置是比较常用的布局形式,这样可同时满足粗定位和精定位的要求。具体的结构是:如图 10.10(a)所示,STM 的针尖被放置在一个精密的 z 向定位器上(图 10.11(a)),然后整个 z 向定位器被放置在一个 $x-y$ 面的粗定位器上;样本则被放置在一个 $x-y$ 面精密定位器上,该定位器与一个粗略的 z 向定位器相连。另一种方案如图 10.10(b)所示,STM 的针尖被放置在一个精密的 z 向定位器上(类似于前一种方案),但是整个 z 向定位器被放置在一个 $x-y-z$ 三坐标粗定位器上;样本则被放置在一个精密的 $x-y$ 两轴定位器上。

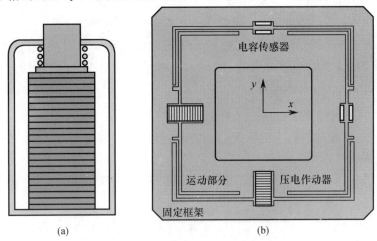

图 10.11   压电驱动的精密定位器原理图
(a)z 向精密定位器;(b)$x-y$ 两轴精密定位器。

10.2.2   STM 系统中的压电作动器建模

前面小节所述的压电作动器(图 10.11)和第 6 章介绍的压电作动器,一般由很多层的具有电活性的固态材料堆叠而成,并且分别与电源的正负极相连(图 10.12)。

该系统的动态特性展现了分布参数系统的特点,这也可通过偏微分方程很好地描述出来。但在实际中,压电作动器的工作频率一般很少会超过它们的一阶固有频率。因此,作动器的分布效应可以被忽略,这样模型即可简化为一个集中参数系统,即一个典型的二阶模型。此模型尤其适用于作动器上集成弯曲机械部件的情况。为了捕获这些作动器的迟滞特性和动态特性,我们提出了一个在输入激励上加

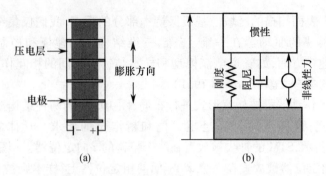

图 10.12　典型的压电(线性)作动器原理图(a)和它的等效动力学模型(b)

入迟滞算子的二阶线性时不变模型(Tzen,et al. 2003；Bashash,Jalili 2007a)。因此,如图 10.13 所示,将 PZT 作动器和 STM 针尖的模型简化为由质量块 – 弹簧 – 阻尼三部分构成的系统,其在 z 方向的运动控制方程为

$$m_z \ddot{z}(t) + c_z \dot{z}(t) + k_z z(t) = f_z(t) \tag{10.1}$$

式中：m_z 为 z 方向的总运动质量,包括 PZT 有效质量和 STM 针尖质量(即 $m_{ePZT} + m_{tip}$,如图 10.13 所示)；$f_z(t)$ 则是 PZT$m_{ePZT} + m_{tip}$作动器产生的 z 方向的等效力,其中包含迟滞非线性,表达式为

$$f_z(t) = H\{V_a(t)\} \tag{10.2}$$

式中：H 表示所施加的输入电压 $V_a(t)$ 和作动器所产生的输出力 $u_z(t)$ 之间的迟滞非线性关系。

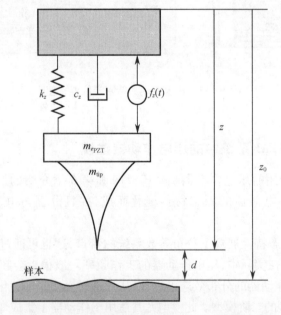

图 10.13　STM 针尖和 PZT 作动器在 z 方向的数学模型

对运动控制方程式(10.1)中的变量名称略做改变后,式(10.1)可改写为如下的标准二阶微分方程,即

$$\ddot{x}(t) + 2\zeta\omega_n \dot{x}(t) + \omega_n^2 x(t) = H\{V_a(t)\} \tag{10.3}$$

式中:ζ 和 ω_n 分别为线性系统动态特性参数等效阻尼系数和固有频率;$x(t)$ 为作动器的位移输出($z(t)$)。

压电作动器通常有很高的刚度,因此它具有很高的固有频率。当工作在低频段时,作动器的阻尼和惯性产生的影响可被安全地忽略掉。因此,可将运动控制方程式(10.3)简化为输入电压和作动器位移间的静态迟滞关系,即

$$\omega_n^2 x(t) = H\{V_a(t)\} \quad (\omega_n^2 \gg 2\zeta\omega_n \gg 1) \tag{10.4}$$

式(10.4)通过辨识输入电压和作动器位移之间的迟滞并用系数 ω_n^2 对此关系进行扩展,从而帮助辨识输入电压 $V_a(t)$ 和激振力之间的机电迟滞关系。大部分的逆前馈控制器的运作是基于以上的近似条件的,而且这些条件只适用于系统工作在低频段的情况。第7章中对迟滞问题已经有广泛的讨论,从中可知采用合适的迟滞模型方案就可以辨识这种静态非线性关系。一旦确定了这种非线性关系,再设计一个合适的控制器(反馈或前馈的方式都可)即可实现所需的定位要求。

在讨论控制器研发之前,我们有必要分别评估式(10.3)中那些在式(10.4)中被略去的项所产生的影响。因此,考虑以下4种情况,即

$$\ddot{x}(t) + 2\zeta\omega_n \dot{x}(t) + \omega_n^2 x(t) = H\{V_a(t)\} \tag{10.5}$$

$$\omega_n^2 x_1(t) = aV_a(t) \tag{10.6}$$

$$\omega_n^2 x_2(t) = H\{V_a(t)\} \tag{10.7}$$

$$\ddot{x}_3(t) + 2\zeta\omega_n \dot{x}_3(t) + \omega_n^2 x_3(t) = a\omega_n^2 V_a(t) \tag{10.8}$$

式中:$x(t)$、$x_1(t)$、$x_2(t)$ 和 $x_3(t)$ 分别表示由给定的输入电压所引起的响应,模型式(10.5)中的 $x(t)$ 表示包含迟滞和动态特性的实际系统响应,其他响应表示的是降阶与简化模型后的系统响应。模型式(10.6)表示的是输入电压和作动器位移之间的一种近似线性的关系(忽略迟滞效应);模型式(10.7)表示的是输入电压和平台位移之间的纯静态迟滞关系(类似于式(10.4),忽略动力学特性);模型式(10.8)则表示的是平台的纯动态(动力学)模型,即不考虑它的迟滞特性。

如前所述,因为压电作动器具有很高的刚度,则它有很高的固有频率,当系统在低速低频状态下运行时,速度 $\dot{x}(t)$ 和加速度 $\ddot{x}(t)$ 的值都很小,故可忽略式(10.5)的前面两项,即惯性项和阻尼项。因此,式(10.5)可简化为式(10.7),式(10.8)可简化为式(10.6)。当系统工作在低频段时,如果对迟滞非线性能够进行恰当地建模和辨识,则可预期的是利用式(10.7)的迟滞模型精确地预测系统的响应。但是当系统工作在高频段时,因为模型式(10.7)忽略了系统的动力学特性,则系统的实际响应会产生较大的误差。

为了评估不同假设的效果,论证所提出模型式(10.5)~式(10.8)的建模精

度,我们生成 2 个具有相同曲线轮廓的三角输入信号,其中一个是低速率(±10V/s)信号,另一个是高速率(±1000V/s)信号,将这两个信号加到一个 $x-y$ 两轴纳米定位系统(图 10.11(b))中。此处运用了 7.3 节中提出的迟滞模型。图 10.14 描绘了低速率下各个模型式(10.5)~式(10.8)系统响应的实验对比。从图中可见,图 10.14(a)与图 10.14(c)、图 10.14(b)与图 10.14(d)的结果相近,从而可知,当系统工作在低频段时,系统的动态效应可以被忽略,这刚好与预期相符。图 10.15 展示的是在高速率输入信号下,模型响应与实际系统响应的对比。从图中明显可见,只有包含完整迟滞的动态模型式(10.5)能够精确地表现出实际系统的响应。其他几个模型则缺乏精度,因为这些模型忽略了迟滞效应或动力学特性,或者把两者都忽略了。

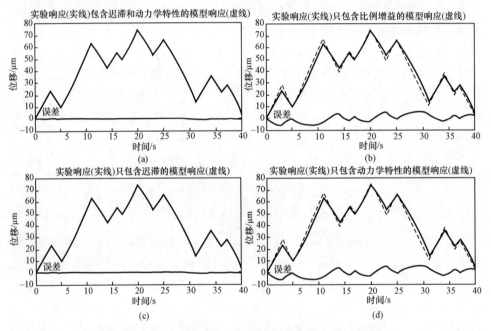

图 10.14　$x-y$ 两轴纳米定位作动器的低频输入信号响应
(a)包含迟滞和动力学特性的模型响应;(b)比例增益模型响应;
(c)只包含迟滞的模型响应;(d)只包含动力学特性的模型响应。

　　从以上的对比中明显可见,当输入激励的频率变高时,系统的动力学特性变得更加明显,而迟滞非线性的效应基本保持不变。图 10.16 展示了在给定的低频和高频输入下,实际系统和模型式(10.5)~式(10.8)的输入/输出迟滞响应对比,恰好证明了这一点。随着输入信号的速率(频率)增加,迟滞回线会变得膨大,这是由于当频率提高时会进一步诱发由系统阻尼产生的迟滞效应。同时,我们可以看到包含完整迟滞动力学的模型式(10.5)不仅可以在低频下精确预测迟滞响应,并且能有效抵消速率变化带来的影响。表 10.1 提供了这几个不同模型的建模误差

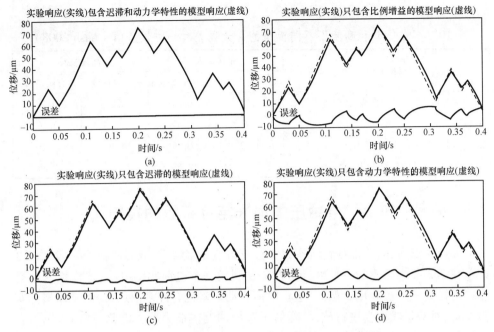

图 10.15 $x-y$ 两轴纳米定位作动器的高频输入信号响应对比

(a) 包含迟滞和动力学特性的模型响应;(b) 比例增益模型响应;

(c) 只包含迟滞的模型响应;(d) 只包含动力学特性的模型响应。

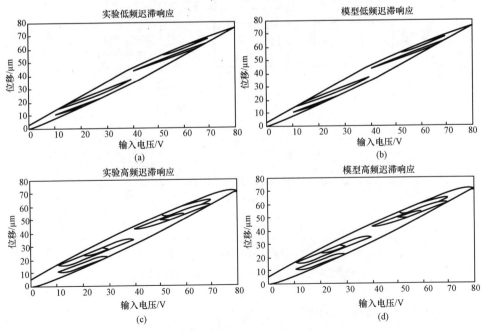

图 10.16 $x-y$ 两轴纳米作动器的实际响应和模拟响应对比

(a) 低频实验;(b) 低频模型;(c) 高频实验;(d) 高频模型。

的定量对比。

表 10.1　在低频和高频下不同模型的最大误差和均方误差(Bashash 2008)

模型类型	低频输入		高频输入	
	最大误差/%	均方误差/μm	最大误差/%	均方误差/μm
包含迟滞和动态特性的模型式(10.5)	1.24	0.26	1.04	0.21
只包含比例增益的模型式(10.6)	7.75	2.69	11.24	3.76
只含迟滞非线性的模型式(10.7)	1.22	0.26	5.40	1.48
只包含动态特性的模型式(10.8)	7.73	2.68	8.60	2.84

10.3　单轴压电纳米定位系统的控制

如第7章所述,迟滞线性具有多个分支且有记忆特性,故迟滞模型一般比较复杂。在7.3节中简述的一种可行的方法是利用一个电荷驱动电路,这样输入电荷能在可控模式下被利用。然而,这种电荷驱动策略也有许多缺点,如需要昂贵的实验设备,对测量噪声会进行放大,降低了系统的响应能力等。因此,许多应用场合更加偏好使用电压驱动策略,利用逆模型通过前馈控制器(图10.17(a))或反馈控制器(图10.17(b))对迟滞效应进行补偿。在下面的单轴纳米压电平台控制中将阐述这些补偿技术。

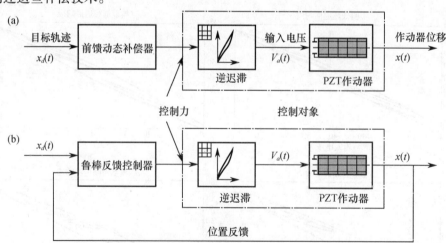

图 10.17　压电作动器位置控制方案
(a)逆模型前馈控制控制器;(b)变结构鲁棒反馈控制器。

10.3.1　前馈控制策略

如前所述,前馈策略本质上是利用一个迟滞逆模型来补偿系统工作在低频段时的非线性(误差的主要来源),如图10.17(a)所示。然而,系统还存在与频率相关的动态效应,为了补偿它,我们提出了基于频率的迟滞模型(Ang,et al. 2003)。前馈控制器性价比高,易于实现,不需要控制理论中的深层知识。在很多实际应用中,因为缺少反馈传感器或复杂的控制硬件,前馈控制器往往成为了唯一的控制解决方案。

为了更好地论证这项技术,我们引入了一个基于逆模型的前馈控制器,并应用在压电驱动纳米定位系统上进行多频轨迹跟踪控制实验(图7.7)。在式(10.3)的模型中加入一个时刻存在的扰动项对其进行扩展,这样能模拟更加实际的情况,扩展后的系统动力学模型为

$$\ddot{x}(t) + 2\zeta\omega_n \dot{x}(t) + \omega_n^2 x(t) = H\{V_a(t)\} + p(t) \qquad (10.9)$$

式中:$p(t)$代表了由参数不确定性、未知项和其他存在的未建模的动态部分对系统产生的影响。针对式(10.9)所描述的系统,我们提出如下的一种前馈控制律,即

$$V_a(t) = H^{-1}\{\ddot{x}_d(t) + 2\zeta\omega_n \dot{x}_d(t) + \omega_n^2 x_d(t)\} \qquad (10.10)$$

式中:$x_d(t)$是目标轨迹。将控制律式(10.10)代入系统运动方程,得到系统的误差动力学特性为

$$\ddot{e}(t) + 2\zeta\omega_n \dot{e}(t) + \omega_n^2 e(t) = -p(t) \qquad (10.11)$$

式中:$e(t) = x_d(t) - x(t)$表示跟踪误差。从式(10.11)中可以看出,如果模型扰动$p(t)$是有界的,则误差信号是有界的,并且前馈控制器能够进行稳定的跟踪,这是因为系统误差的所有系数及其关于时间的一阶导数和二阶导数都是正的(见附录A,A.4节,里面有关于类似动力学系统的稳定性和有界性的详细讨论内容)。

然而,误差的大小是基于模型扰动的,对这个二阶误差动力学系统而言,扰动是作用在它上面的一个激励函数。在低频段,此类扰动来源于迟滞模型的不精确;在高频段,动力学模型的不精确增加了此类扰动(如前面小节所述,如图10.14和图10.15所示)。

考虑到所有的实时实现因素(如测量噪声和数字信号处理延迟等),图10.18~图10.20分别描绘了控制器(式(10.10))在低、中、高多频率轨迹跟踪时的实验表现和数值仿真表现。为了评估控制器的效果,我们使用一个比例控制器(它是基于单输入/输出转换增益进行工作的)和逆前馈控制器跟踪同一个给定的轨迹,进行对比测试。这类轨迹的实际应用场合包括用于均匀和不均匀表面轮廓跟踪的SPM。表10.2列出了目标轨迹的细节参数及及跟踪误差的最大值和均方值。

从图10.18到图10.20的结果可以明显看出,不管系统工作在低频段还是高频段,逆前馈控制器都能有效抑制来自于迟滞非线性和系统动态效应的跟踪误差。比例控制器的结果则显示随着工作频率的升高,跟踪误差也跟着升高,这样就导致跟踪性能变差。必须指出的是,比例前馈控制中的比例增益仅仅是通过在系统上施加一个准静载时,对此时的输入/输出数据进行最小二乘优化得到的。

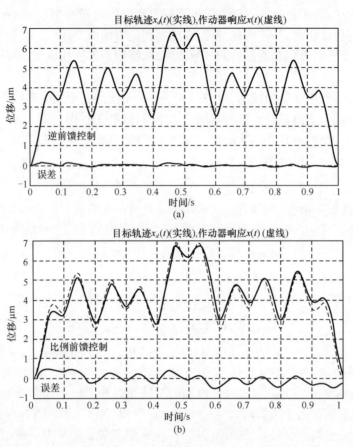

图 10.18　多频轨迹跟踪结果

（a）逆前馈控制器；（b）低频（1～10Hz）段比例前馈控制。

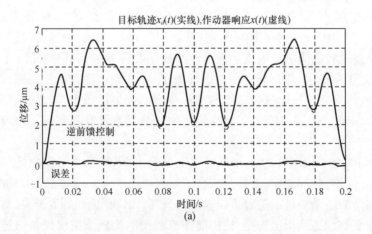

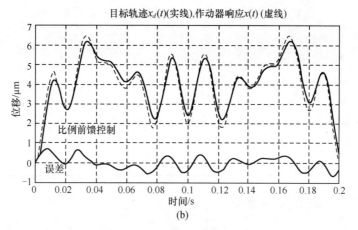

图 10.19　多频轨迹跟踪结果

（a）逆前馈控制；（b）中频（10～50Hz）段比例前馈控制。

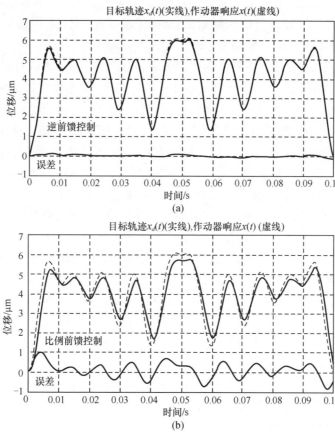

图 10.20　多频轨迹跟踪结果

（a）逆前馈控制；（b）高频（30～100Hz）段比例前馈控制。

表 10.2　前馈控制策略的轨迹参数和跟踪误差值

目标轨迹函数/μm	实验控制器	最大误差/%	均方根误差/μm
$4-[\cos(2\pi t)+\cos(6\pi t)$	(a)逆前馈控制	2.24	0.04
$+\cos(10\pi t)+\cos(20\pi t)]$	(b)比例前馈控制	8.03	0.23
$4-[\cos(20\pi t)+\cos(30\pi t)$	(c)逆前馈控制	2.70	0.06
$+\cos(80\pi t)+\cos(100\pi t)]$	(d)比例前馈控制	10.92	0.27
$4-[\cos(60\pi t)+\cos(100\pi t)$	(e)逆前馈控制	2.12	0.05
$+\cos(140\pi t)+\cos(200\pi t)]$	(f)比例前馈控制	16.66	0.32

10.3.2　反馈控制策略

如图 10.17(b)所示,在控制策略中加入一个反馈控制器并结合前馈迟滞线性化,这样可以有效地提高轨迹跟踪性能。利用滑模控制策略、自适应控制方法和扰动估计技术对非线性进行实时辨识和补偿,同时使用基于电荷测量的反馈控制器,这样就构成了一个最常见的控制框架,从而能够满足 STM 或其他 SPM 系统中使用的压电驱动纳米定位系统对精密轨迹跟踪的高要求。

因为前馈法存在诸多不确定因素以及外部干扰的存在,所以有必要使用反馈控制,特别是当系统工作在高频段时(图 10.20(b))。许多反馈方案使用一个 PID(比例－积分－微分)控制器来克服前馈补偿器的缺点。尽管这种方法在低频下效果提升明显,但是随着频率的升高,所观测到的跟踪误差也随之持续增大(Ping,Musa 1997;Changhai,et al. 2004)。另一方面,研究人员也开发了鲁棒控制与自适应控制方案,这类方案大多数需要一个典型的迟滞模型(Bashash,Jalili 2007b,Hwang,et al. 2005)。也有研究报告提出不需要迟滞模型(Salapaka,et al. 2002;Huang,Cheng 2004);尽管和传统方法相比性能获得了提升,但是此类方法并没有有效考虑参数的不确定性,因此并不能进行有效的补偿。由于鲁棒控制器无法补偿由参数不确定性引起的干扰,这样在需要高性能操控的应用场合,对鲁棒自适应控制法的需求就变得必不可少了。大多数渐近鲁棒法,如滑模控制,并不实用,原因是这类方法的变结构特性会产生颤振现象(Slotine,Sastry 1983)。自适应方法可以完全消除或显著减小由系统参数不确定性所产生的影响(Sastry,Bodson 1989;Zhou,et al. 2004;Su,et al. 2000)。当系统面临其他不确定性源时,如多轴操作中的交叉耦合效应等,控制问题就会变得更加复杂。

作为一个可论证的利用反馈进行迟滞补偿的研究案例,此处提出一个基于李雅普诺夫法的变结构鲁棒控制器。更具体地说,此处使用的是滑模控制策略,它作为变结构控制策略的一个子集是众所周知的。滑模控制的目的是设计出渐进稳定的超平面,让所有的系统轨迹都收敛到这些超平面上并沿其路径滑动,最终接近它们预定的目标值(Slotine 1984)。为了同时满足跟踪控制和鲁棒性要

求,将滑动超平面选为一个既是关于跟踪误差又是关于其一阶导数的函数。其表达式为

$$s(t) = \dot{e}(t) + \sigma e(t) \tag{10.12}$$

式中:$\sigma > 0$ 是一个控制参数;$e(t) = x_d(t) - x(t)$ 表示跟踪误差。基于此方程,若通过一些控制律,令 $s(t)$ 向 0 移动,则 $e(t)$ 和 $\dot{e}(t)$ 也会按指数律地接近 0,从而使系统稳定(具体细节及稳定性证明详见附录 A 的 A.4 节)。为控制压电作动器的位移以应对系统扰动,引入下面的控制器来控制式(10.9)所描述的系统(Bashash, Jalili 2007b),即

$$V_a(t) = H^{-1}\{ \ddot{x}_d(t) + 2\xi\omega_n\dot{x}(t) + \omega_n^2 x(t) + \sigma\dot{e}(t) \\ + \gamma\mathrm{sgn}(s(t)) + \lambda s(t) \} \tag{10.13}$$

式中:sgn(·)代表符号函数;γ 和 λ 为正的标量参数。选择一个正定的李雅普诺夫函数 $V = s^2/2$,取其一阶导数,同时利用式(10.9)、式(10.12)和式(10.13),经过适当的变换运算后得到

$$\dot{V} = -\lambda s^2 - \gamma\mathrm{sgn}(s)s - p(t)s = -\lambda s^2 - \gamma|s| - p(t)s \tag{10.14}$$

若选择增益 γ,当满足条件 $\gamma > |p(t)|$,那么,$\dot{V} \leq -\lambda s^2$,则当 $t \to \infty$ 时,$s(t) \to 0$。因为信号 $e(t)$ 是有界的,从这个角度看则可以保证系统的渐进目标空间和子任务跟踪。故当 $t \to \infty$ 时,$e(t)$ 和 $\dot{e}(t) \to 0$。

备注 10.1:控制律中所使用的符号函数的非连续响应会产生不良的颤振现象,这有可能导致实验的不稳定。在实际应用中为了避免这个问题,我们使用一个高增益的饱和函数 $\mathrm{sat}(s/\varepsilon)$,它是符号函数的连续形式。尽管系统可以保持稳定,但是只能保证在一个区域内收敛。然而,通过 $\varepsilon(s < \varepsilon)$ 可以保证稳态误差 $|s|$ 是有界的。在选取参数 ε 时,应使颤振和误差值尽量小。

备注 10.2:参数 γ 表示控制器的鲁棒特性,必须满足稳定性条件 $\gamma > |p(t)|$。大的扰动振幅需要选取大的 γ 值,大的扰动振幅可能导致在运用符号函数时产生较大的颤振幅度,以及在运用高增益饱和函数时产生较大的跟踪误差。因此,引入逆迟滞模型可以实现精确的迟滞抵消,这样可以减小模型扰动的振幅并提高闭环控制器的稳定性,从而提升控制性能。

更多细节参考相关文献(Bashash, Jalili 2007b),式(10.13)的控制器表达式可以进一步扩展,在里面加入一个扰动估计项对模型扰动进行在线估计,具体形式如下(Elamli, Olgac 1992,1996),即

$$v(t) = H^{-1}\{ \ddot{x}_d(t) + 2\xi\omega_n\dot{x}(t) + \omega_n^2 x(t) + \sigma\dot{e}(t) \\ + \gamma\mathrm{sgn}(s) + \lambda s(t) - p_{\mathrm{est}}(t) \} \tag{10.15}$$

式中:扰动估计函数的表达式为

$$p_{est}(t) = \ddot{x}(t) + 2\xi\omega_n\dot{x}(t) + \omega_n^2 x(t) - H\{V_a(t-\tau)\} \qquad (10.16)$$

式中：τ 为一个很小的采样时间。

图 10.21 描绘了本节所提出的控制策略框图。对控制跟踪不同的低高频和多频轨迹的性能进行了检测，结果如图 10.22 所示。基于实验结果并利用一种增益近似法，对增益 σ、λ、γ 和 ε 的值进行微调后，它们的值分别为 4000、255000、50 和 0.002（Bashash，Jalili 2007b）。

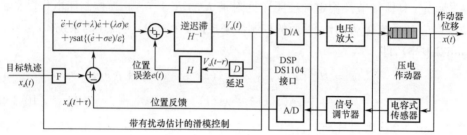

图 10.21　实时控制器实现方案

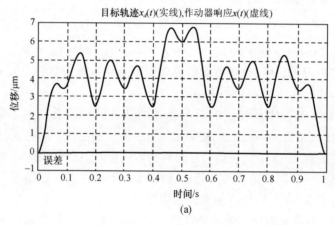

(a)

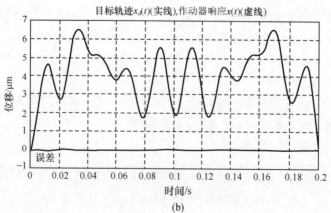

(b)

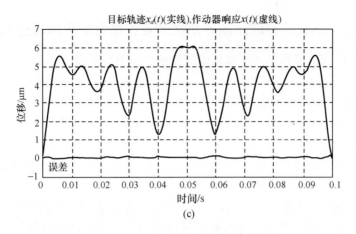

图 10.22　压电作动器位移跟踪轨迹结果

(a)1~10Hz 低速多频正弦曲线；(b)10~50Hz 中速多频正弦曲线；(c)30~100Hz 高速多频正弦曲线。

10.4　多轴压电纳米定位系统的控制

如 10.2 节所述及图 10.23 所示,是一个用于扫描的两轴压电纳米定位系统,即在 x 和 y 方向移动探针或移动样本。在本节中,我们首次对一个能够在两个方向进行高精度扫描的两轴并联压电弯曲无摩擦纳米定位系统进行建模,并对使用在 SPM 系统(特别是 STM 系统)中的多种轨迹跟踪应用案例进行广泛讨论。将此纳米定位系统与 7.3.1 节中的图 7.7 所示的单轴作动器结合,就可得到一个 x-y-z 三轴联合的纳米定位系统,即可同时满足 z 向的针尖运动和 x-y 方向扫描的组合运动任务。

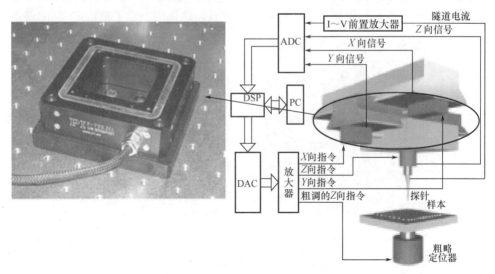

图 10.23　STM 操作原理图和用于样本/针尖在 x-y 方向运动的平行压电弯曲纳米定位器

10.4.1　耦合的并联压电弯曲纳米定位平台的建模与控制

　　并联压电弯曲平台是一个高精度无摩擦的纳米定位系统,能在纳米分辨率下和微米移动范围内实现多轴的位移。它在多种应用案例中得到使用,包括 SPM (Curtis,et al. 1997;Gonda,et al. 1999)、微机器人及医疗手术(Hesselbach,et al. 1998;Akahori,et al. 2005)、自适应光学(Aoshima,et al. 1992;Henke,et al. 1999)及半导体制造(Kajiwara,et al. 1997)。但压电元件中存在迟滞非线性、耦合的压电弯曲动态特性、不同轴的运动中存在的非线性干扰,这些因素成为系统对时变的目标轨迹进行精密跟踪控制时的障碍。

　　本节提出了一个基于李雅普诺夫法的鲁棒自适应控制器,用于控制此双轴纳米定位平台进行同步跟踪。具体来说,两个压电层叠作动器在垂直方向上移动一个单弯曲平台,以实现精密扫描,但是这样会产生并不希望看到的运动干扰。

　　系统结构与初步观察:开发压电弯曲系统的目的是为了满足在大范围位移内实现多轴微纳米尺度运动的需求。该系统由几个压电层叠作动器组成,一般是将PZT 连接到弯曲机构上,然后操控单个运动平台的多轴运动。弯曲机构是一种无摩擦的机构,它的运作是基于由金属材料制成的实体部分的弹性形变,能够提供无需维护的完美导向运动,且没有黏滞蠕动效应。

　　这里使用 PI 公司的 P – 733.2CL 双轴并联压电弯曲平台(带有高分辨率电容位置传感器)进行实验(图 10.24)。实验数据接口是通过将 PZT 放大器和DS1103dSPACE 数据采集、控制面板与一个 PI E – 500 底座结合实现的。如图10.24(b)所示,两个压电层叠作动器被装载在一个线切割弯曲平台中,具备在垂直的两个方向推进的能力,从而能够产生一个同步的两轴运动。因为有两个作动器驱动单个平台运动,故该系统结构被称为并联运动机构。除了精密定位外,该系

 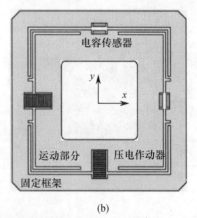

(a)　　　　　　　　　　　　　　(b)

图 10.24　并联压电弯曲系统结构

(a) PI P – 733.2CL 双轴并联压电弯曲实验平台;(b) 系统原理图。

统还有一个优点,即它在两个方向上具有完全相同的共振频率和动态特性。

类似于单轴 PZT 驱动纳米定位系统,压电弯曲平台的迟滞效应来自于压电侧,动态特性来自于层叠/弯曲的组合结构,归结为弹性、惯性和结构阻尼。该系统每个轴上的动态特性由相同的模型式(10.3)所支配。

我们使用此压电弯曲纳米定位器进行多次实验来观测每个轴在不同频率下的迟滞特性,实验中测试某一轴时其他轴是不工作的。图 10.25 显示了该平台(x轴)分别在 0.1Hz 和 20Hz 频率的正弦输入下的迟滞响应。

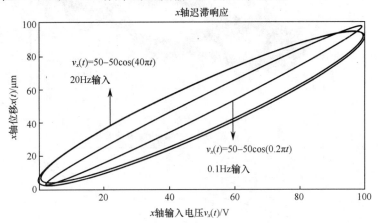

图 10.25　压电弯曲纳米定位系统在 0.1Hz 和 20Hz 输入下 x 轴的迟滞响应
(类似的响应结果可在 y 轴上观测到)

系统对 0.1Hz 输入信号的响应仅反映了材料的迟滞特性,因为此时的系统载荷可视为准静态;但是随着频率提高到 20Hz,系统动态特性的影响融入到了迟滞响应中,系统总响应变得和频率紧密相关。该平台的另一轴上也得到了类似的响应结果。

值得注意的是,此类系统通常会发生交叉耦合现象,这主要来自于作动器的非对称布置。即当纳米定位器在一方向上移动时,另一方向上紧压于移动表面和固定部分之间的作动器,由于较大的预紧力和摩擦力可能会发生旋转与变形。另一方面,由于所产生的剪切力,压电层叠作动器内部的压电片之间有可能会发生滑动。旋转、挤压和滑动的综合效应会影响平台在另一方向上的运动。在高频段,这种交叉耦合效应变得更具破坏性,特别是与系统固有频率接近时。

图 10.26(a)显示了一个轴上无输入激励,另一轴上输入 1Hz 和 50Hz 的谐波激励信号时的耦合响应实验结果。可以看出,两个方向上的耦合相似,但在不同频率下又表现出不同的特性。将耦合现象与迟滞相比较,可看出它们的性质相似,但主要区别在于它们的输入激励源不同;迟滞的输入是所施加的电压,而耦合则来自另一轴的运动。因此,考虑用以下模型表示当另一轴受激励情况下,中性轴(无输入激励信号的轴)上产生的耦合现象,即

$$\ddot{x}(t) + 2\zeta\omega_n \dot{x}(t) + \omega_n^2 x(t) = \omega_n^2 C\{y(t)\} \tag{10.17}$$

271

式中:$x(t)$为中性轴;$y(t)$为运动轴;$C\{y(t)\}$为一个代表耦合现象的非线性算子。可以看出,一轴上约0.3%的运动通过耦合转换到了另一轴上。如果得不到有效补偿,这会降低开环系统的精度和闭环系统的稳定性。

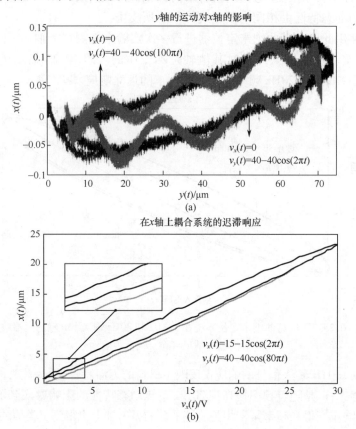

图10.26 y轴的运动在x轴上产生的交叉耦合效应

(a)x轴上无激励,y轴上输入1 Hz和50 Hz激励信号;(b)x上输入1 Hz的激励信号,y上输入40 Hz的激励信号。(观测x轴的运动对y轴的影响也可以得到类似的响应结果)

当两轴同时处于激励下时,不仅迟滞会影响系统响应,耦合效应也会影响系统性能。图10.26(b)显示了当y轴输入40 Hz激励信号时,输入激励为1 Hz信号的x轴上的迟滞响应。从图中可以看出,高频率轴的运动会诱导低频率轴的迟滞响应中产生一个小振幅的波动。

将每个轴的迟滞激励(式(10.3))和耦合效应(式(10.7))叠加可以得到系统的运动控制方程。故得到以下两个方程表示纳米定位器的双轴运动,即

$$\begin{cases} \ddot{x}(t) + 2\zeta_x\omega_{nx}\dot{x}(t) + \omega_{nx}^2 x(t) = \omega_{nx}^2(H_x\{V_{ax}(t)\} + C_{yx}\{y(t)\} + D_x(t)) \\ \ddot{y}(t) + 2\zeta_y\omega_{ny}\dot{y}(t) + \omega_{ny}^2 y(t) = \omega_{ny}^2(H_y\{V_{ay}(t)\} + C_{xy}\{x(t)\} + D_y(t)) \end{cases}$$

$$(10.18)$$

式中:$D_{x/y}(t)$代表外部干扰对系统的影响;下标 x 和 y 表示相应轴的参数、算子和输入。

压电弯曲纳米定位器的 PI(比例 – 积分)控制策略:对于很多定位系统而言,使用传统的 PI 控制器是一种常规的做法。顺着这个思路,我们在使用压电弯曲纳米定位器对轨迹进行跟踪时也利用 PI 控制器进行控制。比例和积分控制增益是通过反复的试凑法得到的,图 10.27 显示的是两个轴同时对不同频率和非零初始值的目标轨迹进行跟踪的结果。目标轨迹是峰峰值为 $60\mu m$ 的正弦曲线,其中 x 轴的目标轨迹频率为 5Hz,y 轴的目标轨迹频率是 50Hz。实验得到的最大稳态跟踪误差为 x 轴 1%、y 轴 20%。若为了提高性能进一步增加控制增益,则系统会变得不稳定。尽管结果表明在系统对低频轨迹有很好的稳态跟踪性能,但是它的瞬态响应中存在较大的超调和不希望看到的振荡。另一方面,若通过调整增益来改善超调,则会降低系统的稳态跟踪性能。因此,PI 控制器在跟踪时变的轨迹时瞬态响应表现较差,且在跟踪高频轨迹时性能低下。

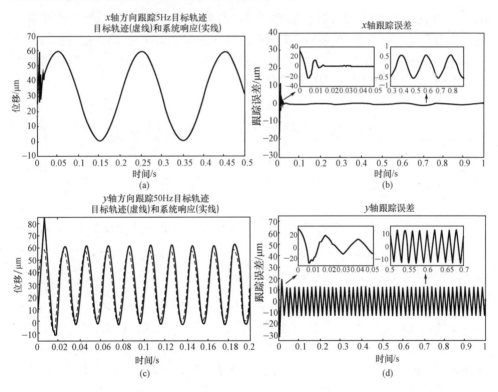

图 10.27 PI 控制器对两轴同步运动的控制结果

(a)x 轴 5Hz 轨迹跟踪控制;(b)x 轴跟踪误差;(c)y 轴 50Hz 轨迹跟踪控制;(d)y 轴跟踪误差。

压电弯曲纳米定位器的鲁棒自适应控制策略:对双轴压电弯曲系统进行精密跟踪控制时往往会遇到以下问题,如参数不确定性、外部干扰、存在未建模的动态部分(包含耦合与迟滞建模中的不确定性)等。但是我们通过合理设计一个闭环控制器是可以补偿以上提到的这些问题。本节设计并实现了一种基于李雅普诺夫法的鲁棒自适应控制策略,用于压电弯曲纳米定位系统的精密跟踪。由于两轴有完全相等的运动方程,为了简单起见,在设计控制器时仅面向单个轴,它同时适用于另一轴。故我们选择 x 轴并删除所有的下标,首先考虑如下定义,即

$$\begin{cases} H\{V_a(t)\} \triangleq a(V_a(t) + \hat{V}_h(t) + \tilde{V}_h(t)) \\ C\{y(t)\} \triangleq b(y(t) + \hat{y}_c(t) + \tilde{y}_c(t)) \\ D(t) \triangleq \hat{D}(t) + \tilde{D}(t) \end{cases} \tag{10.19}$$

假设算子 $H\{V_a(t)\}$ 和 $C\{y(t)\}$ 分为三部分,线性段部分的斜率分别为 a 和 b,时变分量 $\hat{V}_a(t)$ 和 $\hat{y}_c(t)$ 是已知的(从近似模型中得到),$\tilde{V}_a(t)$ 和 $\tilde{y}_c(t)$ 是有界的不确定分量。同理,将干扰量分为一个已知分量 $\hat{D}(t)$ 和一个有界但不确定的分量 $\tilde{D}(t)$。该假设(即将迟滞分解为线性分量与有界时变分量)的有效性已在具有类反斜线迟滞效应的系统中(包括压电系统)得到证实(Su, et al. 2000)。在 Bashash 和 Jalili(2006a)中,进一步证实了压电弯曲纳米定位器的迟滞轨迹是受参考基准线约束的,因为迟滞具有基准线对准特性。

因此,运动方程可以写为

$$\begin{cases} m\ddot{x}(t) + c\dot{x}(t) + kx(t) = V_a(t) + \hat{V}_h(t) + r(y(t) + \hat{y}_c(t)) + \hat{D}(t) + p(t) \\ p(t) = p_0 + \tilde{p}(t) = \tilde{V}_h(t) + r\tilde{y}_c(t) + \tilde{D}(t) \\ m = \dfrac{1}{a\omega_n^2}, \quad c = \dfrac{2\zeta}{a\omega_n}, \quad k = \dfrac{1}{a}, \quad r = \dfrac{b}{a} \end{cases} \tag{10.20}$$

式中:$p(t)$ 是整个系统的扰动,由一个平均(静态)项 p_0 和一个时变项 $\tilde{p}(t)$ 组成,p_0 项通过一个自适应律进行释放,$\tilde{p}(t)$ 项通过设计一个鲁棒控制器进行补偿。参数 m、c、k 和 r 为是包含在自适应策略中的系统未知参数。需要指出的是,此处完全可以只取算子的线性分量,而将 $\hat{V}_h(t)$ 和 $\hat{y}_c(t)$ 分别归入到不确定项 $\tilde{V}_h(t)$ 与 $\tilde{y}_c(t)$ 中。系统的扰动幅度越小,则实际工作中系统会有更好的跟踪性能。

控制器设计:我们开发了一个基于李雅普诺夫法的自适应滑模控制策略,用于纳米定位器的精密跟踪控制。滑模控制的目的是设计出渐进稳定的超平面,使所有的系统轨迹收敛到超平面并且沿着它们的路径滑动直到抵达目标区域(Slotine, Sastry 1983;Slotine 1984; Jalili, Olgac 1998a)。为同时满足跟踪控制和鲁棒性要求,选取的超平面为

$$s(t) = \dot{e}(t) + \sigma e(t) = 0 \tag{10.21}$$

式中:$\sigma > 0$ 是控制增益;$e(t) = x_d(t) - x(t)$,$x_d(t)$ 为二次连续可导的目标轨迹。

取式(10.21)关于时间的导数,并利用式(10.20)得到

$$\dot{s}(t) = \ddot{e}(t) + \sigma \dot{e}(t) = \ddot{x}_d(t) - \ddot{x}(t) + \sigma \dot{e}(t) = \ddot{x}_d(t) + \sigma \dot{e}(t) + \frac{1}{m} \times$$

$$(c\dot{x}(t) + kx(t) - V_a(t) - \hat{V}_h(t) - r(y(t) + \hat{y}_c(t)) - \hat{D}_h(t) - p_0 - \tilde{p}(t)) \tag{10.22}$$

定理10.1 对于式(10.20)所描述的系统,若变结构控制由以下式给出,即

$$V_a = \hat{m}(t)(\ddot{x}_d(t) + \sigma \dot{e}(t)) + \hat{c}(t)\dot{x}(t) + \hat{k}(t)x(t) - \hat{r}(t)(y(t) + \hat{y}(t)) - \hat{p}_0(t) - \hat{V}_h(t) - D_h(t) + \eta_1 s(t) + \eta_2 \mathrm{sgn}(s(t)) \tag{10.23}$$

式中:η_1 和 η_2 是正的控制增益,且对 $\forall t \in (0, \infty)$,$|\tilde{p}(t)| \leqslant \eta_2$;参数自适应律由下式给出,即

$$\begin{cases} \hat{m}(t) = \hat{m}(0) + \dfrac{1}{k_1} \displaystyle\int_0^t s(\tau)(\ddot{x}_d(\tau) + \sigma \dot{e}(\tau)) \mathrm{d}\tau \\[3mm] \hat{c}(t) = \hat{c}(0) + \dfrac{1}{k_2} \displaystyle\int_0^t s(\tau)\dot{x}(\tau) \mathrm{d}\tau \\[3mm] \hat{k}(t) = \hat{k}(0) + \dfrac{1}{k_3} \displaystyle\int_0^1 s(\tau)\dot{x}(t) \mathrm{d}\tau \\[3mm] \hat{r}(t) = \hat{r}(0) - \dfrac{1}{k_4} \displaystyle\int_0^t s(\tau)(y(\tau) + \hat{y}(\tau)) \mathrm{d}\tau \\[3mm] \hat{p}_0(t) = \hat{p}_0(0) - \dfrac{1}{k_5} \displaystyle\int_0^t s(\tau) \mathrm{d}\tau \end{cases} \tag{10.24}$$

式中:$k_1 \sim k_5$ 为自适应增益;$\hat{m}(0) \sim \hat{p}(0)$ 为近似参数值,则能保证闭环系统的渐进稳定性和系统对目标轨迹的跟踪控制,即 $e(t)$ 是有界的。

具体的证明过程请参阅附录 B(B.4 节)。

软切换模式控制的推导与分析:尽管上文提出的自适应滑模控制器具有鲁棒性且是渐进稳定的,但由于存在颤振现象,其无法在实际中进行有效的应用(Slotine,Sastry 1983)。即由于控制律中使用的是符号函数进行硬切换,这样会激发系统的共振模态,引起大幅振动,甚至导致系统的不稳定。该问题的一个常用解决措施是用软切换法来替代硬切换项 $\mathrm{sgn}(s)$,具体是利用下面的饱和函数,即

$$\mathrm{sat}(s/\varepsilon) = \begin{cases} s/\varepsilon & (|s| \leqslant \varepsilon) \\ \mathrm{sgn}(s) & (|s| > \varepsilon) \end{cases} \tag{10.25}$$

式中:ε 为一个正的小量参数,用于调节切换操纵的速率,则控制律式(10.23)可改写为

$$V_a(t) = \hat{m}(t)(\ddot{x}(t) + \sigma \dot{e}(t)) + \hat{c}(t)\dot{x}(t) + \hat{k}(t)x(t) - \hat{r}(t)(y(t) + \hat{y}(t)) - \hat{p}_0(t) - \hat{V}_h(t) - \hat{D}_h(t) + \eta_1 s(t) + \eta_2 \mathrm{sat}(s(t)/\varepsilon) \tag{10.26}$$

我们注意到,式(10.24)给出的自适应律已不适用于修改后的控制律。原因

是控制律式(10.26)仅能保证滑动轨迹是有界的,但不能保证其是渐进收敛的,即当 $t \to \infty$ 时 $s(t) \to \Omega$(Ω 为有界集)。因此,式(10.24)中的自适应积分随着时间的增加会发散(不是有界的)。为了解决这个问题,Sastry 和 Bodson(1989)提出了投影算子。该算子需要参数的上下界值,具体定义为

$$
\operatorname{Proj}_\theta[\ \cdot\ ] = \begin{cases} 0 & (\hat{\theta}(t) = \theta_{\max} \text{且} \cdot >0) \\ 0 & (\hat{\theta}(t) = \theta_{\min} \text{且} \cdot <0) \\ \cdot & (\text{其他}) \end{cases} \tag{10.27}
$$

式中:$\hat{\theta}(t)$ 代表自适应参数(如 $\hat{m}(t)$ 和 $\hat{c}(t)$);$\theta_{\min}$ 和 $\theta_{\max}$ 分别为 $\hat{\theta}(t)$ 的上界值和下界值。因此,自适应律被修改为

$$
\begin{cases}
\hat{m}(t) = \hat{m}(0) + \dfrac{1}{k_1} \displaystyle\int_0^t \operatorname{Proj}_m[\,s(\tau)(\ddot{x}_d(\tau) + \sigma \dot{e}(\tau))\,]\mathrm{d}\tau \\[2mm]
\hat{c}(t) = \hat{c}(0) + \dfrac{1}{k_2} \displaystyle\int_0^t \operatorname{Proj}_c[\,s(\tau)\dot{x}(\tau)\,]\mathrm{d}\tau \\[2mm]
\hat{k}(t) = \hat{k}(0) + \dfrac{1}{k_3} \displaystyle\int_0^t \operatorname{Proj}_k[\,s(\tau)x(\tau)\,]\mathrm{d}\tau \\[2mm]
\hat{r}(t) = \hat{r}(0) - \dfrac{1}{k_4} \displaystyle\int_0^t \operatorname{Proj}_r[\,-s(\tau)(y(\tau) + \hat{y}_c(\tau))\,]\mathrm{d}\tau \\[2mm]
\hat{p}_0(t) = \hat{p}_0(0) - \dfrac{1}{k_5} \displaystyle\int_0^t \operatorname{Proj}_{po}[\,-s(\tau)\,]\mathrm{d}\tau
\end{cases} \tag{10.28}
$$

因此,通过上下界它能保证自适应参数的持续有界,条件是所选择的初始值在上下界内,即若 $\theta_{\min} < \hat{\theta}(0) < \theta_{\max}$,则对于 $\forall t \in (0, \infty)$,$\theta_{\min} < \hat{\theta}(t) < \theta_{\max}$。此外,下面的性质适用于投影算子,即

$$
\tilde{\theta}(t)\chi(t) \leqslant \tilde{\theta}(t)\operatorname{Proj}_\theta[\chi(t)] \tag{10.29}
$$

定理 10.2   对于式(10.20)所描述的系统,若运用(10.26)给出的软切换变结构控制和(10.28)给出的自适应律,则该闭环系统变为全局一致终极有界,即误差信号 $e(t)$ 是有界的。可进一步导出稳态误差的边界为

$$
|e_{ss}(t)| \leqslant \frac{\eta_2 \varepsilon}{\sigma(\eta_1 \varepsilon + \eta_2)} \tag{10.30}
$$

证明:请参阅附录 B(B.5 节)。

区域 $|s(t)| < \lambda$ 与 $|e(t)| < \beta$ 的交集在 $e - \dot{e}$ 平面上形成了一个平行四边形(误差相位轨迹收敛到此区域内)。图 10.28 表明了所提出的软切换变结构控制器的作用。$e - \dot{e}$ 平面分为 4 个区域:区域 1,$|s(t)| > \varepsilon$;区域 2,$|s(t)| < \varepsilon$ 的边界层;区域 3,$s(t)$ 的收敛区域,此时,$|s(t)| < \lambda$;区域 4,$e(t)$ 的收敛区域,此时 $|e(t)| < \beta$。从区域 1 中的一个初始点开始,相位轨迹向区域 2 移动,进入区域 2 并接着向区域 3 的内部移动。然而,进入区域 3 的轨迹有可能会因为其初始动

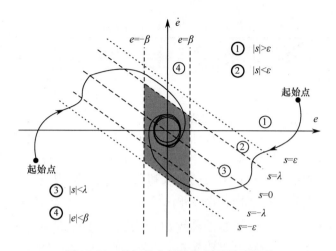

图 10.28　软切换变结构控制的图示说明

量而逃逸到外面。在这种情况下,轨迹将会被重新吸引回区域 3,因为李雅普诺夫函数的导数在此区域外是恒为负数的(Bashash,Jalili 2009)。如图所示,最终轨迹会进入区域 4 并被吸引截留在平行四边形区域内,这表示闭环系统的全局一致终极有界响应。

为选取合适的控制参数,需要进行多次试错(试凑法)实验。通过对式(10.30)给出的系统极限误差范围进行显式推导,可以对所选控制参数组的性能可接受性进行初始检测。接下来对通过初始检测的参数组进行实际的实验,以决定最终选择的参数组。需要指出的是,若误差边界的约束过紧,则产生颤振的概率会变大。最终选择的那组控制参数是基于一个权衡以及在极限误差边界上的一步步压缩得到的,同时必须保持远离颤振。式(10.30)也有助于进行这样的一个权衡,因为它能代表极限误差的敏感性又能尊重控制参数。

闭环控制实验:对上面部分建立的鲁棒自适应控制器进行实验对比,实验的目标轨迹与前文采用 PI 控制器进行跟踪时的一致。这里只考虑迟滞的线性部分与耦合非线性,不考虑外界干扰对系统的影响,即 $\hat{V}_h(t) = \hat{y}_c(t) = 0$ 且 $D(t) = 0$。表 10.3 中给出了用于对自适应积分进行初始化的系统参数近似值。表 10.4 列出了通过实验凑试法得到的控制增益。

表 10.3　系统参数近似值

系统参数	ω_n	ζ	A	B
近似值	2700	3	10^{-6}	0.0025
单位	rad/s	—	m/V	—
系统参数	M	c	K	R
近似值单位	0.14(kg·V)/N	2200(V·s)/m	10^6 V/m	2500 V/m

表 10.4　实验控制参数值

控制参数	σ	ε	η_1	η_2	—
值	500	0.01	300	20	—
自适应增益	k_1	k_2	k_3	k_4	k_5
值	20	2×10^{-9}	5×10^{-14}	10^{-10}	2×10^{-6}

图 10.29 和图 10.30(a)～(d)分别描述了 x 轴与 y 轴的双轴跟踪控制结果。图 10.29(a)～(d)和图 10.30(a)～(d)分别给出了对应 x 轴和 y 轴的:目标轨迹跟踪、系统误差响应、滑模变量 $s(t)$ 的收敛和误差相位图。从图中可见,误差和滑模轨迹收敛到了指定的区域内。误差相位轨迹收敛到了由控制增益形成的指定平行四边形区域内。图 10.31 描述了参数 $\hat{k}(t)$ 和 $\hat{p}_0(t)$ 的自适应。对于其他参数,自适应信号类似地被限制在其下边界和上边界之间,为简洁起见,这里不详述它们的曲线图。参数自适应系数是通过实验得到的,为的是产生一个足够高的自适应率令系统远离不稳定。

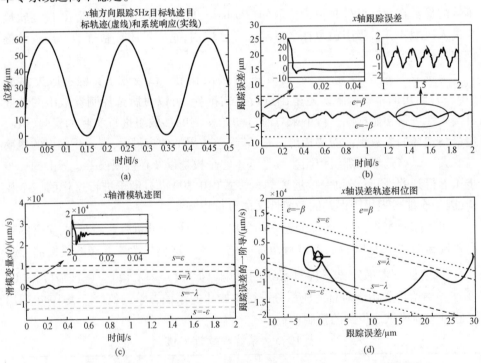

图 10.29　x 轴轨迹跟踪结果

(a)轨迹跟踪;(b)跟踪误差;(c)滑模变量图;(d)误差相位图。

x 轴和 y 轴的最大和平均稳态跟踪误差百分比分别为 1.67% 和 0.83% 与 1.71% 和 0.82%。可见,在不同频率下,控制器对两轴上有着相似的跟踪性能。但是由于两轴的跟踪是同步进行的,导致了部分性能的降低;实验显示,利用所提

278

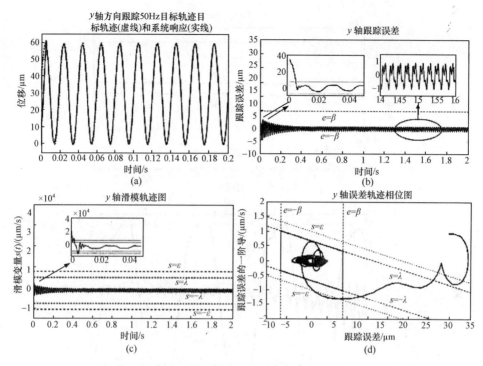

图 10.30   y 轴轨迹跟踪结果
(a)轨迹跟踪;(b)跟踪误差;(c)滑模变量图;(d)误差相位图。

出的控制方法进行单轴跟踪时,性能有显著升高(约是双轴跟踪性能的180%)。

与 PI 控制器相比,低频跟踪的瞬态响应和高频跟踪的稳态性都得到了显著的提升。因此,本节所提出的控制器优于 PI 控制器,特别是在高频段。但是,如果是想对零初始值的低频信号进行跟踪或者不关心系统的瞬变特性,则优先选择 PI 控制器,因为其结构简单易于实现。

10.4.2   三维纳米定位系统的建模与控制

如 10.2 节所述,PZT 驱动的纳米定位系统的轨迹跟踪控制的最终目的是测绘样本的表面形貌。本节使用一个 $x-y-z$ 纳米定位系统(图 10.32)来演示这个概念,使用了 10.2.1 节中简述过的两种结构(图 10.10)。第一种结构如图 10.32 所示,将 z 向纳米定位器装配在一个 $x-y$ 纳米定位器的顶部,用来进行表面轨迹的跟踪(类似于 SPM 的典型扫描)。第二种结构是一个无激光的 AFM 装置,它利用 z 向纳米定位器驱动针尖的运动,同时使用 $x-y$ 纳米定位器来移动针尖下方的样本。

使用 $x-y-z$ 纳米定位器进行表面形貌跟踪:本节使用 $x-y-z$ 纳米定位器来演示表面形貌跟踪,定义一个矩形的扫描区域,x 轴方向的轨迹为 $x_d(t)=5/6t\mu m$,y 轴方向则是一个正弦轨迹 $y_d(t)=25+25\cos(2\pi t)\mu m$。

z 轴方向的轨迹则定义为一个关于 x 轴和 y 轴位置坐标的三角函数:$z_d(t)=$

279

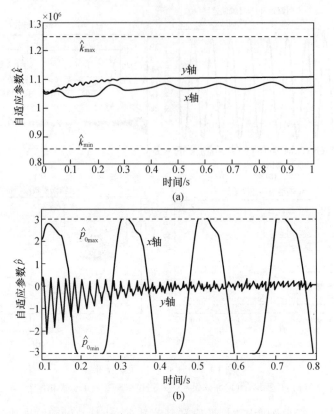

(a)

(b)

图 10.31　参数自适应结果

（a）$\hat{k}(t)$；（b）$\hat{p}_0(t)$。

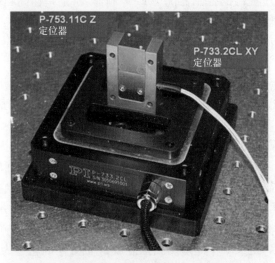

图 10.32　PI P - 753. 11Cz 轴纳米定位器和 PI P - 733. 2CL $x - y$
二维纳米定位器组成的 PTZ 驱动的三维纳米定位系统

$0.3\cos(0.25x(t)) + \cos(0.30y(t))\ \mu m$。对于所给出的 x 轴与 y 轴的轨迹,需要安排两个存储单元。但无法定义 z 轴所需的最小存储单元数,因此在 z 轴控制器中用了相对容量较高的存储器(5 个存储单元)。为了进一步提高精度,此处应用了闭环存储分配策略(Bashash,Jalili 2008)。

图 10.33 描绘了每个轴的轨迹跟踪结果,图 10.34 则是实验平台 3 个轴综合跟踪的结果。x 轴方向在跟踪斜坡输入信号时,跟踪误差随着时间的推移而不断增加,在跟踪的结尾处观测到的最大跟踪误差为 0.7%。如图 10.33(a)所示,从 x

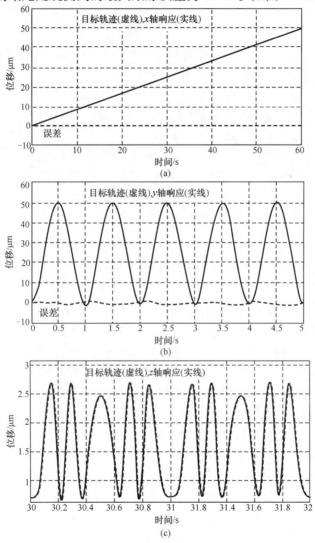

图 10.33 使用 PI P-753.11Cz 轴纳米定位器和 PI P-733.2CL$x-y$ 两轴纳米
定位器组成的三维纳米定位系统进行表面形貌跟踪的结果

(a)x 轴跟踪; (b)y 轴跟踪; (c)z 轴跟踪。

轴的跟踪表现可见控制器能够很好地跟踪线性斜坡轨迹。y 轴与 z 轴的跟踪误差分别为 1.4% 和 4.3%。如图 10.33(b) 所示，y 轴能很好地跟踪一个均匀的正弦信号。然而，如图 10.33(c) 所示，z 轴在跟踪一个非均匀的三角函数轨迹时，变现出了跟踪精度的不足。这可能是由于目标轨迹中存在幅度较大的且又突然的变化，增加了动力学的不可预测效应对系统响应的影响。结合以上三轴的跟踪结果，通过 3D 纳米定位系统实现了对目标表面形貌的有效跟踪控制，扫描得到的形貌图形如图 10.34 所示。

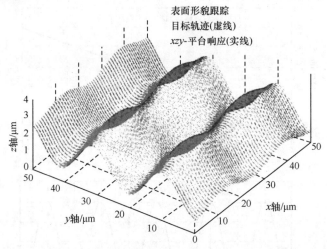

图 10.34　使用 PI P – 753.11Cz 轴纳米定位器和 PI P – 733.2CLx – y 两轴
纳米定位器组成的三维纳米定位系统进行表面形貌跟踪的结果

高速成像无激光原子力显微镜（AFM）：在利用 AFM 对材料进行分子尺度的成像中，为了降低费用并提升成像速度，在本节提出一种无激光的 AFM（对其扫描轴采用了精确的控制策略，提高了性能）。为替换体积庞大且价格昂贵的激光干涉仪，此处采用了一个压阻式传感器（它的精度在可接受范围内）。由于扫描过程中样本表面形貌的起伏变化引起悬臂梁发生偏转，从而导致压电层阻值发生变化，然后通过一个惠斯通电桥来检测这种变化。因此，可以在不使用激光的情况下，对样本表面形貌进行纳米级精度的扫描。为了提高成像速度，本方案在 x – y 两轴纳米定位器上采用了一种基于李雅普诺夫法的鲁棒自适应控制策略。

本节提出的无激光 AFM 设备如图 10.35 所示。样本被放置在双轴并联的 PI PI – 733.2CL 压电弯曲平台上，而压电微悬臂梁则被安装在一个 PI P – 753.11Cz 向定位平台上用于获取样本的表面形貌。z 向平台仅用于初调，并让微悬臂梁与样本之间达到所需的接触状态。在扫描过程中，z 向平台并不移动，因此悬臂梁的偏移对应于样本表面形貌的起伏（无激光 AFM 设备的示意图如图 10.36 所示）。

此处的成像使用了一个自感知微悬臂梁 PRC – 400。图 10.37(a) 是在 100 倍光学显微镜下观测到的压阻式悬臂梁图像，它由一个硅制微悬臂梁（在基底

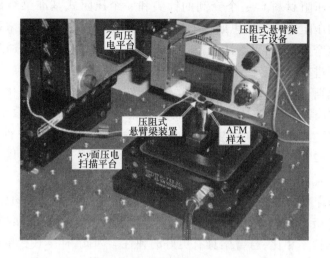

图 10.35　基于压阻式悬臂梁的无激光 AFM 设备

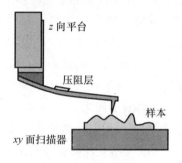

图 10.36　无激光 AFM 装置的原理示意图

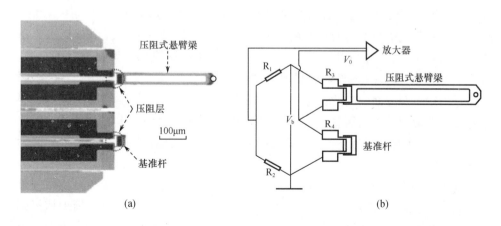

图 10.37　带有惠斯通电桥的压阻式微悬臂梁

上覆盖了一层压阻材料），一个锋利的针尖和一个压阻式基准梁组成。悬臂梁和基准梁上的压阻层被当做惠斯通电桥中的电阻。压阻式悬臂梁末端在外力的作用下会发生弯曲，从而引起压阻层电阻值的变化。此变化可以通过惠斯通电桥的输出电压进行检测。图 10.37(b) 是 PRC - 400 自感知悬臂梁的原理图，悬臂梁与外部惠斯通电桥和放大器相连。因为悬臂梁的一阶共振频率大约为几千赫，在低频工作段（即低于 100Hz），可将悬臂梁看成一个集中参数系统。因此，悬臂梁的变形量（弯曲量）和惠斯通电桥的输出电压之间成线性关系（Saeidpourazar，Jalili 2009）。于是，通过压阻式悬臂梁的变形 - 电压增量可以估算出悬臂梁的变形量。

在针尖与样本的接触点处，悬臂梁针尖所受的力与样本表面所受的力相等。但悬臂梁尺寸极小，只会发生弯曲形变；而样本侧会将力分散到接触点四周，并抵抗它。故与样本相比，悬臂梁具有更好的弹性。因此，样本在接触点处发生的垂直形变与悬臂梁上产生的弯曲形变相比可忽略不计。该假设在一般情况下是有效的，除非研究对象是超级软的样本（如液体、软体生物物种或超薄聚合物层等）。本章中仅研究具有足够刚度的样本。如果需要对超软样本进行成像，则需要通过进一步的实验来检测样本材料的局部刚度，更好的方法是使用 AFM 的非接触或轻敲模式。另一方面，在 AFM 的接触模式下，样本表面的形貌变化不能超过某一特定值，否则，悬臂梁会发生塑性形变或屈服。鉴于一个典型 AFM 悬臂梁的长度约为几百微米，故其安全弯曲范围约为几十微米。悬臂梁的弹性足够应对当前大部分的 AFM 应用案例（样本表面形貌在微纳米尺度变化）。

在 $x-y$ 纳米定位器上使用前文所开发的鲁棒自适应控制器，本次实验所用的 AMF 校准样本的面积为 $5\mu m \times 5\mu m$，具有 200nm 深的立方池（均匀分布在表面），使用该样本来检测本章所提出的无激光 AFM 设备的成像效果。该样本的三维成像结果如图 10.38 所示，扫描区域面积为 $16\mu m \times 16\mu m$，扫描频率为 10Hz。在实验中特别需要观察在不同扫描速度（或扫描频率）下的成像质量。当扫描频率在 10 ~ 60Hz 变化（增量为 10Hz）时，得到的样本表面形貌俯视图如图 10.39 所示。从图中可见，随着频率的增加，成像质量随之下降，图像变得更加模糊。这种效应可能是由以下两方面引起的：一是悬臂梁在更高的速度下和样本表面陡峭的阶梯进行接触会增大其横向振动；二是随着频率的增加压阻层的灵敏度会下降。就此问题而言，利用样本表面横截面视角（行扫描）的图像信息可能会更加有助于判断。

在不同频率下，样本表面形貌的横截面视角图像如图 10.40 所示。从图中可见，当扫描频率为 30Hz 或更低时，通过悬臂梁和压阻式传感器可以清晰地捕捉到样本表面陡峭的阶梯形貌。但当频率上升到 40Hz 或更高时，阶梯状的边缘变得更加平滑，阶梯区域的成像失去了精度。当继续增加扫描频率（特别当频率为

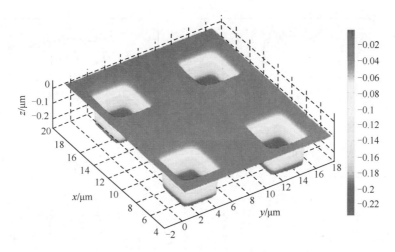

图 10.38　在 10Hz 扫描频率下使用所开发的无激光 AFM 设备
对校准样本(表面具有 200nm 深的立方池)进行三维成像

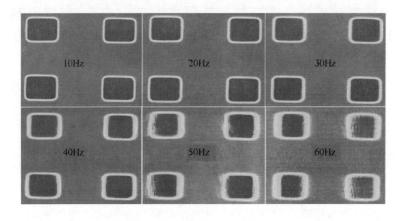

图 10.39　扫描频率对无激光 AFM 成像质量的影响

60Hz)时,所测绘到的样本表面形貌横截面图像的阶梯状底部出现了凹陷(负斜线状),这将导致成像进一步失去精度。这种现象既不是由悬臂梁的振动造成的,也不是由悬臂梁的无响应引起的。这应该归因于悬臂梁超高的固有频率(约为数kHz),有效降低了其上升时间,令其变得特别灵敏。故可得出结论,在高频率下成像质量的下降是由压阻式测量法在高频下的缺陷造成的,这对所提出的无激光AFM 设备的应用形成了限制。

　　因此,对于基于压阻传感器的 AFM 设备的一个重要发展方向是,通过制造工艺和电子集成来提高压阻式传感器的精度。

　　尽管存在前面所述的缺点,实验结果显示系统能够在 30Hz 的扫描频率下获得较高的成像质量,这就证明了本章所提出的控制策略在提升当前 AFM 设备的成

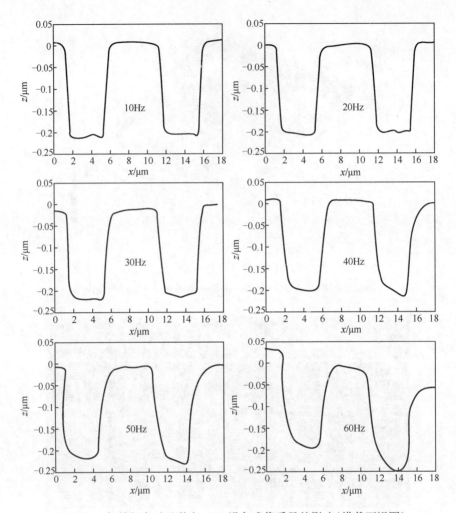

图 10.40 扫描频率对无激光 AFM 设备成像质量的影响(横截面视图)

像速度方面是有成效的(当前很多 AFM 设备是利用 PID 控制器进行工作的,其成像速度较低)。

总　结

本章完整介绍了基于压电材料的微纳米定位系统的建模方法和控制实现方案及其在扫描探针显微镜成像方面的广泛应用;完整阐述了基于压电材料的微纳米定位系统,涵盖单轴纳米定位驱动器和 3D 压电驱动定位系统。

第 *11* 章

压电式微悬臂梁传感器

本章将简要概述压电式纳米机械悬臂梁(NMCS,简称压电式微悬臂梁传感器)及其在成像和操纵系统(如原子力显微镜 AFM)中的应用。本章还将介绍系统建模的一些新概念,并着重介绍小尺度下的非线性效应问题(如泊松效应)和压电材料的非线性。具体来说,文章将介绍压电式微悬臂梁传感器的线性和非线性模型及其在生物学和超微质量传感检测方面的应用。

值得一提的是,关于此类系统综合的建模与处理方法,包括线性与非线性振动分析、系统辨识及其在超微质量检测、无激光成像、纳米级操控与定位上的应用实例都将在作者的新书(Jalili in press)里进行介绍。为避免赘述,本章只介绍其中的一小部分内容,重点介绍压电式微悬臂梁传感器。

11.1 简 要 综 述

微悬臂梁传感器是最近出现的一种用于无标记化学和生物检测的有效手段。由于其具有选择性、低成本及易于大规模生产等特点,所以可用于微纳米尺度下的质量和材料检测。微悬臂梁传感器工作时,检测样本会吸附在悬臂梁的功能化表面上。通过功能化处理后,分子识别可直接转化为微观力学响应。如图 11.1 所示,传感器的一侧发生化学反应,导致梁的表面应力发生变化,从而引起悬臂梁的弯曲并改变其谐振频率(Gupta,et al. 2004a,b;Yang,et al. 2003)。通过测量悬臂梁的挠度(静态模式)或其谐振频率的偏移(动态模式)即可估测出化学反应所产生的机械力(Chen,et al. 1995;Daering,Thundat 2005)。

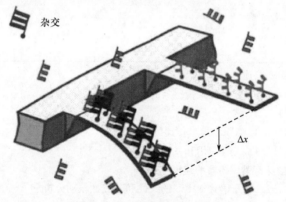

图 11.1   DNA 杂交引起悬臂梁弯曲(Δx)的示意图
(来源:Datskos,Sauers 1999,经过授权)

11.1.1   微悬臂梁传感器的基本操作

前面提到的功能化过程可以在微悬臂梁传感器的一侧或两侧进行。如图 11.1所示,在进行生物检测时,若只有一侧悬臂梁表面对目标物质有较高的亲和力,而其他表面表现得相对钝化,则这些目标物质都会吸附在悬臂梁的一侧,吸附产生的表面应力使得悬臂梁发生弯曲。

NMCS 在两种模式下工作:静态模式,即测量微悬臂梁由吸附引起的挠度;动态模式,即测量由吸附引起的微悬臂梁谐振频率的偏移。微悬臂梁谐振频率的改变,是因为吸附靶分子后引起梁的质量或刚度发生变化(即微悬臂梁两个表面之间存在应力差)。相比之下,悬臂梁的挠度仅由表面应力的变化引起。换言之,若只对微悬臂梁的一侧进行功能化,如图 11.2(a)所示,即可通过测量梁的挠度或谐振频率的偏移得到由吸附引起的表面应力。然而,若把微悬臂梁的两表面都进行功能化,如图 11.2(b)所示,则不能使用静态弯曲测量法得到表面应力,只能通过

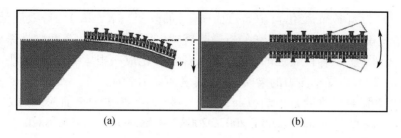

图 11.2　微悬臂梁生物传感器原理图(来源:Kirstein,et al. 2005,经过授权)
(a)单侧表面进行功能化(通过静态测量法进行测量);
(b)两侧表面都进行功能化(通过动态测量法进行测量)。

测量微悬臂梁谐振频率的偏移得到吸附引起的表面应力。此外,当靶分子吸附在微悬臂梁的功能化表面上时,梁的总质量发生改变,故其固有频率会发生微小的变化,且这个变化量是可测量的。以上即是微悬臂梁传感器动态工作模式和吸附质量检测的基本原理(Ibach 1997;Itoh,et al. 1996)。

静态模式下的弯曲测量法:如前所述,当目标物质只吸附在微悬臂梁一侧表面上时,上下表面之间的应力差会引起微悬臂梁的弯曲,而静态法只适用于微悬臂梁两侧表面存在应力差的情况。

在静态模式下,可通过很多建模方法来量化系统内的相互作用,但此处只介绍一种最常用的方法,即所谓的斯托尼公式,感兴趣的读者可参考文献 Afshari 和 Ja-lili 2008。斯托尼公式(Stachowiak,et al. 2006)根据梁的矩形表面变形量来计算其表面应力,即(一般称为 Stoney 公式)

$$w = \frac{3(1-\nu)L^2}{t^2 E}\sigma \tag{11.1}$$

式中:w 为悬臂梁的位移;v、L、t 和 E 分别为梁的泊松比、长度、厚度和弹性模量;σ 为吸附作用引起的表面应力差。

Stoney 公式适用于任意平面视角下的等厚薄板上产生小的变形量(弯曲),其中忽略平面内部载荷对梁的横向变形的影响。在 Stoney 公式的众多重要拓展中,列出以下资料供参考:泊松效应与厚悬臂梁的薄膜涂层(Jensenius,et al. 2001),厚膜与多层层板理论(Ji,et al. 2001),基于静载挠度(Schell – Sorokin,Tromp 1990)和基于分子间互相作用的静载挠度(Shuttleworth 1950;Chen,et al. 1995)。

动态模式下的频率响应测量法:如前所述,在动态模式下微悬臂梁传感器可以通过检测频率的变化来测量系统参数的变化。即在弹性系数一定的情况下,通过测量悬臂梁谐振频率的变化就可直接测量出吸附物的质量。然而,在大多数情况下,由于吸附产生的表面应力会引起弹性系数的改变。因此,频率的变化可写成如下形式(Stoney 1909),即

$$\mathrm{d}f(m,K) = \left(\frac{\partial f}{\partial m}\right)\mathrm{d}m + \left(\frac{\partial f}{\partial K}\right)\mathrm{d}K = \frac{f}{2}\left(\frac{\mathrm{d}K}{K} - \frac{\mathrm{d}m}{m}\right) \tag{11.2}$$

式中：f（$\mathrm{d}f$）为频率（的变化）；m（$\mathrm{d}m$）为质量（的改变）；K（$\mathrm{d}K$）为等效质量（的改变）。通过审视不同的梁模型来分析微悬臂梁，并将其工作频率和弹性系数公式化。下面列举一下有代表性的模型：将悬臂梁简化成一根紧绷的弦模型（Range-low，et al. 2002）；受轴向力的梁模型，将其表面应力看成一个不变的力，力产生的弯矩作用在微悬臂梁的自由端（Lee，et al. 2000）；一些更加全面深入的方法（Af-shari，Jalili 2008；Mahmoodi，Jalili 2007，2008；Mahmoodi，et al. 2008a，b）。在下一节中将对一些建模方法进行简要讨论和展开。

表面应力对微悬臂梁谐振频率变化的影响在文献中并没有引起重视，大多数已有的研究都把振动的微悬臂梁假设成一个简化模型。最近提出的建模方法开始将吸附产生的表面应力与微悬臂梁谐振频率的变化联系起来，同时考虑了微悬臂梁的非线性特性（Lockhart，Winzeler 2000；Lu，et al. 2001；Mahmoodi，et al. 2008a，2008b）。

11.1.2　线性与非线性振动

如第 1 章所述，结构的尺寸及其材料特性决定了建模的复杂程度。在研究微纳米尺度的悬臂梁时，由于其尺寸相对较小，所以很微小的振动也易引发非线性效应。此外，一些其他因素（如泊松效应）也会在研究中变得尤为重要，特别是对于微悬臂梁传感器这样的结构（与悬臂的长度相比，其宽度参数对结果的影响更大）。为考虑这些效应，需要一个更加综合的非线性模型框架。为此，在 11.2 节中阐明了能够满足上述要求的建模技术。

例如，在对压阻式微悬臂梁进行建模时，如果将兰纳琼斯引力/斥力（Chen，et al. 1995）、非线性振动（Mahmoodi，Jalili 2008b）和压电材料的非线性（Mahmoodi，et al. 2008a）都考虑进去，则会得到一个非常复杂的运动方程。关于非线性综合模型框架的提出和验证将会在 11.2 节中进行简要介绍，具体的推导和分析见作者的新书（Jalili in press）。

11.1.3　NMCS 信号传递的常用方法

如前所述，NMCS 可以将所吸附样本的分子识别转化为纳米级的机械响应（弯曲或频率的变化），且输出的响应可以整合到一套可用的信号读出器中。在众多的信号读取和传递方法中，本节简要介绍以下几种最常用的方法，如光学式（Dats-kos，et al. 1996）、压阻式（Onran，et al. 2002）、压电式（Lu，et al. 2001）和电容式（Bizet，et al. 1998），其中特别强调基于压电材料的 NMCS（这是本书的主题）。

光学读出方式：光束偏转法是测量微悬臂梁弯曲和频率响应的最常用方法。此方法的最简形式是将一束激光聚焦在微悬臂梁的末端，然后利用一个位置灵敏探测器对反射光束进行检测（Datskos，et al. 1996；Townsend，et al. 1987）。在激光（光学）检测模式中，AFM 是最典型的设备（图 11.3）。但是系统的频率响应有时会受到错误信号的干扰,这会导致微悬臂梁的谐振频率响应中出现两个或多个极值频率点,此现象不能用简单的悬臂梁振动理论进行解释(Perazzo,et al. 1999)。

另一种很有前景的光学读出设备是业内尖端的微系统分析仪(MSA)400,它可在一台设备内完成离面、面内及表面形貌的测量(Zurn,et al. 2001)。MAS400设备使用的是激光多普勒测振仪,代替了位置检测器和电压变化值的测量,该设备在对纳米悬臂梁的谐振频率响应测试中可获得更精确的检测结果(Zurn,et al. 2001;Afshari,Jalili 2007)。SSNEMS 实验室中使用的 MSA400 如图 11.4 所示。

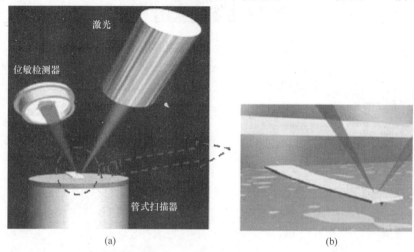

图 11.3　AFM 的基本工作原理及光学读出方式示意图

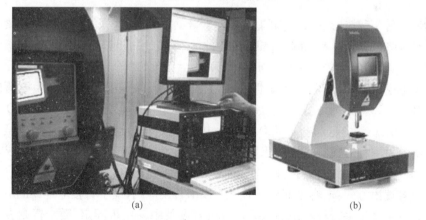

图 11.4　SSNEMS 实验室中使用的 Polytec MSA 400 微系统分析仪(Mahmoodi,et al. 2008b)(a)及 Polytec 公司官网(www. polytex. com)的产品图片(b)

压阻读出方式:压阻检测法是基于压阻材料(如掺杂硅)在压力作用下电阻率会发生改变的特性(图 11.5)。电阻率的改变量可以通过一个惠斯通电桥来测量(图 11.6)。一种情形下,电阻率的变化只是简单地通过一个精度较高的万用表进

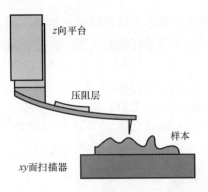

图 11.5 压阻式 AFM 设备示意图

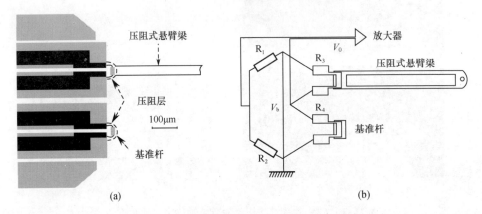

图 11.6 带有惠斯通电桥的压阻式微悬臂梁

行测量。另一种情形下,将电阻集成到微悬臂梁系统中,这样能监控微悬臂梁的形变并显著降低背景噪声(Itoh,et al. 1996)。一些其他压阻检测方法请查阅参考文献(Rabe,et al. 2007;Weigert,et al. 1996)。

压电读出方式:压电检测技术是基于压电材料在受到振动时会产生电荷的能力。其中的一种处理方式是在微悬臂梁的表面镀上一层压电薄膜(如 ZnO),如图 11.7所示。梁的振动会令 ZnO 层产生电荷,而这与微悬臂梁的振动频率是密切相关的。另一种方式是直接利用压电材料(如 PZT 锆钛酸铅压电陶瓷)制成微悬臂梁,利用压电材料的传感特性进行测量(Ilic,et al. 2001;Yang,et al. 2003)。

电容读出方式:电容检测方式是基于以下转换原则,即平行板电容器的电容变化量是一个关于平行板间距的函数。令电容器其中一块板固定,微悬臂则充当电容器的另一块板(Bizet,et al. 1998)。将此微悬臂梁电容器集成到一个敏感的电桥网络中,通过这种方式可以轻松检测出微悬臂梁的运动或运动的变化情况。

11.1.4 工程应用和发展动态

如前所述,借助于经济高效的工艺方法,微悬臂梁可适用于许多将化学和生物

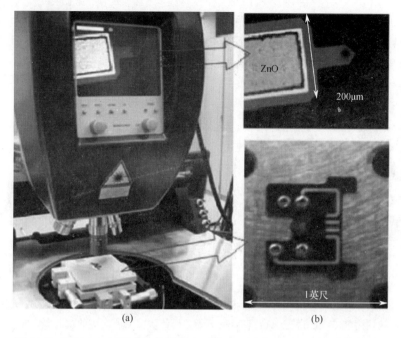

图 11.7 MSA － 400 微系统分析仪(a)及 DMASP 微悬臂梁的显微图像(b)

过程转化成微机械运动的应用场合。在大约 10 年前,微悬臂梁的这种潜能被发现后不久,它就被认为是检测分子间作用力产生的极其微小的机械响应的理想选择。

实际上,这种测量方式对很多不同介质中的分子间作用力进行测量时具有很高的灵敏度,所测的力最小可到几皮牛(Su,et al. 2003)。参考相关文献可知,NMCS 可被用于检测蒸汽(Lang,et al. 1998)、细菌细胞、蛋白质和抗体(Ilic,et al. 2004;Zhang,Feng 2004;Savran,et al. 2003),并为 DNA 的杂交提供了一种途径(Hansen,et al. 2001)。NMCS 也影响到了医疗保健行业,例如,它能够在糖尿病诊断中测量血糖浓度(Pei,et al. 2004),也可以识别导致心肌梗的重要心肌蛋白(Arntz,et al. 2003),还可以检测用于监控前列腺癌的抗原(Lee,et al. 2005a)。

NMCS 不仅对复杂的生物分子有机体进行无标识检测中具备潜力,其在化学领域中的应用也有了新的进展。利用 NMCS 传感器,可精确检测出危险化学品,如有毒气体(Dareing,Thundat 2005)和化学神经武器(Yang,et al. 2003)等。在工业应用方面,目前已证实可利用 NMCS 对聚合物刷的膨胀(Bumbu,et al. 2004)和 pH 值改变(Zhang,Feng 2004)等进行检测。NMCS 在物理学方面的应用也越来越多,如热的检测与测量(Corbeil,et al. 2002;Berger,et al. 1996)、对固体电极电解质界面的微尺度研究(Tian,et al. 2004)、相变检测(Berger,et al. 1996;Nagakawa,et al. 1998)、红外辐射检测(Thundat,et al. 1995)等。

NMCS 的临床应用还包括对以下物质的特性检测,如蛋白质(Wachter,Thundat 1995)、NDA(Alvarez,et al. 2004;Datskos,Sauers 1999;Hagan,et al. 2004;Ren,

Zhao 2004)、不同的病原体(如单病毒颗粒)(Gimzewski, et al. 1994; Grigorov, et al. 2004; Ilic, et al. 2000)和细菌(Hansen, et al. 2001)。图 11.8 和图 11.9 描述了几个微悬臂梁生物传感器在检测表面病毒颗粒时的案例和实验结果。

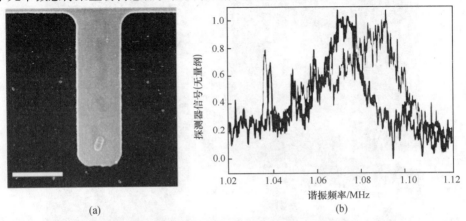

(a)   (b)

图 11.8　吸附在具有固定化抗体层的微悬臂梁传感器表面末端的单个 O127:H7 大肠杆菌
细胞的扫描电镜(SEM)图(a)及悬臂梁吸附单个细胞前后所对应的横向振动频谱(b)

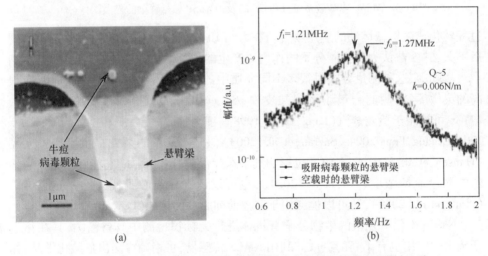

(a)   (b)

图 11.9　微悬臂梁上吸附单个牛痘病毒颗粒的扫描电镜(SEM)图(a)及
微悬臂梁在吸附病毒粒子后谐振频率下降了60kHz(b)

11.2　微悬臂梁传感器的建模

　　尽管 NMCS 在实验应用中的研究案例非常多(如 11.1.4 节中所述),但是很少有人关注它的理论建模。更具体地说,更具体地说,很少有研究针对如何通过检测悬臂梁表面的拉应力与压应力来判断 NMCS 中吸附剂的电化学特性达到

峰值。若建立一个全面的模型捕获传感器的静态响应和动态响应,则会为推进
NMCS 在其他领域中的应用奠定一个坚实的基础,特别是在如下几个方面的应
用:纳米机器人方面(纳米机器人可用于控制蛋白质折叠中的重要过程);利用
生物和化学方法驱动微型设备;帮助我们理解摩擦和纳米流控中的分子学基础。
此外,建立一个完整的数学模型有助于掌握设计参数对传感器响应的影响。因
此,可以通过进一步优化来实现传感器所需的响应特性。上述内容是本节研究
的主要动机。

11.2.1 压电式 NMCS 的线性和非线性振动分析

第 8 章已深入探讨了 NMCS 的线性模型及其对参数辨识技术增强的需求(见
8.3.2 节)。下面将建立一个包含几何与材料非线性的非线性模型。为进一步拓
展此模型,针对 NMCS 引入一个 3D 的非线性模型来展示扭转振动及其耦合效应
对弯曲振动的影响。如前所述,本节重点放在了压电式 NMCS 的建模上,且主要把
内容安排在了推导过程方面,建议感兴趣的读者可以参考 NMC 传感器和作动器方
面的相关书籍(Jalili in press)。

大量的实验研究已经表明 NMCS 在大量应用中的巨大影响力。然而,检测方
法的进一步发展,要依赖于所建立的理论建模准确捕捉传感器响应的能力,这样就
能够精确地估算出由悬臂梁表面发生的化学反应引起的梁的弯曲和谐振频率的改
变。先前的实验研究(McFarland,et al. 2005;Zhang,Meng 2005)已表明,不能用简
单的建模方法来描述 NMCS 的特性,特别是当发生由下述情况引发的非线性耦合
能量场时,如大型传感器的形变、原子的表面吸附、分子间作用力和压电驱动等。
一个较为完整的理论模型的建立,可以促进新传感技术的进一步发展,同时为新的
参数估计策略和控制技术的测试奠定坚实的基础。

顺着这个思路,本节将建立一个完整的非线性模型。本建模方法分两步进行:
第一步是讨论由 NMCS 的形变和几何结构产生的非线性;第二步是在压电材料层
面对此非线性进行扩展。此模型能够让设计者定量分析机械参数对传感器性能的
影响,这样就创造了一种有效的再设计方法,通过改进和优化使 NMCS 在实际中获
得更优异的性能。

几何结构与无延展性导致的非线性:为建立非线性模型,此处使用了一个均匀
的柔性梁,在其上表面覆盖了一层压电材料,如图 11.10(a)所示(8.3.2 节中详细
介绍了该设备)。为了简化且不失一般性,此处假设压电层的宽度与梁的宽度相
同。梁的初始状态是直的,一端固定,一端自由。此外,梁遵从欧拉 - 伯努利梁理
论,忽略其中的剪切形变和转动惯量项。

如图 11.10(b)所示,一段长度为 ds 的梁分别以 $x-y$ 坐标系和 $\xi-\theta$ 坐标系为
其横截面的惯性坐标系和主坐标系,其中 x 轴与 ξ 轴之间的弯曲角为 ψ。如

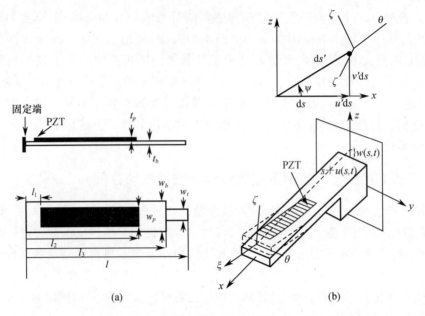

图 11.10　微悬臂梁传感器的结构示意图(a)和主坐标系与惯性坐标系(b)

图 11.10(b)所示,作为长度 ds 的一个因变量,ψ 可由下式得到,即

$$\psi = \arctan \frac{w'}{1 + u'} \tag{11.3}$$

式中:"$'$"表示对位置 s 的求导;u 和 w 分别为纵向和横向位移。两个坐标系之间的转换可用下面的矩阵形式来表示,即

$$\begin{Bmatrix} x \\ y \\ z \end{Bmatrix} = \begin{bmatrix} \cos\psi & 0 & -\sin\psi \\ 0 & 1 & 0 \\ \sin\psi & 0 & \cos\psi \end{bmatrix} \begin{Bmatrix} \xi \\ \theta \\ \zeta \end{Bmatrix} \tag{11.4}$$

联立式(11.3)与式(11.4),并进行泰勒级数展开,可求得梁的曲率和角速度分别为

$$\kappa = w'' - w''u' - w'u'' - w''w'^2 \tag{11.5}$$

$$\dot{\psi} = \dot{w}' - \dot{w}'u' - w'\dot{u}' - \dot{w}'w'^2 \tag{11.6}$$

式中:"$\cdot$"表示对时间 t 的求导。中性轴上的格林应变(与材料有关)为

$$S_0 = \sqrt{(1 + u')^2 + w'^2} - 1 \tag{11.7}$$

利用上式,并结合无延伸性条件可将纵向振动和弯曲振动联系起来。

　　与第 8 章中的情形类似,压电层在梁的长度方向上并没有覆盖满,故对梁的每一段而言中性面是变化的(式(8.51))。

　　如前所述,微悬臂梁特殊的结构需要用到"平面应变"理论。即对于这种尺寸的微悬臂梁,其厚度比宽度要小很多,故需用下式对其弹性模量进行修正(Ziegler 2004;Lam,et al. 2003),即

296

$$E = \frac{E^*}{(1 - \nu^2)} \qquad (11.8)$$

运动微分方程:基于能量法推导运动微分方程,利用已求得的角速度,系统的总动能表示为

$$T = \frac{1}{2}\int_0^l \left\{ m(s)(\dot{u}^2 + \dot{w}^2) + J(s)(\dot{w}'^2 - 2\dot{w}^2 u' - 2w'\dot{u}'\dot{w}' - 2\dot{w}'^2 w'^2) \right\} \mathrm{d}s$$

$$\qquad (11.9)$$

其中

$$m(s) = W_b(\rho_b t_b + (H_{l1} - H_{l2})\rho_p t_p) \qquad (11.10)$$

$$H_{l1} = H(s - l_1), H_{l2} = H(s - l_2) \qquad (11.11)$$

$H(s)$ 为第 Ⅱ 部分中所定义的 Heaviside 函数。对于此处的微悬臂梁,其电场是一维的,故电位移向量中包含了一个非零部分 D_3。因此,电位移向量定义为

$$D_1 = D_2 = 0, D_3(s,t) \qquad (11.12)$$

进而,压电材料的应力和电场之间的耦合关系可表示为

$$\sigma_1^p = c_p^D S_1^p - h_{31} D_3, \epsilon_3 = -h_{31} S_1^p + \beta_{33}^S D_3 \qquad (11.13)$$

未覆盖压电材料部分的应力 – 应变关系为

$$\sigma_1^b = c_b^D S_1^b \qquad (11.14)$$

系统的总势能为

$$U = \frac{1}{2}\int_0^{l_1}\iint_A \sigma_1^b S_1^b \mathrm{d}A\mathrm{d}s + \frac{1}{2}\int_{l_1}^{l_2}\iint_A \sigma_1^b S_1^b \mathrm{d}A\mathrm{d}s + \frac{1}{2}\int_{l_1}^{l_2}\iint_A (\sigma_1^p S_1^p + \epsilon_3 D_3)\mathrm{d}A\mathrm{d}s$$

$$+ \frac{1}{2}\int_{l_2}^{l}\iint_A \sigma_1^b S_1^b \mathrm{d}A\mathrm{d}s + \frac{1}{2}\int_0^l c_b^D A(s)\left(u'^2 + u'w'^2 + \frac{1}{4}w'^4\right)\mathrm{d}s \qquad (11.15)$$

利用式(11.6) ~ 式(11.15),得到系统的拉格朗日函数为

$$L = \frac{1}{2}\int_0^l \left\{ m(s)(\dot{u}^2 + \dot{w}^2) + J(s)(\dot{w}'^2 - 2\dot{w}'^2 u' - 2w'\dot{u}'\dot{w}' - 2\dot{w}'^2 w'^2) \right.$$

$$- C_\zeta(s)(w''^2 - 2w''^2 w'^2 - 2w''^2 u' - 2w'w''u'')$$

$$+ c_b^D A(s)\left(u'^2 + u'w'^2 + \frac{1}{4}w'^4\right) - 2C_d(s)D_3(w'' - w''u' - w'u'' - w''w'^2)$$

$$\left. + C_\beta(s)D_3^2 \right\}\mathrm{d}s \qquad (11.16)$$

其中

$$C_\zeta(s) = (H_0 - H_{l1})c_b^D I_b + (H_{l1} - H_{l2})c_b^D(I_b + bt_b z_n^2)$$

$$+ (H_{l1} - H_{l2})c_p^D I_p + (H_l^2 - H_l)c_b^D I_b \qquad (11.17)$$

$$C_d(s) = (H_{l1} - H_{l2})h_{31} I_d \qquad (11.18)$$

$$C_\beta(s) = (H_{l1} - H_{l2})W_b t_b \beta_{33}^S \qquad (11.19)$$

$$I_b = \frac{W_b t_b^3}{12}$$

$$I_d = \frac{W_b}{2}(t_b t_p + t_p^2 - 2t_p z_n)$$

$$I_p = W_b\left(t_p z_n^2 + (t_p^2 + t_b t_p)z_n + \frac{1}{3}\left(t_p^3 + \frac{3}{2}t_b t_p + \frac{3}{4}t_b^2 t_p\right)\right) \tag{11.20}$$

$$z_n = \frac{c_p^D t_p(t_p + t_b)}{2(c_b^D t_b + c_p^D t_p)} \tag{11.21}$$

这里,梁被认为是不可伸展的,此条件要求中性轴上无相对伸长($S_0 = 0$),故结合式(11.7),则有

$$(1 + u')^2 + w'^2 = 1 \tag{11.22}$$

通过式(11.22),将变量 u 和 w 联系起来。这样即可将独立变量降到 2 个,即 w(梁的弯曲振动)和 D_3(电介质位移向量的非零部分)。因此,利用拉格朗日表达式(11.16)可得到两个分别关于 w 和 D_3 的方程。利用欧拉伯努利梁理论,忽略转动惯量效应,将式(11.22)代入式(11.16),并将其当做约束极小化问题进行处理(见 3.1.4 节),结合扩展的 Hamilton 原理,得到系统的运动微分方程为

$$\frac{\partial}{\partial s}(w'(C_\zeta(s)w''w')' - w'(C_d(s)D_3 w')')$$

$$- \frac{\partial^2}{\partial s^2}\left[C_\zeta(s)(w'') + C_d(s)D_3\left(1 - \frac{1}{2}w'^2\right)\right]$$

$$- m(s)\ddot{w} - \frac{\partial}{\partial s}\left[w'\int_l^s m(s)\int_0^s (\ddot{w}w' + \dot{w}'^2)\mathrm{d}s\mathrm{d}s\right] = 0 \tag{11.23a}$$

$$C_d(s)\left(w'' + \frac{1}{2}w''w'^2\right) + C_\beta(s)D_3 = W_b V_a(t) \tag{11.23b}$$

$$w(0,t) = w'(0,t) = w''(l,t) = w'''(l,t) = 0 \tag{11.23c}$$

式中:$V_a(t)$ 为施加在压电层上的输入电压。式(11.23a)和(11.23b)为关于 w 和 D_3 的耦合偏微分方程,将式(11.23a)和式(11.23b)联立可消去 D_3。故在边界条件(11.23c)下,可将系统运动方程简化为

$$m(s)\ddot{w} + \frac{\partial^2}{\partial s^2}(C_\zeta(s)w'') + \frac{\partial}{\partial s}\left[w'\int_l^s m(s)\int_0^s (\ddot{w}w' + \dot{w}'^2)\mathrm{d}s\mathrm{d}s\right]$$

$$+ \left[w'\frac{\partial^2}{\partial s^2}(C_\zeta(s)w''w') + w''\frac{\partial}{\partial s}(C_\zeta(s)w''w')\right]$$

$$+ w'\frac{\partial}{\partial s}\left(\frac{C_d^2(s)}{C_\beta(s)}w''w' - \frac{bC_d(s)}{C_\beta(s)}V_a(t)w'\right)$$

$$- \frac{\partial^2}{\partial s^2}\left[\frac{bC_d(s)}{C_\beta(s)}V_a(t)\left(1 - \frac{1}{2}w'^2\right) + \frac{C_d^2(s)}{C_\beta(s)}(w'')\right] = 0 \tag{11.24}$$

不出所料,此运动方程中出现了 3 次方非线性惯性项和刚度项,但是由于压电效应的作用,使机电耦合场中出现了 2 次方和 3 次方非线性项。压电层产生的线性项在之前已求得(Dadfarnia,et al. 2004a,b),故可在运动方程中观测到新出现的非线性项(由压电效应产生)。

模态分析和非线性固有频率:为解出原偏微分方程并得到谐振频率和梁的模态振型,必须将时间函数与空间函数进行分离。与第 4 章类似,使用伽辽金法对系统进行离散化,解的形式为

$$w(s,t) = \sum_{n=1}^{\infty} w_n(s,t) = \sum_{n=1}^{\infty} \phi_n(s) q_n(t) \qquad (11.25)$$

式中:ϕ_n 表示微悬臂梁的比较函数(即只满足边界条件但不一定满足运动微分方程);q_n 表示广义的时间坐标。将式(11.25)代入式(11.24)中并利用拉格朗日法,即可得到运动微分方程为

$$\hat{g}_{1n}\ddot{q}_n + \hat{g}_{2n}q_n + \hat{g}_{3n}V_a(t)q_n^2 + \hat{g}_{4n}q_n^3 + \hat{g}_{5n}(q_n^2\ddot{q}_n + q_n\dot{q}_n^2) + \hat{g}_{6n}V_a(t) = 0$$
$$(11.26a)$$

其中

$$\hat{g}_{1n} = \int_0^l m(s)[\phi_n(s)]^2 \mathrm{d}s \qquad (11.26b)$$

$$\hat{g}_{2n} = \int_0^l C_\zeta(s)\phi_n''(s)\mathrm{d}s - \frac{h_{31}I_d(\phi_n'(l_2) - \phi_n'(l_1))}{W_b t_p \beta_{33}^S(l_2 - l_1)}\int_0^l C_d(s)\phi_n''(s)\mathrm{d}s$$
$$(11.26c)$$

$$\hat{g}_{3n} = \frac{1}{t_p\beta_{33}^S}\int_0^l C_d(s)\phi_n''(s)[\phi_n'(s)]^2 \mathrm{d}s \qquad (11.26d)$$

$$\hat{g}_{4n} = 2\int_0^l C_\zeta(s)[\phi_n''(s)]^2[\phi_n(s)]^2 \mathrm{d}s$$

$$- \frac{h_{31}I_d([\phi_n'(l_2)]^3 - [\phi_n'(l_1)]^3)}{2W_b t_p \beta_{33}^S(l_2 - l_1)}\int_0^l C_d(s)\phi_n''(s)\mathrm{d}s$$

$$- \frac{h_{31}I_d(\phi_n'(l_2) - \phi_n'(l_1))}{W_b t_p \beta_{33}^S(l_2 - l_1)}\int_0^l C_d(s)\phi_n''(s)[\phi_n'(s)]^2 \mathrm{d}s \qquad (11.26e)$$

$$\hat{g}_{5n} = 2\int_0^l \phi_n(s)\left[m(s)\phi_n'(s)\int_l^s\int_0^s 2[\phi_n'(s)]^2 \mathrm{d}s\mathrm{d}s\right]'\mathrm{d}s \qquad (11.26f)$$

$$\hat{g}_{6n} = \frac{1}{t_p\beta_{33}^S}\int_0^l C_d(s)\phi_n''(s)\mathrm{d}s \qquad (11.26g)$$

此处的边界条件为梁一端固定一端自由,一端固定一端自由梁的线性振型被认为是一个比较函数 ϕ_n,即

$$\phi_n(x) = A_n\left\{\cosh(\gamma_n x) - \cos(\gamma_n x) + \left[\sin(\gamma_n x) - \sinh(\gamma_n x)\right]\right.$$

$$\left. \times \frac{\cosh(\gamma_n) + \cos(\gamma_n)}{\sin(\gamma_n) + \sinh(\gamma_n)}\right\} \tag{11.27}$$

式中:γ_n 为频率方程的根,则有

$$1 + \cos(\gamma_n)\cosh(\gamma_n) = 0 \tag{11.28}$$

更多关于非线性固有频率的求解及其稳定性问题的详细内容参考(Mahmood, Jalili 2007)。利用多尺度法,并结合运动微分方程的最终形式(11.26a),将幅值和非线性固有频率表示为

$$\begin{cases} a_n = a_{n0} \\ \omega_{Nn} = \omega_n + \varepsilon \dfrac{3k_{2n}}{8\omega_n}a_{n0}^2 \end{cases} \tag{11.29}$$

式中:a_{n0} 是一个常数。从式(11.29)可见,系统的非线性固有频率与振幅的平方有关。常系数 ε 与 k_n 取决于梁和压电层的机电特性。

实验装置和实验方法:用来进行微悬臂梁非线性振动分析的实验装置与8.3.2 节(图 8.11 与图 8.12)中用到的装置类似。实验目的是为了得到微悬臂梁(图 8.9)的固有频率并将结果与通过理论建模推导得出的数据进行比较。此处同样使用顶尖的微系统分析仪 MAS - 400(由 Polytec Inc. 生产)作为实验设备(图8.11)。梁的几何结构和物理特性分别如图 11.11 所示与表 11.1 所列。

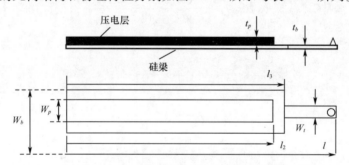

图 11.11   微悬臂梁的几何结构

表 11.1   微悬臂的物理参数

微悬臂梁		ZnO 压电层	
符号	值	符号	值
c_b^D	185GPa	c_p^D	133GPa
l	500μm	l_2	375μm
W_b	250μm	β_{33}^S	45.5Mn/F
W_t	55μm	h_{31}	500MV/m

微悬臂梁		ZnO 压电层	
符号	值	符号	值
ρ_b	2330kg/m³	ρ_p	2330kg/m³
t_b	4μm	t_p	4μm
ν_b	0.28	W_p	130μm
d_{31}	11pC/N	ν_p	0.25

在压电层上施加 1V 的交流电作为激励源,测量微悬臂梁对此激励的响应,梁对电压信号的频率响应如图 11.12 所示。在图 11.12 的快速傅里叶变换图中,左侧的第一个条状物的位置即梁的第一个共振点。在此情形下,通过软件辨识出梁的一阶谐振频率为 55560Hz。

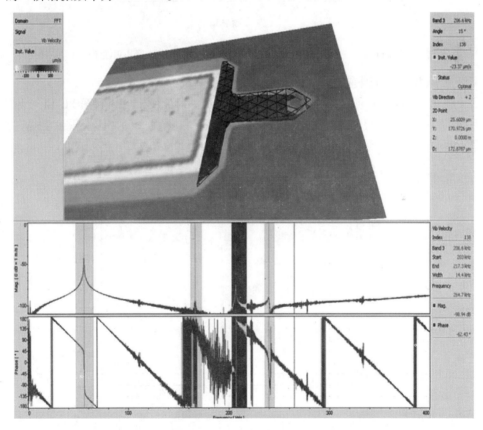

图 11.12　微悬臂梁对 1V 压电激励信号的基频响应

数值分析结果与实验结果对比:本节已经完整地推导出了压电式微悬臂梁振动的非线性运动微分方程,而在前面部分已经得到了实验中的响应频率。实验中微悬臂梁(梁的参数如表 11.1 所列)的频率响应数据如图 11.13 所示,清晰地展示

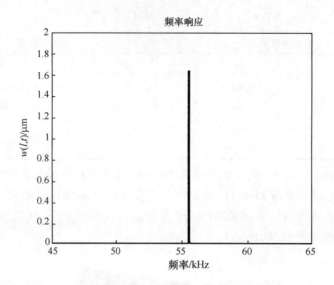

图 11.13　实验中测得的微悬臂梁末端位移的快速傅里叶变换

了微悬臂梁的一阶固有频率。

　　模型式(11.26)的频率响应如图11.14所示。对比图11.13和图11.14可见，系统的谐振频率与实验结果非常接近（实验数据为 55560Hz，理论数据为 55579Hz）。

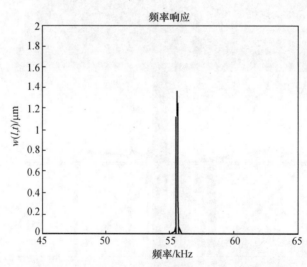

图 11.14　仿真得到的微悬臂梁末端位移的快速傅里叶变换

　　为了和线性描述法的结果进行比较,此处使用了参考文献(Lee, et al. 2004, 2005)中的方法来获取系统的谐振频率。线性描述法使用如下的表达式(Lee, et al. 2004),即

$$\omega_n = \frac{3.52}{2\pi l^2}\sqrt{\frac{\overline{EI}}{\rho_b t_b + \rho_p t_p}} \tag{11.30}$$

其中

$$\overline{EI} = \frac{W_b((c_p^D)^2 t_p^4 + (c_b^D)^2 t_b^4 + c_p^D t_p c_b^D t_b(4t_p^2 + 4t_b^2 + 6t_p t_b))}{12(c_b^D t_b + c_p^D t_p)} \tag{11.31}$$

式(11.30)和式(11.31)同 Lee 等(2004)中的(2)和(3)是相同的表达式。在此情况下,实验结果与线性模型分析结果之间存在明显的不同。基于式(11.30)和式(11.31),计算得到的频率是32385Hz,这与实验结果相比存在很大的误差。

为了研究式(11.8)中弹性模量修正产生的影响,在不考虑式(11.8)修正弹性模量的情况下获取系统的谐振频率。所得到的频率为53598Hz,此结果与在修正式(11.8)中弹性模量情况下得到的频率之间相差3.55%,故必须考虑对弹性模量的修正。

可得到的一个重要结论是,微悬臂梁的振幅对输入激励非常敏感。在图11.15中,励磁电压在实验中由图11.15(a)的0.5V 增加到图 11.15(b)的1.5V,这导致振幅显著增加,如图11.15(b)所示。此处提出的非线性模型能很好地预测这种现象,如图11.16 所示。

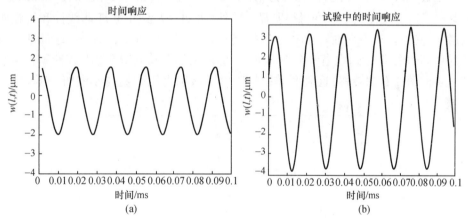

图 11.15　微悬臂梁末端振幅的实验结果

(a)0.5V 激励;(b)1.5V 激励。

在振幅方面,实验结果与仿真结果之间存在一些很小的差异,这是因为数值仿真所用的参数(由制造商提供)与实际参数(微悬臂的参数)并不完全匹配。这些参数通常是制造商在特定的条件下获取和测得的,这可能与实验室的实验条件并不完全相同。此处的差异也有可能是实际实验中的阻尼引起的,因为在建模中并没有考虑阻尼。

在 0.5V 和 1.5V 这两个不同幅值的压电激励信号下,所绘制的非线性频率响应曲线分别如图 11.17 和图 11.18 所示。从图 11.17 与图 11.18 中明显可见,线

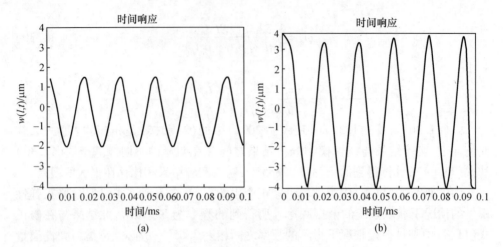

图 11.16   微悬臂梁末端振幅的仿真结果
(a)0.5V 激励;(b)1.5V 激励。

性模型与非线性模型的固有频率是明显不同的。图 11.17 中 σ 轴上的零点代表线性模型的固有频率,曲线的峰值点代表非线性模型的固有频率。

通过对式(11.29)进行数值仿真研究发现,对于一个较大数值的 a_n(本案例中 $a_n > 10^{-9}$),非线性频率会变得很明显。此外,图 11.17 表明,由于非线性和所施加的激励,受迫振动中存在一个频率转折点。如图 11.18 所示,相比于图 11.17,当施加更高的激励电压时,振幅明显增加。此外,增加激励电压会令非线性固有频率进一步向图的右侧转移,这表明非线性频率随激励电压的提高而增加。图 11.17

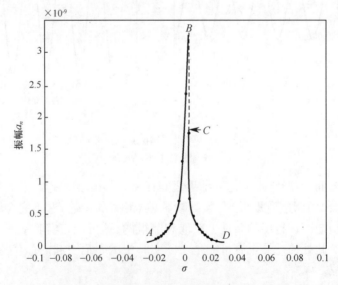

图 11.17   系统在 0.5V 激励电压下频率响应的解析解和数值解,B 和 C 代表转折点
("·"表示直接求式(11.26)所得到的相应的数值解)

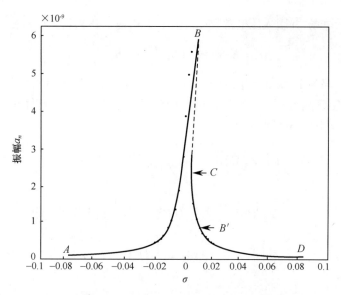

图 11.18　系统在 1.5V 激励电压下频率响应的解析解和数值解，B 和 C 代表转折点
("·"表示直接求解式(11.26)所得到的相应的数值解)

表明数值解与解析解很一致，在图 11.18 中，当激励频率超过共振点后，解析法和数值法之间的这种一致性开始减少。然而，这两种方法之间存在的差异仍然被认为是可接受的，并从上述研究中观察到解析法和数值法之间有很好的一致性。

　　加入压电材料的非线性：本节中，在前面所建立的用于描述压电式微悬臂梁系统的弯曲振动的运动微分方程中加入一个非线性项，即压电材料的非线性。采用前面小节中关于建立微悬臂梁本构方程的同样过程，硅(微悬臂梁)材料的本构方程(见第 4 章或式(11.14))为

$$\sigma_1^b = c_b^D S_1^b \tag{11.32}$$

式中：$c_b^D = c_b^{D*}/(1 - \nu_b^2)$，见式(11.8)，此处，$c_b^{D*}$ 为硅材料的弹性模量，v_b 为硅材料的泊松比。将压电材料的本构方程式(11.13)和式(11.14)修改为(Crespo da Silva 1988)：

$$\sigma_1^p = c_p^D S_1^p - h_{31} D_3 + \frac{\alpha_1 (S_1^p)^2}{2} + \frac{\alpha_2 D_3^2}{2} - \alpha_3 D_3 S_1^p \tag{11.33}$$

$$\epsilon_3 = - h_{31} S_1^p + \beta_{33}^s D_3 + \frac{\alpha_3 (S_1^p)^2}{2} + \frac{\alpha_4 D_3^2}{2} - \alpha_2 D_3 S_1^p \tag{11.34}$$

式中：$c_p^D = c_p^{D*}/(1 - \nu_p^2)$，$c_p^{D*}$，是压电材料的弹性模量，$\nu_p$ 是它的泊松比；α_i 表示非线性压电系数。

　　传感器工作时暴露在空气中，空间电场很弱，假设电场中的非线性很小并且可以忽略不计，即 $\alpha_2 = \alpha_4 = 0$。假设压电材料非线性(式(11.33)中的第三项)至少大于耦合非线性一个数量级，因此也可忽略耦合项 $\alpha_3 D_3 S_1^p$ 产生的效应。利用所施加的电

压 $V_a(t)$ 表示电场,并引入压电常数 d_{31}(表 6.2 和表 8.18),将式(11.33)简化为

$$\sigma_1^p = E_p S_1^p + \frac{\alpha_1}{2}(S_1^p)^2 - E_p d_{31} \frac{V_a(t)}{t_p} \tag{11.35}$$

式中: $E_p \triangleq c_p^E = c_p^D(1 - \kappa_{31}^2)$ 在前面 8.3 节中已经定义; t_p 是压电材料的厚度。梁和压电层的总应变能可写为(关于此压电驱动系统线性模型的具体推导参考 Mahmoodi,et al. 2006;Nayfeh,et al. 1992)

$$\begin{aligned}
U = &\frac{1}{2}\int_0^{l_1}\iint_A (\sigma_1^b S_1^b)\,\mathrm{d}A\mathrm{d}s + \frac{1}{2}\int_{l_1}^{l_2}\iint_A (\sigma_1^b S_1^b)\,\mathrm{d}A\mathrm{d}s \\
&+ \frac{1}{2}\int_{l_1}^{l_2}\iint_A (\sigma_1^p S_1^p + \epsilon_3 D_3)\,\mathrm{d}A\mathrm{d}s + \frac{1}{2}\int_{l_2}^{l_3}\iint_A (\sigma_1^b S_1^b)\,\mathrm{d}A\mathrm{d}s \\
&+ \frac{1}{2}\int_{l_3}^{l}\iint_A (\sigma_1^b S_1^b)\,\mathrm{d}A\mathrm{d}s + \frac{1}{2}\int_0^{l} EA(s)(u'^2 + u'w'^2 + \frac{1}{4}w'^4)\,\mathrm{d}s
\end{aligned} \tag{11.36}$$

式中:$\mathrm{d}A$ 表示一个梁微分单元的横截面积,且

$$EA(s) = (H_0 - H_{l3})c_b^D W_b t_b + (H_{l_1} - H_{l_2})E_p W_p t_p + (H_{l_3} - H_l)c_b^D W_t t_b \tag{11.37}$$

式中:$H(s)$ 为 Heaviside 函数;w 为宽度;t 为厚度;下标 b、p 和 t 分别表示悬臂梁的硅基底、压电层和末端区域。具体结构和其他尺寸如图 11.11 所示。

然后,将系统的动能表示为

$$T = \frac{1}{2}\int_0^{l} m(s)(\dot{u}^2 + \dot{w}^2)\,\mathrm{d}s \tag{11.38}$$

其中

$$m(s) = (\rho_b A_b + (H_{l1} - H_{l2})\rho_p A_p) \tag{11.39}$$

式中:ρ_b 和 ρ_p 分别为硅基底和压电层的质量密度。

利用式(11.36)~式(11.38),将系统的拉格朗日函数 $L = T - U$ 写为

$$\begin{aligned}
L = &\frac{1}{2}\int_0^{l} \Big\{ m(s)(\dot{u}^2 + \dot{w}^2) - K(s)(w''^2 - 2w''^2 w'^2 - 2w''^2 u' - 2w'w''u') \\
&- \frac{\alpha_1}{2}I_{np}(s)w''^3 + K_p(s)(w'' - w''u' - w'u'' - w''w'^2)V_a(t) \\
&- EA(s)\Big(u'^2 + u'w'^2 + \frac{1}{4}w'^4\Big) \Big\}\,\mathrm{d}s
\end{aligned} \tag{11.40}$$

其中

$$\begin{cases}
K(s) = (H_0 - H_{l1})c_b^D I_b + (H_{l1} - H_{l2})c_b^D (I_b + W_b t_b z_n^2) \\
\qquad\quad + (H_{l1} - H_{l2})E_p I_b + (H_{l2} - H_{l3})c_b^D I_b + (H_{l3} - H_l)c_b^D I_t \\
K_p(s) = (H_{l1} - H_{l2})\dfrac{W_p}{2}E_p d_{31}(t_p + t_b - 2z_n)
\end{cases} \tag{11.41}$$

式中:z_n 表示梁的中性轴,由式(11.21)给出。

此外,可知

$$
\begin{cases}
I_b = \dfrac{W_b t_b^3}{12} \\[2mm]
I_t = \dfrac{W_t t_t^3}{12} \\[2mm]
I_{np}(s) = (H_{l1} - H_{l2})\dfrac{W_p}{4}\left[\left(\dfrac{t_b}{2} + t_p - z_n\right)^4 - \left(\dfrac{t_b}{2} - z_n\right)^4\right] \\[2mm]
I_p = W_p\left(t_p z_n^2 + (t_p^2 + t_b t_p)z_n + \dfrac{1}{3}\left(t_p^3 + \dfrac{3}{2}t_b t_p^2 + \dfrac{3}{4}t_b^2 t_p\right)\right)
\end{cases}
\tag{11.42}
$$

使用相同的无伸展性条件式(11.22)将梁的弯曲和纵向振动关联起来,将式(11.36)~式(11.42)带入扩展的 Hamilton 原理,得到运动微分方程和相应的边界条件为

$$
m(s)\ddot{w} + (K(s)w'')'' + \left(\frac{3\alpha_1}{2}I_{np}(s)w''^2\right)'' + \left[w'(K(s)w'w'')'\right]'
$$

$$
+ \left[w'\int_l^s m(s)\int_0^s(\ddot{w}'w' + \dot{w}'^2)\mathrm{d}s\mathrm{d}s\right]' + \left[\frac{1}{2}w'[K_p(s)w'V_a(t)]'\right]'
$$

$$
+ \left[\frac{1}{4}K_p(s)w'^2 V_a(t)\right]'' = \left[\frac{1}{2}K_p(s)V_a(t)\right]''
\tag{11.43}
$$

$$
w = w' = 0(s = 0), \quad w'' = w''' = 0(s = l)
\tag{11.44}
$$

通过观察式(11.43),发现存在两种非线性:第一种是在第三项中的 2 次方非线性,这是由压电层材料的非线性引起的;第二种是 3 次方非线性,由梁的几何结构引起的,具体表现为非线性惯性项和非线性刚度项(式(11.43)中的第四项和第五项)。此外,式(11.43)中的第六项和第七项表示来源于压电激励特性的非线性参数激励,方程右侧的最后一项表示直接激励项。

降阶建模:类似于前面小节中的处理方法,使用伽辽金法得到式(11.43)的降阶模型,其中按照式(11.25)对弯曲形变量 $w(s,t)$ 进行离散化处理。使用同样的正交基底函数组 $\phi_n(s)$(式(11.27)),将式(11.25)的伽辽金近似项带入式(11.43)中,得到的结果乘以振型 ϕ_n,处理后得到的式子在梁的长度上进行积分并利用线性振型的正交条件,得到常微分方程为

$$
\ddot{q}_n(t) + \hat{\mu}_n \dot{q}_n(t) + \omega_n^2 q_n(t) + \hat{g}_{n1}q_n^2(t)V_a(t) + \hat{g}_{n2}q_n^3(t)
$$

$$
+ \hat{g}_{n3}(q_n^2(t)\ddot{q}_n(t) + q_n(t)\dot{q}_n^2(t)) + \hat{g}_{n5}q_n^2(t) = \hat{g}_{n4}V_a(t)
\tag{11.45}
$$

式中:$\hat{g}_{ni}$ 是与时间无关的模态系数,定义为

$$
\omega_n^2 = \int_0^l \phi_n(s)(K(s)\phi_n''(s))''\mathrm{d}s
\tag{11.46a}
$$

$$\hat{g}_{n1} = \frac{1}{4} \int_0^l \phi_n(s)(K_p(s)\phi'^2_n(s))''ds$$

$$- \frac{1}{2} \int_0^l \phi_n(s) [\phi'_n(K_p(s)\phi'_n(s))']'ds \tag{11.46b}$$

$$\hat{g}_{n2} = \int_0^l \phi_n(s)[\phi'_n(s)(K(s)\phi'_n(s)\phi''_n(s))']'ds \tag{11.46c}$$

$$\hat{g}_{n3} = \int_0^l \phi_n(s)\left[\phi'_n(s)\int_l^s m(s)\int_0^s 2\phi'^2_n(s)dsds\right]'ds \tag{11.46d}$$

$$\hat{g}_{n4} = \frac{1}{2} \int_0^l \phi_n(s)K''_p(s)ds \tag{11.46e}$$

$$\hat{g}_{n5} = \frac{3}{2}\alpha_1 \int_0^l \phi_n(s)(I_{np}(s)\phi''^2(s))''ds \tag{11.46f}$$

式中：$\hat{\mu}_n$ 为模态阻尼系数，此处引入它来表示线性阻尼效应。

与前面章节类似，关于非线性频率方程的建立和其稳定性问题的具体细节，感兴趣的读者可以参考 Mahmoodi 等（2008a，b），因为具体推导过程比较繁琐，不在此赘述。利用多尺度法（Nayfeh1973），求出 ω_n 附近的二阶非线性近似通解，经过一些推导整理后，将压电式微悬臂梁的非线性频率响应方程表示为

$$(\hat{\mu}_n\omega_n a_n)^2 + \left[\frac{N_{eff}a_n^3 - 8\omega_n^2\sigma a_n\hat{g}_{n4}}{4\hat{g}_{n4} - 2\hat{g}_{n1}a_n^2}\right]^2 = (\hat{g}_{n4}f)^2 \tag{11.47}$$

式中：N_{eff} 为系统有效非线性的一个度量，定义为

$$N_{eff} = \frac{3\hat{g}_{n2} - \frac{10}{3}\hat{g}_{n5}^2 - 2\hat{g}_{n3}\omega_n^2}{8} \tag{11.48}$$

对于一个给定电压值的激励 f，基于式（11.47）可用数值法求解出相应的响应幅值 a_n。对于基本振型和不同值的 $\hat{g}_{15}$，利用式（11.47）生成一组频率响应曲线，如图 11.19 所示。

有效非线性系数 N_{eff} 在表征传感器响应的非线性特性方面起着重要的作用。例如，当有效非线性系数为正时，系统表现出硬化特性，即当激励频率大于 ω_1 时，会产生较大振幅的响应，如图 11.19 所示。另一方面，当此系数为负时，此非线性表现出软化特性，即当激励频率低于系统的固有频率时，会产生大振幅的运动。

压电层中材料的非线性对基本振型的影响集中体现在系数 $\hat{g}_{15}$ 上，当忽略这些非线性时，即 $\hat{g}_{15} = 0$，则悬臂梁的一阶振型表现出硬化特性；关于此部分也可参阅文献（Arafat, et al. 1998；Malatkar, Nayfeh 2002）。因为在有效非线性表达式（11.48）中 $\hat{g}_{15}$ 以一个负的平方项的形式出现，系统所包含的材料非线性会降低传感器的有效非线性的大小，这会使频率响应表现出越来越少的硬化特性，如

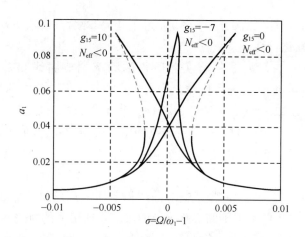

图 11.19 $f = 9V$, $\hat{\mu} = 0.0005$, 且 $\hat{g}_{15}$ 为不同值下得到的

一组非线性频率响应曲线 (其中虚线代表不稳定解)

图 11.19 所示。因为传感器的几何结构和线性的材料特性是已知的 (表 11.1), 则系数 $\hat{g}_{n2}$ 和 $\hat{g}_{n3}$ 的定义是明确的。另一方面, 系数 $\hat{g}_{15}$ 取决于压电层的非线性材料特性, 它是不能通过计算得到的, 因为无法在文献中得到 α_1 的实验值。因此, 此系数将通过后续进行的传感器的非线性响应特性实验来获取。

实验验证: 类似于前面两部分, 使用和图 8.11 与图 8.12 相同的实验装置来验证非线性理论模型并辨识出未知的线性及非线性参数。

图 11.20 显示的是做传感器的基本振型实验时得到的一组频率响应曲线。从图中可见, 随着电压幅值的增加, 在频率小于一阶谐振频率的位置, 传感器产生响应的幅值变大并且表现出软化特性。事实上, 以上结果违反了如下共识, 即悬臂梁在基本振型下会表现出硬化特性。可将产生上述差异的原因归结为, 在微尺度下,

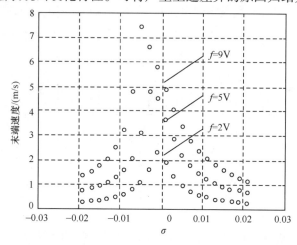

图 11.20 压电式微悬臂梁传感器在实验中测得的频率响应曲线

压电层材料的非线性(二次方项)效应超过了几何非线性(三次方项)。因此,产生的响应表现出软化特性。

为了验证理论模型,我们将实验所得的频率响应曲线和基于理论模型式(11.47)得到的响应曲线进行比较。为此,通过实验获取其中的两个未知参数。首先,线性阻尼系数 $\hat{\mu} = \xi_{exp}/(2\omega_1)$,其中 ξ_{exp} 表示实验阻尼比,是通过半功率点方法(Meirovitch 1997)得到的。对于所研究的悬臂梁传感器,我们发现其阻尼比 ξ_{exp} 在 0.0025 ~ 0.0034 变化(由空气和结构产生的阻尼)。因此,我们取其平均值 $\xi_{exp} = 0.00295$。

其次,利用图 11.20 中的频率响应曲线得到压电层的材料非线性系数。具体来说,利用不同电压值下得到的实验响应的峰值点所组成的轨迹,使用最优二乘法进行曲线拟合,从而将响应峰值和频率解调参数关联起来。将所生成的多项式(也被称为脊线或拟合线)与通过寻找式(11.47)的极值并利用解析法得到的结果进行比较,利用两边恒等的性质,求出未知系数。求得的解满足以下方程,即

$$\frac{da_1}{d\sigma} = 0 \tag{11.49}$$

或

$$a_{1max} = \sqrt{8\omega_1^2\sigma \Big/ \left(3\hat{g}_{12} - \frac{10}{3}\hat{g}_{15}^2 - 2\hat{g}_{13}\omega_1^2\right)} \tag{11.50}$$

式(11.50)中唯一的未知量是系数 $\hat{g}_{15}$。通过将式(11.50)与图 11.21 中的最优拟合多项式比较发现 $\hat{g}_{15} = 60$,因此利用式(11.46f)求解得到压电层材料的非线性系数 $\alpha_1 = 4645.23\,GPa$。利用线性阻尼的实验值和材料的非线性系数,可生成频率响应曲线。将这些曲线与图 11.22 中的实验数据对比发现,两者在整个频域范围内

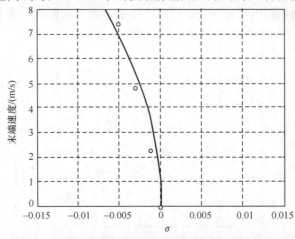

图 11.21 频率响应的拟合曲线(圆圈表示实验得到的频率响应峰值轨迹点,
实线表示这些点的最优二乘拟合曲线)

310

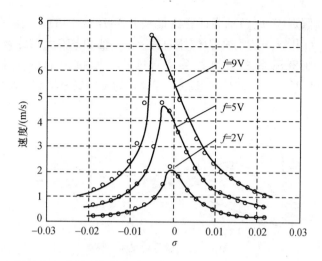

图 11.22　解析法和实验得到的频率响应曲线(圆圈代表实验数据,实线表示解析解)

都表现出了很好的一致性,不仅仅局限于峰值频率处(Mahmoodi,et al. 2008b)。

11.2.2　NMCS 的弯曲 - 扭转耦合振动分析

　　梁的弯曲 - 扭转耦合振动在以下 3 种情况下最易发生:梁的剪切中心偏离了中性轴;回转效应;梁的几何不对称。重心和剪切中心之间的偏移会导致机械结构的弯曲和扭转振动之间发生耦合(Takaway,et al. 1997)。研究结果表明,对于梁系统而言,这种弯曲 - 扭转耦合会显著影响系统的固有频率、振型和响应(Eslimy - Isfahany,Banerjee 2000)。这种效应以线性的形式出现,即弯曲 - 扭转耦合振动会产生线性耦合的运动微分方程。由梁的基底旋转引起的回转效应也会对系统产生一个耦合的弯曲 - 扭转振动(Bhadbhade,et al. 2008)。这种情况下,耦合是由梁底座的角速度引起的。

　　本节主要研究由几何结构引起的弯曲 - 扭转耦合振动和微悬臂梁传感器系统中存在的非线性。具体来说,为了驱动和传感目的在梁上引入的压电层会使得 NMCS 的运动微分方程中产生新的非线性项。NMCS 运动微分方程中的高阶振动项也导致了弯曲运动和扭转运动之间发生耦合。这些高阶项是由系统的几何结构引起的,具体可归因于 NMCS 的大幅度振动或梁的不可伸展性。考虑到梁的不可伸展性条件,将纵向振动的效应施加到弯曲振动上,这会在运动微分方程中产生额外的非线性。这种几何非线性主要是由微悬臂梁的小尺寸特性产生的,即当施加很小的力时,微悬臂梁就会产生大幅度的振动响应(Xie,et al. 2003)。

　　动态建模:此处的研究对象如图 11.10 和图 11.11 所示,即材质均匀初始状态为直的微悬臂梁,与前面所提到的梁的材料特性和几何尺寸是一样的。为了进一步拓展振动分析理论,在本节考虑建立一个通用的三维梁理论,其中包含了纵向振动、弯曲振动和扭转振动。为此,再次定义图 11.10 和图 11.23 中的 (x,y,z) 轴为惯性坐标系,并假定(ξ,θ,ζ)轴为任意位置s处梁的横截面的主坐标系。

此处,$u(s,t)$和$w(s,t)$分别为位移向量s在x轴和z轴上的分量,t表示时间。主坐标系与惯性坐标系之间的关系是通过两个欧拉角的旋转来描述的。如图11.10和图11.23所示,$\varphi(s,t)$和$\psi(s,t)$分别为x轴到ξ轴和y轴到θ轴的旋转角度。

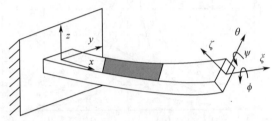

图 11.23　微悬臂梁示意图

引入3个变量u、w和φ,分别表示纵向、弯曲和扭转振动量,定义x轴和ξ轴之间的弯曲角为ψ(式(11.3))。梁的角速度ω可从下式获取,即

$$\boldsymbol{\omega} = \dot{\varphi}\boldsymbol{e}_\xi + \dot{\psi}\cos\psi\boldsymbol{e}_\theta - \dot{\psi}\sin\varphi\boldsymbol{e}_\zeta$$

$$= \dot{\varphi}\boldsymbol{e}_\xi + (\dot{w}' - \dot{w}'u' - w'\dot{u}' - \dot{w}'w'^2)\left(-\psi\boldsymbol{e}_\zeta + \left(1 - \frac{1}{2}\varphi^2\right)\boldsymbol{e}_\theta\right) \tag{11.51}$$

式中:$\boldsymbol{e}_i$是单位向量,下标$i = x,y,z,\xi,\theta,\zeta$表示单位向量的方向;$\dot{w}'$里面的点符号和撇符号分别表示对时间和位置求偏导。同理,梁的曲率向量$\boldsymbol{\rho}$的表达式为

$$\boldsymbol{\rho} = \varphi'\boldsymbol{e}_\xi + \psi'(\cos\varphi\boldsymbol{e}_\theta - \sin\varphi\boldsymbol{e}_\zeta)$$

$$= \dot{\varphi}\boldsymbol{e}_\xi + (w'' - w''u' - w'u'' - w''v'^2)\left(-\varphi\boldsymbol{e}_\zeta + \left(1 - \frac{1}{2}\varphi^2\right)\boldsymbol{e}_\theta\right) \tag{11.52}$$

假设梁具有均匀的横截面。任意位置s处梁的横截面如图11.24所示,p是横截面上的一个点,其坐标为(θ,ζ)且在中性轴上,经过形变后,p点移动到p^*点,其中的位移分量为u、v和w。p^*点的坐标依旧为(θ,ζ),因为已经假设横截面的形状在形变后是保持均匀不变的。p和p^*的位置向量可写为

$$\boldsymbol{r}_p = s\boldsymbol{e}_x + \theta\boldsymbol{e}_y + \zeta\boldsymbol{e}_z \tag{11.53}$$

$$\boldsymbol{r}_{p^*} = (s+u)\boldsymbol{e}_x + w\boldsymbol{e}_z + \theta\boldsymbol{e}_\theta + \zeta\boldsymbol{e}_\zeta \tag{11.54}$$

利用位移向量及应变张量S_p的定义(见第4章),可得

$$S_1 = \zeta_{\rho\theta} - \theta_{\rho\zeta}, \quad S_2 = S_3 = S_4 = 0, \quad S_5 = \theta_{\rho\xi}, \quad S_6 = -\zeta_{\rho\xi} \tag{11.55}$$

考虑到梁中存在平面应变,且对于这样的微尺度梁结构来说,梁的宽度和厚度的比值很大,故对于板材结构而言,其弹性模量必须按照式(11.8)的形式进行修正(Ziegler 2004)。

基于前面11.2.1节中所准备的素材,即压电材料的本构方程式(11.13)与式(11.14)和应力 - 应变关系式(11.55),然后参照前面案例的做法,利用能量法来推导运动微分方程。利用前面小节中的假设和已经获取的推导结果,系统的总动

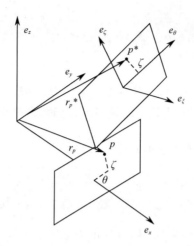

图 11.24　梁上任意一点在笔直状态下和弯曲状态下的位置关系

能表示为

$$T = \frac{1}{2} \int_0^l \Big\{ m(s)(\dot{u}^2 + \dot{w}^2) + J_\xi \dot{\varphi}^2 + J_\theta \dot{\varphi}^2 w'^2 + J_\zeta (\dot{w}'^2 - 2\dot{w}'^2 u'$$

$$- 2w' \dot{u}' \dot{w}' - 2\dot{w}'^2 w'^2) \Big\} \mathrm{d}s \tag{11.56}$$

其中

$$\begin{cases} m(s) = W_b(\rho_b t_b + (H_{l1} - H_{l2})\rho_p t_p) \\ J_\xi(s) = \frac{1}{12} m(s) \big[W_b^2 + (t_b + (H_{l1} - H_{l2})t_p)^2 \big] \\ J_\theta(s) = \frac{1}{12} m(s) W_b^2 \\ J_\zeta(s) = \frac{1}{12} m(s)(t_b + (H_{l1} - H_{l2})t_p)^2 \end{cases} \tag{11.57}$$

且

$$H_{l1} = H(s - l_1) \tag{11.58}$$

$$H_{l2} = H(s - l_2) \tag{11.59}$$

式中:$H(s)$ 是 Heaviside 函数;ρ 是线性质量密度;J_i 是对应于轴 $i = \xi, \theta, \zeta$ 的质量惯性矩。

梁和压电层的总势能可写为

$$U = \frac{1}{2} \int_0^{l_1} \!\!\iint_A (\sigma_1^b S_1^b + \sigma_6^b S_6^b + \sigma_5^b S_5^b) \mathrm{d}A \mathrm{d}s + \frac{1}{2} \int_{l_1}^{l_2} \!\!\iint_A (\sigma_1^b S_1^b + \sigma_6^b S_6^b + \sigma_5^b S_5^b) \mathrm{d}A \mathrm{d}s$$

$$+ \frac{1}{2} \int_{l_1}^{l_2} \!\!\iint_A (\sigma_1^p S_1^p + \epsilon_3 D_3) \mathrm{d}A \mathrm{d}s + \frac{1}{2} \int_{l_2}^{l} \!\!\iint_A (\sigma_1^b S_1^b + \sigma_6^b S_6^b + \sigma_5^b S_5^b) \mathrm{d}A \mathrm{d}s$$

313

$$+ \frac{1}{2} \int_0^l EA(s) \left(u'^2 + u'w'^2 + \frac{1}{4}w'^4 \right) ds \tag{11.60}$$

其中

$$EA(s) = (H_0 - H_{l1}) c_b^D W_b t_b + (H_{l1} - H_{l2}) E_p W_p t_p \tag{11.61}$$

利用式(11.52)~式(11.56),系统的拉格朗日函数可写为

$$
\begin{aligned}
U = \frac{1}{2} \int_0^l \Big\{ & m(s)(\dot{u}^2 + \dot{w}^2) + J_\xi \dot{\varphi}^2 + J_\theta \dot{\varphi}^2 w'^2 \\
& + J_\zeta (\dot{w}'^2 - 2\dot{w}'^2 u' - \varphi^2 \dot{w}'^2 - 2w'\dot{w}'u' - 2\dot{w}'^2 w'^2) \\
& - C_\xi(s)\varphi'^2 - C_\theta(s)\varphi''^2 w''^2 - C_\zeta(s)(w''^2 - 2w''^2 w'^2 - \varphi^2 w''^2 \\
& - 2w''^2 u' - 2w'w''u'') + C_c(s)\left(w'' - w''u' - w''w'^2 - \frac{1}{2}w''\varphi^2 \right) V_a(t) \\
& - EA(s)\left(u'^2 + u'w'^2 + \frac{1}{4}w'^4 \right) \Big\} ds
\end{aligned}
\tag{11.62}
$$

其中

$$
\begin{cases}
\begin{aligned}
C_\xi(s) = {} & (H_0 - H_{l1}) G_b I_\xi^b + (H_{l1} - H_{l2}) G_b (I_\xi^b + W_b t_b z_n^2) \\
& + (H_{l1} - H_{l2}) G_b I_\xi^p + (H_{l2} - H_l) G_b I_\xi^b \\
C_\theta(s) = {} & (H_0 - H_{l1}) c_b^D I_\theta^b + (H_{l1} - H_{l2}) c_b^D I_\theta^b + (H_{l1} - H_{l2}) E_p I_\theta^p \\
& + (H_{l2} - H_l) c_b^D I_\theta^b \\
C_\zeta(s) = {} & (H_0 - H_{l1}) c_b^D I_\zeta^b + (H_{l1} - H_{l2}) c_b^D (I_\zeta^b + W_b t_b z_n^2) \\
& + (H_{l1} - H_{l2}) E_p I_\zeta^p + (H_{l2} - H_l) c_b^D I_\zeta^b \\
C_c(s) = {} & (H_{l1} - H_{l2}) \frac{W_p}{2} E_p d_{31} (t_p + t_b - 2z_n)
\end{aligned}
\end{cases}
\tag{11.63}
$$

和

$$
\begin{cases}
I_\xi^b = W_b t_b^3 k_\xi^b, \quad k_\xi^b = \frac{1}{3}\Big[1 - \Big(\frac{192 t_b}{\pi^5 W_b}\Big) \sum_{n=1,3,\cdots}^{\infty} \frac{1}{n^5} \tanh\Big(\frac{n\pi W_b}{2 t_b}\Big) \Big] \\[2mm]
I_\theta^b = \frac{W_b^3 t_b}{12} \\[2mm]
I_\zeta^b = \frac{W_b t_b^3}{12} \\[2mm]
I_\xi^p = W_p t_p^3 k_\xi^p, \quad k_\xi^p = \frac{1}{3}\Big[1 - \Big(\frac{192 t_p}{\pi^5 W_p}\Big) \sum_{n=1,3,\cdots}^{\infty} \frac{1}{n^5} \tanh\Big(\frac{n\pi W_p}{2 t_p}\Big) \Big] \\[2mm]
I_\theta^p = \frac{W_p^3 t_p}{12} \\[2mm]
I_\zeta^p = W_p \Big(t_p z_n^2 - (t_p^2 + t_b t_p) z_n + \frac{1}{3}\Big(t_p^3 + \frac{3}{2} t_b t_p^2 + \frac{3}{4} t_b^2 t_p \Big) \Big)
\end{cases}
\tag{11.64}
$$

314

利用拉格朗日函数表达式(11.62),可得到系统关于3个变量 u、φ 和 w 的运动微分方程,即

$$(J_\theta - J_\zeta)\varphi\,\dot{w}'^2 - (C_\theta - C_\zeta)\varphi w''^2 + (C_\xi\varphi')' - \frac{1}{2}C_c w''\varphi V_a(t) = J_\xi\ddot{\varphi}$$

(11.65a)

当 $s=0$ 时,$\varphi=0$;当 $s=l$ 时,$\varphi'=0$,即   (11.65b)

$$\left[\frac{1}{2}C_c w'' V_a(t) + J_\zeta\dot{w}'^2 + EA\left(u' + \frac{1}{2}w'^2\right)' - C_\zeta w''^2\right]'$$

$$+ \left(C_\zeta w'w'' - \frac{1}{2}C_c w'V_a(t)\right)'' = m\,\ddot{u}$$

(11.65c)

当 $s=0$ 时,$u=0$;当 $s=l$ 时,$u'=0$,即   (11.65d)

$$\left[J_\zeta(\dot{u}'\dot{w}' + 2\dot{w}'\dot{w}'^2) - C_\zeta(u''w'' + 2w'w''^2) + EA\left(u'w' + \frac{1}{2}w'^3\right)\right.$$

$$\left. + C_c\left(\frac{1}{2}u'' + w''w'\right)V_a(t)\right]'$$

$$- \left[C_\theta w''\varphi^2 + C_\zeta(w'' - w''\varphi^2 - 2w'w'^2 - 2w''u' - w'u'')\right.$$

$$\left. - \frac{1}{2}C_c\left(1 - u' - w'^2 - \frac{\varphi^2}{2}\right)V_a(t)\right]''$$

$$+ \frac{\partial}{\partial t}\left[J_\theta\dot{w}'\varphi^2 + J_\zeta(\dot{w}' - \dot{w}'\varphi^2 - 2u'\dot{w}' - \dot{u}'w' - 2\dot{w}'w'^2)\right]' = m\,\ddot{w}$$ (11.65e)

当 $s=0$ 时,$w=w''=0$;当 $s=l$ 时,$w''=w'''=0$ (11.65f)

从式(11.65)可见,方程中存在二阶和三阶的非线性项,其中二阶的非线性项是由压电层引起的。观察式(11.65a)和式(11.65e)发现弯曲振动与扭转振动以两种方式进行耦合:一是由梁的几何结构产生的三阶非线性;二是由几何结构和压电层的电机耦合产生的二阶非线性。三阶非线性项在前面已经进行了研究,而二阶非线性项则是一个新的发现(Mahmoodi,Jalili 2008)。在已经获取的运动微分方程基础上,下面通过一系列的案例实验来研究压电驱动器中存在的弯曲与扭转振动耦合方式及由几何结构产生的非线性效应。

弯曲 – 扭转振动:如果忽略纵向振动,则运动微分方程可简化为

$$(J_\theta - J_\zeta)\varphi\,\dot{w}'^2 - (C_\theta - C_\zeta)\varphi w''^2 + (C_\xi\varphi')' - \frac{1}{2}C_c w''\varphi V_a(t) = J_\xi\ddot{\varphi}$$

(11.66a)

当 $s=0$ 时,$\varphi=0$;当 $s=l$ 时,$\varphi'=0$,即   (11.66b)

$$\left[2J_\zeta\dot{w}'\dot{w}'^2 - 2C_\zeta w'w''^2 + \frac{1}{2}EAw'^3 + C_c w''w'V_a(t)\right]'$$

$$+ \frac{\partial}{\partial t}\left[J_\theta\dot{w}'\varphi^2 + J_\zeta(\dot{w}' - \dot{w}'\varphi^2 - 2\dot{w}'w'^2)\right]$$

$$- \left[C_\theta w'' \varphi^2 + C_\zeta (w'' - w'' \varphi^2 - 2w'' w'^2) - \frac{1}{2} C_c \left(1 - w'^2 - \frac{\varphi^2}{2} \right) V_a(t) \right]'' = m\ddot{w}$$

$$\tag{11.66c}$$

当 $s = 0$ 时, $w = w'' = 0$; 当 $s = l$ 时, $w'' = w''' = 0$ $\tag{11.66d}$

从上可见,系统的弯曲和扭转之间仍然存在相同方式的耦合。仔细观察式(11.65a,b)和式(11.66a,b)发现,纵向振动并没有对扭转振动方程产生影响。这表明,即使考虑几何结构的高阶项也不会导致扭转振动和纵向振动之间发生耦合。然而,弯曲振动和纵向振动之间发生了耦合,忽略纵向振动则会导致遗漏式(11.65e)中的耦合非线性项,即变成式(11.66c)的形式。

完全对称的等截面梁:如果梁被认为是完全对称的,即满足 $J_\theta = J_\zeta$ 和 $C_\theta = C_\zeta$ (与之对应的横截面形状为正方形或者圆形),则可移除式(11.65a)中的非线性项,这种情况下扭转振动不仅是线性的,且从弯曲振动中解耦出来(不和其发生关系)。从而可知,如果梁的横截面形状为正方形或者圆形,即使对于发生大变形量的情况,扭转振动中也不会出现非线性项。然而,即使梁满足上述条件,因为压电层的存在,弯曲振动和扭转振动之间依旧会发生耦合。这种情况下,式(11.65)的运动方程可简化为

$$(C_\zeta \varphi')' - \frac{1}{2} C_c w'' \varphi V_a(t) = J_\xi \ddot{\varphi} \tag{11.67a}$$

当 $s = 0$ 时, $\varphi = 0$; 当 $s = l$ 时, $\varphi' = 0$, 即 $\tag{11.67b}$

$$\left[\frac{1}{2} C_c w'' V_a(t) + J_\xi \dot{w}'^2 + EA\left(u' + \frac{1}{2} w'^2 \right) - C_\zeta w''^2 \right]'$$

$$+ \left(C_\zeta w' w'' - \frac{1}{2} C_c w' V_a(t) \right)'' = m\ddot{u} \tag{11.67c}$$

当 $s = 0$ 时, $u = 0$; 当 $s = l$ 时, $u' = 0$, 即 $\tag{11.67d}$

$$\left[J_\zeta (\dot{u}'\dot{w}' + 2\dot{w}' w'^2) - C_\zeta (u'' w'' + 2w' w''^2) + EA\left(u'w' + \frac{1}{2} w'^3 \right) \right.$$

$$\left. + C_c \left(\frac{1}{2} u'' + w'' w' \right) V_a(t) \right]' \tag{11.67c}$$

$$- \left[C_\zeta (w'' - 2w'' w'^2 - 2w'' u' - w' u'') - \frac{1}{2} C_c \left(1 - u' - w'^2 - \frac{\varphi^2}{2} \right) V_a(t) \right]''$$

$$+ \frac{\partial}{\partial t} [J_\zeta (\dot{w}' - 2u'\dot{w}' - \dot{u}'w' - 2\dot{w}'w'^2)]' = m\ddot{w} \tag{11.67e}$$

当 $s = 0$ 时, $w = w'' = 0$; 当 $s = l$ 时, $w'' = w''' = 0$ $\tag{11.67f}$

虽然在方程中还存在非线性项,但是式(11.67a)中只有一个二阶非线项将弯曲振动与扭转振动耦合起来,式(11.67a)中也只有一项将两者耦合起来,这是由压电驱动层引起的(式(11.63)中的 C_c)。与式(11.65a)相比,式(11.67a)中不存在三阶非线性项。

无延伸性梁:无延伸性条件意味着在振动过程中忽略中性轴的拉伸。考虑到无延伸性条件且利用式(11.22),可将式(11.65c)和式(11.65e)简化为一个方程。系统的运动微分方程可表示为

$$(J_\theta - J_\zeta)\varphi\, \dot{w}'^2 - (C_\theta - C_\zeta)\varphi w''^2 + (C_\xi \varphi')' - \frac{1}{2}C_c w'' \varphi V_a(t) = J_\xi \ddot{\varphi}$$

(11.68a)

当 $s = 0$ 时,$\varphi = 0$;当 $s = l$ 时,$\varphi' = 0$,即 (11.68b)

$$\left[\frac{1}{2}w'[C_c w' V_a(t)]' - w'(C_\zeta w'w'')' - mw'\int_l^s\int_0^s(\ddot{w}'w' + \dot{w}'^2)\mathrm{d}s\mathrm{d}s \right]'$$

$$- \left[C_\theta w''\phi^2 + C_\zeta(w'' - w''\phi^2) - \frac{1}{2}C_c\left(1 - \frac{w'^2}{2} - \frac{\phi^2}{2}\right)V_a(t) \right]''$$

$$+ \frac{\partial}{\partial t}[J_\theta \dot{w}'\phi^2 + J_\zeta(\dot{w}' - \dot{w}'\phi^2)]' = m\ddot{w}$$

(11.69a)

当 $s = 0$ 时,$w = w'' = 0$;当 $s = l$ 时,$w'' = w''' = 0$ (11.69b)

在无延伸性条件下对拉伸和弯曲进行耦合,关于纵向振动和弯曲振动的两个非线性方程可合并为一个。这样方程就存在两种阶次非线性项,其中二阶非线性项是由压电层引起的,三阶非线性项则归因于几何结构,具体表现为非线性惯性项和非线性刚度项。

基于假设模态法的模型拓展:类似于前面两个例子的处理方法,运动微分方程式(11.68)~式(11.69)可被简化为如下形式(为了简便,在此处忽略转动惯量项(J_θ, J_ζ)产生的影响),即

$$J_\xi \ddot{\varphi} - (C_\xi \varphi')' + (C_\theta - C_\zeta)\varphi w''^2 + \frac{1}{2}C_c w'' \varphi V_a(t) = 0 \quad (11.70a)$$

当 $s = 0$ 时,$\varphi = 0$;当 $s = l$ 时,$\varphi' = 0$,即 (11.70b)

$$m\ddot{w} + (C_\zeta w'')'' + \left[w'\int_l^s m\int_0^s(\ddot{w}'w' + \dot{w}'^2)\mathrm{d}s\mathrm{d}s \right]'$$

$$+ [w'(C_\zeta w'w'')']' + [(C_\theta - C_\zeta)w''\phi^2]''$$

$$+ \frac{1}{2}\left\{\left[C_c\left(\frac{w'^2}{2} + \frac{\phi^2}{2}\right) \right]'' - [w'[C_c w']']'\right\}V_a(t) = \frac{1}{2}C_c''V_a(t)$$

(11.70c)

当 $s = 0$ 时,$w = w'' = 0$;当 $s = l$ 时,$w'' = w''' = 0$ (11.70d)

为了生成常微分方程来支配运动方程中的时间函数,使用伽辽金近似法将这些方程分解为空间分量和时间分量,即

$$\varphi(s,t) = \sum_{m=1}^{\infty}\varphi_m(s,t) = \sum_{m=1}^{\infty}\alpha_m(s)q_m(t) \quad (11.71)$$

$$w(s,t) = \sum_{n=1}^{\infty}w_n(s,t) = \sum_{n=1}^{\infty}\beta_n(s)r_n(t) \quad (11.72)$$

317

式中:α_m 和 β_n 是比较函数,它们只满足边界条件,但不一定满足微悬臂梁的弯曲式(11.70a)和扭转式(11.70c)的运动微分方程,q_m 和 r_n 是广义时间坐标。因为梁的边界条件是一端固定一端自由,则用下面的比较函数来描述扭转和弯曲的线性振型,即

$$\alpha_m(s) = A_m \sin(\gamma_m s) \tag{11.73}$$

$$\beta_n(s) = B_n \Big\{ \cosh(\lambda_n s) - \cos(\lambda_n s) + [\sin(\lambda_n s) - \sinh(\lambda_n s)]$$

$$\frac{\cosh(\lambda_n l) + \cos(\lambda_n l)}{\sin(\lambda_n l) + \sinh(\lambda_n l)} \Big\} \tag{11.74}$$

其中

$$\gamma_m = (2m - 1)\frac{\beta}{2l} \tag{11.75a}$$

λ_n 为频率方程的根,即

$$1 + \cos(\lambda_n l)\cosh(\lambda_n l) = 0 \tag{11.75b}$$

式中:常数 A_m 和 B_n 可用正交条件获得,将式(11.71)和式(11.72)带入式(11.70)中,且考虑到 $\alpha_m(s)$ 和 $\beta_n(s)$ 之间的正交条件,得到

$$k_{1mn}\ddot{q}_m(t) + k_{2mn}q_m(t) + k_{3mn}q_m(t)r_n^2(t) + k_{4mn}q_m(t)r_n(t)V_a(t) = 0 \tag{11.76a}$$

$$k_{5mn}\ddot{r}_m(t) + k_{6mn}r_m(t) + k_{7mn}r_n^2(t)V_a(t) + k_{8mn}r_n^3(t) + k_{9mn}(r_n^2(t)\ddot{r}_n(t)$$

$$+ r_n(t)\dot{r}_n^2(t)) + k_{10mn}r_n(t)q_m^2(t) + k_{11mn}q_m^2(t)V_a(t) = k_{12mn}V_a(t) \tag{11.76b}$$

其中

$$k_{1mn} = \int_0^l J_\xi(s)\alpha_m^2(s)\,\mathrm{d}s \tag{11.77a}$$

$$k_{2mn} = \int_0^l (-C_\xi(s)\alpha'_m(s))'\alpha_m(s)\,\mathrm{d}s \tag{11.77b}$$

$$k_{3mn} = \int_0^l (C_\theta(s) - C_\xi(s))\alpha_m^2(s)\beta_n''^2(s)\,\mathrm{d}s \tag{11.77c}$$

$$k_{4mn} = \frac{1}{2}\int_0^l C_c(s)\alpha_m^2(s)\beta_n''(s)\,\mathrm{d}s \tag{11.77d}$$

$$k_{5mn} = \int_0^l m(s)\beta_n^2(s)\,\mathrm{d}s \tag{11.77e}$$

$$k_{6mn} = \int_0^l \beta_n(s)(C_\xi(s)\beta_n''(s))''\mathrm{d}s \tag{11.77f}$$

318

$$k_{7mn} = \frac{1}{4}\int_0^l \beta_n(s)(C_c(s)\beta_n'^2(s))''\mathrm{d}s - \frac{1}{2}\int_0^l \beta_n(s)[\beta_n'(C_c(s)\beta_n'(s))']'\mathrm{d}s$$

$$(11.77\mathrm{g})$$

$$k_{8mn} = \int_0^l \beta_n(s)[\beta_n'(s)(C_\zeta(s)\beta_n'(s)\beta_n''(s))']'\mathrm{d}s \qquad (11.77\mathrm{h})$$

$$k_{9mn} = \int_0^l \beta_n(s)\left[\beta_n'(s)\int_l^s m(s)\int_0^s 2\beta_n'^2(s)\mathrm{d}s\mathrm{d}s\right]'\mathrm{d}s \qquad (11.77\mathrm{i})$$

$$k_{10mn} = \int_0^l \beta_n(s)[(C_\theta(s)-C_\zeta(s))\beta_n''(s)\alpha_m^2]''\mathrm{d}s \qquad (11.77\mathrm{j})$$

$$k_{11mn} = \frac{1}{4}\int_0^l \beta_n(s)(C_c(s)\alpha_m^2(s))''\mathrm{d}s \qquad (11.77\mathrm{k})$$

$$k_{12mn} = \frac{1}{2}\int_0^l \beta_n(s)C_c''(s)\mathrm{d}s \qquad (11.77\mathrm{l})$$

利用式(11.77),然后在 Matlab/Simulink 中对非线性耦合方程式(11.76)进行仿真,将仿真结果与后续的实验结果进行比较。

数值仿真和实验结果:为了比较数值仿真结果和实验结果,针对弯曲和扭转的不同振型需要计算式(11.70)中所引入的系数。获得这些系数的值后,可对非线性运动微分方程式(11.68)和式(11.69)进行数值仿真。k_{imn} 的一些值在数量级上很大,这归因于小尺寸梁的微尺度特性。因为有压电层的作用,当在微悬臂梁上施加大的变形量时,系统会表现出很强的非线性。这种行为主要由施加在压电材料上的电压所决定。因此,即使是一个很小的压电也会令微悬臂梁的振动进入非线性状态。

为了比较实验和数值仿真结果,下面对梁进行驱动实验。系统的一阶弯曲固有频率如图 11.25(a)所示,从图中可知,梁的一阶固有频率为 55561Hz。此外,时间响应结果是通过在悬臂梁的压电层上施加 1V 的驱动电压得到的。利用表 11.1 中所列的参数来进行数值仿真,从而得到频率响应结果,从图中可见,得到的仿真结果与实验结果很一致。一阶弯曲振型的数值仿真结果的对数曲线如图 11.25b 所示。这里需要注意的是,实验中测的是末端速度,数值仿真结果是关于末端位移响应。在此处的对比中,只关注频率,而不关注幅值。

系统频率响应的数值仿真结果如图 11.25(b)所示,其中二阶弯曲振动固有频率为 239.7Hz,对应于图 11.25(a)中高亮处理的第四个频带。图 11.25(a)的实验结果中出现两个小峰值,这是由系统中的次谐波共振引起的。此现象也出现在了数值仿真结果中,它们与谐振频率相比很小,且因为初始条件的不同它们的幅值发生了改变。为了更好地认识弯曲振动与扭转振动之间的耦合,图 11.26 以不同的

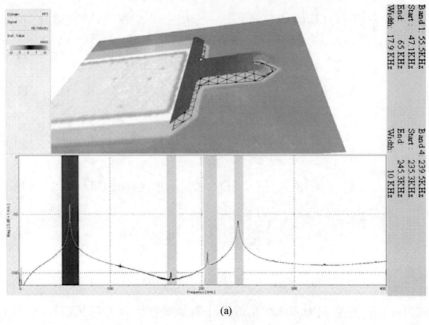

(a)

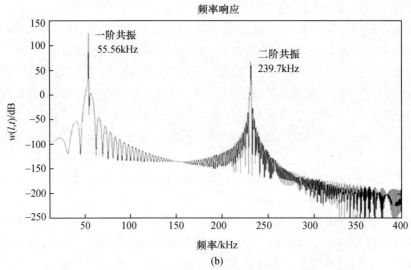

(b)

图 11.25　实验结果(a)及 1V 激励信号下仿真结果的对数曲线(b)
(其中对弯曲振动的一阶固有频率做了高亮处理(深色部分))

形式显示了图 11.25(a)的相同实验结果,其中对 206Hz 这个频带做了高亮处理。
从图中可清楚看到,在此频率上弯曲与扭转振动之间发生了明显的耦合。
图 11.27 显示的也是微悬臂梁扭转振动的前三阶非线性固有频率的数值仿真结
果,所不同的是,仿真模型中存在非线性耦合的几何项与压电项。

320

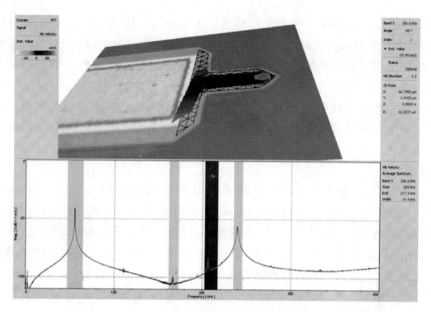

图 11.26　1V 激励信号作用下的实验响应结果
（其中对弯曲 – 扭转频率（206kHz）做了高亮处理）

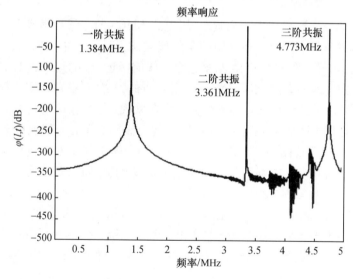

图 11.27　1V 激励信号作用下，扭转振动前三阶固有频率的仿真结果

11.3　基于 NMCS 进行超微质量检测与材料表征

如前所述，NMCS 首先是被用在扫描力显微镜（SFM）上（Thundat, et al. 1994），有了这项应用发现之后，其主要被用在化学传感器（Wachter, Thundat

1995；Lang，et al. 1998）、热力学传感器（Chen，et al. 1995；Berger，et al. 1996）和物理传感器（Oden，et al. 1999）等领域。一般认为，NMCS 在空气中或者在真空环境中工作，这样就消除了环境阻尼对微悬臂梁谐振频率的影响。当使用微悬臂梁传感器对处于自然条件（指的是大部分生物物种可以生存的流体环境）下的生物系统进行研究或研究固－液界面上的过程时，这就需要考虑周围介质对微悬臂梁谐振频率的影响（Weigert，et al. 1996）。直到 1996 年，微悬臂梁作为生物学传感器的应用价值和潜力才引起大家的注意（Baselt，et al. 1996；Berger，et al. 1997）。

一般而言，比较合理的使用方法是利用 NMCS 的静态检测模式进行表面压力测量（McKendry，et al. 2002；Yue，et al. 2004；Huber，et al. 2006），利用动态检测模式对吸附在微悬臂梁生物传感器上的质量进行检测（Gupta，et al. 2004a，b；Braun，et al. 2005；Gfeller，et al. 2005）。此外，NMCS 还可以用作传感器来检测所处环境中是否存在生物物种（Liu，et al. 2003）。顺着这个思路，为了验证NMCS 作为质量传感器的巨大潜力，本节将简要阐述 NMCS 的建模及其在生物物种检测、超微质量检测和材料表征方面的应用。

11.3.1　基于 NMCS 的生物物种检测

本节将研究检测单层生物细胞时，压电式 NMCS 的非线性振动及其对应的运动微分方程的推导和仿真。所吸附的生物层被认为是一个单细胞层，而且从分子学的观点看，这样的吸附会产生表面应力。如前所述，梁的运动微分方程中所出现的非线性项，其中 2 次方项是由压电层产生的，3 次方项则归因于梁的几何结构和所吸附的生物层。通过大量的数值仿真发现，在微悬臂梁的共振传感范围内，压电层的非线性效应是非常明显的。这也表示，相比于其他的表面应力源（如静电力），分子间的引力/斥力对表面引力影响并不占主导地位。从上述分析可见，压电式 NMCS 能够间接测量振动和频率响应特性，从而可以替代笨重的激光传感器。

数学建模：金属微悬臂梁的结构如图 11.28 所示，它是均匀的，并且初始状态是直的，在梁的表面有一个生物样本层和一个压电层，假设两个层的宽度一样，且和梁的宽度相等。此外，该悬臂梁遵从欧拉－伯努利梁理论，即可忽略剪切变形项和转动惯量项。

图 11.29（a）显示了微悬臂上每一层的位置。如图 11.29（b）所示，一段长度为 s 的梁，初始轴为 $y-z$，主轴为 $\xi-\theta$，定义 x 轴和 ξ 轴之间的弯曲角为 ψ。

类似于前两节的处理方法，角度 ψ 作为长度 $\mathrm{d}s$ 的一个因变量，可通过一个关于纵向形变 $u(s,t)$ 和弯曲形变 $w(s,t)$ 的函数求得（式（11.3））。应用无伸展性条件，则要求中性轴无相对伸长，通过式（11.22）将纵向形变与弯曲形变联系起来。利用上述关系，后续可针对此问题建立不同的能量方程。

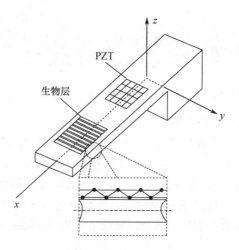

图 11.28 微悬臂梁示意图(来源:Mahmoodi,et al. 2008a, b,经过授权)

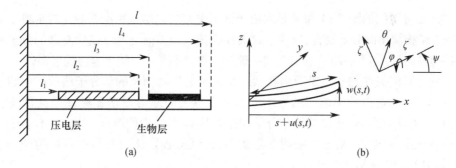

图 11.29 各层位置(a)和微悬臂梁单元的坐标系(b)

系统的总动能为

$$T = \frac{1}{2}\int_0^l \left\{ m(s) \left[\left(-\frac{1}{2}\frac{\mathrm{d}}{\mathrm{d}s}\int w'^2 \mathrm{d}s \right)^2 + \dot{w}^2 \right] \right\}\mathrm{d}s \qquad (11.78)$$

其中

$$m(s) = W_b(\rho_b t_b + (H_{l1} - H_{l2})\rho_p t_p + (H_{l3} - H_{l4})\rho_s t_s) \qquad (11.79)$$

$$H_{li} = H(s - l_i) \quad (i = 1,2,3,4) \qquad (11.80)$$

式中:$H(s)$ 为 Heaviside 函数;ρ 和 W 分别表示体积质量密度和梁的宽度。对于本节中所有用到的参数,下标 b、p、s 分别表示梁的基底层、压电层和生物物种层。

对于压电层的势能,类似于之前章节的处理方法,利用应力与压电层电场之间的耦合关系(Preumont 2002),可得压电层的势能方程为

$$U_p = \frac{1}{2}\int_0^l \left\{ (H_{l1} - H_{l2})\frac{E_p}{1 - v_p^2}I_p(w''^2 + w''^2 w'^2) \right.$$

$$\left. - C_c(s)\left(w'' + \frac{1}{2}w''^2 w'^2 \right)V_a(t) \right\}\mathrm{d}s \qquad (11.81)$$

其中

$$C_c(s) = (H_{l1} - H_{l2}) \frac{W_p}{t_p} \frac{E^{\text{piezo}}}{1 - \nu_p^2} d_{31} \Big[\frac{t_p^2}{2} - \frac{t_b^2}{8} + z_n \Big(\frac{t_b}{2} - t_p \Big) \Big] \tag{11.82}$$

$$I_p = W_b \Big(t_p z_n^2 + (t_p^2 + t_b t_p) z_n + \frac{1}{3} \Big(t_p^3 + \frac{3}{2} t_b t_p + \frac{3}{4} t_b^2 t_p \Big) \Big) \tag{11.83}$$

式中:d_{31} 为压电陶瓷的介电常数。

对于由表面应力引起的势能,被认为是由吸附在微悬臂梁表面的生物分子与相邻分子之间的黏附力所产生的。这些黏附力主要是吸力/斥力和静电力。为简便起见,此处只考虑吸力/斥力。包含静电力的模型更适用于一般情况,但是这超出了本章的研究范围。因此,选用兰纳 – 琼斯势公式来描述分子间作用力,它优于范德华力,因为其同时考虑了吸力和斥力效应。具体公式为(Dareing,Thundat 2005)

$$U_s(r) = \frac{-A}{r_6} + \frac{B}{r^{12}} \tag{11.84}$$

式中:r 是分子间的距离;A 和 B 是取决于分子类型的兰纳 – 琼斯常数。对于单个原子或者结构简单的分子而言,这些常数很容易获取到。但是对于结构复杂的分子和生物物种而言(如蛋白质),获取兰纳 – 琼斯常数并不是一个简单容易的过程。

此处我们关注的焦点是吸附在微悬臂梁上的生物物种的单分子层所产生的表面应力对梁的谐振频率改变的影响。为了获得表面应力对谐振频率的纯影响效应,并隔离其他影响,此处假设单分子层的厚度远小于梁的厚度,因此它不会影响梁的整体抗弯刚度。对于所吸附的生物单分子层,我们认为其具有简单的分子结构,如图 11.30 所示。

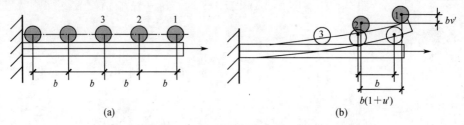

图 11.30　微悬臂表面单分子生物层(如蛋白质)的排布
(a)弯曲前;(b)弯曲后。

参数 b(两相邻分子间的距离)取决于已吸附在微悬臂梁表面的单分子生物层如何排布。考虑到这一情况并对图 11.30(b)中弯曲后微悬臂梁应用式(11.84),得到势能表达式为

$$U_s(s) = 2 \int_{l_3}^{l_4} \Big\{ \Big[\frac{-A}{b^6 \big[(1 + u')^2 + w'^2 \big]^3} + \frac{B}{b^{12} \big[(1 + u')^2 + w'^2 \big]^6} \Big] \frac{1}{b(1 + u')} \Big\} ds \tag{11.85}$$

利用泰勒级数展开,并在式(11.85)中使用无伸展性条件式(11.22),势能方程式(11.85)可简化为

$$U_s(s) = \int_0^l (-K_1(s)w'^2 + -K_2(s)w'^4 - 2K_1(s)) \, \mathrm{d}s \tag{11.86}$$

其中

$$K_1(s) = (H_{l3} - H_{l4})\left(\frac{A}{b^7} - \frac{B}{b^{13}}\right)$$

$$K_2(s) = (H_{l3} - H_{l4})\left(\frac{21A}{b^7} - \frac{78B}{b^{13}}\right) \tag{11.87}$$

由于生物层是纳米级厚度,它不改变转动惯量和梁的中性轴。但是,在微悬臂梁的动能中考虑了生物层的质量。

微悬臂梁的势能表达式为

$$U_p = \frac{1}{2}\int_0^l \left\{ (H_0 - H_{l1})\frac{c_b^D}{1 - \nu_b^2}I_b + (H_{l1} - H_{l2})\frac{c_b^D}{1 - \nu_b^2}(I_b + W_b t_b z_n^2) \right.$$

$$\left. + (H_{l2} - H_l)\frac{c_b^D}{1 - \nu_b^2}I_b \right\}(w''^2 + w''^2 w'^2) \, \mathrm{d}s \tag{11.88}$$

其中

$$I_b = \frac{W_b t_b^3}{12} \tag{11.89}$$

考虑到式(11.81)和式(11.86)中推导出的另两个势能场,微悬臂梁的总势能表达式为

$$U = \frac{1}{2}\int_0^l \left\{ C_\zeta(s)(w''^2 + w''^2 w'^2) - C_c(s)\left(w'' + \frac{1}{2}w''w'^2\right)V_a(t) \right.$$

$$\left. - K_1(s)w'^2 + K_2(s)w'^4 - 2K_1(s) \right\} \mathrm{d}s \tag{11.90}$$

其中

$$C_\zeta(s) = (H_0 - H_{l1})\frac{c_b^D}{1 - \nu_b^2}I_b + (H_{l1} - H_{l2})\frac{c_b^D}{1 - \nu_p^2}(I_b + W_b t_b z_n^2)$$

$$+ (H_{l1} - H_{l2})\frac{E_p}{1 - \nu_p^2}I_b + (H_{l2} - H_l)\frac{c_b^D}{1 - \nu_b^2}I_b \tag{11.91}$$

基于动能方程式(11.78)和总势能方程式(11.90),可推导出系统的运动微分方程。

运动微分方程:利用扩展的 Hamilton 原理,可得到系统的运动微分方程和变量 v 对应的边界条件为

$$\left[C_\zeta(s)w'w''^2 - \frac{1}{2}C_c(s)w'w''V_a(t) \right]' - \left[mw'\int_l^s\int_0^z (\ddot{w}'w' + \dot{w}'^2)\mathrm{d}x\mathrm{d}z \right]'$$

$$-\left[C_\zeta(s)(w'' + w''w'^2) - \frac{1}{2}C_c(s)\left(1 + \frac{1}{2}w'^2\right)V_a(t)\right]'' + (2K_1(s)w')'$$

$$-(4K_2(s)w'^3)' = m\ddot{w} \tag{11.92}$$

当 $s=0$ 时,$w=w'=0$;当 $s=l$ 时,$w''=w'''=0$ \hfill (11.93)

不出所料,由梁的几何结构引起的惯性和刚度的三次方非线性项出现在了方程中。表面应力又让方程中多了线性项和三次方非线性项,其引起的线性项在许多之前的研究文献中已经提及(Ren,Zhao 2004;Lu,et al. 2001)。但是,由振动梁的几何结构引起的非线性项则是第一次被介绍(Mahmoodi,et al. 2008a,b)。此外,源自压电效应的机电场(电场和力场)耦合会产生二次方和三次方非线性。可观察到的是,压电驱动以参数激励和直接激励的方式作用在系统上,其中压电层的二次方非线性项也与此激励结合在一起。

为了用数值法得到运动微分方程,再次使用加勒金近似法(式(11.25))将原偏微分方程离散成常微分方程,其中使用与式(11.27)同样的比较函数 $\phi_n(s)$。因此,与前面小节类似,控制广义时间坐标 $q_n(t)$ 的常微分方程为

$$\hat{g}_{1n}\ddot{q}_n + \hat{g}_{2n}q_n + \hat{g}_{3n}q_n^3 + \hat{g}_{4n}(q_n^2\ddot{q}_n + q_n\dot{q}_n^2) - \hat{g}_{5n}q_n^2V_a(t) = \hat{g}_{6n}V_a(t)$$

$$\tag{11.94}$$

其中

$$\hat{g}_{1n} = \int_0^l m(s)\varphi_n^2(s)\,\mathrm{d}s \tag{11.95a}$$

$$\hat{g}_{2n} = \int_0^l \left[\varphi_n(s)(C_\zeta(s)\varphi''_n(s))'' - (2K_1(s)\varphi'_n(s))'\right]\mathrm{d}s \tag{11.95b}$$

$$\hat{g}_{3n} = \int_0^l \phi_n(s)(C_\zeta(s)\phi'_n(s)\phi''^2_n(s))'\mathrm{d}s + \int_0^l \phi_n(s)(C_\zeta(s)\phi'^2_n(s)\phi''_n(s))''\mathrm{d}s$$

$$+ \int_0^l 4\phi_n(s)(K_2(s)\phi'^3_n(s))'\mathrm{d}s \tag{11.95c}$$

$$\hat{g}_{4n} = \int_0^l \phi_n(s)\left[m(s)\phi'_n(s)\int_l^s\int_0^z 2\phi'_n(s)\,\mathrm{d}x\mathrm{d}z\right]'\mathrm{d}s \tag{11.95d}$$

$$\hat{g}_{5n} = \int_0^l \varphi_n(s)(C_c(s)\varphi'_n(s)\varphi''_n(s))'\mathrm{d}s + \frac{1}{2}\int_0^l \varphi_n(s)(C_c(s)\varphi'^2_n(s))''\mathrm{d}s$$

$$\tag{11.95e}$$

$$\hat{g}_{6n} = \frac{1}{2}\int_0^l \varphi_n(s)C''_c(s)\,\mathrm{d}s \tag{11.95f}$$

基于式(11.95),可使用 Matlab/Simulink 对非线性方程式(11.94)进行仿真,后续将对结果进行讨论。

数值仿真和讨论:得到了运动微分方程后,现在可以研究生物吸附层和压电层对微悬臂梁谐振频率的影响。首先单独研究每一层的非线性项及其对系统频率响应的影响,然后研究两层都位于微悬臂梁表面时共同作用所产生的影响。

为研究表面应力对微悬臂频率响应的影响,需要获取所吸附的生物物种的伦纳德－琼斯常量。对不同分子结构而言,伦纳德－琼斯常量在下面范围内变化:$A = 20 \times 10^{-79} \sim 1 \times 10^{-76}$ J·m^6 和 $B = 2 \times 10^{-136} \sim 4 \times 10^{-134}$ J·m^{12}。然而,对于生物物种来说,无法在理论上得到 A 和 B 的值,其值一般是在理想条件下通过经验获取。对于特定的生物物种(即微悬臂表面的单层硫醇分子),使用麦克法兰等人的实验结果进行逆向工程来获得 A 和 B 的近似值。这样做的目的是为了测量谐振频率的变化(麦克法兰等人的实验中也对此进行了测量)。考虑硅制微悬臂没有任何其他层,其弹性模量、长度、宽度、厚度分别为 170GPa、500μm、100μm 和 $0.8 \sim 1$μm(与麦克法兰等人在 2005 年进行的实验参数一致),其频率响应可通过数值仿真得到,结果如图 11.31 所示。

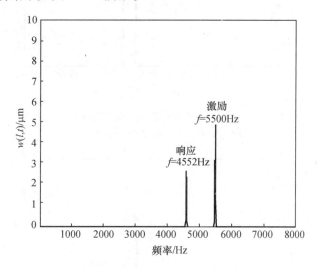

图 11.31　硅制微悬臂梁的频率响应($E_b = 179$GPa,$L = 500$μm,$w_b = 100$μm,$h_b = 1$μm)

(来源:Mahmoodi,et al. 2008a,经过授权)

与生物层的厚度和刚度可忽略不计不同,压电层的厚度足以改变系统的刚度。考虑到之前研究的微悬臂梁模型,将与硅制微悬臂具有相同长度、宽度和 1/2 厚度的 ZnO 压电层添加到其表面上。压电层的弹性模量是 133GPa。实际上,ZnO 压电层是不能独立粘在悬臂梁上的,其上下表面各有一层厚度为 0.1μm 的 Ti/Au 层。所有这些粘接的层和硅制悬臂梁组成了双晶片结构,从而控制梁末端的垂直方向的位移。从运动微分方程式(11.92)中可见,压电驱动对微悬臂梁产生了参数激振和直接激振。

首先,我们只考虑线性项对系统频率响应的影响,故认为非线性项的系数为零。在压电驱动器上施加电压为 1V、频率为 9kHz 的激励信号来获取线性频率。图 11.32 显示了覆盖压电层后系统的响应,从图中可见,在频率为 8248Hz 处发生了共振(此谐振频率远远高于无压电层时的微悬臂的谐振频率)。

然后,在仿真中考虑非线性项,并且用数值仿真再次计算频率响应。所用激励电压的值和线性频率响应时保持一致,得到的非线性频率响应结果如图 11.33 所示。

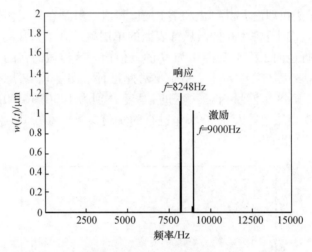

图 11.32　微悬臂梁表面覆盖压电层时的线性频率响应
(来源:Mahmoodi,et al. 2008a,经过授权)

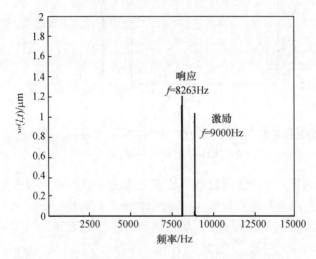

图 11.33　微悬臂梁表面覆盖压电层时的非线性频率响应
(来源:Mahmoodi,et al. 2008a,经过授权)

对比线性和非线性频率响应结果(图 11.32 和图 11.33),可以看出两个频率响应大约相差 14Hz。尽管与微悬臂梁较大的共振频率相比,这个值很小,但重要的是,这个微小的差异已经在微悬臂梁传感器的测量范围内,因此它对于精确测量是至关重要的。这表明,在谐振响应计算中考虑系统的非线性是极其重要的。从图 11.34 中可以看出,考虑非线性模型比线性模型的重要性,从图中可对比线性模型与非线性模型(与实验结果相比)的误差百分比。

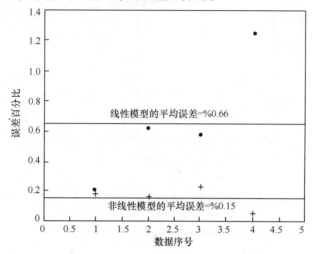

图 11.34　线性(·)与非线性(+)模型的误差百分比对比,
误差指的是与实验结果之间的差值

(来源:Mahmoodi,et al. 2008a,经过授权)

从目前的仿真结果中可以观察到,当考虑生物层时,压电层对谐振频率改变的影响效果,在很大程度上取决于系统的几何结构。对于没有压电层的原始微悬臂梁,其长度、宽度和厚度分别为 $500\mu m$、$100\mu m$ 和 $1\mu m$,其谐振频率偏移范围为 $11 \sim 34Hz$,这取决于伦纳德 - 琼斯常量(表 11.2)。但是,当把压电层添加到微悬臂梁上后,从图 11.35 可以看出,谐振频率的偏移范围进一步变小了,其中 $A = 1 \times 10^{-72}N \cdot m^7$,$B = 0.4 \times 10^{-135}N \cdot m^{13}$。

这表明,添加一个具有微悬臂梁一半厚度的压电层后,整个悬臂梁变厚了,这样一来所吸附的生物物种的分子表面应力对系统谐振频率的影响作用就减弱了。这说明,若要使微悬臂梁适用于生物传感,则其几何结构还存在局限性。

表 11.2　常数 A 和 B 及对应的压电驱动的微悬臂的频率响应仿真结果

$A/[J \cdot m^6]$	$B/[J \cdot m^{12}]$	f/Hz	δ/Hz
0	0	8262	0
0.7×10^{-72}	0.3×10^{-135}	8265	3
1×10^{-72}	0.4×10^{-135}	8267	5
1.3×10^{-72}	0.4×10^{-135}	8268	6

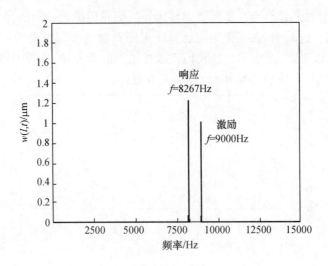

图 11.35　表面覆盖 $A = 1 \times 10^{-72} \mathrm{J} \cdot \mathrm{m}^{6}$ 和 $B = 0.4 \times 10^{-135} \mathrm{J} \cdot \mathrm{m}^{12}$ 生物层的
压电驱动的微悬臂梁的非线性频率响应
（来源：Mahmoodi et al. 2008a，经过授权）

11.3.2　基于 NMCS 的超微质量检测

压电式微悬臂梁传感器（NMCS）的一个最重要应用方向是超微质量检测。之
所以会产生这个想法，是因为 NMCS 的独特结构及其内嵌的压电层可产生大幅的
振动，此特性对于悬臂梁振动传感器进行精密的超微质量检测来说至关重要。为
了验证此观点，下面利用聚焦离子束（FIB）技术，将一块皮克（10^{-12} g）量级的小质
量块添加到 NMCS 的端部。为了检测所添加的质量，我们利用 NMCS 模态特性的
精确模型（第 8 章）和参数估计技术。利用辨识系统谐振频率的变化，可在系统最
敏感的工作范围内估计出所添加质量的数值。结果表明，在此项工作中进行的系
统辨识程序，对于实现基于 NMCS 的超微质量精确测量是必不可少的步骤，该检测
方法在生物学和化学质量检测方面具有很大的应用潜力。

实验装置与步骤：使用同样的商用压电式 NMCS（Active Probe®）和由维易科
精密仪器公司制造的 DMASP（图 11.7）来进行质量检测。为此，利用聚焦离子束
技术将一小块材料沉积在指定的几何位置处（图 11.36）。此处使用聚焦离子束
（FIB）技术，因为这样可利用扫描电镜对所沉积的结构进行显微成像。此外，可利
用能谱仪（EDX）分析所沉积的材料。

将 NMCS 安装在 FIB 设备的底座上，其通过导电胶带固定，以防止在聚焦离子
束沉积材料的过程中对悬臂梁进行充电。将 FIB 室抽真空，令内部压力为 10^{-5}
mbar。对于微悬臂梁上的材料沉积物，将化学蒸汽（CVD：化学蒸汽沉积）注射针
移动到靠近预定区域的位置。然后将前驱气体（［三甲基］甲基环戊二烯合铂）释

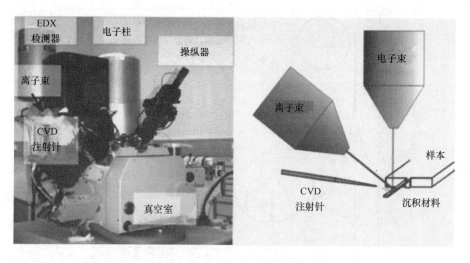

图 11.36　聚焦离子束与扫描电镜的组合,用于在微悬臂梁上沉积质量块并进行检测

(来源:Salehi – Khojin,et al. 2009b,经过授权)

放到 FIB 室中。在 Ga⁺ 离子束(30kV,0.5nA)的作用下,前驱气体被分解并在梁的表面沉积形成一块主要由 Pt(铂)和 C(碳)组成的材料(图 11.37(b)中的高亮区域)。通过能谱仪(EDX)测出沉积材料的具体组成为 69% Pt、15% C、10% Ga(镓)和 6% Si(硅)。所选的沉积区域的尺寸为 $50\mu m \times 2\mu m$。通过控制离子束的照射时间(310s),在微悬臂梁的表面沉积了一块厚度为 500nm 的材料。然后,通过集成在系统中的扫描电镜(SEM)对所沉积的材料块进行显微成像(图 11.37)。

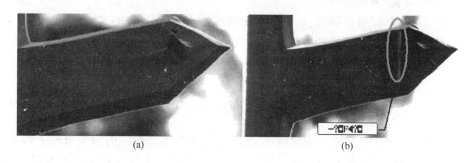

(a)　　　　　　　　　　　　　　　(b)

图 11.37　悬臂梁探针在末端沉积质量块前(a)后(b)的扫描电镜图像

(来源:Salehi – Khojin,et al. 2009b,经过授权)

为了得到沉积质量块前后探针的谐振频率和振型,此处再次利用 MSA – 400 微系统分析仪来测量离面运动(图 8.11)。由于电压施加在压电层上,通过处理悬臂梁表面反射的激光信号来测量探针的速度和位移。此项研究中,选择一个幅值为 10V、带宽为 500kHz 的交流线性调频信号作为激励信号。

图 11.38 显示了沉积质量块前后,探针的前三阶谐振频率。从图中可见,在沉

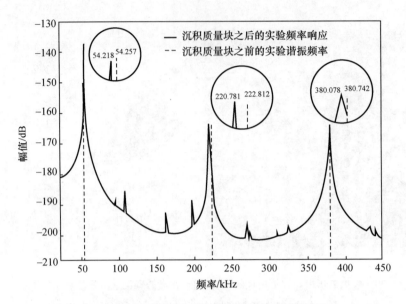

图 11.38　沉积质量块前后悬臂梁探针的实验谐振频率

积质量块之间,前三阶谐振频率分布为 54.257kHz、222.812kHz 和 380.742kHz;沉积质量块之后这些频率变为 54.218kHz、220.781kHz 和 380.078kHz,其中二阶谐振频率变化幅度最大,达到了 2.031kHz。此外,图 11.38 中出现的尖峰表明系统的阻尼很小,故可近似认为其固有频率等于共振频率。结合以上结果和第 8 章中对悬臂梁探针频率和模态分析所建立的精确模型,这样就可对探针模态位移进行实验和仿真两个方面的对比。

辨识算法和灵敏度研究:从第 8 章中得到的运动微分方程和边界条件可知,需要辨识的参数包括悬臂梁的参数和附加质量块的参数,所有这些构成了独立的参数向量,即

$$P = \left[\frac{m_1}{(EI)_1}, \frac{m_2}{(EI)_2}, \frac{m_3}{(EI)_3}, \frac{(EI)_2}{(EI)_1}, \frac{(EI)_3}{(EI)_2}, \frac{m_e}{(EI)_3}, l_1, l_2, l \right] \quad (11.96)$$

从式(11.96)中可见,末端的附加质量并没有以单个参数的形式出现。因此,当系统被辨识后,参数 m_1、m_2、m_3、$(EI)_1$、$(EI)_2$、$(EI)_3$ 中至少得有一个是已知的或者被测量出的,这样才能独立地估算出末端质量。这对于超微质量检测来说非常重要,因为参数不确定性的存在会严重降低模型的精度。

辨识一般有两种方法,即前向法和逆向法。前向法中,在沉积质量块之前,通过同时调整参数使模型和实际系统的模态位移与谐振频率之间的误差函数达到最小化,从而将所有参数辨识出来。当辨识出系统的参数后,则可利用从理论模型和实验中得到的谐振频率的改变量来检测沉积物块的质量。为此,在辨识过程中通过逐渐增加末端质量来模拟附加质量块,这样谐振频率的理论改变量就能与实验

结果相一致。在逆向法中,在沉积质量块之后,对上述的系统参数包括未知的末端质量和附加质量进行辨识。通过在辨识过程中逐步减少末端质量,使谐振频率的理论改变量与实验结果相一致,这样就能检测出附加的末端质量。此方法中,探针末端沉积物块的质量等于辨识过程中减少的质量。

此处,我们采用第二种方法来进行末端质量检测,它相对于第一种方法而言是一个更好的选择。为了检测附加质量块并辨识出系统,在悬臂梁的长度方向上选择了一系列带有质量的点,从而在后面对系统在理论模型中和实验中的模态位移和谐振频率进行对比。用于辨识系统的误差函数,可计算所选取的每个点的谐振频率和模态位移的测量值与预估值之间的平均加权误差的百分比(模态数是有限的),误差函数的表达式为

$$PI = \frac{1}{K} \left\{ W \sum_{r=1}^{K} \left(\frac{1}{Pt} \sum_{j=1}^{Pt} \left| \frac{\mu_r w_{\max}^{(r)E}(x_j) - \varphi^{(r)T}(x_j)}{\mu_r w_{\max}^{(r)E}(x_j)} \right| \right) \right.$$

$$\left. + (1 - W) \sum_{r=1}^{K} \left| \frac{\omega_r^E - \omega_r^T}{\omega_r^E} \right| \right\} \times 100 \qquad (11.97)$$

式中:K 为模态数;Pt 为在探针长度方向上所选点的数量;$0 < W < 1$ 是衡量固有频率对振型的重要性的一个参数;$\varphi^{(r)T}(x_j)$ 表示在点 x_j 处的第 r 阶理论模态位移;$\mu_r w_{\max}^{(r)E}(x_j)$ 表示点 x_j 处的第 r 阶谐振频率的实验振幅;μ_r 是一个衡量优化效果的变量,用其来匹配第 r 阶实验共振的幅值和相应的理论模态位移。将其他优化参数(包括与系统特性和几何结构相关的参数,如表 8.2 所列)约束在它们近似值附近的限定范围内。为了独立估算各个参数值,我们根据厂商提供的数据表计算出参数 m_3 的值,然后基于这个值辨识出其他参数。

图 8.13 描述了实际系统和理论模型的前三阶模态位移。结果表明,所建模型的共振形变量与实验属于非常吻合。对于已辨识出来的系统,让探针工作在最敏感的模态下,通过谐振频率的偏移量可精确地估算出附加质量。表 11.3 列出了沉积质量块前后,通过实验获得的谐振频率及相应的频率偏移量。从表中可见,一阶和三阶模态下的谐振频率的偏移量远远小于二阶模态下的谐振频率偏移量。这表明,与其他模态相比,二阶模态对相应的附加质量表现出更加敏感的响应。

表 11.3　沉积质量块前后的谐振频率

模态数	沉积质量块前的谐振频率/kHz	沉积质量块后的谐振频率/kHz	频率偏移量
模态 1	54.257	54.218	0.039kHz,0.07%
模态 2	222.812	220.781	2.031kHz,0.92%
模态 3	380.742	380.078	0.664kHz,0.17%

为了在更宽的附加质量范围内验证此观测结果,下面通过数值法研究了前三阶模态对附加质量的灵敏度。图 11.39 描述了改变附加质量时,每个模态相应的谐振频率的变化。结果正如预期一样,二阶模态表现出最敏感的响应,而一阶模态的敏感度最低。此趋势可通过图 8.13 中的共振形变量来解释,从图中可见,在二阶模态下,梁的自由端与其主体相比表现出了更加敏感的运动量。但是在一阶和三阶模态下,这种敏感度降低了。总之,利用二阶模态下的谐振频率偏移量来估算附加质量显得更可靠。经过这些考虑并在上述过程的基础上,利用二阶谐振频率的偏移量 2.031kHz 估算出附加质量为 310pg。

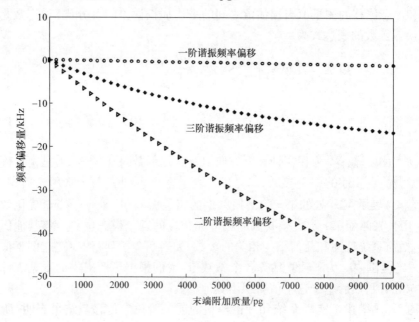

图 11.39 前三阶模态对附加质量的灵敏度

由于制造公差的存在,制造商所提供的物理和几何参数并不完全适用于每个悬臂梁(存在偏差),故在使用这些参数时必须小心,因为它们会引起估算的不精确。此处,我们的目的是论证参数不确定性是如何影响质量检测的精度。

图 11.40(a)描述的是在不同程度的参数不确定性下(0~5%),带有附加质量的系统的二阶模态的频率偏移量。从图中可见,即使是很小的不确定性也会产生很大的质量检测误差。例如,如果所研究探针的参数偏离了 5%,那么,对附加质量的估算结果将从 310pg 变为 470pg,这相当于产生了 52% 的检测误差。此外,图 11.40(b)显示了在不同程度的二阶谐振频率偏移情况下,质量检测误差百分比和参数不确定性百分比之间的关系。结果表明,频率偏移量越大(对应于越大的附加质量),则会产生越大的测量误差。因此,为了实现精确的质量检测,前面所提出的系统辨识是一个必不可少的步骤。

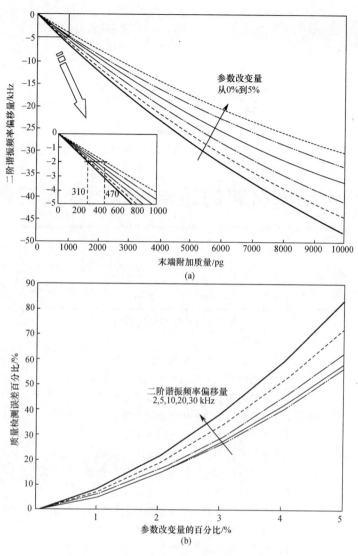

图 11.40　参数不确定性对频率偏移的影响(a)
及参数不确定性所产生的测量误差百分比(b)

总　　结

本章介绍了压电式纳米机械悬臂梁及其在成像和操纵系统(如原子力显微镜AFM)中的应用。在建模方面提出了一些新的概念,重点研究了与非线性效应相关的问题,如小尺寸效应、泊松效应和压电材料的非线性。同时研究了线性模型和非线性模型以及它们在生物学传感和超微质量检测方面的应用。

基于纳米材料的压电作动器和传感器

12.1 纳米管的压电特性(碳纳米管和氮化硼纳米管)

由于纳米材料具有独特的结构,其既能增加材料的多功能性,又能提升材料性能。此特性是研发功能纳米材料传感器和作动器的关键因素。顺着这个思路,本章将概述基于纳米压电材料或者有压电特性的纳米材料制造的作动器与传感器的优点。在内容方面具体来说,将会详细阐述纳米管的压电特性,并自然延伸到基于纳米管的传感器和作动器。纳米管复合材料这种结构还会产生结构阻尼这样的副产物。作为传感/驱动领域未来的一个发展方向,本章还会简要介绍和讨论由纳米材料、具有可调谐性能的压电纳米复合材料和含有功能性纳米材料的电子织物所组成的新一代传感器和作动器。

12.1.1 纳米管概览

碳纳米管(CNTs)作为最有发展潜力的纳米材料之一,自从1991年其被发现之后就引起了广泛的关注(Iijima 1991; Tans, et al. 1998; Dai, et al. 1996; Pancharal, et al. 1999; Kong, et al. 2000; Collins, et al. 2000; Dillon, et al. 1997; Wang, et al. 1998; Fan, et al. 1999; Lee, et al. 1999; Kimand Lieber 1999)。现已证明碳纳米管具有非凡的性能,如出色的力学性能、热学性能、电学特性和其他物理特性。这些特殊的性能主要归因于碳的特殊性质和纳米管完美的分子结构。在元素周期表中没有其他元素能够像碳这样以高强度的碳碳键组成一种网状结构将自身连接起来。每个碳原子的离域 π 电子能够在整个结构中自由运动,而不是被束缚在其配对原子的周围空间中,这就赋予了碳纳米管金属般的导电性能。

在发现碳纳米管之后,由其他成分组成的纳米管,如二硫化钼(Feldman, et al. 1995)和氮化硼纳米管(BNNT)(Chopra, Zettl 1998; Han, et al. 1998)也相继被合成。其中氮化硼纳米管可通过以下方法进行合成,包括电弧放电法(Cummings, Zettl 2000)、球磨法(Chopra, Zettl 1998)和等离子体法(Shimizu, et al. 1999)。

纳米管优异的电气特性和力学性能促进了轻质、高强度、多功能复合材料作动器的产生,这类作动器通过改变形态可应用在许多方面,如用于聚合物基复合材料表征的界面力显微镜,微型作动器和汽车中的自适应结构材料。纳米管由于自身的高导电性与异常锋利的尖端,使它成为已知材料中最好的场发射体,这类似于避雷针锋利的针尖(图12.1)。拥有锋利的尖端也意味着纳米管可以在非常低的电压下放电,此特性是开发电气元件(下一代液晶显示器和电视)的重要因素。

纳米管的另一项应用是导电塑料。塑料在结构应用上已取得了巨大进展,但因塑料是良好的绝缘体,其不能被应用在需要导电特性的场合。可通过往塑料中填充导电材料来克服这一缺陷,如炭黑和石墨纤维,但是为了达到足够的导电性能往往需要大量的填充物。因为纳米管具有形成绳索状物体的本能,故即使在填充

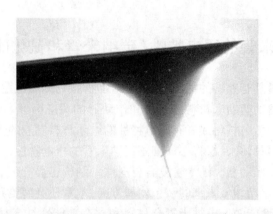

图 12.1 安装在 AFM 针尖的 CNT 探针的 TEM 显微图像

量很低的情况下,它也能提供很长的导电通路。利用纳米管的这种特性所开发出的应用包括 EMI/FRI(电磁干扰和射频干扰)屏蔽材料,附件、垫片及其他零部件的表面涂层,静电耗散(ESD),抗静电材料和涂料(甚至可以做成透明的),雷达波吸收材料。

基于纳米管的螺旋特性(手性)或者管壁的层数,一般可将纳米管分成几类,具体可按照其直径、长度和手性(螺旋特性)来界定。纳米管可分为单壁纳米管(SWNTs)和多壁纳米管(MWNTs)。纳米管,特别是碳纳米管,其可通过不同的方法进行制备,下面列举了几种最常用的技术。

电弧放电法:将石墨电极置于充满氦气的反应容器中,在阳极和阴极之间通上强电流,这样会电离周围的氦气使其成为等离子态,从而激发出电弧,产生高温,这种条件下石墨(碳原子)会蒸发,形成的产物中包含碳纳米管。

激光烧蚀法:在计算机的控制下将一束激光聚焦在金属催化剂/石墨混合的石墨靶上,在激光照射下生成气态碳,然后在催化剂的作用下生成碳纳米管。

化学气相沉积法(CVD):此方法的催化过程指的是让气态烃(甲烷、乙烯、乙炔)通过特定的载体催化剂(在硅石或沸石表面的钴、铜或铁)并进行沉积。具体的工作原理是:利用过渡金属分解烃分子,之后碳原子在金属纳米颗粒中发生溶解与饱和,从而沉积在催化剂表面生成碳纳米管。

12.1.2 纳米管和纳米管材料的压电特性

如前所述,随着近些年机械电子在动力学系统中的广泛应用,研究者们将关注的焦点放在了用压电陶瓷纤维替代传统的电机和驱动器。在几十年前,人们就在被拉伸和极化的聚偏二氟乙烯(PVDF)中观测到了压电效应和铁电特性。尽管 PVDF 共聚物在工业应用中有许多用途,如超声波传感器和减振方面(Fukada 2000; Baz,Ro 1996),但是其较低的刚度和机电耦合系数限制了 PVDF 的应用。

为提高未来智能系统的性能和功能,研究人员已经开始尝试利用纳米管材料

338

来开发新一代作动器/传感器。特别是与碳纳米管(CNTs)和氮化硼纳米管(BNNTs)相关的驱动机理以及如何利用这些纳米管制造宏观上的作动器与传感器,引起了极大的关注(Mele,Kral 2001,2002;Laxminarayana,Jalili 2005;Ramaratnam,Jalili 2006b;Salehi – Khojin,et al.2008a,b)。这项研究中令人兴奋的地方是发现了带电后的纳米管,它的化学键会伸长(Baughman 2000)。一种被称作"人工肌肉"的作动器,可以在相对较低的驱动电压下(低于10V),展现出惊人的强度和刚度,其在微机电系统(MEMS)中具有很好的应用前景。这种基于纳米管材料的作动器可被应用在许多方面,如微型电机、柔性结构的振动控制、微型机器人系统、生物医学领域(如药物输送和肿瘤切除)和发电系统中。

纳米管晶格分子结构滚转角(或称为"手性")对碳纳米管的电气性能有很大影响,这限制了CNTs在电气元件领域的应用,特别是在纳米电子器件方面(Wilder,et al.1998)。与碳纳米管相比,氮化硼纳米管具有较为恒定且较宽的带隙,其表现出很纯的半导体特性。如图12.2所示,类似于石墨的结构,氮化硼纳米管具有六角晶格分子结构,具体来说,由其晶格结构中硼原子和氮原子交替排列。即使在较低工作电压下,氮化硼纳米管也会表现出很强的压电特性(Mele,Kral 2002)。此特性使氮化硼纳米管在制作各种纳米级电子元件和光子元件的备选材料中脱颖而出。相比于碳纳米管,氮化硼纳米管更适合作为复合材料结构的加固材料,因为其具有很高的抗氧化性(在高温下)、出色的力学性能和高导热性(Zhi,et al. 2005)。

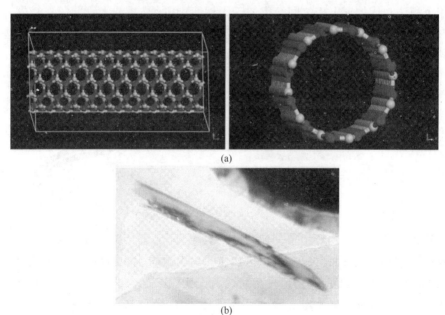

(a)

(b)

图 12.2　碳化硼纳米管(BNNT)的分子结构,具有(6,6)手性,其直径为8.14Å(a);
Clemson 碳化硼纳米管的 TEM(透射电镜)显微图像(b)

12.2 基于纳米管的压电式传感器和作动器

在保证材料自身完整性的基础上,将功能纳米材料组装成宏观结构是提高未来自动化系统的性能与功能的一种有效途径。顺着这个思路,本节将概述由功能纳米管材料组成的宏观结构(作动器和传感器),这里用到的功能纳米管材料具有驱动和传感的功能。通过制备混入单壁碳纳米管或多壁碳纳米管的聚偏二氟乙烯薄膜(组成复合材料)来证明所提出的功能纳米管复合材料方案的可行性。初步研究结果表明,纳米管有助于提升材料整体的驱动和传感性能。

12.2.1 多功能纳米材料的驱动和传感机理

由氮化硼纳米管的理论推测可知,当纳米管的形状发生改变时,材料内部会发生电极化现象(Adourian 1998)。不同于传统的铁电作动器,纳米管材质制成的作动器在较低的工作电压下就能产生足够大的应变量,从而产生有效的驱动力。为了将这些具有高刚度的单个纳米管聚到一起组成实用的作动器和传感器子系统,可以通过机械缠结和范德华力将这些单独的纳米管聚合起来,并利用合适的聚合物复合材料(如聚偏二氟乙烯 PVDF)对结构进行加固。为此,制备了一个厚度为 $20\mu m$ 的 PVDF 薄膜,其由纳米管和聚偏二氟乙烯复合而成,并将此复合材料层置于两个由气相沉积法制成的银电极之间。类似于天然肌肉的结构,纳米管薄膜作动器会组合形成纳米纤维作动器阵列。图 12.3 包含了薄膜复合材料作动器的结构原理图及其对调制的输入电压的形变响应的示意图(Jalili,et al. 2002a;Jalili 2003)。

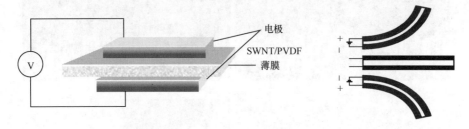

图 12.3 偏聚二氟乙烯/单壁碳纳米管薄膜作动器/传感器示意图

这种复合材料结构产生了一种新的驱动/传感机理,因为纳米管大大提高了作动器/传感器的比表面积(指单位质量物质的总表面积,单位为 m^2/g),并使其具有非凡的刚度。研究发现,利用这种功能纳米管/PVDF 复合材料层可产生肌肉般的宏观运动。当作动器通上电之后,每一层都会发生形变,最终在宏观上产生一个与输入电压成正比的线性运动(逆压电效应或驱动特性)。相反地,当在薄膜上施加压力时,内部会产生电荷,且与所施加的压力成正比(正压电效应或传感特性)。这种作动器产生的位移量相对较小,所能产生的最大自由应变量大约为 0.1%

（Spinks 2001；Ahuwalia 2001）。但因为纳米管具有很高的弹性模量，故作动器可产生很大的驱动力（Hernandez, et al. 1999；Falvo, et al. 1997；Vaccarini, et al. 2000）。为了按照轴向力生成函数产生驱动力，系统中还使用了运动放大器和柔性机构（见6.5.2节）。

宏观的作动器/传感器子系统结构：本节提出的作动器/传感器技术旨在提供下一代基于纳米管材料的纳米电机开发的结构框架，新一代纳米电机具有超高的强度和刚度且驱动电压较低（不超过10V）。此新颖的概念源于纳米管中所发现的压电效应，特别是氮化硼纳米管。如前所述，由BNNT的理论推测可知，当单个纳米管的管形发生变化时，会发生电极化现象（作为一种内在效应）。此电极化会沿着纳米管的轴向，这是由量子力学边界条件决定的，并且纳米管的周围处于电子态。因此，宏观偶极矩的内在力学特性来自于纳米管周围包裹的带电物质的规模。实验初步表明：由于量子力学效应（所位于的轨道和能带结构发生变化），材料的应变会发生变化，当注入电子时膨胀，当注入空穴时收缩。

对于宏观的作动器/传感器子系统，我们考虑两种结构，即薄膜式结构和叠堆式结构。在薄膜式作动器/传感器结构中，薄膜（厚度约为20μm）由BNNT/PVDF复合材料组成，然后将复合材料层夹在两个由气相沉积法制成的银电极之间。在叠堆式结构中，为利用薄膜结构产生像肌肉般的线性运动，将两片BNNT/PVDF复合材料层通过刚性连接耦合在一起，并在中部对其夹紧（图12.4）。当作动器通电后，每一层都会发生形变，从而产生一个与所加电压成正比的线性运动。

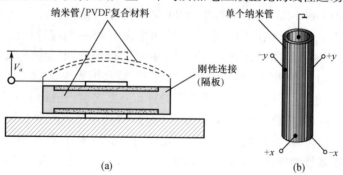

图12.4　纳米管/PVDF复合材料的薄膜式结构（a）和单个纳米管的轴向结构（b）

为验证此技术的有效性，在PVDF聚合物中混入碳纳米管（CNT）形成一种复合材料，并把它用作传感器。最近的研发表明，此PVDF共聚物显著提高了材料的压电特性。聚乙烯（偏二氟乙烯 – 三氟乙烯），以下简称P（VDF – TrFE），用此PVDF聚合物与纳米管混合。此处分别使用了两种类型的纳米管（即单壁碳纳米管SWNT和多壁碳纳米管MWNT）与P（VDF – TrFE）聚合物进行混合。研究人员对这些经过纳米管强化后的聚合物的可行性进行了研究（Ramaratnam, Jalili 2006b），初步结果表明此项技术有很好的前景（Iyer 2001；Xing 2002；Courty, et al.

2003；Ramaratnam 2004；Ramaratnam，Jalili 2004a）。添加纳米管后提高了复合材料的刚度，从而提高了驱动效果。

然而，需要注意的是，随着添加到 PVDF 聚合物中的碳纳米管的浓度的升高，材料的玻璃化温度会发生显著变化。甚至在一些情况下，复合材料会产生裂纹簇，从而削弱材料本身的刚度和强度。因此，当使用这些纳米管来提升基底材料的刚度和强度时，必须考虑这些实际方面的问题。

材料与研究方法：相比多壁纳米管（MWNT），单壁纳米管（SWNT）具有更好的弯曲性能，因为其具有更薄的结构。研究人员已经研究了在聚合物复合材料中添加 SWNT 的优缺点（Ajayan，et al. 2000）。一些类型的 SWNT 具有很高的固有导电性且长径比为 1000～10000，它们是赋予复合材料导电特性的理想材料。然而，在压电材料中，应优先选用介电纳米管而不是导电纳米管，因为此类纳米管的介电各向异性能提高聚合物的驱动和传感性能。另一方面，多壁纳米管是脆性的（易碎），而且因为其同轴管壁的结构导致其本身有很多缺陷。由于无法进入 MWNT 的内层管，故很难量化它的性能。

由于两种纳米管（即 SWNT 和 MWNT）具有不同的性能，故下面使用这两种纳米管来制作传感器。从纳米结构材料/非晶态材料有限公司（Nanostructured and Amorphous Materials Inc. ）处购买的单壁纳米管，其中混入了 P（VDF – TrFE）聚合物，纳米管的纯度为 90%，外径为 1～2nm。从 Ktech 公司处购买了质量百分数为 65/35 的 P（VDF – TrFE）共聚物颗粒。多壁纳米管则是向催化材料公司购买（Catalytic Materials Ltd. ），MWNTs 的纯度为 99.9%，外径约为 10nm。

以下列举了影响这些由纳米管制成的压电聚合物的响应特性的几个重要因素：聚合物中纳米管的质量百分数，纳米管的类型、外径、长度和纳米管的排列方式（最重要的因素）。在研究传感器的性能特性时，这些因素中的一部分并没有被考虑，在后续则会重点关注。对于碳纳米管的排布方面之前已进行了研究（Jin，et al. 1998；Ajayan，et al. 2000；Sennett，et al. 2003），对超声处理和薄膜铸塑后的聚合物复合材料进行拉伸，可得到分散均匀且定向对齐的纳米管，但是超声处理的时间过长会引起纳米管的损伤（Lu，et al. 1996）。下面的小节将讨论纳米管的制备、聚合物的预处理以及纳米管薄膜的制造。

12.2.2　纳米管压电薄膜传感器的制备

本节将概述纳米管压电膜传感器的制备工艺。首先将含重 20% 的聚合物 P（VDF – TrFE）颗粒溶解在有机溶剂 N，N – 二甲基乙酰胺中，颗粒完全溶解在溶剂中需要 5～6h。然后，将此高黏度溶液倒在一块铝基板上，用一个湿的刮膜机在铝基板上刮出要求厚度的薄膜，并加入脱膜剂以便脱膜。想要达到所需厚度的薄膜是比较困难的，这取决于溶液的黏度。然后将薄膜放在铝基板上进行加热，目的是为了蒸发掉溶剂。薄膜的厚度会因溶剂的蒸发而进一步变薄，然后小心地把薄膜从铝基上分离出来。薄膜的制备过程是繁琐的,且必须重复好几次才能制备出符合要求的薄膜。湿膜的黏度与溶剂中聚合物的添加量成正比,它对薄膜的成型影响很大。经测量,薄膜的厚度约为130μm。

对于添加纳米管的薄膜,其生产过程中包含了制备两种混合物。第一种混合物:将纳米管含重0.5%的聚合物颗粒添加到有机溶剂(N,N-二甲基乙酰胺)中。纳米管百分比含量的选取是基于过去研究的推论(Ramaratnam 2004),添加过多的纳米管会使薄膜变成导体。然后用一个布兰森声波降解器在约240W的功率下对溶剂与纳米管的混合物进行10min左右的超声处理。第二种混合物:将含重20%的聚合物溶解在溶剂中,然后在200W的功率下对聚合物做7min左右的超声处理,目的是均化混合物。经过超声处理后,纳米管与聚合物溶液混合在一起,然后在240W的功率下对混合物再做4min左右的超声处理。同用于制备纯P(VDF-TrFE)薄膜的混合物相比,纳米管混合物具有很高的黏度(假设两种情况下溶剂的量相同)。用制膜器将混合物制成薄膜并将溶剂蒸发,使用脱模剂作为聚合物混合物与铝基板之间的隔离层以便后续分离薄膜。蒸发溶剂需要在一个恒定的低温下进行,这能有效防止聚合物薄膜与基板之间产生很大的黏着力。可用同样的过程来制备单壁纳米管和多壁纳米管聚合物薄膜,单壁纳米管薄膜厚度约为60.5μm,多壁纳米管薄膜厚度大约为50μm。

在上一步中所制备的纳米管薄膜需在90℃下作4~5h的退火处理。然后用导电胶将铜箔粘贴到薄膜的两侧,粘贴后一定要注意将铜电极分离开以防接触短路,并将导线焊接在两片电极上,如图12.5所示。用绝缘层(一块刚性绝缘聚合物薄片)将两铜箔在导线连接处分开。在室温下,给薄膜连上2000V的高压直流电

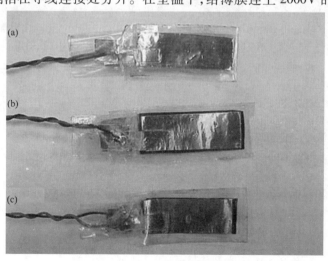

图12.5　装配的传感器

(a)平面式的P(VDF-TrFE);(b)多壁纳米管式的P(VDF-TrFE);

(c)单壁纳米管式的P(VDF-TrFE)。

源使之极化,同时用绝缘胶带包裹薄膜以防漏电。必须小心控制薄膜的极化过程,因为薄膜中的电介质很容易被破坏。压电材料与一些电容组合后,其通常表示成电压源。纯 P(VDF－TrFE)薄膜的电容为 0.13nF,单壁纳米管聚合物薄膜的电容为 0.56nF,多壁纳米管聚合物薄膜的电压为 0.51nF。装配好的传感器如图 12.5所示,添加了纳米管的薄膜看上去有点黑。前期研究中,添加 2% 单壁纳米所制成的薄膜是纯黑的(Ramaratnam 2004)。

实验装置、过程和结果:为了全面评估前面小节所提出的纳米管传感器的性能,此处设计了一套实验装置来研究这些经过改进后的传感器的性能。

实验装置包括一根由绝缘木材制成的薄片状悬臂梁、一个用于驱动梁的压电片作动器、一个用于测量根部应变的应变仪和一个用于测量末端位移的激光位移传感器,如图 12.6 所示。图 12.7 给出了梁的详细尺寸及压电作动器、应变传感器和纳米管传感器的具体位置。激光传感器位于梁宽度方向的中心,距离末端6.35mm 处。选择木质梁是因为其绝缘性能避免压电传感器裸露的电极所产生的问题。本实验主要研究这种新型薄膜的传感性能。压电作动器在驱动梁时,其输入电压范围为 30～150V。因为梁具有弹性,当激励作动器时,梁会发生振动。这些振动可通过压电式应变传感器进行测量,并通过应变仪和非接触式激光测量进行交叉验证。

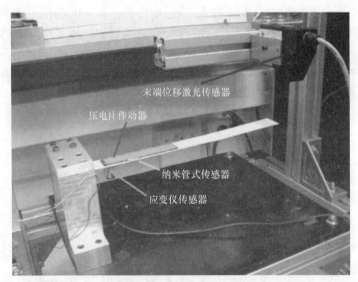

图 12.6　测试所设计的纳米管式传感器的实验装置

分别将不同的应变传感器安装在梁上,即纯 P(VDF－TrFE)传感器、基于SWNT 的 P(VDF－TrFE)传感器和基于 MWNT 的 P(VDF－TrFE)传感器,然后在相似的激励条件下测量它们的响应并进行对比。实验中用同一根梁来测量 3 种传感器的响应结果,且应变片和压电作动器的安置位置保持不变(图 12.7)。在不同

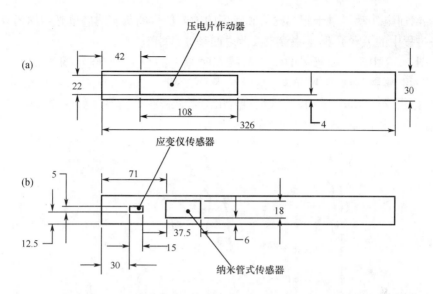

图 12.7　实验所用悬臂梁的详图(对应于图 12.6 中装置的(a)俯视图与(b)下视图)

的传感器实验中,还需尽量保持每次实验中传感器的黏接条件不变。应变片和激光传感器的输出电压与它们的灵敏度成正比,应变片的灵敏度为 $58.5\text{mV}/\mu\varepsilon$,激光传感器的灵敏度为 $6.20\text{mV}/\text{mm}$。因此,可通过应变片和激光传感器的测量值计算出所装配的纳米管传感器的灵敏度,这将在后面进行详细讨论。通过一个数字信号处理板(dSPACE 1104)获取所有信号并传输给主机。

对聚合物薄膜来说,其极化电压要比标称值低很多。商用 PVDF 传感器被制成很薄的薄膜,它们的极化电压很高,其与厚度的关系是 $50 \sim 100\text{kV}/\text{mm}$(压电薄膜传感器)。梁的共振频率大约为 10Hz,故使用了一个滤波器来滤去大于 10Hz 的频率成分,特别是由 60Hz 的交流电源引起的噪声和电磁感应电压。

压电作动器的激励信号幅值为 150V 频率为 10Hz,不同传感器的实验结果如图 12.8 ~ 图 12.10 所示。图 12.8 是本节所组装的传感器的输出电压,图 12.9 是应变片的输出,图 12.10 是激光传感器所测的梁的末端位移。为了更好地比较所测结果,表 12.1 列出了在进行 3 种不同传感器实验时,纳米管传感器、应变片和激光传感器输出值的最大傅里叶变换值。从图 12.8 可明显看出,纳米管(单壁纳米管和多壁纳米管)传感器的响应特性优于纯 P(VDF – TrFE)传感器。有必要详细研究这种响应特性的显著提升,这样有助于理解那些有助于提升响应特性的因素和机理。与普通的共聚物传感器相比,这些混入了纳米管的共聚物传感器的机电响应的幅值得到了提升,这表明纳米管传感器具有更好的前景。

可通过使用适当的方法黏接电极、制备薄膜以及使用更高的极化电压来提升传感器的性能。在实验对比中,虽然不同薄膜的参数并不完全相同(如薄膜厚度的差异,压电作动器对于相同幅值和频率的输入信号的每次响应也是不同的,以及制备过程中的差异),但这些参数彼此之间是非常相似的。

图 12.8 中 3 种传感器的响应曲线在时域上的积分(曲线包围的面积)分别为:普通共聚物传感器 1.3mVs,多壁纳米管 MWNT 传感器 8.2mVs,单壁纳米管 SWNT 传感器 9.8mVs,从以上数据可看出纳米管传感器具有更好的响应特性。在求取响应曲线的积分时,取样时间长度为 2s。

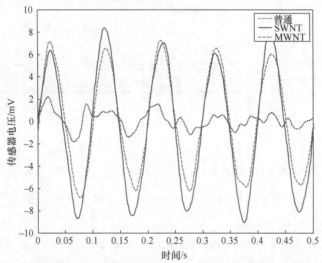

图 12.8　不同传感器的时域响应(传感器输出电压)对比

(点线:普通 P(VDF – TrFE)传感器;实线:单臂纳米管传感器;虚线:多臂纳米管传感器)

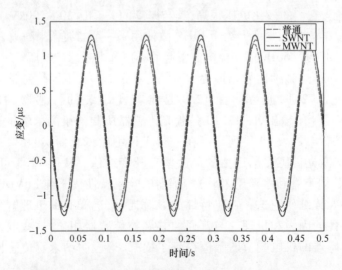

图 12.9　不同测试情况下的时域响应(应变片输出)对比

(点线:普通 P(VDF – TrFE)传感器;实线:单臂纳米管传感器;虚线:多臂纳米管传感器)

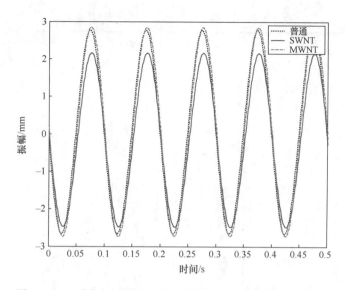

图 12. 10　不同测试情况下的时域响应(激光传感器输出)对比

(点线:普通 P(VDF – TrFE)传感器;实线:单臂纳米管传感器;虚线:多臂纳米管传感器)

表 12. 1　3 种不同材料传感器的响应输出对比

传感器类型→传感器输出↓	普通的 P(VDF – TrFE)	多壁纳米管 P(VDF – TrFE)	单壁纳米管 P(VDF – TrFE)
所装配的传感器的输出电压/mV	0.8368	6.4506	7.8015
应变片输出/$\mu\varepsilon$	1.2320	1.1678	1.2915
激光传感器输出(末端位移)/mm	2.7092	2.7865	2.3161

12. 2. 3　纳米管传感器的压电特性测量

如上节所述,添加纳米管之后的传感器,其感知能力获得了大幅提升。为了解释这种提升以及进一步阐述碳纳米管对聚合物的影响和其扮演的角色,本节讨论了一些主要性能的测量值,并用这些数据来分析研究添加纳米管对传感性能提升的作用。

杨氏模量:用英斯特郎 5582 材料试验机来测量杨氏模量。试验时将样本放在两个卡爪之间,在已知拉力的作用下测试样本的抗拉强度,通过标定应力 – 应变曲线可直接得到材料的弹性模量。每种传感器(指普通聚合物、单壁纳米管型、多壁纳米管型)都选取 8 ~ 10 个样本来测量杨氏模量,结果如表 12. 2 所列。从表中的平均值可见,单壁纳米管传感器具有最大的杨氏模量(~390kgf/mm^2),随后是多壁纳米管传感器(~330kgf/mm^2),普通的 PVDF 传感器(~300kgf/mm^2)。

d_{31}(压电系数)测量值:虽然压电系数的直接定义是应力变化引起材料内部极化现象的可逆变化,但实际上宏观压电系数由应力变化时样本中面积为 A 的电极

表 12.2　不同聚合物薄膜杨氏模量比较

杨氏模量→薄膜类型↓	最小值 – 最大值/(kgf/mm^2)	平均值/(kgf/mm^2)
普通 P(VDF – TrFE)	$183 \sim 385$	303.67
基于多壁纳米管 P(VDF – TrFE)	$263 \sim 443$	332.88
基于单壁纳米管 P(VDF – TrFE)	$325 \sim 500$	388.16

上所产生的电荷 Q 所决定(Garn 1982a, b)。因此,利用准静态电荷累积技术来测量 d_{31},具体原理如图 12.11 所示(Kunstler,et al. 2001)。

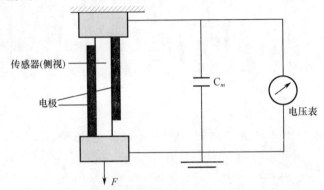

图 12.11　测量准静态压电系数 d_{31} 的实验装置

实验装置的布局如图 12.11 所示,利用一个夹具来固定压电传感器。夹具的顶部是固定的,并夹持住了压电薄膜和正电极,夹具的底部则与压电薄膜和负电极固连。在这样的结构布局下,用一个已知力 F 去拉压电薄膜,同时收集由力所产生的电压。电容 C_m 用于收集累积在压电传感器电极板上的电荷 Q_3。电容两端的电压 V 是通过电压表测得,然后利用公式 $Q_3 = C_m V$ 可计算出电荷量 Q_3。因此,可利用下面的公式计算出压电常数,即

$$d_{31} = Q_3/F \tag{12.1}$$

此处所施加的外力,表现在压电传感器上即悬在空中的质量块受重力的作用,故此力可通过下式计算 $F = mg$,其中压电传感器的质量 m 为 31.655g,电容 C_m 的值为 11.7nF。3 种压电传感器的输出电压均为 1.2mV,这让人对从实验室的实验设备中所得到结果的可靠性产生了质疑。计算得到的 d_{31} 的值约为 9×10^{-12} C/N,这与文献中 d_{31} 的值一致(Piezo Film Sensors 1999;Kunstler,et al. 2001),证明了实验结果的可靠性。

其他测量值;不同薄膜的电容值是通过万用表进行测量的,结果如表 12.3 所列。

利用分辨率为 0.1μm 的尼康电子显微镜来测量薄膜的厚度。在对比不同的传感器时,如果能做到厚度一致,则能得到最好的对比结果。但想做到这一点是很难的,因为在工艺上是通过湿膜浇铸法来制备薄膜的。若想克服这个问题,则必须

设计一种复杂的方法令纳米管均匀地分布在聚合物且排列整齐。其他的一些测量数据,如用于计算d_{31}的电极的尺寸和用螺旋测微器测量的传感器尺寸也被列在了表12.3中。

表 12.3　用于表征薄膜的其他测量值

传感器的固有电容值	
普通 P(VDF – TrFE)	0.13nF
混入多壁纳米管的 P(VDF – TrFE)	0.51nF
混入单壁纳米管的 P(VDF – TrFE)	0.56nF
厚度	
普通 P(VDF – TrFE)	130.9μm
混入多壁纳米管的 P(VDF – TrFE)	50.6μm
混入单壁纳米管的 P(VDF – TrFE)	60.5μm
压电作动器	1.58mm
梁	1.15mm
聚合物传感器厚度(一般值)	0.38mm
电极面积	
用于传感实验	37mm × 16mm
用于d_{31}的测量	30mm × 16mm

12.3　基于纳米管复合材料的结构减振和振动控制

利用纳米管复合材料的刚度和阻尼特性可以在宏观尺度上制备出新型复合材料,其具有可调的机械特性(具体指该复合材料能从较硬的结构转换为阻尼器),此属性对于结构振动控制来说是非常重要的。顺着这个思路,本节将简述利用纳米管复合材料进行减振和振动控制。为此,下面将使用具有不同纳米管含量的单壁纳米管和多壁纳米管环氧树脂复合材料。对这些样本(以悬臂梁形式)进行自由振动与受迫振动实验,从响应结果中获取样本的固有频率和阻尼系数。

我们可以将宏观的压电特性(如上节求得的d_{31})与纳米尺度下纳米管材料和基底材料之间的相互作用(如界面区域)联系起来(Anand,Mahapatra 2009;Anand,Roy 2009)。下面将沿着这个思路进行展开。

12.3.1　用于减振和振动控制的纳米管复合材料的制备

本节将描述各种样本的制备,这些样本主要用于分析不同参数对响应特性的响应,如碳纳米管的含量、碳纳米管的类型和相关的频率。多壁纳米管(纯度为99.9%直径为10nm)是从催化材料公司处(http://www.catalyticmaterials.com)购买,单壁纳米管(纯度为90% 直径为1－2nm)则是从纳米结构材料/非晶态材料有限公司购买(http://www. nanoamor. com)。碳纤维(CFs)(ACF－15)则是从 Kynol 公司购买(http://www. kynol. com)。同时制备了纯环氧基树脂和添加碳纤维的环氧树脂样本与添加碳纳米管(CNT)的环氧树脂进行对比。图 12.12 为此处研究所用到的多壁纳米管、单壁纳米管和碳纤维的扫描电镜(SEM)成像图。

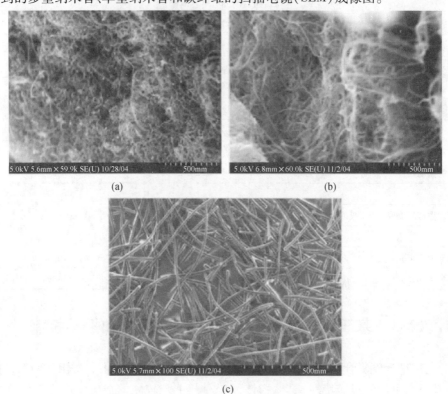

图 12.12　不同类型强化纤维的扫描电镜图
(a)MWNTs;(b)SWNTs;(c)CFs。

　　实验中所用的环氧树脂中包含两部分:环氧树脂和胺固化剂。首先将 1g 的环氧树脂和 1g 的固化剂混合在一起,并把所需剂量的碳纳米管添加到混合树脂中。然后手动搅拌聚合物 4min 左右,这样能够让碳纳米管均匀地分布在树脂中。将复合材料梁做成三明治薄片梁结构,把碳纳米管树脂混合物置于 2 片薄钢板之间(12 英寸 ×0. 25 英寸 ×0. 01 英寸),并将三层黏接在一起。然后在梁上施加 20N 的压力,并在室温下固化 4. 5h。接着将样本放到 50°的环境中继续固化 5h 左右(不施加压力)。最后把温度降到室温,进一步固化样本 10h 左右。将溢出边界的环氧树脂切掉,并把梁清理干净。这样就将复合材料梁制备好了,以便后续进行振动测试。这里制备了 8 个具有不同纳米管含量和不同添加物的样本,分别为普通环氧树脂梁、含 2.5% 多壁纳米管的环氧树脂梁、含 5.0% 多壁纳米管的环氧树脂梁、含 7.5% 的多壁纳米管环氧树脂梁、含 2.5% 单壁纳米管的环氧树脂梁、含 5.0% 单壁纳米管的环氧树脂梁、含 7.5% 单壁纳米管的环氧树脂层合梁以及含 5% 碳纤维的环氧树脂梁。

12.3.2 纳米管复合材料的自由振动特性

对复合梁样本进行自由振动测试以确定不同参数对复合物的弹性模量和阻尼系数的影响。将复合梁样本布置成悬臂梁模式,如图 12.13 所示。梁末端的初始位移已经给出,然后通过 dSPACE DS1104 实时数字信号处理(DSP)板来获取梁的自由振动响应。对响应结果作快速傅里叶变换可得到阻尼固有频率,同时利用对数衰减法可求出阻尼系数。结果表明,在激励响应中一阶振型是主导振型,其余的高阶振型的振幅都比较小。为了研究谐振频率和弹性模量与阻尼系数之间的关系,通过改变梁的长度使样本受到不同频率的激励。图 12.14 和图 12.15 展示了所有梁的基本阻尼固有频率(ω_d)和基本阻尼系数(ξ)的变化曲线,这两个量是关于梁长度(l)的函数。

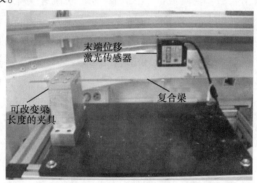

图 12.13 自由振动测试的实验装置

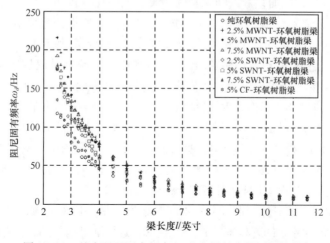

图 12.14 基本阻尼固有频率(ω_d)和梁长度(l)的关系图

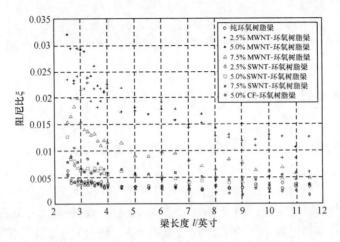

图 12.15　基本阻尼比(ξ)和梁长度(l)的关系图

　　结果显示,含 5.0% 的多壁纳米管环氧树脂梁的阻尼固有频率(ω_d)在所有样本中是最高的。当梁的长度值较大时,不同样本之间的差异较小;当梁的长度较小时,相互之间的差异则很明显。然而,总体来说,这种差异还是比较小的,或许不能把这种差异仅仅归因于弹性模量的改变。从结果中可见,ω_d 的最大数值出现在含 5.0% 的多壁纳米管环氧树脂梁中,而不是含 2.5% 或 7.5% 多壁纳米管的样本,这表明,ω_d 和纳米管含量百分比的函数关系曲线中存在一个最大值。不同梁的弹性模量需要通过计算才能进行对比。图 12.15 描绘了基本阻尼系数 ξ 和梁长度 l 之间的函数关系曲线。从图中可见,在梁的所有长度段,不同梁之间的阻尼系数差异是很明显的。从曲线中可观察到,对所有样本而言,其阻尼系数会随着梁长度的增加而减小。更值得关注的是,含 5.0% 的多壁纳米管环氧树脂梁的阻尼系数要明显高于其他样本。从结果中明显可见,添加碳纳米管(包括单壁和多壁纳米管)能够提高复合材料的阻尼,且添加多壁碳纳米管的效果更加明显。普通环氧树脂梁、含 2.5% 单壁纳米管的环氧基树脂梁与含 5.0% 碳纤维的环氧树脂梁的阻尼系数相近。

　　通过消去图 12.4 和图 12.5 中的梁长度(l)这个变量,则可以得到阻尼系数 ξ 和激励频率 ω 之间的关系(图 12.16),激励频率 ω 等于阻尼固有频率 ω_d。从图 12.16 可见,在 $0 \sim 200$ Hz 的频率范围内,所有样本的阻尼比会随着频率的升高而增加。为了进一步量化比较阻尼系数的增加效果,将各样本的阻尼系数 ξ 与纯环氧树脂梁(作为基准)相比,求解出相应的阻尼系数增加的百分比,然后将此数值和梁长度 l 之间的关系绘制出来,如图 12.17 所示。从图中可见,通过添加多壁碳纳米管使阻尼系数获得了高达 700% 的提升。对于其他几种添加碳纳米管的样本,其阻尼系数也获得了明显的提升(Rajoria,Jalili 2005)。

　　为了更加形象地对比不同成分和不同纤维类型是如何影响梁的性能,下面选取梁长度 l 为 2.5 英寸时的各样本的 ω_d 和 ξ 数据,并绘制出柱状图,分别如图 12.18 和图 12.19 所示。注:纯环氧树脂梁指的是其环氧树脂中不含碳纤维或纳米管。

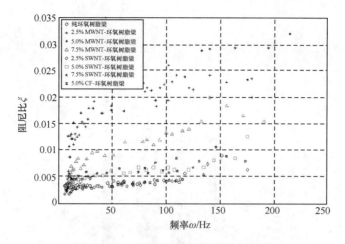

图 12.16　基本阻尼比和频率的关系图

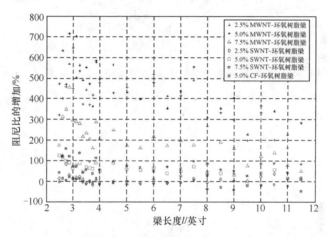

图 12.17　不同样本的基本阻尼系数的增加百分比(％)和梁长度(l)的关系图

从这些图中明显可以看出,添加碳纤维之后样本的基本阻尼系数得到了显著的提高。基于公式 $\omega_d = \omega_n \sqrt{1-\xi^2}$,则随着阻尼系数的增加基本阻尼固有频率会减小,其中 ω_n 是基本无阻尼固有频率,它与梁的抗弯刚度 $E_c'I_c$ 有关。尽管如此,但是在实验结果中观察到 ω_d 是增加的,这就表明添加纳米管后 ω_n 是增加的,即 $E_c'I_c$ 是增加的。综合分析可知,由 ξ 的增加引起 ω_d 的减小效应被 $E_c'I_c$ 的增加引起 ω_d 的增加效应给盖过了。从图 12.19 还可以看出,相比于其他填充材料(SWNT 和 CF),多壁纳米管能更加有效地增强复合材料的阻尼性能。从柱状图中还可以看出阻尼比和纤维含量％ 之间的关系,随着 SWNT 和 MWNT 含量(％)的增加,阻尼系数在含重5％处出现了最大值。这表明,对于增大材料的阻尼系数来说,5％是一个最佳含量比例。类似的趋势也可以在基本阻尼固有频率的柱状图(图 12.18)和图 12.15(ξ 与 l 的关系曲线)中的其他梁长度段上观察到。

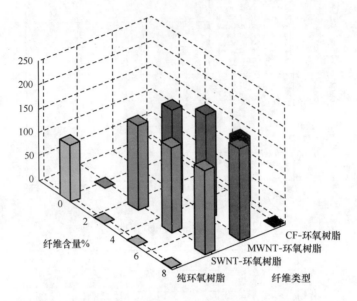

图 12.18 梁长度为 2.5 英寸时,样本基本阻尼固有频率 ω_d(Hz)
与纤维含量(%)、纤维类型之间的柱状关系图

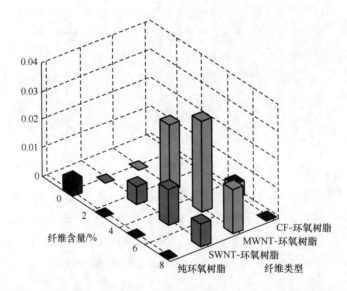

图 12.19 梁长度为 2.5 英寸时,样本基本阻尼系数 ξ 与纤维含量(%)、
纤维类型之间的柱状关系图

  基于自由振动测试的结果,可计算出复合梁的特征储能模量和损耗模量。储能模量的求解可通过令梁的一阶固有频率(基频)等于欧拉伯努利梁理论给出的理论计算值,即

$$\omega_1 = \frac{1.875^2}{2\pi l^2}\sqrt{\frac{(E'I)_c}{\rho A}} \Rightarrow E'_c = \left(\frac{2\pi l\omega_1}{1.875^2}\right)\frac{\rho A}{I_c} \qquad (12.2)$$

式中:ω_1 为一阶固有频率(Hz);E'_c 为复合梁的储能模量(与频率相关);l 为梁的长度;ρ 为梁的密度;A 为梁的横截面面积;I_c 为梁横截面绕弯曲轴的转动惯量。式(12.2)中的所有参数都是已知的,故利用此式可求出 E'_c 的值,多壁纳米管环氧树脂梁的储能模量求解结果列在了图 12.20 中(作为代表)。损耗模量 E''_c 可用下式进行计算,即

$$E''_c(\omega) = E'_c(\omega)\tan\delta = 2E'_c(\omega)\xi(\omega) \qquad (12.3)$$

式中:$\tan\delta$ 为复合梁损耗系数。以多壁纳米管环氧树脂梁为例,已知 $E'_c(\omega)$ 和 $\xi(\omega)$ 的值,利用式(12.3)可计算出 $E''_c(\omega)$,结果如图 12.21 所示。

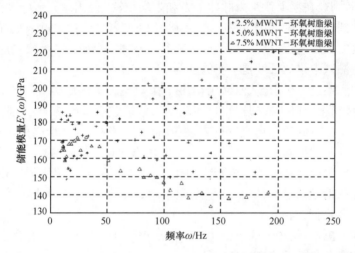

图 12.20　多壁纳米管环氧树脂梁的储能模量和频率之间的关系图

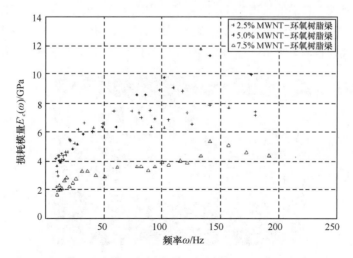

图 12.21　多壁纳米管环氧树脂梁的损耗模量和频率之间的关系图

12.3.3 纳米管复合材料的受迫振动特性

上节对 8 个复合梁样本做了自由振动测试,其中一阶振型是测试过程中的主导振型。本节对同样的样本进行了受迫振动测试,在多种模式下激励悬臂梁以研究不同振动特性与模态之间的关系。

受迫振动测试分两方面进行:一是冲击测试;二是正弦信号扫描测试。首先用冲击测试辨识出梁的模态频率(固有频率),然后在此频率附近用精确的正弦信号进行扫描。

冲击实验:使用 HP 35670A 动态信号分析仪(DSA)来分析所有收集到的信号(力和位移)。将复合梁以悬臂梁的形式垂直竖立,使用冲击锤(装有力传感器)敲击梁的基座,则会在梁上产生力脉冲。力和末端位移(使用激光传感器测量)的信号则被传输到 DSA 的两路通道中。然后利用 DSA 内置的功率谱函数和频率响应函数对采集的数据进行分析。每个样本进行 3 次冲击测试,然后取响应结果的平均值。所有测试中梁的长度是不变的,l 为 11.5 英寸。

对梁的底座进行敲击,从而激励出多个振动模态。然后实验设备只能在 $0 \sim 100 \mathrm{Hz}$ 的频率范围内获取数据,此频率范围通常能包含 2 个振型(一阶和二阶)。采集所有 8 个样本的频率响应(fft{末端位称}/fft{基底力})和位移功率谱,从而辨识出所有样本的前两阶模态频率。对比发现添加碳纳米管的复合梁具有更高的模态频率。与单壁纳米管环氧树脂梁相比,多壁纳米管环氧树脂梁的模态频率更高。进行正弦信号扫描测试时,在模态频率附近精密地微调扫描频率(逐步增加频率),具体在后面讨论。

正弦扫描测试:使用 ECP 公司(Educational Control Products)的直线运动设备(型号为 210)来进行正弦扫描测试(http://www.ecpsystems.com)。将梁以悬臂梁的形式垂直夹紧,取梁的长度为 11.5 英寸。用直流无刷电机给梁的底座一个正弦激励信号,然后用一个光电编码器监测梁根部的位移,用一个激光传感器监测梁末端的位移,如图 12.22 所示。在具体操作时,当接近模态频率时扫描频率的增量为

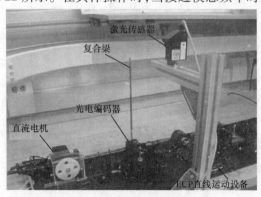

图 12.22　正弦扫描测试的实验装置

0.05Hz,当离模态频率较远时扫描频率的增量为 2.5Hz,激励频率最高增加到 70Hz(这个频率范围包含了所有样本的前两阶振型)。使用和上一节自由振动测试中同样的 DSP 平台来采集数据。从采集的数据中可得到每个频率下梁的末端位移和基底(根部)运动的幅值以及频率响应函数(FRF)(由两者的比值决定)。不同梁的频率响应函数如图 12.23 ~ 图 12.26 所示。

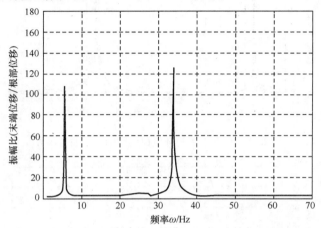

图 12.23　纯环氧树脂梁的频率响应函数

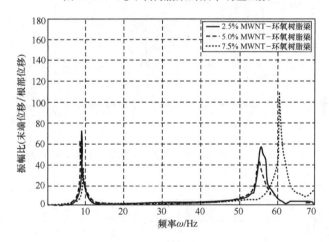

图 12.24　多壁纳米管环氧树脂梁的频率响应函数

结果与讨论:模态频率下的阻尼比可利用半功率法计算出来,结果如表 12.4 所列。使用半功率法求解阻尼系数(此处为基本阻尼系数,即一阶振型下的阻尼比)的公式为

$$\xi = \frac{\Delta\omega}{\omega_d} \tag{12.4}$$

式中:$\Delta\omega$ 是阻尼固有频率 ω_d 附近(两侧)的两个半功率点之间的频率差。正弦扫描测试的结果如表 12.4 所列,从表中可见,对于添加碳纳米管的样本来说,通常它

357

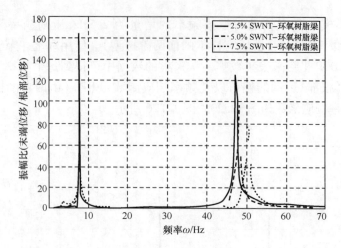

图 12.25　单壁纳米管环氧树脂梁的频率响应函数

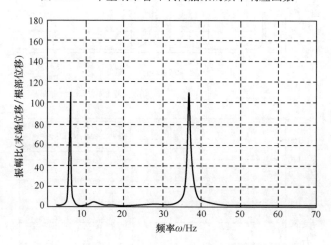

图 12.26　含 5.0% 碳纤维的环氧树脂梁的频率响应函数

表 12.4　不同样本的阻尼固有频率及对应的阻尼系数

梁的类型	ω_{d1}/Hz	ω_{d2}/Hz	ζ_1	ζ_2
纯环氧树脂梁	5.50	34.05	0.0164	0.0104
含 2.5% MWNT 的环氧树脂梁	8.85	55.80	0.0216	0.0296
含 5.0% MWNT 的环氧树脂梁	8.45	55.30	0.0257	0.0264
含 7.5% MWNT 的环氧树脂梁	9.65	60.63	0.0160	0.0085
含 2.5% SWNT 的环氧树脂梁	7.60	47.15	0.0108	0.0130
含 5.0% SWNT 的环氧树脂梁	7.75	48.00	0.0109	0.0120
含 7.5% SWNT 的环氧树脂梁	7.95	50.25	0.0062	0.0173
含 5% SF 的环氧树脂梁	5.80	36.85	0.0184	0.0107

们在二阶振型下具有更高的振动阻尼。对于纯环氧树脂梁和添加碳纤维的环氧树脂梁而言,它们在一阶振型下具有更高的阻尼特性。与其他样本相比,多壁纳米管环氧树脂梁的频率响应函数更宽(不论是在一阶振型处还是在二阶振型处),这表明添加多壁纳米管能更有效地提高梁的振动阻尼(减振效果)。

12.4 压电纳米复合材料的可调力学特性

本节将简要介绍一种新型纳米管压电聚合物复合材料,材料中位于纳米管和基体材料之间的相界面上的化学键的伸缩是可控的,该材料主要用在结构振动控制系统中。当在材料上施加外部电场时,则会在纳米尺度影响纳米管与基体材料之间的结合状态,在宏观层面则创造了一种具有可调力学性能的新型工程复合材料,其可以从较硬的结构转变为具有优良性能的阻尼器。出于研究验证的目的,本节将同时对碳纳米管和碳化硼纳米管进行研究,以便确定参数变化对材料性能的影响。

12.4.1 相界面控制简介

相界面是纳米管与主基质材料之间相互作用所形成的区域。它具有不同于纳米管和基质材料的多相性,故其在两者之间的载荷传递中扮演重要的角色。对相界面进行适当的控制是令复合材料达到预定性能的一个关键步骤。在相界面区域上,纳米管和聚合物之间的强相互作用是利用了纳米管超高的杨氏模量和强度,而两者之间的弱键合作用会导致纳米管和聚合物之间的相界面区域上产生界面滑移,这有利于产生结构阻尼。因此,为了获得一种可调力学性能(即能从较硬的结构转变为具有优良性能的阻尼器)的复合结构,可通过改变纳米管和基质材料之间的原子间作用力来控制两者的结合状态。

两个原子间的作用力如图 12.27 所示,从图中可见,原子间作用力和距离的关系曲线上有两个特征区域。第一个区域被称为"接触模式",具体表现为曲线开始阶段有一个很陡的斜坡,即原子间作用力急剧增大。第二个区域为"非接触区域",此区域内原子间作用力随着两个原子之间的间距的增大而减小,当间距增大到一定程度后,原子间作用力会趋向于零。通过改变"最大原子间作用力区域"(或称为"刚度转变区域")内两个微粒之间的距离,即可调整纳米材料在复合材料整体性能中所扮演的角色。这种现象称为纳米材料对聚合物基体材料的约束效应。若聚合物部分和纳米材料之间的距离越大,则整体材料结构表现得越松弛,这会令聚合物部分所受的约束减小,所形成的相界面区域也变得更小(Salehi – Khojin,Zhong,2007a,b)。然而,若纳米材料和基体材料之间的间距越小,则聚合物会受到更大的约束,结构也变得更稳固,两者之间的相界面区域也变得更大。

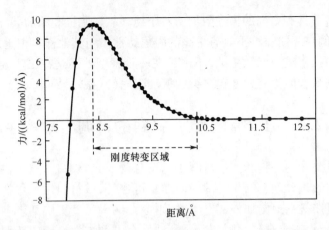

图 12.27　两个原子之间的作用力变化示意图和 BNNT - PVDF 复合物刚度转变区域图示

　　为了能在任意两个层级间控制相界面区域,我们选择压电聚合物材料,如混入纳米管进行结构加强的聚偏二氟乙烯(PVDF)材料。在外部电场的作用下,根据电场的大小和方向,PVDF 会在径向发生极化,并令聚合物分子中带正电和带负电的部分对齐。在之前的研究中(Salehi - Khojin,Jalili 2008a),将 PVDF 基体材料的模型看作是一个在电负载作用下的圆形压电管,并得到了基体材料径向位移和所施加电场之间关系的解析解。这在理论上表明,可通过施加相应的电场来控制纳米管与基体分子之间的距离。此概念的示意图如图 12.28 所示,假设纳米管与基体之间的初始距离为 δ,通过施加外部电场,根据电场方向的不同,纳米管与基体

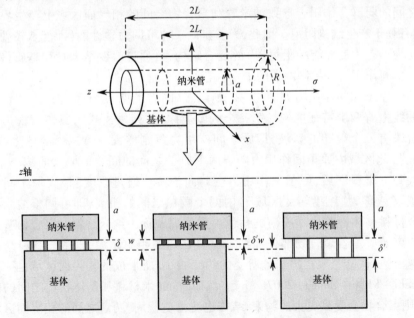

图 12.28　(顶部)纳米管复合物体积元示意图及(底部)聚合物基体的径向位移示意图

之间的距离会增大或减小(与初始距离相比)。因此,在"刚度转变区域"内,通过施加相应的电场可以调整纳米管与PVDF分子相邻层间的原子力;通过调整两者之间的距离可以控制传递到纳米管上的载荷大小。

12.4.2　纳米管复合材料的分子动力学仿真

此处利用分子动力学(MD)仿真技术来研究PVDF聚合物层和单壁碳纳米管(SWCNT)或氮化硼纳米管(BNNT)层之间所产生的分子能级的变化,以及两个模拟层之间的间距所产生的效应。在进行分子动力学仿真系列实验中,假定SWCNT和BNNT具有对称(6,6)的手性(手征性,即空间的螺旋特性)。也可以扩展研究具有不同手性的SWCNT与MWCNT(多壁碳纳米管)和PVDF层之间所产生的能量。在研究中,将一层已制备好的SWCNT或BNNT放置在离PVDF分子链层一定距离的位置上,并将这两层平行放置,这样两者分子结构的方向轴则具有相同的方向。在保持每个分子结构不变的情况下,通过改变SWCNT或BNNT层与PVDF分子链层之间的距离构造出几个模拟单元。图12.29表示的是所构造的几种分子层级的模拟单元,各个单元中的SWCNT和PVDF层之间具有不同的间距;类似地,图12.30描述的是具有不同间距的BNN – PVDF层模拟单元(Salehi – Khojin, et al. 2009a)。

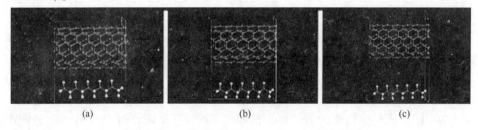

图12.29　不同间距的SWCNT – PVDF分子层
(a)8.14Å;(b)10.14Å;(c)12.14Å。

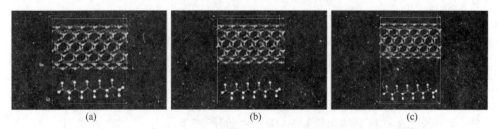

图12.30　不同间距的BNNT – PVDF分子层
(a)8.14Å;(b)10.14Å;(c)12.14Å。

假设PVDF和纳米管链的长度相等(13.542Å),且认为周期性边界条件对单元的每个侧面都是有效的。因此,可以假设模型包含了延伸部分,其中CNT或BNNT链也是布置在PVDF层旁边。所有的仿真都是在常温下进行的(298.15K)。

此系统的势能可根据势能关系进行计算(Dauber – Osguthorpe, et al. 1988),其一般形式定义为

$$E_{total} = E_{valence} + E_{crossterm} + E_{nonbond} \tag{12.5}$$

系统总势能函数包括价键作用项、交叉作用项、非键合作用项。其中价键作用项包含键伸缩势能项、键角弯曲势能项、双面角扭曲势能项、离平面振动势能项和 Urey – Bradley 项,具体表达式为

$$E_{valence} = E_{bond} + E_{angle} + E_{torsion} + E_{opp} + E_{UB} \tag{12.6}$$

交叉作用势能项包含了由周围原子引起的键长和键角的变化,其定义为

$$E_{crossterm} = E_{bond-bond} + E_{bond-angle} + E_{angle-angle} + E_{end\_bond-torsion}$$
$$+ E_{middle\_bond-torsion} + E_{angle-torsion} + E_{angle-angle-torsion} \tag{12.7}$$

式中:$E_{bond-bond}$ 为相邻两个键之间的伸缩 – 伸缩作用;$E_{bond-angle}$ 为两键夹角(键角)和其中一个键之间的伸缩 – 弯曲作用;$E_{bond-angle}$ 表示以同一个原子为顶点的两键之间的弯曲 – 弯曲作用;$E_{end\_bond-torsion}$ 表示一个双面角(二面角)和其中一个末端键之间的伸缩 – 扭转作用;$E_{middle\_bond-torsion}$ 表示一个双面角和它的中部键之间的伸缩 – 扭转作用;$E_{angle-torsion}$ 表示一个双面角和它的键角之间的弯曲 – 扭转作用;$E_{angle-angle-torsion}$ 表示一个双面角和它的两个键角之间的弯曲 – 弯曲 – 扭转作用 (Salehi – Khojin, et al. 2009a)。

非键合原子之间的作用项包含范德华势能和库仑静电势能,表达式为

$$E_{nonbond} = E_{vdW} + E_{Columb} \tag{12.8}$$

每一个势能项的具体公式可以在(Salehi – Khojin, et al. 2009a)中找到。

基于以上所构建出来的分子层面的模型单元,下面则可针对具有不同轴间距的 PVDF - 纳米管进行一系列能量计算。值得一提的是,当温度变化时,每个分子结构中非键合原子之间产生的能量会影响键合原子,并且会导致分子链产生轻微的形变。因此,为了在仿真中包含这些微小的效应,允许 PVDF 和纳米管结构中的键合原子在有限范围内运动,但是两个分子结构的间距是保持不变的。这样就使得每个分子结构可以在有限范围内伸缩,这同样有助于能量预测模型更加符合实际。

力函数是势能函数的负梯度。因此,利用对应的能量方程,可以计算出具有不同轴间距的复合材料中纳米管和 PVDF 层之间所产生的力,具体表达式为

$$F(r) = -\sum_i \sum_{j>i} \nabla E_{ij} = -\sum_i \sum_{j>i} \frac{d}{dr} E_{ij} r \tag{12.9}$$

式中:$F(r)$ 是由势能所产生的力;r 为原子间的距离向量。基于以上建立的模型则可研究包含 SWCNT(或 BNNT)和 PVDF 的复合材料的刚度(其结构是基于调整纳米管和 PVDF 层的间距来改变性能)。

12.4.3　纳米管复合材料的连续弹性体模型

此处使用一个三维弹性固体模型来研究纳米复合材料的等效体积单元结构，如图 12.28 所示(Salehi – Khojin, et al. 2009a)。具体的建模过程参考 Salehi – Khojin 等(2009a)，此处只展示基于此连续模型得到的最终结果，此模型能够增强前一节的分子动力学(MD)模型，从而得到一个综合的模型。

我们定义 $g(\delta')$ 为纳米管外层到基体内层的位移率(即相界面区域的非等应变条件)，其中 δ' 表示施加热场和电场后基体所产生的径向位移(图 12.28)。为了得到 $g(\delta')$ 的近似解，将纳米管和基体建模成一组同心圆柱壳，相邻两层之间存在范德华作用。显然，较强的相互作用会产生较大的 $g(\delta')$ 值，反之则产生较小的 $g(\delta')$ 值。通过对比 $g(\delta')$ 的趋势和非接触模式下的原子间作用力(图 12.27 和图 12.28)，并将其看作是一个关于间距的函数，则得到如下表达式，即

$$g(\delta') \propto \frac{F_{in}(r)_{r \geqslant r_{F\max}}}{F_{in}(r)_{r = r_{F\max}}} \tag{12.10}$$

式中：F_{in} 是通过分子动力学仿真得到的纳米管与基体之间的原子间作用力。因为当间距 $r = r_{F\max}$ 时，两个原子间的吸引力达到最大值，故在此位置可得到两个原子间的最大相对位移。随着两个原子间距离的进一步增加，两者之间的吸引力和相对位移会相应地减小，当距离增加到一定程度后，吸引力和相对位移会接近零。

到目前为止，我们已经阐述了外加电场和间距对纳米管外层与基体内层之间的位移率的影响，这可以通过分子动力学仿真得到。同时表明，通过将分子动力学仿真结果添加到连续弹性体模型中，可以量化从基体传递到纳米管的载荷。下面我们将在两种类型的纳米管上进行这种相互作用，以验证所提出方法的可行性，即通过操控相界面区域来实现具有可调力学参数的下一代纳米复合材料。

12.4.4　纳米管复合材料的数值仿真结果和讨论

图 12.31 为 BNNT – PVDF 和 CNT – PVDF 两种材料内部分子相互作用的分子动力学仿真结果。从图中可见，在"非接触区域"的一小段内，与 PVDF – CNT 相比 BNNT 和 PVDF 之间具有更强的键合作用。例如，当间距为 8.37Å 时，BNNT 和 PVDF 之间的原子间力为 9.38(cal/mol)/Å，这大约是 CNT – PVDF 之间的原子间力的两倍。随着间距的增加，两种分子间的作用力减小，从图中可见，BNNT – PVDF 的力曲线的下降速率比 CNT – PVDF 的高很多。然而，当到达临界距离 9.22Å 后，BNNT 和 PVDF 之间的键合作用则会比 PVDF – CNT 的弱。从图中可见，当间距为 10.3Å 时，CNT – PVDF 的原子间力为 1.5(cal/mol)/Å，而 BNNT – PVDF 的则为 0.085(cal/mol)/Å。从仿真结果可以看出，与 CNT – PVDF 的结合相比，BNNT 和 PVDF 基体之间的结合强度对间距更加敏感。

基于连续模型(Salehi – Khojin, et al. 2009a)和分子动力学仿真，则可得到在

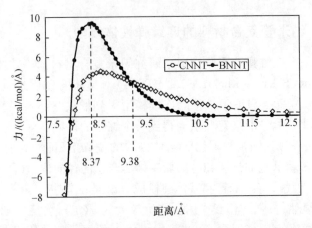

图 12.31 SWCNT – PVDF 与 BNNT – PVDF 复合物原子间力的示意图

电载荷作用下的纳米管 PVDF 复合材料的轴向应变和剪切应变的数值仿真结果。因为在径向施加电场更符合实际也更加有利,故此处给出的结果是基于径向电场的,此处的研究不考虑轴向的电载荷。此外,在数值仿真中并没有考虑热载荷。此处所研究的纳米管的物理参数如下:$L_t = 135\text{nm}$, $a = 12.3\text{nm}$, $C_{55} = 2.64\text{GPa}$, $C_{33} = 1\text{TPa}$, $v = 0.34$。PVDF 基体材料的参数如下:$C_{11} = C_{22} = C_{33} = 8\text{GPa}$, $C_{12} = C_{13} = C_{23} = 4.4\text{GPa}$, $C_{55} = 1.8\text{GPa}$(C_{ij}表示材料刚度矩阵中的元素), $d_{13} = 23 \times 10^{-12}\text{m/V}$。

图 12.32 显示了具有不同间距的 CNT – PVDF 和 BNNT – PVDF 中,纳米管长度方向上的平均轴向正应力的分布。结果表明,轴向正应力的最大值出现在纳米管的中部,而最小值出现在纳米管两端。随着纳米管与基体距离的增加,纳米管中的正应力相应减少。这表明,当间距较大时,纳米管对复合材料整体性能的影响就变小了。

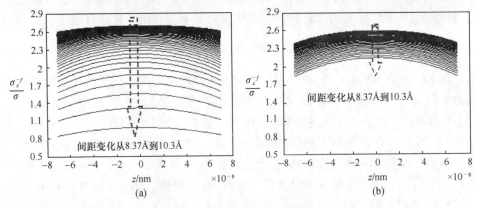

图 12.32 不同间距的 BNNT – PVDF(a)和 CNT – PVDF(b)中纳米管
内沿纳米管长度方向的平均轴向正应力的分布

对比 BNNT 复合材料和 CNT 复合材料可以发现,当施加同样的外部载荷时(即电场),与 CNT 相比 BNNT 能够在更大的范围内产生轴向正应力。当间距较小时,相界面的结合力是足够将两种物质结合在一起的,且小间距时从基体传递到纳米管的载荷表现出了相似的大小和趋势。然而,当间距较大时,BNNT 和 PVDF 之间的原子间力趋向于零的速度明显比 CNT – PVDF 快。例如,当间距为 10.3Å 时,CNT – PVDF 间的原子间力比 BNNP – PVDF 的大 18 倍。因此,当相界面区域的间距较大时,BNNT 复合材料中发生滑移的速度比 CNT 复合材料快。基体材料中的平均轴向正应力则变现出相反的趋势(图 12.33),即随着间距的增加,基体材料中的轴向应力也随之增加。

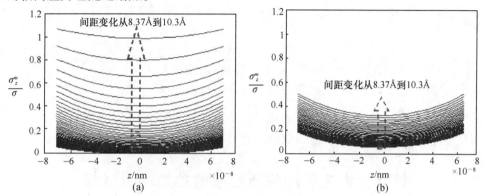

图 12.33 不同间距的 BNNT – PVDF(a)和 CNT – PVDF(b)中
基体材料内沿纳米管长度方向的平均轴向正应力的分布

纳米管外层中剪切应力的变化如图 12.34 所示。如图所示,剪切应力的最大值出现在纳米管两端,纳米管中间的剪切应力则为零。随着间距的增加,沿纳米管长度方面的剪切应力会减小,而基体材料内层的剪切应力则表现出相反的趋势。从图 12.35 可见,BNNT 复合材料中剪切应力的变化范围比 CNT 复合材料的大得多。此特性会令 BNNT 和基体材料之间产生一个更大范围的摩擦力,这有利于产生粘滑运动。因此,可得出结论,当施加外部电场时,添加 BNNT 进行加强的复合

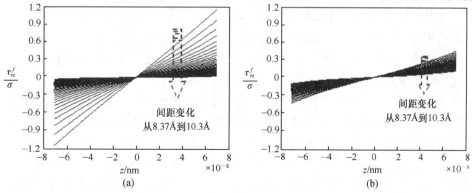

图 12.34 不同间距的 BNNT – PVDF(a)和 CNT – PVDF(b)的
纳米管外层中的剪切应力变化

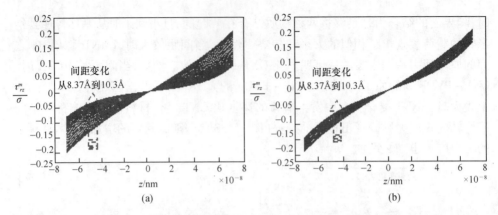

图 12.35 不同间距的 BNNT – PVDF(a)和 CNT – PVDF(b)的
基体材料内层中的剪切应力变化

材料结构对相界面区域的特性更为敏感。故与 CNT 复合物相比,BNNT 复合材料具有更好的可调力学性能,即可从较硬的结构转变为具有优良性能的阻尼器。

12.5 由电子织物所组成的功能纳米材料

随着技术的进一步提高和不同领域需求的产生,如民用消费领域、军事领域和海军方面等,纺织工业正把重心转移到研发新一代织物,其不仅能满足传统需求,还具备许多其他的功能。顺着这个思路,本节将简要介绍利用碳纳米管复合材料来制造功能织物(此处称为电子织物或简称 e – textile)。

12.5.1 电子织物的概念

1989 年至 1991 年,碳纳米管被突破性地发现,随着其神奇的特性被逐渐发掘出来,令全球范围内的很多科学家把他们研究的重点放到了这些迷人的纳米结构上。本节所提出的电子织物研究领域主要是由以下发现所推动的,即在充电状态下的纳米管中发现了化学键的伸长(纳米管中的压电效应)。另一方面,纺织工业已经具备强大的能力,其能将天然的或人造的细丝加工成纱线和织物,这些产品能满足的物理参数范围很宽,故其加工工艺得以长久地生存下来,且能满足一些特殊应用环境的要求。因此,纳米材料织物能够成为一项推动宏观织物在相关领域应用的技术,如能量收集、阻尼减振、压力传感器和薄膜结构的形状修正等。

从前面部分的不同应用案例中可见,在聚合物溶液中添加碳纳米管,能够显著增强传感器感知应变的能力(Laxminarayana,Jalili 2005)。这种电能和机械能之间的正逆转换为新一代智能织物的开发提供了一个平台,这种织物可应用在薄膜结构,分布式形状调整和能量收集等领域。最近,研究人员开发了一种自动电纺丝工艺,它可将碳纳米管复合物加工成功能织物(Hiremath,Jalili 2006)。为了理解碳纳米管织物的基本特性和添加纳米管进行结构加强的物理机理,则需要更加可靠的操纵工具和表征手段。

12.5.2 基于碳纳米管复合材料的无纺织物的制造

使用电纺丝技术制造纳米级复合纤维的完整过程可分为以下两个主要步骤:制备碳纳米管和聚合物的混合溶液;用电纺丝技术处理聚合物溶液从而生成纳米纤维。

聚合物/纳米管溶液的制备:在所有实验中,使用聚偏二氟乙烯和三氟乙烯的共聚物(P(VDF – TrFE))并利用湿膜铸造法制造压电传感器。之所以选择这种共聚物来制造这些新型传感器的主要原因是它具有很好的热稳定性,且它具有压电特性,这对于应变传感应用来说是非常理想的选择。制备复合物溶液(碳纳米管分散在聚合物中)并随后利用电纺丝法将其加工成无纺织物的整个过程可分为以下三个子过程。

纳米管的分散:此阶段包含了碳纳米管在溶剂中的溶解和分散(这里使用的溶剂为 N,N – 二甲基甲酰胺 DMF),这样做的目的是为了充分打散纳米管,以防止其黏结在一起形成块状物。该方案进一步使用一个机械探头超声波发生器(Branson 超声波破碎仪),它能在超声频率下振动,从而有效地分散纳米管。实验中,准备了不同的碳纳米管溶液(碳纳米管的质量分数不同):0.01wt% CNT;0.02wt% CNT;0.035wt% CNT;0.05wt% CNT。

聚合物的溶解:将聚合物溶解在合适的有机溶剂中(二甲基甲酰胺 DMF)。使用天平秤称取特定数量的聚合物(此处为 2g),将其添加到一定数量的有机溶剂中(6mL DMF),这样就实现了预定要求的聚合物含重比。此混合过程在一个密闭的容器中进行(为了防止 DMF 蒸发),过程中进行搅拌并持续一段时间直至聚合物均匀地溶解到溶剂中。

聚合物溶液与纳米管溶液的混合:这是溶液制备过程中的最后一个步骤,此步骤主要是将前两步制备的溶液进行彻底的混合,从而得到所需的溶液,该溶液中的纳米管很好地混合到了聚合物中。

聚合物溶液的电纺丝:电纺丝技术发明于 20 世纪 30 年代,它是一个静电过程,其已经被广泛应用于从大量的聚合物中抽离出纳米纤维。因为电纺丝技术能够产生超小直径的纤维,故认为其是一种能有效地混合 CNTs 和聚合物的技术方案(Seoul,et al. 2003;Ko,et al. 2003)。当前的任务是,利用电纺丝技术来处理已经制备好的聚合物/CNT 溶液,从而制成纳米纤维。为此,将制备好的聚合物溶液装到一个注射器中,该注射器的末端有一个细针(图 12.36(a))。接着将注射器与一个注射泵(Harvard PHD 22/2000)连接,利用注射泵将聚合物/CNT 溶液推进到针的边缘并形成一个半球形的区域。整套泵和注射器装置被放置在一个平台上,该平台能在轴和轴两个方向上运动(其中 z 轴为喷射方向,x 轴则是 z 轴的法线方向）。整个平台由一台步长很小的步进电机所驱动,平台在两个轴上的运动范围为 15cm(图 12.36(b))。这个平台被用于控制喷嘴和集电屏在 z 轴方向上的距离,并通过在 x 轴方向上移动平台来保证集电屏能收集到均匀的纤维。使用高压直流电源(Glassman 高压直流电源,它能产生 85kV,3.5mA 的直流电)在聚合物溶液中施加一个很强的直流电压,而距离针边缘一定距离的集电屏则是接地的。根据静电纺丝过程的原理,从聚合物/CNT 溶液中抽出来的纤维最终会沉积在接地的集电屏上,从而形成一块由纳米复合材料构成的无纺织物。

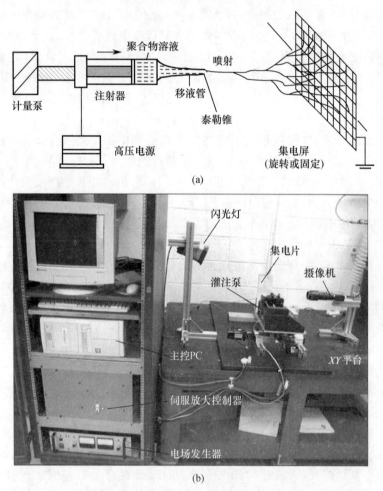

图 12.36　静电纺丝的工作原理(a)及自动化的电纺丝设备和系统界面(b)

　　实验中使用一台 CCD 摄像机来捕捉喷射过程中的图像,摄像机的对焦线垂直于喷射轴的长度方向。从 CCD 摄像机得到的射流形成图像可以看到,射流在鞭状喷射部分表现出多个分段的喷射,而其在线性部分则变现出连续的喷射。因此,一台简单的 CCD 摄像机就能满足实验的需求。摄像机是固定在平台上的,它的视角相对于移液管尖端是固定不动的。所采集到的图像被导入到计算机中,并使用一个帧捕捉卡对其进行处理和分析。

利用电纺丝技术可将纯聚合物溶液和掺入纳米管的聚合物溶液加工成各种无纺复合材料织物。针尖和接地的电极板之间的距离为7cm,并在两者之间施加一个20kV的高压。静电纺丝的过程会持续一定的时间,直到所产生的无纺织物的厚度达到所需要求。在所有实验中,静电纺丝薄膜的厚度为5μm。图12.37(a)和(b)是按照上述条件所纺出的纤维的扫描电镜成像图,而图12.37(c)和(d)则是从摄像机获取到的图像,它们显示了纳米纤维是如何随着时间层叠起来的。

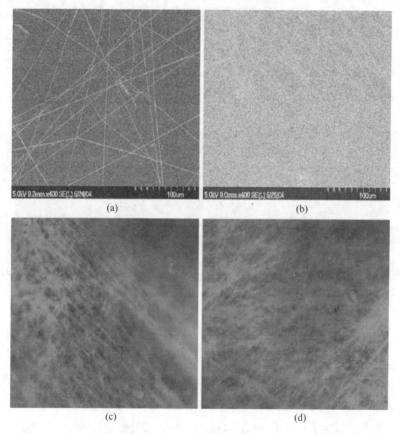

图12.37 (a)和(b)由普通共聚物溶液通过静电纺丝所制成的纤维的扫描电镜成像图,(c)和(d)是从摄像机获取到的图像,展示了织物厚度随着时间的推移而增加

12.5.3 碳纳米管织物传感器的实验表征

如前所述,利用电纺丝技术可将聚合物加工成很薄的织物,其具有压电特性,但是其被用作应变传感器之前需对其特性进行进一步的实验表征。所进行的特性表征包含以下三个部分:加工无纺织物;对无纺织物进行特性表征以及下面所描述

的实验结果。

利用电纺丝技术加工无纺纤维的过程：如前面第 6 章中所述，压电材料会经历一个叫做极化的过程，此过程通过在电极上施加高压实现。从本质上来说，施加高电压会使材料内部的偶极子对齐，且偶极子的定向度（排列整齐的程度）与所施加的电场强度的大小成正比。在极化过程的末尾会移除电场，这会使偶极子的对齐性产生一个标称损失。然而，偶极子在相当程度上还是保持对齐的，故材料中的压电特性得以保留。正因为这些织物具有压电特性，故在其上施加机械应变时，两个电极之间会产生电压。

为了对由静电纺丝工艺制成的薄膜做极化处理，在电极的背面粘上薄铜片，并把导线焊到铜片上。在样本上施加一个高压电源（EMCO），其最大能产生 2kV 的电压，所施加的高电压会从电极表面穿越样本薄膜。此极化过程一般要进行 4～5h，直到薄膜具备感应机械应变的能力，即当它感知到应变时会在两个电极之间产生一个电位差（Laxminarayana，Jalili 2005）。图 12.38 展示了一些最近通过此方法所制备的传感器。

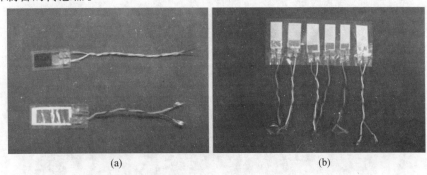

(a)   (b)

图 12.38　普通共聚物制成的电纺传感器样本（下）和 MWNTs 传感器（上）（a）及
分布式传感和驱动应用案例中的织物传感器的排列（b）

表征由静电纺丝技术制成的无纺织物：下面对所制备的传感器进行测试，这是为了表征和研究添加碳纳米对应变传感特性的影响。图 12.39 展示了织物传感器的原型和用于进行振动测试的实验装置（Laxminarayana，Jalili 2005；Jalili，et al. 2005）。该装置包含了一个压电作动器，此处把它当做悬臂梁使用。通过一层很薄的环氧树脂将电纺丝薄膜和压电作动器黏接在一起，黏接过程包括了树脂的固化和定型，需要持续 2h 左右。实验装置通过一块 DSP 板子（型号：DS1104，由 dSPACE®公司提供）与计算机连接。将 Matlab/Simulink 软件与 ControlDesk®（DSP 板子的驱动程序）连接，这样就能与实验设备进行通信。ControlDesk®配备了一个交互式的虚拟仪器面板，这样就能模拟控制真实硬件的感觉，它还能清晰地采集数据。此处使用一个增益为 30V/V 的功率放大器驱动压电作动器，因为 DSP 板子所发送和接收的信号的最大电压值为 10V。

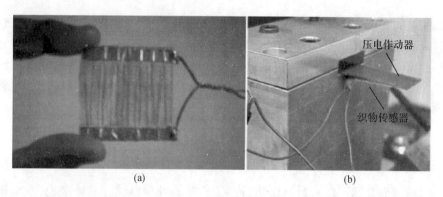

(a)　　　　　　　　　　　　　(b)

图 12.39　织物传感器的原型(a)及用于进行碳纳米管织物传感器特性表征的实验装置(b)

　　实验中通过施加一个特定幅值和频率的正弦信号电压来驱动 PZT 梁。梁的形变则会传递到与其牢牢贴合在一起的电纺丝压电传感器上。因为压电效应的作用,传感器中产生的应变会使两个电极之间产生一个电压,利用 DSP 板子的 A/D 通道可读取电压信号。然后对各种类型的传感器(不含纳米管的传感器以及各种不同含重比的纳米管传感器)进行同样的实验测试,这些传感器是利用静电纺丝工艺制成的。

　　实验结果:图 12.40 对比了含有纳米管的传感器和不含纳米管的传感器的实验结果。此图的实验结果是通过在 PZT 薄膜上施加一个幅值为 160V 频率为 175 rad/s 的驱动电压信号得到的(Laxminarayana,Jalili 2005)。普通共聚物传感器产生的电压为 2.4mV,而使用含 0.01% 纳米管的复合物传感器所产生的响应电压大

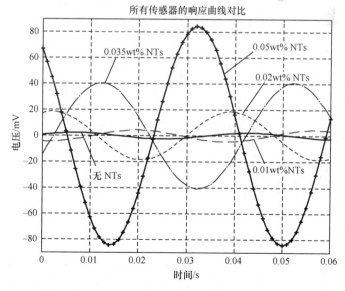

图 12.40　在幅值为 160V、频率为 175rad/s 的激励信号作用下,普通共聚物传感器和具有不同碳纳米管质量分数(含量)的碳纳米管复合材料传感器的响应对比

约是前者的 2 倍。从实验结果中可以看出,随着加入聚合物溶液中的碳纳米管数量的增加,材料的应变传感性能的提升程度也会随之增加。当把碳纳米管在复合物种的比例提升到 0.05% 时,传感器所产生的响应也急剧增大,其响应电压约为普通共聚物传感器的 35 倍。由此可见,在聚合物溶液中添加碳纳米管能够显著增强传感器的应变传感能力(Jalili,et al. 2005)。

总　　结

本章简要介绍了纳米材料作动器和传感器的发展概述。具体来说,本章描述了纳米管的压电特性并扩展到基于纳米管的压电传感器和作动器。研究人员发现利用纳米管复合材料使结构阻尼变得成为可能。作为新一代纳米材料传感器和作动器的发展方向,我们对具有可调力学特性的压电纳米复合材料做了讨论。本章还证明了通过施加外部电压来控制纳米管和主基体之间的相界面区域,从而可以有选择性地改变材料内部的原子力。因此,就产生一种纳米复合物结构,其具备可调力学性能,即可以从一个柔软的阻尼器结构转变一个具有较硬刚度的结构。本章的最后一部分是关于纳米材料传感器和作动器的应用,这里简要介绍和讨论了由功能纳米材料所构成的电子织物的概念。

附录 A

数 学 基 础

A.1　预备知识和定义

函数的 2 – 范数和 ∞ – 范数：函数的 2 – 范数 $f(t) \in \mathbf{R}$，作用在区间 $(0, \infty)$ 上，定义为

$$\| f(t) \|_2 = \sqrt{\int_0^\infty f^2(\tau) \mathrm{d}\tau} \tag{A.1}$$

函数的 ∞ – 范数定义为

$$\| f(t) \|_\infty = \sup_t | f(t) | \tag{A.2}$$

如果 2 – 范数是有界的，即 $\| f(t) \|_2 < \infty$，且函数 $f(t)$ 属于子空间 L_2，此空间包含所有可能的函数，此关系可表示为 $f(t) \in L_2$。同样地，如果 ∞ – 范数是有界的，即

373

$\| f(t) \|_{\infty} < \infty$，且函数 $f(t)$ 属于子空间 L_{∞}（此空间包含所有可能的函数），这可以表示为 $f(t) \in L_{\infty}$。

局部正定函数：对一个标量函数 $V(x)$ 而言，若 $V(0) = 0$，且当 $x \neq 0$ 时 $V(x) > 0$，则称此函数是局部正定的。

全局正定函数：对一个标量函数 $V(x)$ 而言，若 $V(0) = 0$，且在整个状态空间中 $V(x) > 0$，则称此函数是全局正定的。

李雅普诺夫函数：如果 $V(x)$ 是局部正定的，且在 $\dot{x} = f(x)$ 的任意轨迹方向上有 $\dot{V}(x) \leq 0$[1]，则称 $V(x)$ 是动力学系统 $\dot{x} = f(x)$ 的一个李雅普诺夫函数。

径向无界函数：当 $\| x \| \to \infty$ 时，$V(x) \to \infty$，则称标量函数 $V(x)$ 是径向无界的，这里 $\| \ \|$ 表示标准的欧几里得范数，x 的定义为 $\| x \| = \sqrt{x_1^2 + x_2^2 + \cdots + x_n^2}$

不变集：对于动力学系统 $\dot{x} = f(x)$ 而言，若它从集合 G 内一个点出发的每一条系统轨迹随着时间的推移依旧保持在集合 G 的范围内，则称集合 G 是系统的一个不变集。

自治和非自治系统（函数），时间变量 t 并没有明确地出现在运动控制方程中，即 $\dot{x} = f(x)$ 是一个自治系统，而 $\dot{x} = f(x, t)$ 是一个非自治系统。

分部积分法：如果 $u(x)$ 和 $v(x)$ 是两个关于标量变量 x 的连续可微函数，则有如下关系，即

$$\int_{x_1}^{x_2} u(x) \frac{\mathrm{d}}{\mathrm{d}x}(v(x)) \, \mathrm{d}x = u(x)v(x) \Big|_{x_1}^{x_2} - \int_{x_1}^{x_2} v(x) \frac{\mathrm{d}}{\mathrm{d}x}(u(x)) \, \mathrm{d}x \qquad (A.3)$$

全微分：$f = f(x, y, z)$ 是关于 3 个独立变量 x、y、z 的函数，f 的全微分定义为

$$\mathrm{d}f = \frac{\partial f}{\partial x}\mathrm{d}x + \frac{\partial f}{\partial y}\mathrm{d}y + \frac{\partial f}{\partial z}\mathrm{d}z \qquad (A.4)$$

梯度：梯度（Gradient）算子在笛卡儿坐标系中的定义为

$$\boldsymbol{\nabla} = \boldsymbol{i} \frac{\partial}{\partial x} + \boldsymbol{j} \frac{\partial}{\partial y} + \boldsymbol{k} \frac{\partial}{\partial z} \qquad (A.5)$$

例如，对标量函数 f 做梯度运算，则有

$$\boldsymbol{\nabla} f \triangleq \mathrm{grad}(f) = \left(\frac{\mathrm{d}f}{\mathrm{d}n} \right) \boldsymbol{n} \qquad (A.6)$$

式中：$\boldsymbol{n}$ 为函数 f 在状态空间中的单位法向量，如图 A.1 所示。因此，式（A.4）所定义的全微分用梯度算子可以改写为

$$\mathrm{d}f = \boldsymbol{\nabla} f \cdot \mathrm{d}r \qquad (A.7)$$

式中："$\cdot$" 表示向量的内积（点积），且 $\mathrm{d}n = \boldsymbol{n} \cdot \mathrm{d}r$。

散度定理：若 $\boldsymbol{F}$ 是一个定义在具有光滑和封闭边界体积 ∂V 的紧密空间 $V \in \mathbf{R}^3$ 中的连续可微向量

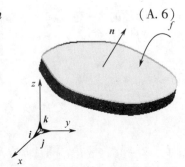

图 A.1　函数 f 的梯度

场,则有

$$\int_V (\ \nabla \cdot\ F)\,\mathrm{d}V = \oint_{\partial V} F \cdot n\mathrm{d}S \tag{A.8}$$

式中:n 为指向边界体积 ∂V 外侧的单位法向量。

线性化:如第 1 章所述,一个非线性动力学系统由一组非线性偏微分方程或常微分方程描述。为给出线性化方法并避免过于复杂,我们考虑一个非线性离散自治系统,其运动微分方程为

$$\dot{x}(t) = f(x(t)) \tag{A.9}$$

式中:$x \in \mathbf{R}^n$。利用泰勒级数展开,将式(A.9)改写为

$$\dot{x} = \left(\frac{\partial f}{\partial x}\right)\Big|_{x=0} x + \mathrm{HOT}^2 \tag{A.10}$$

式中:$\left(\dfrac{\partial f}{\partial x}\right)$ 代表雅可比矩阵,定义 $\left(\dfrac{\partial f}{\partial x}\right) = \{a_{ij}\}$,$a_{ij} = \dfrac{\partial f_i}{\partial x_j}$。

然后,系统动力学方程(A.9)的线性化模型可表示为

$$\dot{x} = Ax \tag{A.11}$$

其中

$$A = \left(\frac{\partial f}{\partial x}\right)\Big|_{x=0}$$

如果在非线性系统(A.9)中增加一些控制量 $u \in \mathbf{R}^m$(这对于本书中大部分主动振动控制系统而言是普遍存在的情况),有如下通式,即

$$\dot{x}(t) = f(x(t), u(t)) \tag{A.12}$$

用泰勒级数将式(A.12)展开,则有

$$\dot{x} = \left(\frac{\partial f}{\partial x}\right)\Big|_{x=0,u=0} x + \left(\frac{\partial f}{\partial u}\right)\Big|_{x=0,u=0} u + \mathrm{HOT} \tag{A.13}$$

与系统动力学方程(A.9)相似,线性化模型(A.12)可表示为

$$\dot{x} = Ax + Bu \tag{A.14}$$

式中:雅可比矩阵 A 与 B 定义为 $A = \left(\dfrac{\partial f}{\partial x}\right)\Big|_{x=0,u=0}$ 和 $B = \left(\dfrac{\partial f}{\partial u}\right)\Big|_{x=0,u=0}$。

A.2 指标记法与求和约定

如 1.1 节所述,智能结构一般包含一种或更多种活性材料,这些材料至少将两个不同的物理场耦合起来。这些耦合场需要一个合适的系统或坐标系来描述特征量并将它们联系起来,这些特征量会在构建智能结构的本构模型时被用到。另一方面,智能结构的物理参数需独立于任何坐标系或参考系。为了弥补这些相互冲突的要求,可用张量来表示这些特征量。一个张量的分量一旦在一个坐标系中被量化或被测出,则利用坐标变换可以很方便地在其他坐标系中对此张量进行描述。

因此,如果用张量来描述特征量,则它们对于被测量的参考系来说是不变的,此外它们还具有坐标信息。例如,E_3 表示电场 E 在第三个方向上的分量。值得注意的是:标量是零阶张量,向量是一阶张量,矩阵则是二阶张量。指标记法是描述张量的最好方法,下面对其做简要介绍。

A.2.1 指标记法约定

在这个记法中会引入两种类型的指标,即范围(自由)指标与求和(哑)指标。范围指标在方程的两边只出现一次,而求和指标在方程中出现两次(但不会重复超过两次),它表示指标从 1 到 n 的求和,而在一个表达式中对不同求和指标的数量是没有限制的。一个表达式中若有两个求和指标则共有 n^2 项,有三个求和指标则有 n^3 项,若有 p 个求和指标则共有 n^p 项。

例 A.1 用求和公式扩展方程。

用指标记法扩展如下表达式,即

$$A = C_{rs}x_r x_s \quad (r,s = 1,2,3)$$

解:因为只有两个求和指标,则共有 $3^2 = 9$ 项,即

$$A = C_{r1}x_r x_1 + C_{r2}x_r x_2 + C_{r3}x_r x_3$$

$$= C_{11}x_1 x_1 + C_{21}x_2 x_1 + C_{31}x_3 x_1 + C_{12}x_1 x_2 + C_{22}x_2 x_2$$

$$+ C_{32}x_3 x_2 + C_{13}x_1 x_3 + C_{23}x_2 x_3 + C_{33}x_3 x_3$$

下面用一个例子来说明正确处理求和指标和范围指标的重要性。

例 A.2 在指标记法中正确处理求和指标。

将 $y_i = C_{ij}x_j$ 代入 $A = D_{ij}y_i x_j$。

解:如果只是简单地将 y_i 代入 A 中,而没有关注求和指标的使用规则,则得到 $A = D_{ij}C_{ij}x_j x_j$。这样的指标记法是不正确的,因为求和指标 j 出现的次数超过了两次。处理该代入的正确方式是使用一个新的求和指标 k 来代替求和指标 j,因为这是一个求和指标,它在表达式中会被重复使用,对指标做这样的处理并不会影响结果。因此,首先应将 $y_i = C_{ij}x_j$ 改为 $y_i = C_{ik}x_k$,然后将其代入得到最终的表达式 $A = D_{ij}C_{ik}x_k x_j$。这样一来,此表达式中求和指标重复的次数就不会超过两次。

A.2.2 克罗内克函数

克罗内克函数 δ_{ij} 定义为

$$\delta_{ij} = \begin{cases} 1 & (i = j) \\ 0 & (i \neq j) \end{cases} \tag{A.15}$$

克罗内克函数被广泛应用于弹性体运动微分方程的推导,特别是第 4 章和第 8 章中推导连续系统特征函数之间的正交关系。下面的例子展示了利用克罗内克

函数消除指标记法中"非对角线"项的作用。

例 A.3 在指标记法表达式中正确使用克罗内克函数。

化简 $A = \dfrac{\partial U_i}{\partial u_j}\delta_{ij}$，其中 $\boldsymbol{U} = \boldsymbol{U}(u_1, u_2, u_3)$，$\boldsymbol{U} = [U_1, U_2, U_3]$，且 $i, j = 1, 2, 3$。

解：

$$
\begin{aligned}
A &= \frac{\partial U_i}{\partial u_j}\delta_{ij} = \frac{\partial U_i}{\partial u_1}\delta_{i1} + \frac{\partial U_i}{\partial u_2}\delta_{i2} + \frac{\partial U_i}{\partial u_3}\delta_{i3} \\
&= \frac{\partial U_1}{\partial u_1}\delta_{11} + \frac{\partial U_2}{\partial u_1}\delta_{21} + \frac{\partial U_3}{\partial u_1}\delta_{31} + \frac{\partial U_1}{\partial u_2}\delta_{12} + \frac{\partial U_2}{\partial u_2}\delta_{22} + \frac{\partial U_3}{\partial u_2}\delta_{32} \\
&\quad + \frac{\partial U_1}{\partial u_3}\delta_{13} + \frac{\partial U_2}{\partial u_3}\delta_{23} + \frac{\partial U_3}{\partial u_3}\delta_{33}
\end{aligned}
$$

当 $i \neq j$ 时，$\delta_{ij} = 0$，则上式可化简为

$$
A = \frac{\partial U_1}{\partial u_1}\delta_{11} + \frac{\partial U_2}{\partial u_2}\delta_{22} + \frac{\partial U_3}{\partial u_3}\delta_{33} = \frac{\partial U_i}{\partial u_i}\delta_{ii} = \frac{\partial U_i}{\partial u_i}
$$

或

$$
A = \frac{\partial U_j}{\partial u_j}\delta_{ij} = \frac{\partial U_j}{\partial u_j}
$$

上面的例子揭示了一个重要结论：在一个指标记法表达式中，无论克罗内克函数出现在什么地方，同一项中变量的指标（即上例中的 i 和 j）是完全相同的（即上例中 $i = j$）。因此，利用上述发现，在所有 δ_{ij} 出现的项中通过简单地代入 $i = j$，可快速将表达式 $A = \dfrac{\partial U_i}{\partial u_j}\delta_{ij}$ 化简为 $A = \dfrac{\partial U_i}{\partial u_i}$。

A.3 平衡态与稳定性

A.3.1 平衡点或平衡态

当一个系统在未来任意时刻都没有外部输入的情况下，能够始终保持在一个状态，则称该系统处于"平衡状态"。在数学描述上，考虑如下自治动态系统，即

$$\dot{x} = f(x) \tag{A.16}$$

式中：$x \in \mathbf{R}^n$ 是一个系统状态向量；$f \in \mathbf{R}^n$ 是关于系统状态的一个非线性函数（其上点符号表示对时间变量 t 求导），若

$$f(x_e) = 0 \tag{A.17}$$

则 x_e 是平衡状态。

例 A.4 一个线性系统的平衡态。

考虑一个线性系统，其动态特性可表示为

$$\dot{x} = f(x) = Ax \tag{A.18}$$

式中:$A \in \mathbf{R}^{n \times n}$为系统参数矩阵。根据平衡态的定义,则有

$$Ax_e = 0 \qquad\qquad (\text{A. 19})$$

上式的解将决定所有的平衡态。根据 A 的性质,可能会遇到的以下几种情况。

（1）如果 A 是非奇异的（满秩或 $\det(A) \neq 0$），则此原点对该系统来说是"唯一"的平衡点。

（2）如果 A 是奇异的,则由 $Ax_e = 0$ 所定义的线性子空间对该系统来说是一个平衡区域。

例 A. 5　一个非线性系统的平衡态。

考虑如下非线性系统,即

$$\dot{x} = x^2 + r$$

式中:$x \in \mathbf{R}$ 且 r 是一个时不变参数。对于参数 r,考虑以下 3 种情况。

（1）$r < 0$。在此情况下,$\dot{x} = 0$ 有两个解 $x_e = \pm\sqrt{-r}$（$x_e^1 = +\sqrt{-r}$ 和 $x_e^2 = -\sqrt{-r}$），则系统有两个平衡点。

（2）$r = 0$。此时,从方程 $\dot{x} = 0$ 的解可知,系统在原点处有两个重叠的平衡点,即 $x_e^1 = 0$ 和 $x_e^2 = 0$。

（3）$r > 0$。这种情况下系统不存在平衡点。

A. 3. 2　稳定性的概念

对于动态稳定性存在两种不同的观点,即内部动态稳定性和外部动态稳定性。内部行为包括所有特征根和平衡态所产生的效应,因此它是一个动态系统的固有属性,而外部行为可能会受到输入信号类型的影响（如零极点相消）。若一个系统对于所有可能的初始条件,当 $t \to \infty$ 时,零输入响应（即对初始条件或扰动的响应）衰减到零,则该系统具有内部稳定性或渐进稳定性。在这种稳定性下,当扰动被撤去后,系统能回到其稳定状态。另一方面,当 $t \to \infty$ 时,对所有的有界输入而言,系统的零状态响应（即对外部输入的响应）是有界的,则该系统具有外部稳定性,或称为有界输入 - 有界输出（BIBO）稳定性。这种稳定性关注的问题是某种类型的输入是否能产生一个有界的输出。如果一个动态系统的特征根都在复平面的左半平面,那么从以上两个观点（内稳定性和外稳定性）来看该系统都是稳定的。

例 A. 6　从不同观点出发的动态稳定性。

考虑 3 个系统传递函数,即

$$T_1(s) = \frac{s+2}{(s+4)(s+6)}$$

$$T_2(s) = \frac{s-5}{(s-1)(s+3)}$$

$$T_3(s) = \frac{3(s-3)}{(s+1)(s-3)}$$

对于每一个系统,确定它们是内部稳定还是外部稳定或者不稳定。

解:系统 T_1 有两个稳定的极点($s_1 = -4, s_2 = -6$),此处没有零极点对消,因此该系统既是渐进稳定又是 BIBO 稳定。系统 T_2 有一个不稳定的极点($s_1 = 1$),此极点又不能被任何零点消掉,因此该系统既是渐进不稳定又是 BIBO 不稳定。系统 T_3 有一个不稳定的极点($s_1 = 3$),此极点可以被零点($z_1 = 3$)消去,因此该系统是渐进不稳定的,但它是 BIBO 稳定的。

由于 BIBO 稳定性主要取决于输入的类型,故它的稳定性分析和保证条件会随着不同的输入而改变。另一方面,内部稳定性是一个动态系统的固有属性,因此对其可进行更加结构化和系统化的分析。按照此思路,如果一个动态系统是内部稳定的,则它更有可能是 BIBO 稳定,我们下面将会为这种稳定性给出一些基本的定义和数学基础。下面给出的内容主要包括系统稳定性的定义及其特性。

稳定性:若系统满足

$$\forall R > 0, \quad \exists r > 0, \quad \| x(0) \| < r \Rightarrow \forall t \geq 0 \quad (\| x(t) \| < R) \tag{A. 20}$$

则平衡 $x_e = 0$ 态被称为是稳定的。从李雅普诺夫稳定性的角度来看,一个临界稳定点(例如,一个线性系统最右侧的特征根位于复平面的虚轴上)是稳定的。

渐进稳定性:若一个平衡点被称为渐进稳定,则首先它是稳定的(见定义式(A. 20)),并且

$$\exists r > 0, \quad \| x(0) \| < r \Rightarrow \lim_{t \to \infty} x(t) \to 0 \tag{A. 21}$$

指数稳定性:若一个平衡点是指数稳定的,则要满足如下条件,即

$$\exists \alpha, \beta > 0 \Rightarrow \forall t > 0, \quad \| x(t) \| < \alpha \| x(0) \| e^{-\beta t} \tag{A. 22}$$

式中:β 为指数收敛率。很明显,指数稳定意味着渐进稳定,而反之则不一定成立。

结构稳定性:对于一般的(非线性)动态系统,稳定性和平衡点的数量会随着系统参数或干扰类型的改变而改变。若一个动态系统被称为"结构稳定",则它需具备如下性能:当干扰信号发生微小变化时,系统性能(输出)只会产生微小的变化。若系统参数中存在一些点,在这些点处系统不是结构稳定的,则称这些点为"分叉点",因为在这些点上系统特性发生了分叉(Marquez 2003)。

以上简要介绍的关于稳定性和平衡点概念的内容将会在后面部分被用到,其将被用于建立一些非常重要和有效的稳定性分析工具。我们稍后将在第 8 章至第 10 章中讲述全面的稳定性分析会如何有助于设计和开发有效的控制律,这些控制律是用来控制各种主动振动控制系统中的压电驱动模块。

A. 4 基本稳定定理的简要概述

对于本书中所研究的复合系统(包含了控制对象、控制器、驱动器和传感器的动态系统)的稳定性分析,一般来说是非线性的(因为使用了主动控制器),且该稳

定性分析在控制器的设计开发中扮演了重要的角色。因此,本节会简要介绍一些有用的稳定性理论,这有助于进行振动控制系统(本书第 8 章至第 10 章的内容)的控制设计开发和闭环稳定性分析。为了简便起见,大部分引理和定理的证明在此省略,但是读者可在所列的参考文献中找到这些证明过程。

A. 4. 1 李雅普诺夫局部和全局稳定性定理

当对(非线性)系统进行稳定性分析时,李雅普诺夫稳定性准则是最具吸引力的稳定性分析工具之一。在学习稳定性准则前,有必要从局部和全局的角度对稳定性的定义进行分类。对于一个动态系统而言,当稳定性判据或特性适用于任何初始条件或稳定点时,则认为这种稳定性是全局的;否则,这种稳定性就是局部的。

李雅普诺夫线性稳定性:此稳定性关注的是局部稳定性,它源自下面的实际情况,即在考虑小范围内的运动时,一个非线性系统会表现得和其线性化模型类似(Slotine,Li 1991)。基于该理论,则存在以下 3 种可能的情况。

(1) 若线性化模型是严格稳定的,则原非线性系统的平衡点是渐近稳定的;

(2) 若线性化模型是不稳定的,则原非线性系统的平衡点也是不稳定的;

(3) 若线性化模型是临界稳定的,则无法评判原非线性系统平衡点的稳定性。

例 A. 7 对范德堡振荡器的李雅普诺夫线性稳定性分析。

实现范德堡振荡器的李雅普诺夫线性稳定

$$\ddot{y}(t) - \mu(1 - y^2(t))\dot{y}(t) + y(t) = 0, \quad (\mu \neq 1 = 常数 > 0)$$

解:令 $x_1 = y$,$x_2 = \dot{y}$,系统的状态转换关系可表示为

$$\dot{x}_1 = x_2$$

$$\dot{x}_2 = -x_1 + \mu(1 - x_1^2)x_2$$

显而易见,该系统的平衡点位于原点(同时令 $\dot{x}_1 = 0$,$\dot{x}_2 = 0$),即

$$(x_{1e}, x_{2e}) = (0, 0)$$

因此,利用泰勒级数展开可以得到该系统在平衡点附近的线性化模型,具体过程见 A.1 节。所得到的线性化模型为

$$\dot{z}_1 = z_2$$

$$\dot{z}_2 = -z_1 + \mu z_2$$

或者用矩阵的形式表示为

$$\dot{z} = Az$$

其中

$$A = \begin{pmatrix} 0 & 1 \\ -1 & \mu \end{pmatrix}$$

此线性系统的特征方程可从下式得到,即

$$\det(s\boldsymbol{I}-\boldsymbol{A})=0\Rightarrow s^2-\mu s+1=0$$

参数 μ 的值未知,这个参数决定了系统的稳定性。因为 $\mu>0$,则很容易看出方程具有正实数的特征根。因此,该系统在此平衡点(即原点)处的线性化模型是不稳定的。基于李雅普诺夫线性稳定性判据,则原非线性系统在原点处是不稳定的。然而,在本节的后面我们将看到原非线性系统对于大部分的初始条件来说是稳定的,除了那些从原点出发的初始条件。这表明了李雅普诺夫线性稳定性具有一些严重的局限性。

李雅普诺夫直接法:李雅普诺夫直接法的稳定性分析是基于所关注的动态系统的总能量。它和能量的耗散与产生直接相关。从我们的直觉出发去判断,若一个动态系统的能量是耗散的,则它自然是稳定的。若系统的机械能在增加,则相应的振荡或运动幅度是增加的,这样会导致系统的不稳定。另外,零能量状态对应的是平衡点。因此,可以通过检查一个标量函数的变化来判断一个动态系统是否稳定。这为后面讨论的所有李雅普诺夫稳定判据奠定了基础。

李雅普诺夫局部稳定性:假设 $V(\boldsymbol{x})$ 是一个连续可微的函数,代表动态系统 $\dot{\boldsymbol{x}}=f(\boldsymbol{x})$ 的总能量或类能量表达式。如果 $V(\boldsymbol{x})$ 是局部正定的(见 A.1 节),即

$$(1)\ V(\boldsymbol{0})=0,\quad (2)\ V(\boldsymbol{x})>0\ 在\ D-\{\boldsymbol{0}\}\ 的范围内 \tag{A.23}$$

当 $\boldsymbol{x}\in D-\{\boldsymbol{0}\}$ 时,若 $\dot{V}(\boldsymbol{x})\leqslant 0$,则平衡点 $\boldsymbol{x}=\boldsymbol{0}$ 是局部稳定的;当 $\boldsymbol{x}\in D-\{\boldsymbol{0}\}$ 时,若 $\dot{V}(\boldsymbol{x})<0$,则平衡点 $\boldsymbol{x}=\boldsymbol{0}$ 是局部渐进稳定的。

李雅普诺夫全局稳定性:在李雅普诺夫局部稳定的条件下,如果 $V(\boldsymbol{x})$ 是径向无界的(见 A.1 节关于函数无界性的定义),则平衡点 $\boldsymbol{x}=\boldsymbol{0}$ 是全局稳定的(如果 $\dot{V}(\boldsymbol{x})<0$,则平衡点是渐进稳定的)。

【备注 A.1】在本节定理中给出的平衡点一般取的是原点。然而,这并不会导致结果过于简单或引起结果的局限性。对于所给出的任意其他平衡点,只需对变量做一个简单的改变即可定义一个平衡点在原点的新系统。例如,若 $\boldsymbol{x}_e\neq 0$ 是系统 $\dot{\boldsymbol{x}}=f(\boldsymbol{x})$ 的一个平衡点,那么,变量 $\boldsymbol{y}=\boldsymbol{x}-\boldsymbol{x}_e$ 的改变将会产生一个新的系统 $f(\boldsymbol{x})=f(\boldsymbol{y}+\boldsymbol{x}_e)\triangleq g(\boldsymbol{y})$。因为 $g(\boldsymbol{0})=f(\boldsymbol{0}+\boldsymbol{x}_e)=f(\boldsymbol{x}_e)=\boldsymbol{0}$,则新的动态系统 $\dot{\boldsymbol{y}}=g(\boldsymbol{y})$ 的平衡点 $\boldsymbol{y}_e$ 是 $\boldsymbol{y}_e=\boldsymbol{0}$。

例 A.8 一个非线性机械振荡器的稳定性分析。

考虑如图 A.2 所示的机械振荡器,其上加载了一个额外的非线性库仑摩擦力 f_c。下面使用李雅普诺夫直接法讨论平衡点的稳定性。

解:系统的运动控制方程的形式为

$$m\ddot{x}+kx-f_c=0$$

设 $x_1=x,x_2=\dot{x}$,系统的状态转换关系可写为

$$\dot{x}_1=x_2,\quad \dot{x}_2=(-kx_1+f_c)/m$$

利用系统总能量和李雅普诺夫函数之间的一般关系,可选择李雅普诺夫候选函数

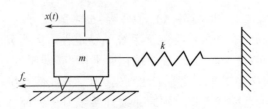

图 A.2 带有库仑摩擦力 f_c 的非线性机械振荡器

来表示系统总能量(动能与势能),即

$$V = \frac{1}{2}mx_2^2 + \frac{1}{2}kx_1^2$$

不难看出,此函数是一个正定函数,且满足李雅普诺夫直接法(式(A.23))的前两个特性。$V(\boldsymbol{x})$ 关于时间的导数为($\boldsymbol{x} = \{x_1, x_2\}^{\mathrm{T}}$)

$$\dot{V}(\boldsymbol{x}) = \begin{pmatrix} kx_1 & mx_2 \end{pmatrix}\begin{pmatrix} \dot{x}_1 \\ \dot{x}_2 \end{pmatrix} = \begin{pmatrix} kx_1 & mx_2 \end{pmatrix}\begin{pmatrix} x_2 \\ (-kx_1 + f_c)/m \end{pmatrix} = f_c x_2$$

由于库仑摩擦 f_c 总是与运动方向相反(质量块相对于地面的速度),$f_c x_2$ 总是负的(若 $x_2 = 0$ 则为零)。因此,$\dot{V}(\boldsymbol{x}) \leqslant 0$,表明该系统的平衡点是稳定的。此外,因为 $\dot{V}(\boldsymbol{x}) \leqslant 0$ 是径向无界的,所以系统是全局稳定的。然而,基于上述条件,尽管库仑摩擦力具有耗散的特性,但也无法判定系统是渐进稳定的。这个例子说明了李雅普诺夫直接法的一些局限性,此法在某些情况下无法揭示系统真正的稳定性。我们接下来将介绍如何处理这种情况,以揭示出系统真正的稳定特性。

A.4.2 局部和全局不变集定理

对于上述所有条件,$V(\boldsymbol{x})$ 被要求是正定函数(见式(A.23)),此外,为保证渐进稳定性必须令 $\dot{V}(\boldsymbol{x}) < 0$。从中可见,这些条件使得控制设计步骤变得过于复杂,我们最期望的是能消除这些条件或者放宽条件。为了弥补这个不足,我们提出下面的定理。

局部不变集定理(拉萨尔定理) 假设 $V(\boldsymbol{x})$ 是一个标量连续函数,且:

(1) 对一些 $\ell > 0$,由 $\boldsymbol{\Omega}_\ell = \{\boldsymbol{x}, V(\boldsymbol{x}) < \ell\}$ 定义的区域是有界的;

(2) 对于所有的 $\boldsymbol{x} \in \boldsymbol{\Omega}_\ell$,$\dot{V}(\boldsymbol{x}) \leqslant 0$(这使得 $\boldsymbol{\Omega}_\ell$ 是一个不变集);

(3) $M = \{\boldsymbol{x}, \boldsymbol{x} \in \boldsymbol{\Omega}_\ell, \dot{V}(\boldsymbol{x}) = 0\}$;

(4) N 是 M 中最大的不变集。

因此,当 $t \to \infty$ 时,每一个来自于 $\boldsymbol{\Omega}_\ell$ 的解都会趋向于朝着 N 渐进。

全局不变集定理 假设 $V(\boldsymbol{x})$ 是一个标量连续函数,且:

(1) $V(\boldsymbol{x})$ 是径向无界的(即当 $\| \boldsymbol{x} \| \to \infty$ 时,$V(\boldsymbol{x} \to \infty)$);

(2) 在整个状态空间中 $\dot{V}(\boldsymbol{x}) \leqslant 0$;

（3）$M = \{ x, x \in \Omega_\ell, \dot{V}(x) = 0 \}$；

（4）N 是 M 中最大的不变集。

当 $t \to \infty$ 时，所有解都会全局渐进收敛到 N。

从这两个定理可以看出，其中放宽了李雅普诺夫法的正定条件，允许使用一个类李雅普诺夫函数和多个平衡点来描述系统。

例 A.9 非线性机械振荡器的稳定性分析。

下面回顾例 A.8 的非线性机械振荡器，然后再次判定系统在平衡点处的稳定性。

解：如例 A.8 中所述，尽管库仑摩擦的耗散性质能证明稳定性，但无法证明系统是渐近稳定的。由例 A.8 可知 $\dot{V}(x) = f_c x_2$，故通过令 $\dot{V}(x) = 0$，可得到集合 M，该集合由 $x_2 = \dot{y} = 0$ 所定义（因为 $f_c \neq 0$），即 M 是相平面中的整条水平轴。为了证明平衡点的渐近稳定性，需要证明 M 中最大的不变集 N 是原点，这样就能利用拉萨尔定理的结果来证明当 $t \to \infty$ 时，$x(t) \to M$（或 0）。

为了证明这一点，反向假设集合 M 除了包含 x 轴上的原点，它还包含 x 轴上的非零点（$x \neq 0$）。另一方面，基于运动控制方程

$$\ddot{x} = -(k/m)x + f_c$$

从上式可知，一个非零状态量 x 会产生一个非零的加速度 $\ddot{x}$，这意味着轨迹将会脱离集合 M。这与集合 M 是一个不变集的事实是明显矛盾的，因为由不变集的定义可知，从集合内任意一点出发的轨迹必须在未来的所有时刻保持在该集合的区域内。因此，在集合 M 中最大的不变集是 $N = \{0\}$，当 $t \to \infty$ 时，每一个轨迹都会收敛到 0，即系统是渐近稳定的。又因为 $V(x)$ 是径向无界的，故平衡点是全局渐近稳定的。以上结果很明显符合对耗散系统的预期。

附 录 B

部分定理的证明

B.1　定理 9.1 的证明

选择下面的李雅普诺夫候选函数

$$\dot{V} = \frac{1}{2}\dot{\boldsymbol{\Delta}}^{\mathrm{T}}\boldsymbol{M}\dot{\boldsymbol{\Delta}} + \frac{1}{2}\boldsymbol{\Delta}^{\mathrm{T}}\boldsymbol{K}\boldsymbol{\Delta} + \frac{1}{2}k_p\Delta s^2 \tag{B.1}$$

求其关于时间的导数,同时考虑矩阵 $\boldsymbol{M}$ 和 $\boldsymbol{K}$ 的对称性,则有

$$\dot{V} = \dot{\boldsymbol{\Delta}}^{\mathrm{T}}(\boldsymbol{M}\ddot{\boldsymbol{\Delta}} + \boldsymbol{K}\boldsymbol{\Delta}) + k_p\dot{s}(t)\Delta s \tag{B.2}$$

将式(9.64)代入式(B.2),则有

$$\dot{V} = f(t)\dot{s}(t) + (\tau_1\dot{q}_1(t) + \tau_2\dot{q}_2(t))V_a(t) + k_p\dot{s}(t)\Delta s \tag{B.3}$$

通过代入压电片输入控制电压(式(9.68))和悬臂基底力(将式(9.67)代入式(B.3)),将李雅普诺夫函数的导数简化为

$$\dot{V} = -k_d\dot{s}^2(t) - k_v(\tau_1\dot{q}_1(t) + \tau_2\dot{q}_2(t))^2 \tag{B.4}$$

显然 $\dot{V}(t) \leqslant 0$,且 $V(t) \in L_\infty$。从式(B.1)可推出 $\dot{s}(t), \dot{q}_1(t), \dot{q}_2(t), q_1(t), q_2(t),$

Δs, $f(t)$ 和 $V(t) \in L_\infty$，从 (9.64) 可看出 $\ddot{s}(t)$，$\ddot{q}_1(t)$，$\ddot{q}_2(t) \in L_\infty$，故该系统中的所有信号都是有界的。将扩展的 Barbalat 引理(参考附录 A)代入式(B.4)中，则有

$$\lim_{t\to\infty}\dot{s}(t) = 0, \quad \lim_{t\to\infty}(\tau_1\dot{q}_1(t) + \tau_2\dot{q}_2(t)) = 0 \tag{B.5}$$

从式(9.63)解得 $\ddot{s}(t)$、$\ddot{q}_1(t)$、$\ddot{q}_2(t)$，并代入控制律式(9.67)和式(9.68)，则有

$$\ddot{s}(t) = \frac{1}{\psi_1}\left(\frac{k_{11}m_1}{m_{d1}} + \frac{k_{12}m_2}{m_{d2}}\right)q_1(t) + \frac{1}{\psi_1}\left(\frac{k_{12}m_1}{m_{d1}} + \frac{k_{22}m_2}{m_{d2}}\right)q_2(t)$$

$$+ \frac{\psi_2}{\psi_1}k_v(\tau_1\dot{q}_1(t) + \tau_2\dot{q}_2(t)) - \frac{1}{\psi_1}(k_p\Delta s + k_d\dot{s}(t)) \tag{B.6a}$$

$$\ddot{q}_1(t) = -k_v\frac{\tau_1}{m_{d1}}(\tau_1\dot{q}_1(t) + \tau_2\dot{q}_2(t)) - \frac{k_{11}}{m_{d1}}q_1(t) - \frac{k_{12}}{m_{d1}}q_2(t) - \frac{m_1}{m_{d1}}\ddot{s}(t)$$

$$\tag{B.6b}$$

$$\ddot{q}_2(t) = -k_v\frac{\tau_2}{m_{d2}}(\tau_1\dot{q}_1(t) + \tau_2\dot{q}_2(t)) - \frac{k_{12}}{m_{d2}}q_1(t) - \frac{k_{22}}{m_{d2}}q_2(t) - \frac{m_2}{m_{d2}}\ddot{s}(t)$$

$$\tag{B.6c}$$

其中

$$\psi_1 = \psi - \frac{m_1^2}{m_{d1}} - \frac{m_2^2}{m_{d2}}, \quad \psi_2 = \frac{m_1\tau_1}{m_{d1}} + \frac{m_2\tau_2}{m_{d2}} \tag{B.7}$$

求式(B.6)关于时间的导数，则有

$$\dddot{s}(t) = \frac{1}{\psi_1}\left(\frac{k_{11}m_1}{m_{d1}} + \frac{k_{12}m_2}{m_{d2}}\right)\dot{q}_1(t) + \frac{1}{\psi_1}\left(\frac{k_{12}m_1}{m_{d1}} + \frac{k_{22}m_2}{m_{d2}}\right)\dot{q}_2(t)$$

$$+ \frac{\psi_2}{\psi_1}k_v(\tau_1\ddot{q}_1(t) + \tau_2\ddot{q}_2(t)) - \frac{1}{\psi_1}(k_p\dot{s}(t) + k_d\ddot{s}(t)) \tag{B.8a}$$

$$\dddot{q}_1(t) = -k_v\frac{\tau_1}{m_{d1}}(\tau_1\ddot{q}_1(t) + \tau_2\ddot{q}_2(t)) - \frac{k_{11}}{m_{d1}}\dot{q}_1(t) - \frac{k_{12}}{m_{d1}}\dot{q}_2(t) - \frac{m_1}{m_{d1}}\dddot{s}(t)$$

$$\tag{B.8b}$$

$$\dddot{q}_2(t) = -k_v\frac{\tau_2}{m_{d2}}(\tau_1\ddot{q}_1(t) + \tau_2\ddot{q}_2(t)) - \frac{k_{12}}{m_{d2}}\dot{q}_1(t) - \frac{k_{22}}{m_{d2}}\dot{q}_2(t) - \frac{m_2}{m_{d2}}\dddot{s}(t)$$

$$\tag{B.8c}$$

从式(B.8)可见，$\dddot{s}(t)$，$\dddot{q}_1(t)$，$\dddot{q}_2(t) \in L_\infty$。求等式(B.8)两端关于时间的导数，则能看出 $s^{(4)}$，$q_1^{(4)}(t)$，$q_2^{(4)}(t) \in L_\infty$。现在令

$$h = \tau_1\dot{q}_1(t) + \tau_2\dot{q}_2(t) \tag{B.9}$$

求式(B.9)关于时间的导数，然后将式(B.6a)～式(B.6c)代入到结果表达式中，

则有

$$\dot{h} = g_1 + g_2$$

其中

$$g_1 = -\left(\frac{m_1\tau_1}{m_{d1}} + \frac{m_2\tau_2}{m_{d2}}\right)\ddot{s}(t) - \left(\frac{k_{11}\tau_1}{m_{d1}} + \frac{k_{12}\tau_2}{m_{d2}}\right)q_1(t) - \left(\frac{k_{12}\tau_1}{m_{d1}} + \frac{k_{22}\tau_2}{m_{d2}}\right)q_2(t)$$

$$g_2 = -k_v\left(\frac{\tau_1^2}{m_{d1}} + \frac{\tau_2^2}{m_{d2}}\right)(\tau_1\dot{q}_1(t) + \tau_2\dot{q}_2(t))$$

$$\text{(B.10)}$$

从式(B.5)、式(B.8a)和式(B.10)中可以看出,$\lim\limits_{t\to\infty} g_2 = 0$,$\dot{g}_1 \in L_\infty$。然后,利用扩展的 Barbalat 引理(Slotineand Li 1991),同时参考附录 A,则有

$$\lim_{t\to\infty}\{\tau_1\ddot{q}_1(t) + \tau_2\ddot{q}_2(t)\} = 0 \qquad \text{(B.11)}$$

$$\lim_{t\to\infty} g_1 = 0 \qquad \text{(B.12)}$$

同理,对式(B.6a)应用扩展的 Barbalat 引理,则有

$$\lim_{t\to\infty}\ddot{s}(t) = 0 \qquad \text{(B.13)}$$

将式(B.12)和式(B.13)代入式(B.10),则有

$$\lim_{t\to\infty}\left\{\left(\frac{k_{11}\tau_1}{m_{d1}} + \frac{k_{12}\tau_2}{m_{d2}}\right)q_1(t) + \left(\frac{k_{12}\tau_1}{m_{d1}} + \frac{k_{22}\tau_2}{m_{d2}}\right)q_2(t)\right\} = 0 \qquad \text{(B.14)}$$

将式(B.8b)乘以 τ_1、式(B.8c)乘以 τ_2,然后将两式相加,则有

$$\begin{cases} \left(\dfrac{k_{11}\tau_1}{m_{d1}} + \dfrac{k_{12}\tau_2}{m_{d2}}\right)\dot{q}_1(t) + \left(\dfrac{k_{12}\tau_1}{m_{d1}} + \dfrac{k_{22}\tau_2}{m_{d2}}\right)\dot{q}_2(t) = g_3 + g_4 \\[2ex] g_3 = -k_v\left(\dfrac{\tau_1^2}{m_{d1}} + \dfrac{\tau_2^2}{m_{d2}}\right)(\tau_1\ddot{q}_1(t) + \tau_2\ddot{q}_2(t)) \\[2ex] g_4 = \left\{-\left(\dfrac{m_1\tau_1}{m_{d1}} + \dfrac{m_2\tau_2}{m_{d2}}\right)\dddot{s}(t) - \tau_1\dddot{q}_1(t) - \tau_2\dddot{q}_2(t)\right\} \end{cases} \qquad \text{(B.15)}$$

由于 $s^{(4)}, q_1^{(4)}(t), q_2^{(4)}(t) \in L_\infty$,故 $\dot{g}_4 = L_\infty$。将式(B.11)和式(B.14)及扩展的 Barbalat 引理代入式(B.15),则有

$$\lim_{t\to\infty}\left\{\left(\frac{k_{11}\tau_1}{m_{d1}} + \frac{k_{12}\tau_2}{m_{d2}}\right)\dot{q}_1(t) + \left(\frac{k_{12}\tau_1}{m_{d1}} + \frac{k_{22}\tau_2}{m_{d2}}\right)\dot{q}_2(t)\right\} = 0 \qquad \text{(B.16)}$$

对比式(B.5)和式(B.16),则有

$$\lim_{t\to\infty}\{\dot{q}_1(t), \dot{q}_2(t)\} = 0 \qquad \text{(B.17)}$$

同理,在式(9.63a)上应用扩展的 Barbalat 引理,则有

$$\lim_{t\to\infty}\{\ddot{q}_1(t), \ddot{q}_2(t)\} = 0 \qquad \text{(B.18)}$$

最后,基于式(B.6)、式(B.13)、式(B.17)和式(B.18)可得出

$$\lim_{t \to \infty} \{q_1(t), q_2(t), \Delta s\} = 0 \tag{B.19}$$

B.2 定理 9.2 的证明

选择李雅普诺夫候选函数为

$$V_L(t) = V_3(t) + V_4(t) + V_5(t) \tag{B.20}$$

其中 $V_3(t)$ 已经在式(9.99)中被定义,且有

$$V_4(t) = \frac{1}{2} K_p u^2(0,t) + \frac{1}{2} m_b \gamma_0^2(t) \tag{B.21}$$

$$V_5(t) = \frac{1}{2} m_t \gamma_L^2(t) \tag{B.22}$$

若设计常数 β_0 足够小,则可以明确地给出式(9.99)中所定义的 $V_3(t)$ 的上、下界分别为

$$V_3(t) \leq \lambda_1 \left[u^2(0,t) + \int_0^L \dot{u}^2(x,t)\,\mathrm{d}x + \int_0^L u''^2(x,t)\,\mathrm{d}x \right] \tag{B.23}$$

$$V_3(t) \geq \lambda_2 \left[\int_0^L \dot{u}^2(x,t)\,\mathrm{d}x + \int_0^L u^2(x,t)\,\mathrm{d}x + \int_0^L u''^2(x,t)\,\mathrm{d}x \right] \tag{B.24}$$

式中:λ_1、λ_2 为选取的正数常数(具体参考文献(Dadfarnia, et al. 2004b)中给出的引理式(A.3))。利用式(B.21)~式(B.24),可得到 $V_L(t)$ 的上、下界分别为

$$V_L(t) \leq \lambda_3 \left[\int_0^L \dot{u}^2(x,t)\,\mathrm{d}x + u^2(0,t) + \gamma_0^2(t) + \dot{u}^2(L,t) + \int_0^L u''^2(x,t)\,\mathrm{d}x \right] \tag{B.25}$$

$$V_L(t) \geq \lambda_4 \int_0^L u''^2(x,t)\,\mathrm{d}x + \frac{1}{2} K_p u^2(0,t) \tag{B.26}$$

式中:λ_3、λ_4 为选取的正数常数。求式(B.20)关于时间变量的导数,然后利用式(9.100)、式(9.107)和边界条件式(9.85),可得 $\dot{V}(t)$ 的上界为

$$\dot{V}_L(t) \leq -\lambda_5 \left[\int_0^L \dot{u}^2(x,t)\,\mathrm{d}x + u^2(0,t) + \gamma_0^2(t) + \dot{u}^2(L,t) + \int_0^L u''^2(x,t)\,\mathrm{d}x \right] \tag{B.27}$$

式中:λ_5 为一个正数常数。利用不等式(B.25),上界式(B.27)可改写为

$$\dot{V}_L(t) \leq -\frac{\lambda_5}{\lambda_3} V_L(t) \tag{B.28}$$

上式的解可写为(Querioz, et al. 2000)

$$V_L(t) \leq V_L(0) \exp\left(-\frac{\lambda_5}{\lambda_3} \right)$$

$$\leqslant \lambda_3 \left[\int_0^L \dot{u}^2(x,0)\,\mathrm{d}x + u^2(0,0) + \gamma_0^2(0) + \dot{u}^2(L,0) \right.$$

$$\left. + \int_0^L u''^2(x,0)\,\mathrm{d}x \right] \exp\left(-\frac{\lambda_5}{\lambda_3}t \right) \tag{B.29}$$

由于 $u''(x,t) = w''(x,t)$，故可将式(9.87)和式(9.81)代入式(B.26)，则有

$$V_L(t) \geqslant \frac{\lambda_4}{L^3} w^2(x,t) + \frac{K_p}{2} s_1^2(t) \tag{B.30}$$

结合不等式(B.29)和式(B.30)，可直接得到定理9.2。

B.3 定理9.3的证明

观察式(9.123)和式(9.124)给出的观测器结构方程，即

$$\dot{\hat{y}} = p + K_{01}\tilde{y} \tag{B.31}$$

$$\dot{p} = V_0 + K_{02}\tilde{y} \tag{B.32}$$

其中

$$V_0 = -\frac{2\overline{K}_2}{m} y \,\mathrm{sgn}(y\,\dot{\hat{y}}) - \frac{\overline{K}_1}{m}y \tag{B.33}$$

对式(B.31)求导，同时结合式(B.32)，可得

$$\ddot{\hat{y}} = V_0 + K_{02}\tilde{y} + K_{01}\dot{\tilde{y}} \tag{B.34}$$

考虑到 $\ddot{\tilde{y}} = \ddot{y} - \ddot{\hat{y}}$，并结合式(9.116)，可将式(B.34)改写为

$$\ddot{\tilde{y}} = -\frac{1}{m}k(t) - V_0 - K_{02}\tilde{y} - K_{01}\dot{\tilde{y}} \tag{B.35}$$

为证明其稳定性，选择如下李雅普诺夫候选函数，即

$$V_L = \frac{1}{2}\dot{y}^2 + \frac{1}{2}\frac{\overline{K}_1}{m}y^2 + \frac{1}{2}\dot{\tilde{y}}^2 + \frac{1}{2}K_{02}\tilde{y}^2 \tag{B.36}$$

对式(B.36)求导，并将其代入式(B.35)，则有

$$\dot{V}_L = -\frac{2\overline{K}_2}{m} y \dot{\tilde{y}}\,\mathrm{sgn}(y\,\dot{\hat{y}}) - \frac{\overline{K}_2}{m} y \dot{\hat{y}}\,\mathrm{sgn}(y\,\dot{\hat{y}}) - K_{01}\dot{\tilde{y}}^2 - \frac{\overline{K}_1}{m}y\,\dot{\tilde{y}} - V_0\,\dot{\tilde{y}} \tag{B.37}$$

$$\Rightarrow \quad \dot{V}_L = -\frac{\overline{K}_2}{m} y \dot{\hat{y}}\,\mathrm{sgn}(y\,\dot{\hat{y}}) - K_{01}\dot{\tilde{y}}^2 \tag{B.38}$$

显然，$\dot{V}_L(y)$ 是半负定的，$V_L(y)$ 是径向无界的，即当 $\|y\| \to \infty$ 时，$V_L(y) \to \infty$，且有

$$\ddot{y} = -\frac{1}{m}y\{ \overline{K}_1 + \overline{K}_2\mathrm{sgn}(y\,\dot{\hat{y}}) \} \tag{B.39}$$

然后应用不变集定理(Slotine 和 Li 1991，参考附录 A)，可证明，包含控制器式(9.118))和速度观测器系统(式(9.123))与式(9.124)的系统(式(9.116))是全

局渐近稳定的。

B.4 定理 10.1 的证明

定义如下参数误差信号,并求其关于时间的导数,则有

$$
\begin{cases}
\tilde{m}(t) = m - \hat{m}(t); \; \dot{\tilde{m}}(t) = -\dot{\hat{m}}(t) \\[2mm]
\tilde{c}(t) = c - \hat{c}(t); \; \dot{\tilde{c}}(t) = -\dot{\hat{c}}(t) \\[2mm]
\tilde{k}(t) = k - \hat{k}(t); \; \dot{\tilde{k}}(t) = -\dot{\hat{k}}(t) \\[2mm]
\tilde{r}(t) = r - \hat{r}(t); \; \dot{\tilde{r}}(t) = -\dot{\hat{r}}(t) \\[2mm]
\tilde{p}_0(t) = p_0 - \hat{p}_0(t); \; \dot{\tilde{p}}_0(t) = -\dot{\hat{p}}_0(t)
\end{cases}
\tag{B.40}
$$

选择如下正定的李雅普诺夫候选函数,即

$$
V_L(t) = \frac{1}{2}(ms^2(t) + k_1\tilde{m}^2(t) + k_2\tilde{c}^2(t) + k_3\tilde{k}^2(t) + k_4\tilde{r}^2(t) + k_5\tilde{p}_0^2(t))
\tag{B.41}
$$

求其对时间的导数为

$$
\dot{V}_L(t) = ms(t)\dot{s}(t) + k_1\tilde{m}(t)\dot{\tilde{m}}(t) + k_2\tilde{c}(t)\dot{\tilde{c}}(t)
$$
$$
+ k_3\tilde{k}(t)\dot{\tilde{k}}(t) + k_4\tilde{r}(t)\dot{\tilde{r}}(t) + k_5\tilde{p}_0(t)\dot{\tilde{p}}_0(t)
\tag{B.42}
$$

将式(10.22)、式(10.23)和式(B.40)代入式(B.42),则有

$$
\dot{V}_L(t) = \tilde{m}(t)[s(t)(\ddot{x}_d(t) + \sigma\dot{e}(t)) - k_1\dot{\hat{m}}(t)]
$$
$$
+ \tilde{c}(t)[s(t)\dot{x}(t) - k_2\dot{\hat{c}}(t)] + \tilde{k}(t)[s(t)x(t) - k_3\dot{\hat{k}}(t)]
$$
$$
- \tilde{r}(t)[s(t)(y(t) + \hat{y}_c(t)) + k_4\dot{\hat{r}}(t)] - \tilde{p}_0(t)[s(t) + k_5\dot{\hat{p}}(t)]
$$
$$
- \eta_1 s^2(t) - \eta_2 s(t)\operatorname{sgn}(s(t)) + \tilde{p}(t)s(t)
\tag{B.43}
$$

求式(10.24)的自适应律关于时间的导数,并代入式(B.43),这使得参数误差信号的系数(方括号内的项)为零。因此,李雅普诺夫函数的时间导数可简化为

$$
\dot{V}_L(t) = -\eta_1 s^2(t) - \eta_2 s(t)\operatorname{sgn}(s(t)) + \tilde{p}(t)s(t)
$$
$$
= -\eta_1 s^2(t) - \eta_2|s(t)| + \tilde{p}(t)s(t)
\tag{B.44}
$$

如果对所有的 $t > 0$, $|\tilde{p}(t)| \leqslant \eta_2$ 都成立,则有

$$
-\eta_2|s(t)| \leqslant \tilde{p}(t)s(t) \quad \text{或} \quad \dot{V}_L(t) \leqslant -\eta_1 s^2(t) \leqslant 0
\tag{B.45}
$$

从式(B.45)可见,所选取的正定李雅普诺夫函数关于时间的导数是负的,则实现了滑模变量$s(t)$的渐进收敛,即当$t \to \infty$时,$s(t) \to 0$(参考文献 Suand Stepanenko (2000))。因为所有的自适应信号都是有界的,故从式(10.21)可知,误差信号$e(t)$及其关于时间的导数$\dot{e}(t)$都会收敛到零。

B.5 定理10.2的证明

式(B.42)给出了李雅普诺夫函数关于时间的导数,利用修正的控制律式(10.26)、自适应律式(10.28)和特性式(10.29)得

$$\dot{V}_L(t) \leqslant -\eta_1 s^2(t) - \eta_2 s(t) \mathrm{sat}(s(t)) + \tilde{p}(t)s(t) \tag{B.46}$$

假设滑模变量从由ε所定义的边界层的外面开始,即其初始值满足$|s(0)| > \varepsilon$。从式(10.25)可见,修正控制器的李雅普诺夫函数的导数式(B.46)等同于主控制器的李雅普诺夫函数的导数式(B.44)。因此,如定理10.1所证明的那样,$s(t)$通过控制器会向零扰动。然而,在抵达原点之前,它会进入边界层$|s(0)| \leqslant \varepsilon$。在边界层内,控制输入的结构会随着饱和输出的变化而变化。对于边界层内的轨迹$s(t)$,李雅普诺夫函数关于时间的导数变为

$$\dot{V}_L(t) \leqslant -\eta_1 s^2(t) - \eta_2 s(t) \mathrm{sat}(s(t)/\varepsilon) + \tilde{p}(t)s(t)$$

$$= -\eta_1 s^2(t) - \eta_2 s^2(t)/\varepsilon + \tilde{p}(t)s(t)$$

$$= s(t)(\tilde{p}(t) - [\eta_1 + \eta_2/\varepsilon]s(t)), |s(t)| \leqslant \varepsilon \tag{B.47}$$

若$s(t)$在边界层中的一个特定范围内,即满足$(|\tilde{p}(t)|\varepsilon)/(\eta_1\varepsilon + \eta_2) \leqslant |s(t)| \leqslant \varepsilon$,则$\dot{V}_L(t) \leqslant 0$。因此,$s(t)$会进一步被驱动移向原点。一旦$s(t)$进入由不等式$|s(t)| < (|\tilde{p}(t)|\varepsilon)/(\eta_1\varepsilon + \eta_2) < \varepsilon$所定义的区域内,李雅普诺夫候选函数的导数就变为正,即$\dot{V}_L(t) > 0$。这可能迫使轨迹$s(t)$离开该区域,但是它又会被迫再次回到该区域内。最终在经过一段有限的时间τ_λ($\forall t \in [\tau_\lambda, \infty)$)后,$s(t)$会停留在区域$|s(t)| < (|\tilde{p}(t)|\varepsilon)/(\eta_1\varepsilon + \eta_2) \leqslant \lambda < \varepsilon$内,其中$\lambda = \eta_2\varepsilon/(\eta_1\varepsilon + \eta_2)$。因此,区间$|s(t)| < \lambda < \varepsilon$是收敛域,任何始于该区域外的轨迹最后都会被吸入该区域内。

假设$s(t)$在$t = \tau_\lambda$时进入收敛域,同时对$\forall t \in [\tau_\lambda, \infty)$,不等式$|s(t)| < \lambda$一直成立。因此,可找到一个时变的正函数$l_1(t) > 0$,使得

$$s(t) = \dot{e}(t) + \sigma e(t) = \lambda - l_1(t) \tag{B.48}$$

求式(B.48)的微分方程,则有

$$e(t) = \frac{\lambda}{\sigma} + \left\{ e(\tau_\lambda) - \frac{\lambda}{\sigma} \right\} \exp(-\sigma(t - \tau_\lambda))$$

$$- \exp(-\sigma t) \int_{\tau_\lambda}^{t} l_1(\tau) \exp(\sigma\tau) \mathrm{d}\tau$$

$$< \frac{\lambda}{\sigma} + \left\{ e(\tau_\lambda) - \frac{\lambda}{\sigma} \right\} \exp(-\sigma(t - \tau_\lambda)), \quad \forall t \in [\tau_\lambda, \infty)$$

$$(\text{B}.49)$$

因此有

$$e_{ss}(t) < \frac{\lambda}{\sigma} \qquad (\text{B}.50)$$

类似地,存在一个时变函数 $l_2(t) > 0$,在 $\forall t \in [\tau_\lambda, \infty)$ 满足 $|s(t)| < \lambda$,且有

$$s(t) = \dot{e}(t) + \sigma e(t) = -\lambda + l_2(t) \qquad (\text{B}.51)$$

也可表示为

$$e(t) > -\frac{\lambda}{\sigma} + \left\{ e(\tau_\lambda) + \frac{\lambda}{\sigma} \right\} \exp(-\sigma(t - \tau_\lambda)), \quad \forall t \in [\tau_\lambda, \infty) \quad (\text{B}.52)$$

因此有

$$e_{ss}(t) > -\frac{\lambda}{\sigma} \qquad (\text{B}.53)$$

对比式(B.50)和式(B.53),则有

$$|e_{ss}(t)| \leqslant \beta, \quad \beta = \frac{\lambda}{\sigma} = \frac{\eta_2 \varepsilon}{\sigma(\eta_1 \varepsilon + \eta_2)} \qquad (\text{B}.54)$$

参 考 文 献

Abramovitch DY, Anderson AB, Pao LY, Schitter G (2007) A tutorial on the mechanics dynamics and control of atomic force microscopes. Proceedings of the 2007 American control conference, New York, 11–13 July

Abu-Hilal M (2003) Forced vibration of Euler-Bernoulli beams by means of dynamic Green functions. J Sound Vib 267:191–207

Active Vibration Control Instrumentation, A Division of PCB Piezotronics, Inc., www.pcb.com

Adams JD, Parrott G, Bauer C, Sant T, Manning L, Jones M, Rogers B, McCorkle D, Ferrell TL (2003) Nanowatt chemical vapor detection with a self-sensing piezoelectric microcantilever array. Appl Phys Lett 83(16):3428–3430

Aderiaens H, Koning W, Baning R (2000) Modeling piezoelectric actuators. IEEE/ASME Trans Mechatron 5:331–341

Adourian S, Yang S, Westervelt RM, Campman KL, Gossard AC (1998) Josephson junction oscillators as probes of electronic nanostructures. J Appl Phys 84(5808):120–126

Afshari M, Jalili N (2007a) Towards nonlinear modeling of molecular interactions arising from adsorbed biological species on the microcantilever surface. Int J Non-Linear Mech. 42(4): 588–595

Afshari M, Jalili N (2007b) A sensitivity study on the static and dynamic detection modes of adsorption-induced surface stress in microcantilever biosensors. Proceedings of the ASME 2007 international design engineering technical conferences and computers and information in engineering conference IDETC/CIE 2007, Las Vegas, NV

Afshari M, Jalili N (2008) Nanomechanical cantilever biosensors: Conceptual design, recent developments and practical implementation, chapter 13 of biomedical applications of vibration and acoustics for imaging and characterization. ASME Press 13:353–374

Ahuwalia A, Baughman R, Rossi DD, Mazzoldi A, Tesconi M, Tognetti A, Vozzi G (2001) Microfabricated electroactive carbon nanotube actuators. Proc SPIE 4329:209–215

Ajayan PM, Schadler LS, Giannaris C, A Rubio (2000) Single-walled nanotubes – polymer composites: Strength and weakness. Adv Mater 12(10):750–753

Akahori H, Haga Y, Matsunaga T, Totsu K, Iseki H, Esashi M, Wada H (2005) Piezoelectric 2D microscanner for precise laser treatment in the human body. Third IEEE/EMBS special topic conference on microtechnology in medicine and biology, Oahu, Hawaii, pp 166–169

Álvarez M, Calle A, Tamayo J, Lechuga L, Abad A, Montoya A (2003) Development of nanomechanical biosensors for detection of the pesticide DDT. Biosens Bioelectron 18:649–653

Álvarez M, Carrascosa LG, Moreno M, Calle A, Zaballos A, Lechuga LM, Martinez AC, Tamayo J (2004) Nanomechanics of the formation of DNA self-assembled monolayers and hybridization on microcantilevers. Langmuir 20:9663–9668

Anand SV, Mahapatra DR (2009) The dynamics of polymerized carbon nanotubes in semiconductor polymer electronics and electro-mechanical sensing. Nanotechnology 20(14):145707

Anand SV, Roy D (2009) Quasi-static and dynamic strain sensing using carbon nanotube/epoxy nanocomposite thin films. Smart Mater Struct 18(4):045013

Ang WT, Garmon FA, Khosla PK, Riviere CN (2003) Rate-dependent hysteresis in piezoelectric actuators. Proceedings of IEEE international conference on intelligent robots and systems, vol 2. 1975–1980, Las Vegas, NV

Aoshima S, Yoshizawa N, Yabuta T (1992) Compact mass axis alignment device with piezoelements for optical fibers. IEEE Photon Technol Lett 4:462–464

Arafat HN, Nayfeh AH, Chin C (1998) Nonlinear nonplanar dynamics of parametrically excited cantilever beams. Nonlinear Dyn 15:31–61

Arntz Y, Seelig JD, Lang HP, Zhang J, Hunzicker P, Ramseyer JP, Meyer E, Hegener M, Gerber Ch

(2003) Label-free protein assay based on a nanomechanical cantilever array. Nanotechnology 14(1):86

Ashkin A, Dziedzic JM, Bjorkholm JE, Chu S (1986) Observation of a single-beam gradient force optical trap for dielectric particles. Optics Lett 11:288–290

Audigier D et al (1994) Typical characteristics of a piezoelectric ceramic material for squeeze igniters. IEEE Int Symp Appl Ferroelectr 383–386

Austin SA (1993) The vibration damping effect of an electrorheological fluid. ASME J Vib Acoust 115(1):136–140

Balachandran B, Magrab EB (2009) Vibrations, 2nd ed. Cengage learning, Toronto, ON, Canada

Ballas RG (2007) Piezoelectric multilayer beam bending actuators: Static and dynamic behavior and aspects of sensor integration, Springer

Baller M, Lang HP, Fritz J, Gerber Ch, Gimzewski JK, Drechsler U, Rothuizen H, Despont M, Vettiger P, Battiston FM, Ramseyer JP, Fornaro P, Meyer E, Guntherodt H-J (2000) Cantilever array-based artificial nose. Ultramicroscopy 82(1):1–9

Banks HT, Ito K (1988) A unified framework for approximation in inverse problems for distributed parameter systems. Control Theory Adv Technol 4(1):73–90

Banks HT, Kunisch K (1989) Estimation techniques for distributed parameter systems. Birkhauser, Boston, MA

Banks, Smith, Wang (1996) Smart materials and structures: modeling, estimation and control, Wiley, New York

Bar-Cohen Y, Sherrit S, Lih SS (2001) Characterization of the electromechanical properties of EAP materials. SPIE's eighth annual international symposium on smart structures and materials, pp 4329–4343

Bardeen J (1961) Tunneling from a many-particle point of view. Phys Rev Lett 6:57–59

Barta RC (2004) Lecture notes for short-course: Engineering and designing smart structures. Virginia Tech, Blacksburg, VA

Baruh H (1999) Analytical dynamics. McGraw-Hill Companies

Baselt DR, Lee GU, Colton RJ (1996) Biosensor based on force microscope technology. J Vac Sci Technol B, 14(2):789–793

Bashash S (2005) Nonlinear modeling and control of piezoelectrically-driven nanostagers with application to scanning tunneling microscopy. M.Sc. Thesis. Clemson University, Clemson, SC

Bashash S (2008) Modeling and control of piezoactive micro and nano systems. PhD Dissertation, Department of Mechanical Engineering, Clemson University, Clemson, SC

Bashash S, Jalili N (2005) Trajectory control of piezoelectric actuators using nonlinear variable structure control. Proceedings of international symposium on collaborative research in applied science (ISOCRIAS). Vancouver, BC, Canada

Bashash S, Jalili N (2006a) Underlying memory-dominant nature of hysteresis in piezoelectric materials. J Appl Phys 100:014103

Bashash S, Jalili N (2006b) On the nonlinear modeling, System identification, and control of piezoelectrically-driven nanostagers. Proceedings of the 10th international conference on new actuators, Bremen, Germany

Bashash S, Jalili N (2007a) Intelligent rules of hysteresis in feedforward trajectory control of piezoelectrically-driven nanostages. J Micromech Microeng 17:342–349

Bashash S, Jalili N (2007b) Robust multiple-frequency trajectory tracking control of piezoelectrically-driven micro/nano positioning systems. IEEE Trans Control Syst Technol 15:867–878

Bashash S, Jalili N (2008) A polynomial-based linear mapping strategy for compensation of hysteresis in piezoelectric actuators. ASME Trans J Dyn Syst Measur Control 130:031008(1–10)

Bashash S, Jalili N (2009) Robust adaptive control of coupled parallel piezo-flexural nano-positioning stages. IEEE/ASME Trans Mechatron 14(1):11–20

Bashash S, Salehi-Khojin A, Jalili N (2008a) Forced vibration analysis of flexible Euler-Bernoulli beams with geometrical discontinuities. Proceedings of the 2008 American control conference, Seattle, WA, (June 2008)

Bashash S, Vora K, Jalili N (2008b) Distributed-parameters modeling and control of rod-like solid-state actuators. J Vibration and Control, submitted for publication

393

Bashash S, Vora K, Jalili N, Evans PG, Dapino MJ, Slaughter J (2008c) Modeling major and minor hysteresis loops in Galfenol-driven micro-positioning actuators using a memory-based hysteresis framework. 2008 ASME Dynamic Systems and Control Conference (DSCC'08). Ann Arbor, MI, October 20–22

Bashash S, Salehi-Khojin A, Jalili N, Thompson GL, Vertegel A, Müller M, Berger R (2009) Mass detection of elastically-distributed ultrathin layers using piezoresponse force microscopy. J Micromech Microeng 19, 025016:1–9

Batt RJ (1981) Application of pyroelectric devices for power and reflectance measurements. Ferroelectrics 34:11–14, Gordon and Breach, New York

Baughman RH (2000) Putting a new spin on carbon nanotubes. Science 290:1310

Baumgarten PK (1971) Electrostatic spinning of acrylic microfibers. J Colloid Interface Sci 36:71

Bayo E (1987) A finite-element approach to control the end-point motion of a single-link flexible robot. J Robotic Sys 4:63–75

Baz A, Ro J (1996) Vibration control of plates with active constrained layer damping. Smart Mater Struct 5:272

Beer FP, Johnson ER (1981) Mechanics of materials, McGraw-Hill Company

Benaroya H (1998) Mechanical vibration: Analysis, uncertainties, and control. Prentice Hall, Inc., NJ

Bent AA, Hagood NW (1993) Development of piezoelectric fiber composites for structural actuation. Proceedings of AIAA/ASME/ASCE/AHS/ASC structures, structural dynamics and materials conference, AIAA Paper No. 93–1717, La Jolla, CA

Berger R, Gerber Ch, Gimzewski JK (1996) Thermal analysis using micromechanical calorimeter. Appl Phys Lett 69(1):40–42

Berger R, Delamarche E, Lang HP, Gerber C, Gimzewski JK, Meyer E, Guntherodt H-J (1997) Surface stress in the self-assembly of alkanethiols on gold. Science 276:2021–2023

Berlincourt D (1981) Piezoelectric ceramics: Characteristics and applications. J Acoust Soc Am. 70:1586–1595

Berlincourt DA, Curran DR, Jaffe H (1964) Piezoelectric and piezomagnetic materials and their function as transducers. In: Mason WP (ed) Physical acoustics, 1A, Academic Press, New York

Bhadbhade V, Jalili N, Mahmoodi SN (2008) A novel piezoelectrically actuated flexural/torsional vibrating beam gyroscope. J Sound Vib 311:1305–1324

Billson D, Hutchins D (1993) Development of novel piezoelectric ultrasonic transducers for couplant-free non-destructive testing. Br J Non-Destructive Test 35:705–709

Binnie G, Rohrer H, Gerber CH, Weibel E (1982) Surface studies by scanning tunneling microscopy. Phys Rev Lett 49:57–61

Binnig G, Quate CF, Gerber C (1986) Atomic force microscope. Phys Rev Lett 56:93–96

Binnig G, Rohrer H, Gerber C, Weibel E (1982) Surface studies by scanning tunneling microscopy. Phys Rev Lett 49:57–61

Bizet K, Gabrielli C, Perrot H, Therasse J (1998) Validation of antibody-based recognition by piezoelectric transducers through electroacoustic admittance analysis. Biosens Bioelectron 13(3–4):259–269

Bobbio S, Miano G, Serpico C, Visone C (1997) Models of magnetic hysteresis based on play and stop hysterons. IEEE Trans Magn33:4417–4426

Bontsema J, Cartain RF, Schumacher JM (1988) Robust control of flexible systems: A case study, Automatica 24:177–186

Braun T, Barwich V, Ghatkesar MK, Bredekamp AH, Gerber C, Hegner M, Lang HP (2005) Micromechanical mass sensors for biomolecular detection in a physiological environment. Phys Rev 72:031907

Britton CL, Jones RL, Oden PI, Hu Z, Warmack RJ, Smith SF, Bryan WL, Rochelle JM (2000) Multiple-input microcantilever sensors. Ultramicroscopy 82:17–21

Brokate M, Sprekels J (1996) Hysteresis and phase transitions. Springer, New York

Bumbu GG, Kircher, Wolkenhauer M (2004) Synthesis and characterization of polymer brushes on micromechanical cantilevers. Macro Chem Phys 205:1713

Busch-Vishniac IJ (1999) Electromechanical sensors and actuators, Springer, New York

Cady WG (1964) Piezoelectricity, Dover, New York

Caliano G, Lamberti N, Iula A, Pappalardo M (1995) Piezoelectric bimorph static pressure sensor.

394

Sens Actuators A: Phys 46:176–178

Canfield S, Frecker M (2000) Topology optimization of compliant mechanical amplifier for piezoelectric actuators. Struct Multidis Optim 20:269–279

Carlson JD (1994) The promise of controllable fluids. In: Borgmann H, Lenz K (eds) Actuator 94, fourth international conference on new actuators, Axon Technologies Consult GmbH, pp 266–270

Carlson JD, Sprecher AF, Conrad H (eds) (1989) Elecrorheological fluids. Technomic, Lancaster, PA

Chaghai R, Lining S, Weibin R, Liguo C (2004) Adaptive inverse control for piezoelectric actuator with dominant hysteresis. Proceedings of IEEE international conference on control applications, vol 2. Taipei, Taiwan, pp 973–976

Chaghai R, Lining S (2005) Improving positioning accuracy of piezoelectric actuators by feed-forward hysteresis compensation based on a new mathematical model. Rev Sci Instrum 76:095111-1:8

Chai WK, Tzou HS (2002) Constitutive modeling of controllable electrostrictive thin shell structures. ASME international mechanical engineering congress, Symposium on advances of solids and structures. New Orleans, LA, November 17–22

Chen BM, Lee TH, Hang CC, Guo Y, Weerasooriya S (1999) An H^∞ almost disturbance decoupling robust controller design for a piezoelectric bimorph actuator with hysteresis. IEEE Trans Contr Syst Technol 7:160–174

Chen GY, Thundat T, Wachter EA, Warmack RJ (1995) Adsorption-induced surface stress and its effects on resonance frequency of microcantilevers. J Appl Phys 77(8):3618–3622

Chen W, Lupascu DC, Rodel J, Lynch CS (2001) Short crack R-curves in ferroelectric and electrostrictive PLZT. J Am Ceram Soc 84(3):593–597

Choi SB (1999) Vibration control of flexible structures using ER dampers. ASME J Dyn Syst Measur Control 121:134–138

Chopra NG, Zettl A (1998) Measurement of the elastic modulus of a multi-wall boron nitride nanotube. Solid State Commun 105(5):297–300

Chu C-H, Shih W-P, Chung S-Y, Tsai H-C, Shing T-K, Chang P-Z (2007) A low actuation voltage electrostatic actuator for RF MEMS switch applications. J Micromech Microeng 17:1649–1656

Clark WW (2000) Vibration control with state-switched piezoelectric materials. J Intell Mater Syst Struct 11(4):263–271

Clark, Saunders, Gibbs (1998) Adaptive structures: dynamics and control, Wiley, New York

Collins PG, Bradley K, Ishigami M, Zeatl A (2000) Extreme oxygen sensitivity of electronic properties of carbon nanotubes. Science 287:1801

Corbeil J, Lavrik N, Rajic S, Datskos PG (2002) Self-leveling uncooled microcantilever thermal detector. Appl Phys Lett 81:1306

Courty S, Mine J, Tajbakhsh AR, Terentjev EM (2003) Nematic elastomers with aligned carbon nanotubes: New electromechanical actuators Condens Matter 1:234–237

Crespo da Silva MRM (1988) Nonlinear flexural–flexural-torsional-extensional dynamics of beams – I formulation. Int J Solid Struct 24:1225–1234

Crespo da Silva MRM, Glynn CC (1978) Nonlinear flexural-flexural-torsional dynamics of inextensional beams: I. Equations of motion J Struct Mech 6(4):437–448

Crick FHC, Hughes AFW (1950) The physical properties of cytoplasm: A study by means of the magnetic particle method. Exp Cell Res 1:37–80

Culshaw (1996) Smart structures and materials, Artech House

Cummings J, Zettl A (2000) Mass-production of boron nitride double-wall nanotubes and nanococoons. Chem Phys Lett 316:211

Curie J, Curie P (1880) Développement, par pression, de l'électricité polaire dans les cristaux hémièdres à faces inclines. Comptes Rendus de l'Académie des Sciences, Paris 91:294–295

Curtis R, Mitsui T, Ganz E (1997) Ultrahigh vacuum high speed scanning tunneling microscope. Rev Sci Instrum 68:2790–2796

Dadfarnia M, Jalili N, Liu Z, Dawson DM (2004a) An observer-based piezoelectric control of flexible Cartesian robot arms: theory and experiment. Control Eng Pract 12:1041–1053

Dadfarnia M, Jalili N, Xian B, Dawson DM (2004b) A Lyapunov-based piezoelectric controller for flexible cartesian robot manipulators. ASME J Dyn Syst Measur Control 126 (2):347–358

Dadfarnia M, Jalili N, Xian B, Dawson DM (2004c) Lyapunov-based vibration control of translational Euler-Bernoulli beams using the stabilizing effect of beam damping mechanisms. J Vib Control 10:933–961

Dai H, Hafner JH, Rinzler AG, Ccbert DT, Smalley RE (1996) Nanotubes as nanoprobes in scanning probe microscopy. Nature 384:147

Damjanovic D (1998) Ferroelectric, dielectric and piezoelectric properties of ferroelectric thin films and ceramics. Rep Prog Phys 61:1267–1324

Dankert H, Dankert J (1995) Technische Mechanik, vol 2. Auflage B.G. Teubner, Stuttgart

Dareing DW, Thundat T (2005) Simulation of adsorption-induced stress of a microcantilever sensor. J Appl Phys 97:043526

Datskos PG, Sauers I (1999) Detection of 2-mercaptoethanol using gold-coated micromachined cantilevers. Sens Actuators B 61:75–82

Datskos PG, Oden PI, Thundat T, Wachter EA, Warmack RJ, Hunter SR (1996) Remote infrared radiation detection using piezoresistive microcantilevers. Appl Phys Lett 69(20):2986–2988

Dauber-Osguthorpe P et al (1988) Structure and energetics of ligand binding to proteins: Escherichia coli dihydrofolate reductase-trimethoprim, a drug-receptor system. Proteins Struct Funct Genet 4:31

de Querioz Querioz MS, Dawson DM, Agrawal M, Zhang F (1999) Adaptive nonlinear boundary control of a flexible link robot arm. IEEE Trans Rob Autom 15(4):779–787

de Querioz MS, Dawson DM, Nagarkatti SP, Zhang F (2000) Lyapunov-based control of mechanical systems, Birkhauser, Boston MA

DeSimone A, James RD (2002) A constrained theory of magnetoelasticity. J Mech Phys Solids 50:283–320

Dillon AC et al (1997) Storage of hydrogen in single-walled carbon nanotubes. Nature 386:377

Dimarogonas-Andrew D, Kollias A (1993) Smart electrorheological fluid dynamic vibration absorber. Intell Struct Mater Vib ASME Des Div 58:7–15

Duclos TG (1988) Design of devices using electrorheological fluids. Future Transp Techn Conf Exp SAE Paper 881134, San Francisco, CA, pp 8–11

Dyer PE, Srinivasan R (1989) Pyroelectric detection of ultraviolet laser ablation products from polymers. J Appl Phys 66:2608–2611

Elmali H, Olgac N (1992) Sliding mode control with perturbation estimation (SMCPE): A new approach. Int J Control 56:923–941

Elmali H, Olgac N (1996) Implementation of sliding mode control with perturbation estimation (SMCPE). IEEE Trans Control Syst Technol 4(1):79–85

Eringen AC (1952) Nonlinear theory of continuous media. McGraw-Hill Companies, New York, NY

Eslimy-Isfahany SHR, Banerjee JR (2000) Use of generalized mass in the interpretation of dynamic response of bending-torsion coupled beams. J Sound Vib 238(2):295–308

Esmaeili M, Jalili N, Durali M (2007) Dynamic modeling and performance evaluation of a vibrating microgyroscope under general support motion. J Sound Vib 301(1–2):146–164

Esmailzadeh E, Jalili N (1998a) Optimum design of vibration absorbers for structurally damped Timoshenko beams. ASME J Vib Acous 120(4):833–841

Esmailzadeh E, Jalili N (1998b) Parametric response of Cantilever Timoshenko beams with tip mass under harmonic support motion. Int J Nonlinear Mech 33:765–781

Fan S et al (1999) Self-oriented regular arrays of carbon nanotubes and their field emission properties. Science 283:512

Feldman Y, Wasserman E, Srolovitz DJ, Tenne R (1995) High-rate gas-phase growth of MoS_2 nested inorganic fullerenes and nanotubes. Science 267(5195):222–225

Filipovic and Schroder (1999) Vibration absorption with linear active resonators: continuous and discrete time design and analysis. J. of Vib. Control 5:685–708

Frecker MI, Ananthasuresh GK, Nishiwaki S, Kikuchi N, Kota S (1997) Topological synthesis of compliant mechanism using multi-criteria optimization. ASME Trans J Mech Design 119:238–245

Friedman A (1982) Foundation of modern analysis. Dover, New York

Fukada E (2000) History and recent progress in piezoelectric polymers. IEEE Trans Ultrason Ferroelectr Freq Control 47:1277

Fukuda T, Dong L (2003) Assembly of nanodevices with carbon nanotubes through nanorobotic manipulations. Proc IEEE 91:1803–1818

Furutani K, Urushibata M, Mohri N (1998) Displacement control of piezoelectric element by feedback of induced charge. Nanotechnology 9:93–98

Gabbert U, Tzou HS (eds) (2001) IUTAM symposium on smart structures and structonic systems, Kluwer Academic Publishers, Dordrecht

Gahlin R, Jacobson S (1998) Novel method to map and quantify wear on a micro-scale. Wear 222:93–102

Galinaitis WS (1999) Two methods for modeling scalar hysteresis and their use in controlling actuators with hysteresis. PhD Dissertation. Virginia Polytechnic Institute and State University, Blacksburg, VA

Galvagni J, Rawal B (1991) A comparison of piezoelectric and electrostrictive actuator stacks. SPIE Adapt Adapt Opt Comp 1543:296–300

Gandhi, Thompson (1992) Smart materials structure, Chapman and Hall

Garcia E, Dosch J, Inman DJ (1992) The application of smart structures to the vibration suppression problem. J Intell Mater Syst Struct 3:659–667

Gawronski WK (2004) Advanced structural dynamics and active control of structures, Springer, New York

Ge P, Jouaneh M (1995) Modeling hysteresis in piezoceramic actuators. Precision Eng 17:211–221

Ge P, Jouaneh M (1997) Generalized Preisach model for hysteresis nonlinearity of piezoceramic actuators. Precision Eng 20:99–111

Ge SS, Lee TH, Gong JQ (1999) A robust distributed controller of a single link SCARA/Cartesian smart materials robot Mechatronics 8:65–93

Ge SS, Lee, TH, Zhu G (1996) Energy-based Robust controller design for multi-link flexible robots. Mechatronics 6(7):779–798

Ge SS, Lee TH, Zhu G (1997) A nonlinear feedback controller for a single-link flexible manipulator based on a finite element method. J Robotic Syst 14(3):165–178

Ge SS, Lee TH, Zhu G (1998a) Asymptotically stable end-point regulation of a flexible SCARA/cartesian robot. IEEE/ASME Trans Mechatron 3(2):138–144

Ge SS, Lee TH, Gong JQ, Xu JX (1998b) Controller design for a single-link flexible smart materials robot with experimental tests. Proceedings of the 37th IEEE conference on decision and control, Tampa, FL, USA, December 1998

Gfeller KY, Nugaeva N, Hegner M (2005) Rapid biosensor for detection of antibiotic-selective growth of Escherichia coli. Appl Environ Microbiol 71(5):2626–2631

Giessibl FJ (2003) Advances in atomic force microscopy. Rev Modern Phys 75:949–983

Gimzewski JK, Gerber Ch, Meyer E, Schlittler RR (1994) Observation of a chemical reaction using a micromechanical sensor. Chem Phys Lett 217:589–594

Ginder JM, Ceccio SL (1995) The effect of electrical transients on the shear stresses in electrorheological fluids. J Rheol 39(1):211–234

Giurgiutiu V, Chaudhry Z, Rogers CA (1995) Stiffness issues in the design of ISA displacement amplification devices: Case study of a hydraulic displacement amplifier. Smart structures and materials. Paper # 2443-12, SPIE. 2443:105–119

Glazounov AE, Zhang QM, Kim C (1998) Piezoelectric actuators generating torsional displacement from the d15 shear strain. Appl Phys Lett 72:2526

Goldfarb M, Celanovic N (1997a) A lumped parameter electromechanical model for describing the nonlinear behavior of piezoelectric actuators. ASME J Dyn Syst Measur Control 119:478–485

Goldfarb M, Celanovic N (1997b) Modeling piezoelectric stack actuators for control of micromanipulation. IEEE Trans Control Syst Technol 17:69–79

Gonda S, Doi T, Kurosawa T, Tanimura Y, Hisata N, Yamagishi T, Fujimoto H, Yukawa H (1999) Accurate topographic images using a measuring atomic force microscope. Appl Surf Sci 144–145:505–509

Gorbet RB, Morris KA, Wang DW (2001) Passivity-based stability and control of hysteresis in smart actuators. IEEE Trans Control Syst Technol 9:5–16

Grigorov AV, Davis ZJ, Rasmussen PA, Boisen A (2004) A longitudinal thermal actuation principle for mass detection using a resonant microcantilever in a fluid medium. Microelectronic Eng 73–74:881–886

Grutter P, Godin M, Tabbard-Cosa V, Bourque H, Monga T, Nagai Y, Lennox RB (2006) Cantilever-based sensing: Origins of surface stress, International Workshop on Nanomechanical Sensors, Copenhagen, Denmark, pp 36–37, May 7–10

Gupta A, Akin D, Bashir A (2004a) Detection of bacterial cells and antibodies using surface micromachined thin silicon cantilever resonators. J Vac Sci Technol 32(4):2785–2791

Gupta A, Akin D, Bashir R (2004b) Single virus particle mass detection using microresonators with nanoscale thickness. Appl Phys Lett 84(11):1976–1978

Gurjar M, Jalili N (2007) Towards ultrasmall mass detection using adaptive self-sensing piezoelectrically-driven cantilevers. IEEE/ASME Trans Mechatronics 12(6):680–688

Gurjar M, Jalili N (2006) Closed-form expression for self-sensing microcantilever-based mass sensing. Proceedings of the 2006 SPIE smart structures and NDE conference, San Diego, CA, Paper no. 6173, pp 61730Q1-10, (February 26–March 02, 2006)

Hagan MF, Majumdar A, Chakraborty AK (2004) Nanomechanical forces generated by surface grafted DNA. J Phys Chem B 106:10163–10173

Hagood NW, Von Flotow A (1991) Damping of structural vibrations with piezoelectric materials and passive electrical networks. J Sound Vib 146(2):243–268

Haitjema H (1996) Dynamic probe calibration in the μm region with nanometer accuracy. Precision Eng 19:98–104

Han W, Bando Y, Kurashima K, Sato T (1998) Synthesis of boron nitride nanotubes from carbon nanotubes by a substitution reaction. Appl Phys Lett 73(21):3085

Hansen KM, Ji H-F, Wu G, Datar R, Cote R, Majumdar A, Thundat T (2001) Cantilever-based optical deflection assay for discrimination of DNA single-nucleotide mismatches. Anal Chem 73 (7):1567–1571

Hartmut J (ed) (1999) Adaptronics and smart structures, basics, materials, design and applications, Springer, Berlin, Heidelberg

Henke A, Kümmel MA, Wallaschek J (1999) A piezoelectrically driven wire feeding system for high performance wedge wedge-bonding machines. Mechatronics 9:757–767

Hesselbach J, Ritter R, Thoben R, Reich C, Pokar G (1998) Visual control and calibration of parallel robots for microassembly. Proceedings of SPIE, vol 3519. Boston, MA, pp 50–61

Hildebrand FB (1965) Methods of applied mathematics, 2nd edn. Prentice-Hall Inc., Englewood Cliffs NJ

Hiremath S, Jalili N (2006) Optimal control of electrospinning for fabrication of nonwoven textile-based sensors and actuators. Proceedings of 3rd international conference of textile research, Cairo, Egypt, Apr 2006

Hiremath S (2006) Development of an automated electrospinning process for nanofiber-based electronic-textile fabrication. MS Thesis, Department of Mechanical Engineering Clemson, Dec

Hofmann G, Walther L, Schieferdecker J, Neumann N, Norkus V, Krauss M, Budzier H (1991) Construction, properties and application of pyroelectric single-element detectors and 128-element CCD linear arrays. Sensor Actuator 25–27:413–416

Hsieh S, Shaw SW, Pierre C (1994) Normal modes for large amplitude vibration of a cantilever beam. Int J Solids Struct 31:1981–2014

http://www.physikinstrumente.com

http://www.piezoelectric.net

http://www.smart-material.com/

http://www.catalyticmaterials.com

http://www.ecpsystems.com

http://www.kynol.com

http://www.nanoamor.com

http://www.pcb.com

http://www.physics.nist.gov

http://www.polytec.com

Hu H, Ben-Mrad R (2003) On the classical Preisach model for hysteresis in piezoceramic actuators. Mechatronics 13:85–94

Hu H, Georgiou HMS, Ben-Mrad R (2005) Enhancement of tracking ability in piezoceramic actuators subject to dynamic excitation conditions. IEEE/ASME Trans Mechatr 10(2):230–239

Hu YT, Yang JS, Jiang Q (2000) Wave propagation in electrostrictive materials under biasing fields. IEEE Ultrason Symp 7803:6365

Hu YT, Yang JS, Jiang Q (2004) Wave propagation in electrostrictive materials under biased fields. Acta Mechancia Solida Sinica 17(3) ISSN 0894–9166

Huang YC, Cheng CH (2004) Robust tracking control of a novel piezodriven monolithic flexure-hinge stage. Proceedings of IEEE international conference on control applications, vol 2. Taipei, Taiwan, pp 977–982

Huber F, Hegner M, Gerber C, Guntherodt H-J, Lang HP (2006) Label free analysis of transcription factors using microcantilever arrays. Biosens Bioelectron 21:1599–1605

Hughes D, Wen JT (1997) Preisach modeling of piezoceramic and shape memory alloy hysteresis. Smart Mater Struct 6:287–300

Hussain T, Baig AM, Saadawi TN, Ahmed SA (1995) Infrared pyroelectric sensor for detection of vehicle traffic using digital signal processing techniques. IEEE Trans Veh TEchnol 44:683–688

Hwang CL, Chen YM, Jan C (2005) Trajectory tracking of large displacement piezoelectric actuators using a nonlinear observer-based variable structure control. IEEE Trans Control Syst Technol 13:56–66

Ibach H (1997) The role of surface stress in reconstruction, epitaxial growth and stabilization of mesoscopic structures. Surf Sci Rep 29:193–263

Iijima S (1991) Helical microtubules of graphitic carbon. Nature 354:56

Ikeda T (1996) Fundamentals of piezoelectricity, Oxford University Press, UK

Ilic B, Czaplewski D, Zalalutdinov M, Craighead HG, Neuzil P, Campagnolo C,Batt C (2001) Single cell detection with micromechanical oscillators. J Vac Sci Technol B 19(6):2825–2828

Ilic B, Czaplewsky D, Craighead HG, Neuzil P, Campagnolo C, Batt C (2000) Mechanical resonant immunospecific biological detector. Appl Phys Lett 77:450–452

Ilic B, Yang Y, Craighead HG (2004) Virus detection using nanoelectromechanical devices. Appl Phys Lett 85(13):2604

Inman DJ (2007) Engineering vibration, 3rd edn. Prentice Hall Inc

Itoh T (1993) Micro-machine technology tackles challenge of motor miniaturization. J Electron Eng 30(313):58–62

Itoh T, Lee C, Suga T (1996) Deflection detection and feedback actuation using a self-excited piezoelectric Pb(Zr,Ti)O$_3$ microcantilever for dynamic scanning force microscopy. Appl Phys Lett 69(14):2036–2038

Iyer PN (2001) An investigation of physical properties of fluoropolymer carbon nanotube composite matrix materials. Master's Thesis, Department of Material Science and Engineering, Clemson University

Jalili N (in press) Nanomechanical cantilever systems: from sensing to imaging and manipulation, in preparation, Springer, Norwell, MA (scheduled to appear in 2010)

Jalili N, Olgac N (1998) Time-optimal/sliding mode control implementation for robust tracking of uncertain flexible structures. Int J Mechatron 8(2):121–142

Jalili N, Olgac N (1998a) Time-optimal/sliding mode control implementation for robust tracking of uncertain flexible structures. Mechatronics 8(2):121–142

Jalili N, Olgac N (1998b) Optimum delayed feedback vibration absorber for MDOF mechanical structures. Proceedings of 37th IEEE conference on decision control (CDC'98), Tampa, Florida, Dec

Jalili N (2000) A new perspective for semi-automated structural vibration control. J Sound Vib 238(3):481–494

Jalili N, Olgac N (2000a) Identification and re-tuning of optimum delayed feedback vibration absorber. AIAA J Guid Control Dyn 23(6):961–970

Jalili N, Olgac N (2000b) A sensitivity study of optimum delayed feedback vibration absorber. ASME J Dyn Sys Measur Cont 122:314–321

Jalili N, Esmailzadeh E (2001) Optimum active vehicle suspensions with actuator time delay. ASME J Dyn Syst Measur Control 123:54–61

Jalili N (2001a) An infinite dimensional distributed base controller for regulation of flexible robot arms. ASME J Dyn Sys, Measur Cont 123(4):712–719

Jalili N (2001b) Semi-active suspension systems, chapter 12 of the mechanical systems handbook: Modeling, measurement and control, CRC Press LLC, ISBN/ISSN: 0-849385962, 12:197–220

Jalili N, Esmailzadeh E (2002) Adaptive-passive structural vibration attenuation using distributed absorbers. J Multi-body Dyn 216:223–235

Jalili N, Dawson DM, Carroll D (2002a) Next generation actuators utilizing functional nanotube composites. Proceedings of the 2002 international mechanical engineering congress and exposition (IMECE'02), Symposium on nanocomposite materials and structures, New Orleans, LA, Nov

Jalili N, Wagner J, Dadfarnia M (2002b) Piezoelectric driven ratchet actuator mechanism for automotive engine valve applications. Proceedings of 8th mechatronics forum international conference – mechatronics 2002, Enschede, Netherlands, June

Jalili N, Wagner J, Dadfarnia M (2003) A piezoelectric driven ratchet actuator mechanism with application to automotive engine valves. Int J Mechatron. 13:933–956.

Jalili N, Esmailzadeh E (2003) A nonlinear double-winged adaptive neutralizer for optimum structural vibration suppression. J Comm Nonlinear Sci Num Simul 8(2):113–134

Jalili N (2003) Nanotube-based actuator and sensor paradigm: conceptual design and challenges. Proceedings of 2003 ASME international mechanical engineering congress and exposition, Washington, DC

Jalili N, Knowles DW (2004) Structural vibration control using an active resonator absorber: modeling and control implementation. Smart Mater Struct 13(5):998–1005

Jalili N, Laxminarayana K (2004) A review of atomic force microscopy imaging systems: Application to molecular metrology and biological sciences. Mechatronics 14:907–945

Jalili N, Dadfarnia M, Dawson DM (2004) A fresh insight into the microcantilever-sample interaction problem in non-contact atomic force microscopy. ASME J Dyn Sys Measur Cont 126(2):327–335

Jalili N, Esmailzadeh E (2005) Vibration control, chapter 23 of the vibration and shock handbook, CRC Press LLC, ISBN/ISSN: 0-84931580, 23:1047–1092

Jalili N, Wagener EH, Ballato JM, Smith DW (2005) Electroactive polymeric composite materials incorporating nanostructures, US Provisional Application Serial No. 60/685,789 (filed May 31, 2005)

Jensenius H, Thaysen J, Rasmussen AA, Veje LH, Hansen O, Boisen A (2001) A microcantilever-based alcohol vapor sensor-application and response model. Appl Phys Lett 76(18):2615–2617

Ji H-F, Hansen KM, Hu Z, Thundat T (2001) Detection of pH variation using modified microcantilever sensors. Sens Actuators B-Chem 72(3):233–238

Jiang Q, Kuang ZB (2004) Stress analysis in two dimensional electrostrictive material with an elliptic rigid conductor. Eur J Mech A/Solids 23:945–956

Jin L, Bower C, Zhou O (1998) Alignment of carbon nanotubes in a polymer matrix by mechanical stretching. Appl Phys Lett 73(9):1197–1199

Jones L, Gracia E, Waites H (1994) Self-sensing control as applied to a PZT stack actuator used as a micropositioner. Smart Mater Struct 3:147–156

Jones RM (1965) Mechanics of composite materials. Scientific Publishers, Inc. Cambridge MA

Kajiwara K, Hayatu M, Imaoka S, Fujita T (1997) Application of large-scale active microvibration control system using piezoelectric actuators to semiconductor manufacturing equipment. Proceedings of SPIE, vol 3044. Bellingham, WA, pp 258–269

Kallio P, Koivo HN (1995) Microtelemanipulation: a survey of the application areas. Proceedings of the international conference on recent advances in mechatronics, ICRAM'95, Istanbul, Turkey, Aug, pp 365–372

Kaqawa Y, Wakatsuki N, Takao T, Yoichi T (2006) A tubular piezoelectric vibrator gyroscope. IEEE Sens J 6:325–330

Kellogg RA, Russell AM, Lograsso TA, Flatau AB, Clark AE, Wun-Fogle M (2004) Tensile properties of magnetostrictive iron-gallium alloys. Acta Materialia 52:5043–5050

Kim P, Lieber CM (1999) Nanotube nanotweezers. Science 286:2148

Kirk DE (1970) Optimal control theory. Prentice-Hall, Englewood Cliffs NJ

Kirstein K-U, Li Y, Zimmermann M, Vancura C, Volden T, Song WH, Lichtenberg J, Hierlemannn A (2005) Cantilever-based biosensors in CMOS technology. Proceedings of the design, automation and test in Europe conference and exhibition (DATE'05):1340–1341

Kleindiek S Nanorobots for material science, biology and micro mounting. Technical Report from Kleindiek Nanotechnik, http://www.nanotechnik.com/mm3a.html

Knowles D, Jalili N, Khan T (2001) On the nonlinear modeling and identification of piezoelectric inertial actuators. Proceedings of 2001 international mechanical engineering congress and exposition (IMECE'01), New York, NY, Nov

Ko F, Gogotsi Y, Ali A, Naguib N, Ye H, Yang G, Li C, Willis P (2003) Electrospinning of continuous nanotube-filled nanofiber yarns. Adv Mater 15(14):1161

Kong J et al (2000) Nanotube molecular wires as chemical sensors. Science 287:622

Korenev BG, Reznikov LM (1993) Dynamic vibration absorbers: theory and technical applications. Wiley, Chichester, England

Kota S, Hetrick J, Li Z, Saggere L (1999) Tailoring unconventional actuators using compliant transmissions: design methods and applications. IEEE/ASME Trans Mechatron 4(4)

Krasnosel'skii MA, Pokrovskii AV (1989) Systems with hysteresis. Springer, New York

Krejci P, Kuhnen K (2001) Inverse control of systems with hysteresis and creep. IEE Proc Control Theory Appl 148:185–192

Kuhnen K, Janocha H (2001) Inverse feedforward controller for complex hysteretic nonlinearities in smart-material systems. Control Intell Syst 29:74–83

Kunstler W, Wegener M, Seib M, Gerhard-Multhaupt R (2001) Preparation and assessment of piezo- and pyroelectric poly(vinylidene fluoride-hexafluoropropylene) copolymer films. Appl Cond Matter Phys A73:641–645

Lam DCC, Yang F, Chong ACM, Wang J, Tong P (2003), Experiments and theory in strain gradient elasticity. J Mech Phys Solids 51:1477–1508

Lang SB (1982) Sourcebook of pyroelectricity. Gordon and Breach, New York

Lang HP, Berger R, Battiston F, Ramseyer J-P, Meyer E, Andreoli C, Brugger J, Vettiger P, Despont M, Mezzacasa T, Scandella L, Güntherodt H-J, Gerber Ch, Gimzewski JK (1998) A chemical sensor based on a micromechanical cantilever array for the identification of gases and vapors. Appl Phys A 66(7):S61–S64

Law WW, Liao W-H, Huang J (2003) Vibration control of structures with self-sensing piezoelectric actuators incorporating adaptive mechanism. Smart Mater Struct 12:720–730

Laxminarayana K, Jalili N (2005) Functional nanotube-based textiles: pathway to next generation fabrics with enhanced sensing capabilities. Textile Res J 75(9):670–680

Lee CJ et al (1999) Synthesis of uniformly distributed carbon nanotubes on a large area of Si substrates by thermal chemical vapor deposition. Appl Phys Lett 75:1721

Lee D, Ono T, Esashi M (2000) High-speed imaging by electro-magnetically actuated probe with dual spring. J Microelectromech Syst 9(4):419–424

Lee FS (1999) Modeling of actuator systems using multilayer electrostrictive materials. Proceedings of 1999 IEEE International Conference of Control Applications 0-7803-5446-X/99

Lee H-C, Park J-H, Park Y-H (2007) Development of shunt type ohmic RF MEMS switches actuated by piezoelectric cantilever. Sens Actuators A 136:282–290

Lee J, Hwang K, Park J (2005a) Immunoassay of prostate-specific antigen (PSA) using resonant frequency shift of piezoelectric nanomechanical microcantilever. Biosens Bioelectron 20:2157

Lee JH, Yoon KH, Hwang KS, Park J, Ahn S, Kim TS (2004) Label free novel electrical detection using micromachined PZT monolithic thin film cantilever for the detection of C-reactive protein. Biosens Bioelectron 20:269–275

Lee JH, Hwang KS, Park J, Yoon KH, Yoon DS, Kim TS (2005b) Immunoassay of prostate-specific antigen (PSA) using resonant frequency shift of piezoelectric nanomechanical microcantilever, Biosens Bioelectron 20:2157–2162

Lee TH, Ge SS, Wang ZP (2001) Adaptive robust controller design for multi-link flexible robots. Mechatronics 11(8):951–967

Lee-Glauser GJ, Ahmadi G, Horta LG (1997) Integrated passive/active vibration absorber for multistory buildings. ASCE J of Struc Eng 123(4):499–504

Leo DJ (2007) Smart material systems: analysis, design and control. Wiley, New York

Lining S, Changhai R, Weibin R, Liguo C, Kong M (2004) Tracking control of piezoelectric actuator based on a new mathematical model. J Micromech Microeng 14:1439–1444

Liu Z, Jalili N, Dadfarnia M, Dawson DM (2002) Reduced-order observer based piezoelectric control of flexible beams with translational base. Proceedings of the 2002 international mechanical engineering congress and exposition (IMECE'02), New Orleans, Louisiana, Nov

Liu W, Montana V, Chapman ER, Mohideen U, Parpura, V (2003) Botulinum toxin type B micromechanosensor. Proc Nat Acad Sci USA 100(23):13621–13625

Lockhart DJ, Winzeler EA (2000) Genomics, gene expression and DNA arrays. Nature 405: 827–836

Lopez SJ, Miribel CP, Montane E, Puig VM, Bota SA, Samitier J, Simu U, Johansson S (2001) High accuracy piezoelectric-based microrobot for biomedical applications. IEEE Symp Emer Technol Factory Autom ETFA 2:603–609

Lord Corporation, http://www.rheonetic.com

Lou ZH (1993) Direct strain feedback control of flexible robot arms: New theoretical and experimental results. IEEE Trans Automat Control 38(11):1610–1622

Lu KL, Lago RM, Chen YK, Green MLH, Harris PF, Tsang SC (1996) Mechanical damage of carbon nanotubes by ultrasound. Carbon, 34:814–816

Lu P, Shen F, O'Shea SJ, Lee KH, Ng TY (2001) Analysis of surface effects on mechanical properties of microcantilevers. Mater Phys Mech 4:51–55

Luo ZH, Kitamura N, Guo BZ (1995) Shear force feedback control of flexible robot arms. IEEE Trans Rob Autom 11(5):760–765

Mahmoodi SN, Khadem SE, Jalili N (2006) Theoretical development and closed-form solution of nonlinear vibrations of a directly excited nanotube-reinforced composite cantilever beam. Arch Appl Mech 75 153–163

Mahmoodi SN, Afshari M, Jalili N (2008a) Nonlinear vibrations of piezoelectric microcantilevers for biologically-induced surface stress sensing. J Commun Nonlinear Sci Numer Simul 13:1964–1977

Mahmoodi SN, Jalili N, Daqaq MF (2008b) Modeling, nonlinear dynamics and identification of a piezoelectrically-actuated microcantilever sensor. IEEE/ASME Trans Mechatron 13(1):1–8

Mahmoodi SN, Jalili N (2008) Coupled flexural-torsional nonlinear vibrations of piezoelectrically-actuated microcantilevers with application to friction force microscopy. ASME J Vib Acoust 130(6) 061003:1–10

Mahmoodi SN, Jalili N (2007) Nonlinear vibrations and frequency response analysis of piezoelectrically-driven microcantilevers. Int J Non-Linear Mech 42(4):577–587

Majumdar A, Lai J, Chandrachood M, Nakabeppu O, Wu Y, Shi Z (1995) Thermal imaging by atomic force microscopy using thermocouple cantilever probes. Rev Sci Instrum 66:3584–3592

Malatkar P, Nayfeh AH (2002) Calculation of the jump frequencies in the response of SDOF non-linear systems. J Sound Vib 254(5):1005–1011

Malvern LE (1969) Introduction to the mechanics of a continuous medium. Prentice-Hall, Englewood Cliffs, NJ

Margolis D (1998) Retrofitting active control into passive vibration isolation systems. ASME J Vib Acoust 120:104110

Marquez HJ (2003) Nonlinear control system: Analysis and design, Wiley, New York

Matsunaka T et al (1988) Porous piezoelectric ceramic transducer for medical ultrasonic applications. Ultras Symp Proc 2:681–684

Matyas J (1965) Random optimization. Autom Remote Control 22:246–253

Mayergoyz I (2003) Mathematical models of hysteresis and their applications. Elsevier, New York

McFarland AW, Poggi MA, Doyle MJ, Bottomley LA, Colton JS (2005) Influence of surface stress on the resonance behavior of microcantilevers. Appl Phys Lett 87:053505

McKendry R, Zhang J, Arntz Y, Strunz T, Hegner M, Lang HP, Baller MK, Certa U, Meyer E, Guntherodt H-J, Gerber C (2002) Multiple label-free biodetection and quantitative DNA-binding assays on a nanomechanical cantilever array. Proc Nat Acad Sci USA 99(15):9783–9788

Meirovitch L (1986) Elements of vibrations analysis, 2nd edn. McGraw-Hill, Inc

Meirovitch L (1997) Principles and techniques of vibrations. Prentice Hall, Inc

Meirovitch L (2001) Fundamentals of vibrations, McGraw Hill

Meldrum DR (1997) A biomechatronic fluid-sample-handling system for DNA processing. IEEE/ASME Trans Mechatron 2:99–109

Mele EJ, Kral P (2002) Electric polarization of heteropolar nanotubes as a geometric phase. Phys Rev Lett 88:568031–568034

Mele EJ, Kral P (2001) Quantum geometric phases in molecular nanotubes, abstracts of third international conference on nanotechnology in carbon and related materials, Sussex, UK, Aug

Micro System Analyzer Manual MSA-400, Polytec Inc., www.polytec.com.

402

Millar AJ, Howell LL, Leonard JN (1996) Design and evaluation of complaint constant-force mechanisms. Proceedings of the 1996 ASME design engineering technical conference, 96-DETC/MECH, pp 1209

Mindlin RD (1961) On the equations of motion of piezoelectric crystals. Problems of Continuum Mechanics, NI Muskhelishvili 70th Birthday Vol, SIAM Philadelphia, 70:282–290

Miyahara K, Nagashima N, Ohmura T, Matsuoka S (1999) Evaluation of mechanical properties in nanometer scale using AFM-based nanoindentation tester. Nanostruct Mater 12:1049–1052

Moheimani SOR, Fleming AJ (2006) Piezoelectric transducers for vibration control and damping, Springer, New York

Munch WV, Thiemann U (1991) Pyroelectric detector array with PVDF on silicon integrated circuit. Sensor Actuator 25–27:167–172

Nagakawa Y, Shafer R, Guntherodt H (1998) Picojoule and submillisecond calorimetry with micromechanical probes. Appl Phys Lett 73:2296

Nagashima N, Matsuoka S, Miyahara K (1996) Nanoscopic hardness measurement by atomic force microscope. JSME Int J Series A Mech Mater Eng 39:456–462

Nakamura K, Ogura H, Maeda S, Sangawa U, Aoki S, Sato T (1995) Evaluation of the microwobble motor fabricated by concentric build-up process. Proc MEMS:374–379

Nayfeh AH, Nayfeh JF, Mook DT (1992) On methods for continuous systems with quadratic and cubic nonlinearities. Nonlinear Dynam 3:145–162

Nayfeh AH, Mook DT (1979) Nonlinear Oscillations, Wiley, New Jersey

Nayfeh AH, Pai PF (2004) Linear and nonlinear structural mechanics. Wiley, Hoboken, New Jersey

Nayfeh AH (1973) Perturbation methods, Wiley, New Jersey

Newcomb C, Filnn I (1982) Improving linearity of piezoelectric ceramic actuators. Electron Lett 18:442–444

Oden PI, Chen GY, Steele RA, Warmack RJ, Thundat T (1999) Viscous drag measurements utilizing microfabricated cantilevers. Appl Phys Lett 68(26):3814–3816

Olgac N, Holm-Hansen B (1994) Novel active vibration absorption technique: delayed resonator. J Sound Vib 176:93–104

Olgac N, Jalili N (1998) Modal analysis of flexible beams with delayed-resonator vibration absorber: Theory and experiments. J Sound Vib 218(2):307–331

Olgac N (1995) Delayed resonators as active dynamic absorbers, United States Patent # 5431261

Olgac N, Elmali H, Vijayan S (1996) Introduction to dual frequency fixed delayed resonator (DFFDR). J Sound Vib 189:355–367

Olgac N, Elmali H, Hosek M, Renzulli M (1997) Active vibration control of distributed systems using delayed resonator with acceleration feedback. ASME J Dyn Syst Measur Control 119:380–389

Onran AG, Degertekin AG, Hadimioglu B, Sulchek T, Quate CF (2002) Actuation of atomic force microscope cantilevers in fluids using acoustic radiation pressure. Fifteenth IEEE international micro electro mechanical systems conference, Las Vegas, Nevada

Pancharal P, Wang ZL, Ugarte D, Heer WD (1999) Electrostatic deflections and electromechanical resonances of carbon nanotubes. Science 283:1513

Park KH, Lee JH, Kim SH, Kwak YK (1995) High speed micro positioning system based on coarse/fine pair control. Mechatronics 5(6):645–663

Pei J, Tian F, Thundat T (2004) Glucose biosensor based on the microcantilever. Anal Chem 76:3194

Perazzo T, Mao M, Kwon O, Majumdar A, Varesi JB, Norton P (1999) Infrared vision using uncooled micro-optomechanical camera. Appl Phys Lett 74 (23):3567–3569

Petek NK, Romstadt DL, Lizell MB, Weyenberg TR (1995) Demonstration of an automotive semi-active suspension using electro-rheological fluid. SAE Paper No. 950586

Piezo Film Sensors, Technical Manual (1999) Measurement Specialties Inc, www.msiusa.com

Ping G, Musa J (1997) Generalized Preisach model for hysteresis nonlinearity of piezoceramic actuators. Precision Eng 20:99–111

Piquette JC, Forsythe SE (1998) Generalized material model for lead magnesium niobate (PMN) and an associated electromechanical equivalent circuit. J Acoust Soc Am 104

Porter SG (1981) A brief guide to pyroelectricity. Gordon and Breach, New York

Preisach FZ (1935) Physics 94:277

Preumont A (2002) Vibration control of active structures: An introduction, 2nd edn. Kluwer Academic Publishers, Dordrecht

Puksand H (1975) Optimum conditions for dynamic vibration absorbers for variable speed systems with rotating and reciprocating unbalance. Int J Mech Eng Educ 3:145–152

Rabe U, Hirsekorn S, Reinstädtler M, Sulzbach T, Lehrer Ch, Arnold W (2007) Influence of the cantilever holder on the vibrations of AFM cantilevers. Nanotechnology 18:044008

Rajoria H, Jalili N (2005) Passive vibration damping enhancement using carbon nanotube-epoxy reinforced composites. Comp Sci Technol 65(14):2079–2093

Ramaratnam A (2004) Semi-active vibration control using piezoelectric-based switched stiffness. Master's Thesis, Department of Mechanical Engineering, Clemson University

Ramaratnam A, Jalili N (2006a) A switched stiffness approach for structural vibration control: Theory and real-time implementation. J Sound Vib 291(1–2):258–274

Ramaratnam A, Jalili N (2006b) Reinforcement of piezoelectric polymers with carbon nanotubes: pathway to development of next-generation sensors. J Intell Mater Syst Struct 17(3):199–208

Ramaratnam A, Jalili N (2004) Novel carbon nanotube reinforced electro-active polymer sensors and actuators for vibration control. Proceedings of the 2004 ASME international mechanical engineering congress and exposition, IMECE2004-60794, Anaheim, CA

Ramaratnam A, Jalili N, Rajoria H (2004a) Development of a novel strain sensor using nanotube-based materials with applications to structural vibration control. Proceedings of the international society for optical engineering, sixth international conference on vibration measurements by laser techniques: advances and applications, vol 5503. Ancona, Italy, pp 478–485

Ramaratnam A, Jalili N, Dawson DM (2004b) Semi-active vibration control using piezoelectric-based switched stiffness. Proceedings of American control conference, Boston, MA

Ramaratnam A, Jalili N, Grier M (2003) Piezoelectric vibration suppression of translational flexible beams using switched stiffness, Proceedings of 2003 international mechanical engineering congress and exposition (IMECE 2003-41217), Washington DC

Rangelow IW, Grabiec P, Gotszalk T, Edinger K (2002) Piezoresistive SXM Sensors, Surf Interface Anal 33:59–64

Rao SS (1995) Mechanical vibrations, 3rd edn. Addison-Wesley Publishing Company

Rao SS (2007) Vibration of continuous systems, Wiley, Hoboken NJ

Rappe AK, Casewit CJ, Colewell KS, Goddard III WA, Skiff WM (1992) UFF, a full periodic table force field for molecular mechanics and molecular dynamics simulations. J Am Chem Soc 114(25):10024–10035

Ren Q, Zhao Y-P (2004) Influence of surface stress on frequency of microcantilever-based biosensors. Microsyst Technol 10:307–314

Ren W, Masys AJ, Yang G, Mukherjee BK (2002) Nonlinear strain and DC bias induced piezoelectric behavior of electrostrictive lead magnesium niobate-lead titanate ceramics under high electric fields. J Phys D, Appl Phys 35:1550–1554

Renzulli M, Ghosh-Roy R, Olgac N (1999) Robust control of the delayed resonator vibration absorber. IEEE Trans Control Syst Technol 7(6):683–691

Richard D, Guyomar D, Audigier, Ching G (1999), Semi-passive damping using continuous switching of a piezoelectric device, smart structures and materials. Passive Damping Isolation 3672:104–111

Rogers L, Manning, Jones M, Sulchek T, Murray K, Beneshott N, Adams J (2003) Mercury vapor detection with self-sensing, resonating, piezoelectric cantilever. Rev Sci Instrum 74:4899

Saeidpourazar R, Jalili N (2008a) Towards fused vision and force robust feedback control of nanorobotic-based manipulation and grasping. mechatronics. Int J 18:566–577

Saeidpourazar R, Jalili N (2008b) Nano-robotic Manipulation using a RRP nanomanipulator: Part A – Mathematical modeling and development of a robust adaptive driving mechanism. J Appl Math Comput 206:618–627

Saeidpourazar R, Jalili N (2008c) Microcantilever-based force tracking with applications to high-resolution imaging and nanomanipulation IEEE Trans Ind Electron 55(11):3935–3943

Saeidpourazar R, Jalili N (2008d) Nano-robotic manipulation using a RRP nanomanipulator: Part B Robust Control of Manipulator's Tip using Fused Visual Servoing and Force Sensor Feedbacks. J Appl Math Comput 206:628–642

404

Saeidpourazar R, Jalili N (2009) Towards microcantilever-based force sensing and manipulation: modeling, control development and implementation. Int J Robotics Res 28(4):464–483

Salah M, McIntyre M, Dawson DM, Wagner JR (2007) Robust tracking control for a piezoelectric actuator. Proceedings of the American Control Conference, New York, NY

Salapaka S, Sebastian A, Cleveland JP, Salapaka MV (2002) High bandwidth nano-positioner: a robust control approach. Rev Sci Instrum 73:3232–3241

Salehi-Khojin A, Jalili N (2008a) A comprehensive model for load transfer in nanotube reinforced piezoelectric polymeric composites subjected to electro-thermo-mechanical loadings. J Composites Part B Eng 39(6):986–998

Salehi-Khojin A, Jalili N (2008b) Buckling of boron nitride nanotube reinforced piezoelectric polymeric composites subject to combined electro-thermo-mechanical loadings. Composites Sci Technol 68(6):1489–1501

Salehi-Khojin A, Zhong WH (2007a) Enthalpy relaxation of reactive graphitic nanofibers reinforced epoxy. J Mater Sci 42:6093

Salehi-Khojin A, Zhong WH (2007b) Thermal-mechanical properties of a graphitic-nanofibers reinforced epoxy. J Nanosci Nanotech 7:898

Salehi-Khojin A, Bashash S, Jalili N (2008) Modeling and experimental vibration analysis of nanomechanical cantilever active probes. J Micromech Microeng 18, 085008:1–11

Salehi-Khojin A, Hosseini MR and Jalili N (2009a) Underlying mechanics of active nanocomposites with tunable properties. Composites Sci Technol 69:545–552

Salehi-Khojin A, Bashash S, Jalili N, Müller M, Berger R (2009b) Nanomechanical cantilever active probes for ultrasmall mass detection. J Appl Phys 105(1):1–8

Sastry S, Bodson M (1989) Adaptive control: stability, convergence, and robustness, Englewood Cliffs, NJ

Sato T (1994) Step from 2- to 3-D process break grounds for microfabricated wobble motors. J Electron Eng 31(332):67–70

Savran CA, Burg TP, Fritz J, Manalis SR (2003) Microfabricated mechanical biosensor with inherently differential readout. Appl Phys Lett 83(20):1659

Schell-Sorokin AJ, Tromp RM (1990) Mechanical stress in (Sub)monolayer epitaxial films. Phys Rev Lett 64(9):1039–1042

Schitter G, Stemmer A (2004) Identification and open-loop tracking control of a piezoelectric tube scanner for high-speed scanning probe microscopy. IEEE Trans Control Syst Technol 12:449–454

Schmoeckel F, Fahlbusch S, Seyfried J, Buerkle A, Fatikow S (2000) Development of a microrobot-based micromanipulation cell in scanning electron microscope (SEM). Proc SPIE 4194:13-20, Boston, MA

Sennett M, Welsh E, Wright JB, Li WZ, Wen JG, Ren ZF (2003) Dispersion and alignment of carbon nanotubes in polycarbonate. Appl Phys A76:111–113

Seoul C, Kim Y, Baek C (2003) Electrospinning of poly(vinylidene fluoride)/dimethylformamide solutions with carbon nanotubes. J Polymer Sci Part B: Polymer Phys 41:1572

Sepaniak M, Datskos P, Lavrik N, Tipple C (2002) Microcantilever transducers: A new approach in sensor technology. Anal Chem 74(21):568A

Shaoze Y, Fuxing Z, Zhen Q, Shizhu W (2006) A 3-DOFs mobile robot driven by a piezoelectric actuator. Smart Mater Struct 15:N7–N13

Shaw J (1998) Adaptive vibration control by using magnetostrictive actuators. J Intell Mater Syst Struct 9:87–94

Shen Z, Shih WY, Shih W-H (2006) Self-exciting, self-sensing PbZr0:53Ti0:47O3=SiO2 piezoelectric microcantilevers with Femtogram/Hertz sensitivity. Appl Phys Lett 89:023506

Shi L, Plyasunov S, Bachtold A, McEuen PL, Majumdar A (2000) Scanning thermal microscopy of carbon nanotubes using batch-fabricated probes. Appl Phys Lett 77:4295–4297

Shimizu Y, Moriyoshi Y, Tanaka H (1999) Boron nitride nanotubes, webs, and coexisting amorphous phase formed by plasma jet method. Appl Phys Lett 76:929

Shuttleworth R (1950) The surface tension of solids. Proc Phys Soc 63(5):444–457

Sinha A (1988) Optimum vibration control of flexible structures for specified modal decay rates. J Sound Vib 123(1):185–188

Slotine JJ, Sastry SS (1983) Tracking control of non-linear systems using sliding surface with application to robot manipulators. Int J Control 38:465–492

Slotine JJ (1984) Sliding controller design for nonlinear systems. Int J Control 40:421–434

Slotine JJE, Li W (1991) Applied nonlinear control, Prentice Hall

Smith RC (2005) Smart material systems: Model development, Society for Industrial and Applied Mathematics, Philadelphia

Sodano HA, Inman DJ, Park G (2005) Comparison of piezoelectric energy harvesting devices for recharging batteries. J Intell Mater Syst Struct 16:799–807

Sodano HA, Park G, Inman DJ (2004) An investigation into the performance of macro-fiber composites for sensing and structural vibration applications. Mech Syst Signal Process 18(3):683–697

Soong TT, Constantinou MC (1994) Passive and active structural control in civil engineering, Springer, Wien and New York NY

Spencer BF, Yang G, Carlson JD, Sain MK (1998) Smart dampers for seismic protection of structures: A full-scale study. Proceedings of 2nd world conference on structure control, Kyoto, Japan, June 28–July 1

Spinks GM, Wallace GG, Carter C, Zhou D, Fifield LS, Kincaid C, Baughman RH (2001) Conducting polymer, carbon nanotube and hybrid actuator materials. Proc SPIE 4329:199–208

Srinivasan, MacFarland (2001) Smart structures: analysis and design, University Press, Cambridge

Stachowiak JC, Yue M, Castelino K, Chakraborty A, Majumdar A (2006) Chemomechanics of surface stresses induced by DNA hybridization. Langmuir 22:263–268

Stepanenko Y, Su CY (1998) Intelligent control of piezoelectric actuators, Proceedings of 37th IEEE conference on decision and control, vol 4. pp 4234–4239

Stoney GG (1909) The tension of metallic films deposited by electrolysis. Proc R Soc Lond A 82:172–175

Stroscio JA, Kaiser WJ (1993) Scanning tunneling microscopy. Academic Press, pp 149–150

Su CY, Stepanenko Y, Svoboda J, Leung TP (2000) Robust adaptive control of a class of nonlinear systems with unknown backlash-like hysteresis. IEEE Trans Automatic Control 45:2427–2432

Su M, Li S, Dravid VP (2003) Microcantilever resonance-based DNA detection with nanoparticle probes. Appl Phys Lett 82(20):3562

Suleman (2001) Smart structures: Applications and related technologies, Edited, Springer, New York

Sun JQ, Jolly MR, Norris MA (1995) Passive, adaptive, and active tuned vibration absorbers – A survey. ASME Trans, Special 50th Anniversary, Design Issue. 117:234–242

Susuki Y (1996) Novel microcantilever for scanning thermal imaging microscopy. Jpn J Appl Phys 35:L352–L354

Takagi T (1996) Recent research on intelligent materials. J Intell Mater Syst Struct 7:346–357

Takaway T, Fukudaz T, Takadaz T (1997) Flexural – torsion coupling vibration control of fiber composite cantilevered beam by using piezoceramic actuators. Smart Mater Struct 6:477–484

Takayuki S, Kazuya U, Eiji M, Shiro S (2004) Fabrication and characterization of diamond AFM probe integrated with PZT thin film sensor and actuator. Sens Actuators A Phys 114:398–405

Tans SJ, Verschueren RM, Dekker C (1998) Room-temperature transistor based on a single carbon nanotube. Nature 393:40

Tao G, Kokotovic PV (1996) Adaptive control of systems with actuator and sensor nonlinearities, Wiley, New Jersey

Thomson WT, Dahleh M (1998) Theory of vibration with applications, 5th edn. Prentice Hall Inc

Thundat T, Warmack RJ, Chen GY, Allison DP (1994) Thermal and ambient-induced deflections of scanning force microscope cantilevers. Appl Phys Lett 64:2894–2898

Thundat T, Sharp S, Fisher W, Warmack R, Wachter E (1995) Micromechanical radiation dosimeter. Appl Phys Lett 66:1563

Tian F, Pei J, Hedden D, Brown G, Thundat T (2004) Observation of the surface stress induced in microcantilevers by electrochemical redox processes. Ultramicroscopy 100:217

Tomikawa Y, Okada S (2003) Piezoelectric angular acceleration sensor. Proc IEEE Ultras Symp 2:1346–1349

Townsend PH, Barnett DM, Brunner TA (1987) Elastic relationship in layered composite media with approximation for the case of thin films on a thick substrate. J Appl Phys 62(11): 4438–4444

Tse F, Morse IE, Hinkle RT (1978) Mechanical vibrations, theory and applications, 2nd edn. Allyn and Bacon Inc

Tutorial: Piezoelectrics in positioning contents, Physik Instrumente manual, www.pi.ws

Tzen JJ, Jeng SL, Chieng WH (2003) Modeling of piezoelectric actuator for compensation and controller design. Precis Eng 27:70–76

Tzou HS, Anderson GL (eds) (1992) Intelligent structural systems, Kluwer Academic Publishers

Tzou HS, Ye R (1996) Pyroelectric and thermal strain effects in piezoelectric (PVDF and PZT) devices. Mech Syst Signal Pr 10:459–479

Tzou HS, Chai WK, Arnold SM (2003) Micro-structronics and control of hybrid electrostrictive/piezoelectric thin shells. ASME International Mechanical Engineering Congress, Symposium on Adaptive Structures and Material Systems. Washington DC, November 16–21

Tzou HS, Lee HJ, Arnold SM (2004) Smart materials, precision sensors/actuators, smart structures, and structronic systems. Mech of Adv Mat Struc 11:367–393

Uhea S, Tomikawa Y (1993) Ultrasonic motors: Theory and application, Oxford University Press, UK

Utkin VI (1977) Variable structure systems with sliding modes. IEEE Trans Automat Control 22:212–222

Vaccarini L, Goze C, Henrard L, Hernandez E, Bernier P, Rubio A (2000) Mechanical and electronic properties of carbon and boron nitride nanotubes. Carbon 38:1681–1690

Vishnewsky W, Glob R (1996) Piezoelectric rotary motor. Proc Actuator 96:245–248, Berman, Germany

Visintin A (1994) Differential models of hysteresis, Springer, Berlin, Heidelberg

Volkert CA, Minor AM (2007) Focused ion beam microscopy and micromachining. MRS Bull 32:389

Vora K, Bashash S, Jalili N (2008) Modeling and forced vibration analysis of rod-like solid-state actuators. Proceedings of the 2008 ASME Dynamic Systems and Control Conference (DSCC'08), Ann Arbor, MI (Oct 20–22, 2008)

Wachter EA, Thundat T (1995) Micromechanical sensors for chemical and physical measurements. Rev Sci Instrum 66(6):3662–3667

Wallerstein DV (2002) A variational approach to structural analysis. Wiley, New York, NY

Wang KW, Kim YS, Shea DB (1994) Structural vibration control via electrorheological-fluid-based actuators with adaptive viscous and frictional damping. J Sound Vib 177(2):227–237

Wang QH et al (1998) A nanotube-based field-emission flat panel display. Appl Phys Lett 72:2912

Warburton GB, Ayorinde EO (1980) Optimum absorber parameters for simple systems. Earthquake Eng Struc Dyn 8:197–217

Washington G (2004) Class notes on introduction to smart materials and intelligent systems, Ohio State University, Columbus, OH

Weigert S, Dreier M, Hegner M (1996) Frequency shifts of cantilevers vibrating in various media. Appl Phys Lett 69(19):2834–2836

Weiss KD, Carlson JD, Nixon DA (1994) Viscoelastic properties of magneto- and electrorheological fluids. J Intell Mater Syst Struct 5:772–775

Wilder JWG et al (1998) Electronic structure of atomically resolved carbon nanotubes. Nature 39:6662

Wilkie WK, Bryant RG, High JW, Fox RL, Hellbaum RF, Jalink A, Little BD, Mirick PH (2000) Low-cost piezocomposite actuator for structural control applications. Proceedings of 7th SPIE international symposium on smart structures and materials, Newport Beach, CA

Wu G, Ji H, Hansen K, Thundat T, Datar R, Cote R, Hagan MF, Chakraborty AK, Majumdar A (2001) Origin of nanomechanical cantilever motion generated from bimolecular interactions. Proc Natl Acad Sci 98:1560–1564

Wun-Fogle M, Restorff JB, Clark AE (2006) Magnetomechanical coupling in stress-annealed Fe–Ga (Galfenol) alloys. IEEE Trans Magn 42(10)

Wun-Fogle M, Restorff JB, Clark AE, Dreyer E, Summers E (2005) Stress annealing of Fe–Ga transduction alloys for operation under tension and compression. J Appl Phys 97:10M301

Xian B, de Queiroz MS, Dawson DM, McIntyre ML (2003) Output feedback variable structure control of nonlinear mechanical systems, Proceedings of IEEE conference on decision and control, Hawaii

Xie WC, Lee HP, Lim SP (2003) Nonlinear dynamic analysis of MEMS switches by nonlinear modal analysis. Nonlinear Dyn 31:243–256.

Xing S (2002) Novel piezoelectric and pyroelectric materials: PVDF copolymer-carbon nanotube composites, Master's Thesis, Department of Material Science and Engineering, Clemson University

Xu Y, Meckl PH (2004) Time-optimal motion control of piezoelectric actuator: STM application, Proceedings of the 2004 American control conference, vol 5. pp 4849–4854

Yang J (2005) An Introduction to the theory of piezoelectricity, Springer, Berlin, Heidelberg

Yang JS, Fang HY (2003) A piezoelectric gyroscope based on extensional vibrations of rods. Int J Appl Electromagn Mech 17:289–300

Yang M, Zhang X, Vafai K, Ozkan CS (2003) High sensitivity piezoresistive cantilever design and optimization for analyte-receptor binding. J Micromech Microeng 13:864–872

Yang Y, Ji HF, Thundat T (2003) Nerve agents detection using a Cu/lcysteine bilayercoated microcantilever. J Am Chem Soc 125(20):1124–1125

Yue M, Lin H, Dedrick DE, Satyanarayana S, Majumdar A, Bedekar AS, Jenkins JW, Sundaram S (2004) A 2-D microcantilever array for multiplexed biomolecular analysis. J Microelectromech Syst 13(2):290–299

Yuh J (1987) Application of discrete-time model reference adaptive control to a flexible single-link robot. J Robotic Sys 4:621–630

Zhang J, Feng H (2004) Antibody-immobilized microcantilever for the detection of Escherichia coli. Anal Sci 20:585

Zhang W, Meng G (2005) Nonlinear dynamical system of micro-cantilever under combined parametric and forcing excitations in MEMS. Sens Actuators A 119:291

Zhang Y, Ji H-F (2004) A pH sensor based on a microcantilever coated with intelligent hydrogel. Instrum Sci Technol 34:361

Zhi C et al (2005) Characteristics of boron nitride nanotube–polyaniline composites. Angew Chem Int Ed 44:7929

Zhou J, Li P, Zhang S, Huang Y, Yang P, Bao M, Ruan G (2003) Self-excited piezoelectric microcantilever for gas detection. Microelectronic Eng 69:37

Zhou J, Wen C, Zhang Y (2004) Adaptive backstepping control of a class of uncertain nonlinear systems with unknown backlash-like hysteresis. IEEE Trans Control Syst Technol 49:1751–1757

Zhu G, Ge SS, Lee TH (1997) Variable structure regulation of a flexible arm with translational base. Proceedings of 36th IEEE conference on decision and control, San Diego, CA, pp 1361–1366

Ziegler C (2004) Cantilever-based biosensors. Anal Bioanal Chem 379:946–959

Zurn S, Hsieh M, Smith G, Markus D, Zang M, Hughes G, Nam Y, Arik M, Polla D (2001) Fabrication and structural characterization of a resonant frequency PZT microcantilever. Smart Mater Struct 10:252–263